NATIONAL GEOGRAPHIC

ATLAS *of* BEER

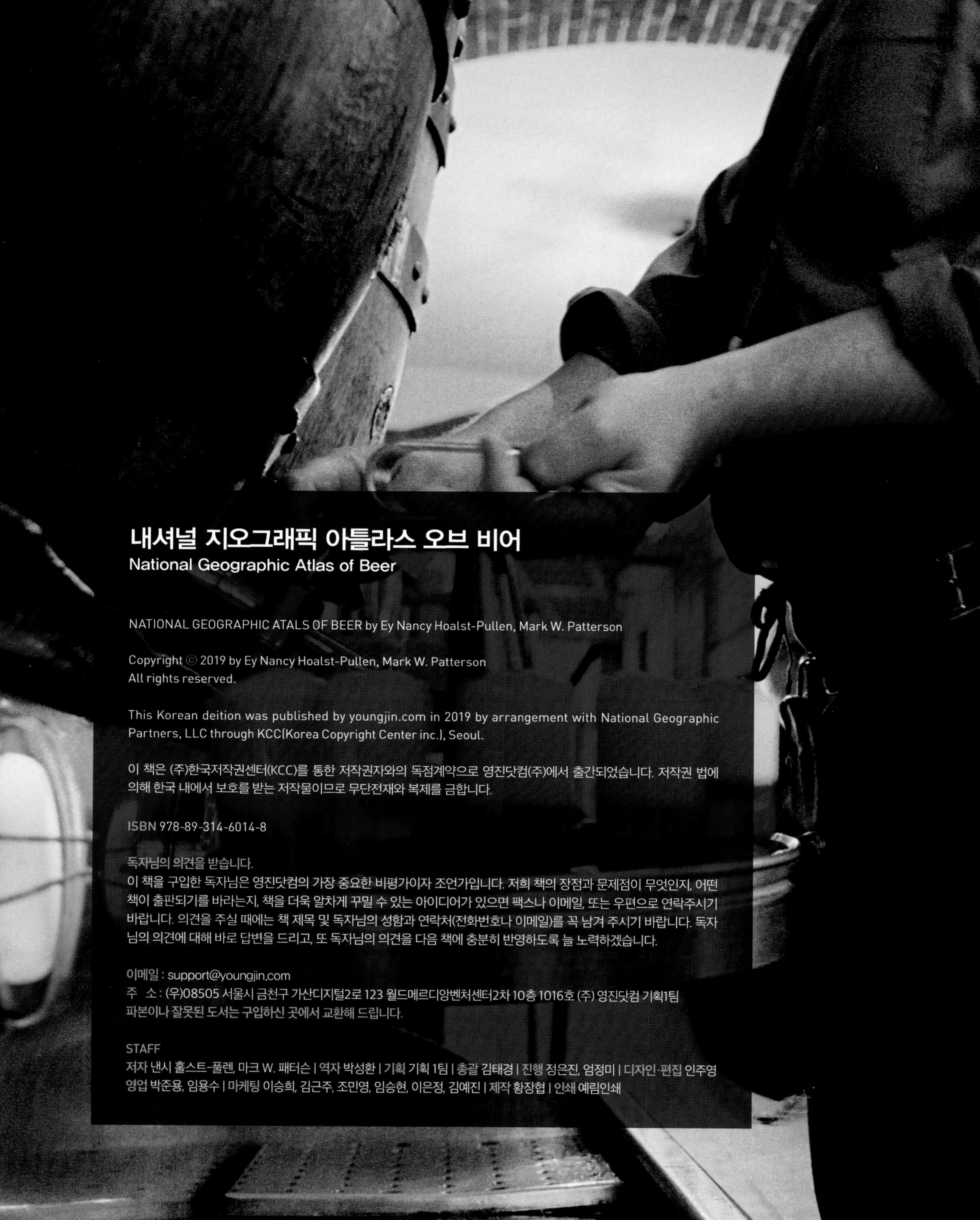

내셔널 지오그래픽 아틀라스 오브 비어
National Geographic Atlas of Beer

NATIONAL GEOGRAPHIC ATALS OF BEER by Ey Nancy Hoalst-Pullen, Mark W. Patterson

ISBN 978-89-314-6014-8

독자님의 의견을 받습니다.
이 책을 구입한 독자님은 영진닷컴의 가장 중요한 비평가이자 조언가입니다. 저희 책의 장점과 문제점이 무엇인지, 어떤 책이 출판되기를 바라는지, 책을 더욱 알차게 꾸밀 수 있는 아이디어가 있으면 팩스나 이메일, 또는 우편으로 연락주시기 바랍니다. 의견을 주실 때에는 책 제목 및 독자님의 성함과 연락처(전화번호나 이메일)를 꼭 남겨 주시기 바랍니다. 독자님의 의견에 대해 바로 답변을 드리고, 또 독자님의 의견을 다음 책에 충분히 반영하도록 늘 노력하겠습니다.

이메일 : support@youngjin.com
주 소 : (우)08505 서울시 금천구 가산디지털2로 123 월드메르디앙벤처센터2차 10층 1016호 (주) 영진닷컴 기획1팀
파본이나 잘못된 도서는 구입하신 곳에서 교환해 드립니다.

STAFF
저자 낸시 홀스트-풀렌, 마크 W. 패터슨 | 역자 박성환 | 기획 기획 1팀 | 총괄 김태경 | 진행 정은진, 엄정미 | 디자인·편집 인주영
영업 박준용, 임용수 | 마케팅 이승희, 김근주, 조민영, 임승현, 이은정, 김예진 | 제작 황장협 | 인쇄 예림인쇄

ATLAS of BEER

전 세계 맥주와 함께하는 세계여행

낸시 홀스트-풀렌 & 마크 W. 패터슨 지음 / 박성환 옮김, 김만제 감수 및 추가 집필
개릿 올리버의 서문 & 테이스팅 팁

NATIONAL GEOGRAPHIC
WASHINGTON, D.C.

아일랜드 더블린(Dublin)의 그로간스 캐슬 라운지(Grogan's Castle Lounge)에 사람들이 모여 맥주를 마시고 있습니다.

CONTENTS

맥주의 세계 6
머리말 개릿 올리버 **8**
저자의 말 낸시 홀스트-풀렌 & 마크 W. 패터슨 **10**
이 책에 대하여 12
INTRODUCTION **14**

26

유럽

벨기에 **34** 독일 **50** 영국 **66** 체코 **80** 프랑스 **88** 아일랜드 **96** 이탈리아 **104**
오스트리아 **112** 덴마크 **116** 네덜란드 **120** 폴란드 **124** 러시아 **128** 스페인 **132**
유럽의 다른 나라 현황 : 에스토니아, 핀란드, 노르웨이, 스웨덴 **136**

138

북아메리카

미국 **146** 캐나다 **168** 멕시코 **176**
북아메리카의 다른 나라 현황 : 벨리즈, 카리브해 지역, 코스타리카, 파나마 **184**

186

남아메리카

아르헨티나 **192** 브라질 **200** 칠레 **208**
남아메리카의 다른 나라 현황 : 콜롬비아, 에콰도르, 페루, 베네수엘라 **212**

214

아시아

중국 **222** 일본 **230** 인도 **238** 베트남 **242** 대한민국 **246**
아시아의 다른 나라 현황 : 캄보디아, 필리핀, 대한민국, 태국 **252**

254

호주 & 오세아니아

호주 **260** 뉴질랜드 **268**
오세아니아의 다른 나라 현황 : 피지, 뉴칼레도니아, 파푸아뉴기니, 타히티 **276**

278

아프리카

남아프리카 공화국 **284** 탄자니아 **292**
아프리카의 다른 나라 현황 : 앙골라, 콩고 민주공화국, 가봉, 나미비아 **296**

용어해설 298 지도 300 출처 301
감사의 글 302 작가 소개 303
일러스트 출처 303 옮긴이의 글 305 감수자의 추천글 306 Index **306**

맥주의 세계

거의 모든 나라에서
맥주를 찾아볼 수 있지만,
그 지역의 역사, 문화,
지리를 기반으로 6대륙의
양조사들과 협의하여
지도에 표시된 지역을
선정하였습니다.

알래스카(미국)
Alaska
(U.S.)

캐나다
Canada

미국
United States

북아메리카
NORTH AMERICA
(pp. 138–185)

하와이(미국)
Hawai'i
(U.S.)

멕시코
Mexico

벨리즈
Belize

카리브해 지역
Caribbean

PACIFIC
태평양
OCEAN

ATLANTIC
대서양
OCEAN

코스타리카
Costa Rica

Panama
파나마

베네수엘라
Venezuela

Colombia
콜롬비아

Ecuador
에콰도르

페루
Peru

브라질
Brazil

남아메리카
SOUTH AMERICA
(pp. 186–213)

아르헨티나
Argentina

칠레
Chile

프랑스령 폴리네시아(프랑스)
French Polynesia
(France)

타히티
Tahiti

호주&오세아니아
AUSTRALIA AND OCEANIA
(pp. 254–277)

아일랜드
Ireland

유럽
EUROPE
(pp. 26–137)

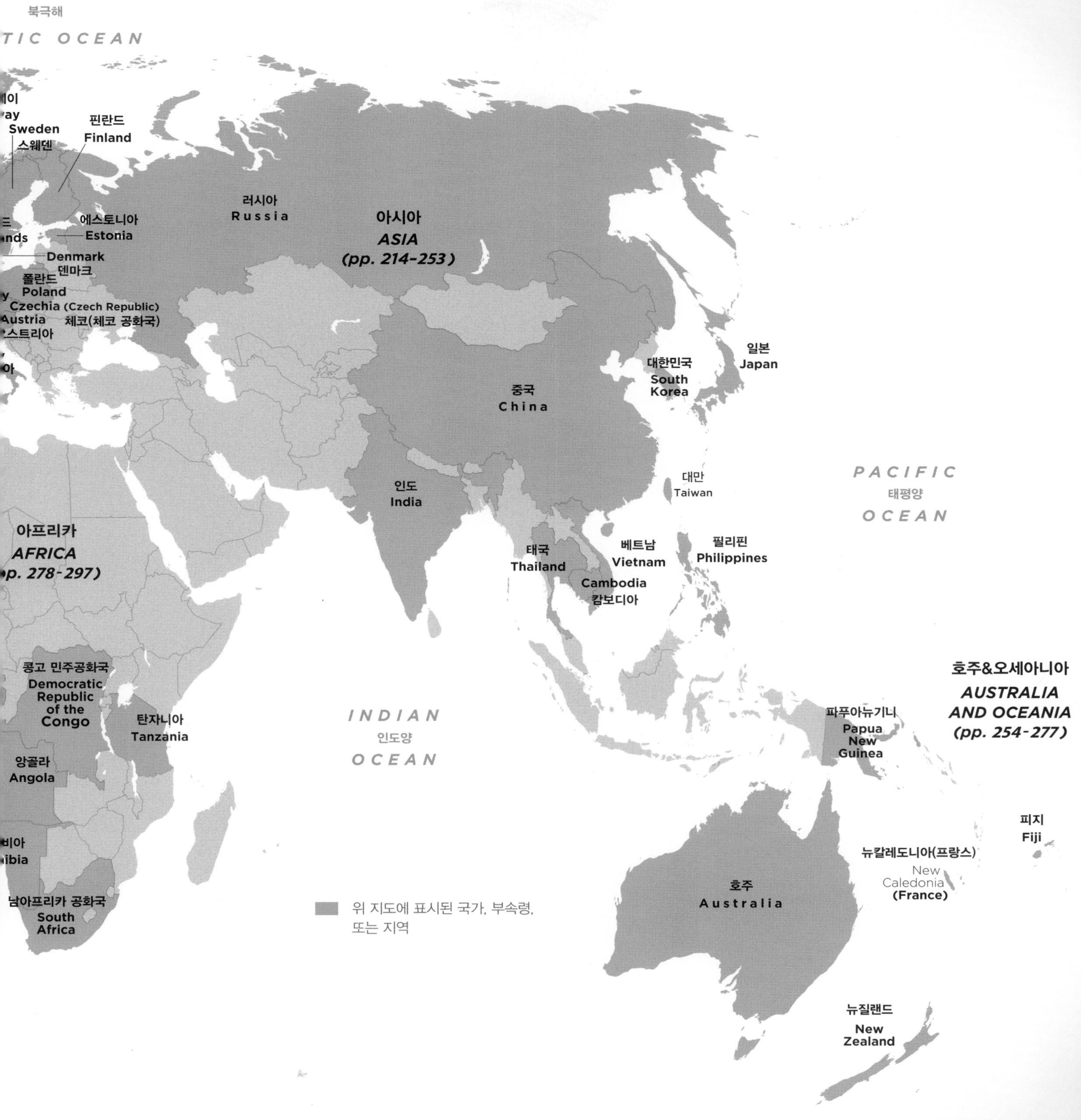

북극해

TIC OCEAN

ay

Sweden
스웨덴

핀란드
Finland

러시아
Russia

아시아
ASIA
(pp. 214-253)

에스토니아
Estonia

nds

Denmark
덴마크

폴란드
Poland

Czechia (Czech Republic)
체코(체코 공화국)

Austria
스트리아

일본
Japan

대한민국
South Korea

중국
China

PACIFIC
태평양
OCEAN

대만
Taiwan

인도
India

아프리카
AFRICA
p. 278-297)

태국
Thailand

베트남
Vietnam

필리핀
Philippines

Cambodia
캄보디아

콩고 민주공화국
Democratic Republic of the Congo

탄자니아
Tanzania

INDIAN
인도양
OCEAN

파푸아뉴기니
Papua New Guinea

호주&오세아니아
AUSTRALIA AND OCEANIA
(pp. 254-277)

앙골라
Angola

ibia

피지
Fiji

뉴칼레도니아(프랑스)
New Caledonia
(France)

남아프리카 공화국
South Africa

위 지도에 표시된 국가, 부속령, 또는 지역

호주
Australia

뉴질랜드
New Zealand

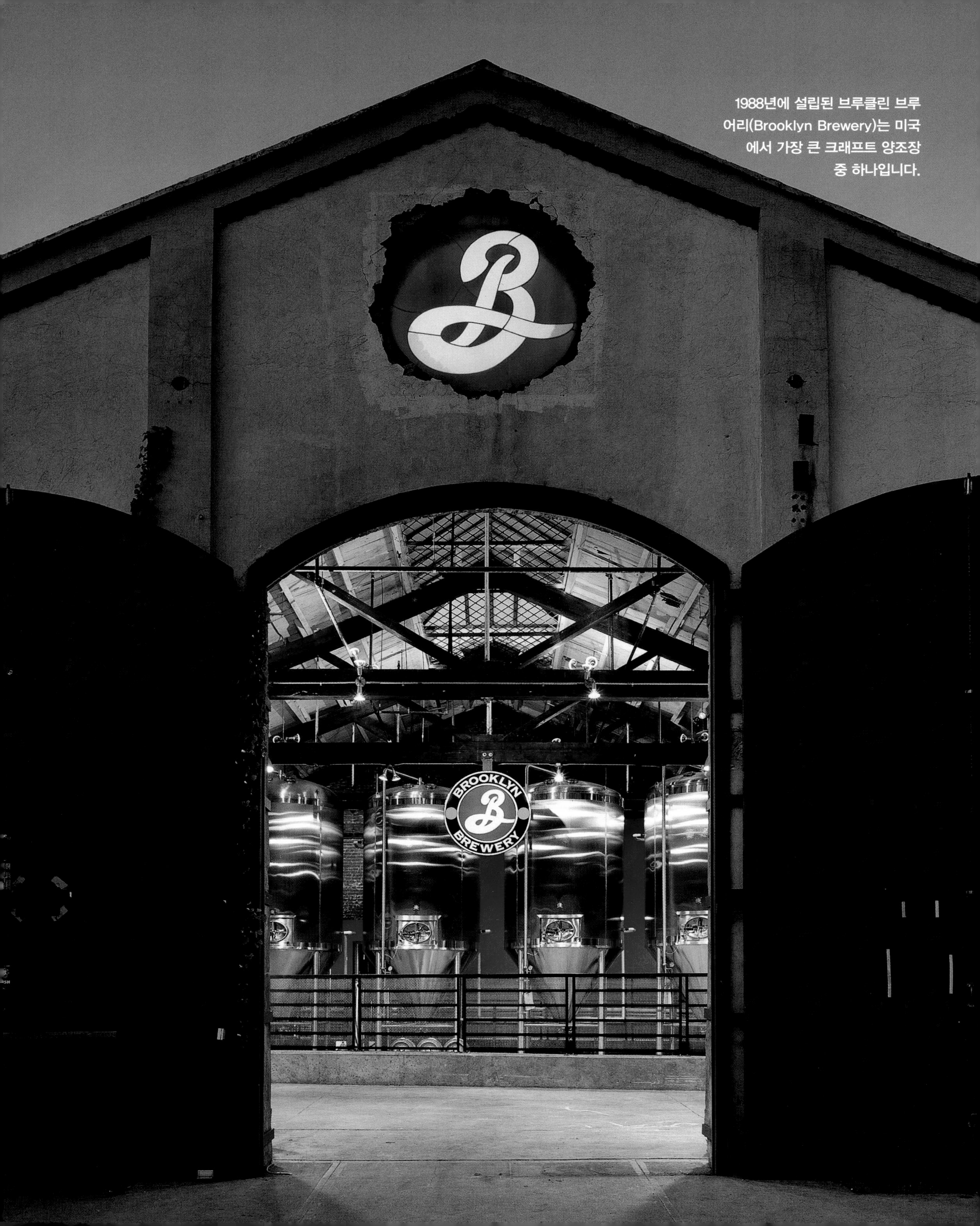

1988년에 설립된 브루클린 브루어리(Brooklyn Brewery)는 미국에서 가장 큰 크래프트 양조장 중 하나입니다.

FOREWORD

맥주잔에 세계를 담다

개릿 올리버
브루클린 브루어리의 브루마스터

저는 맥주 때문에 굳이 잉글랜드로 간 것은 아닙니다. 음악이 좋아서, 절친한 친구 때문에, 그리고 『반지의 제왕Lord of the Rings』과 몬티 파이튼Monty Python, 영국의 유명 코미디 그룹 때문에 잉글랜드로 갔습니다. 그러나, 1983년 영국에 도착했을 때, 저를 사로잡은 것은 맥주였습니다. 그때 마신 맥주는 거의 갈색에 가까운 앰버amber, 호박색색이었으며, 탄산이 적었고, 차갑지 않았습니다. 제가 지금 그 맥주를 설명하고 있지만 그다지 맛있는 맥주처럼 들리지는 않네요. 그런데, 맥주를 마시니 꽃, 건초, 과일, 캐러멜이 강하게 연상되었고, 여러 풍미가 끝없이 느껴졌습니다. 그리고 그 순간, 맥주의 세계로 가는 작은 문이 열렸습니다. 그 문을 열고 들어가니 더 멋진 삶이 펼쳐졌습니다.

한 달 후인 1984년 4월, 기차를 타고 도버Dover로 가서 프랑스행 배에 올라탔습니다. 그렇게 한 달 간의 긴 유럽 여행이 시작됐습니다. 프랑스에서 비에르 드 가르드biere de garde, 벨기에에서 람빅lambic과 트라피스트 맥주Trappist beer, 서독에서 바이스비어weissbier와 둔켈dunkel, 체코슬로바키아에서 흑맥주cerne pivo, 비엔나에서 비엔나 라거Vienna lager, 스위스 산맥에서 톡 쏘고 플린티flinty 한 필스너처럼 각 지역과 문화를 잘 보여 주는 대표 맥주를 마셨습니다. 다시 뉴욕으로 돌아온 후, 로컬 펍을 방문했는데 그곳에서는 한 가지 종류의 맥주만 제공했습니다. 저는 미국이 이것보다 더 많은 맛을 맥주에 담을 수 있다고 생각했습니다. 그리하여 유럽에서의 경험을 토대로 부엌에서 나만의 맥주를 만들기로 결심했습니다. 결국 맥주의 매력에 빠져 제가 가진 매우 비싼 영화학 학위를 제쳐 두고 브루마스터 견습생이 되었습니다. 그 뒤로 절대 뒤를 돌아보지 않았습니다.

30년 후, 브루클린 브루어리의 브루마스터로서 저는 운이 좋게도 맥주라는 마법 양탄자를 타고 세계를 둘러볼 수 있었습니다. 브루클린 브루어리의 맥주는 바바리안 왕자가 지내고 있는 성에서도, 남아프리카 공화국 판자촌의 공동 소유의 맥주 버킷에도, 알자스Alsace 지방의 홉 꽃이 활짝 핀 농장의 점심 시간에도, 브라질의 사탕수수 농장에서도, 핀란드의 얼어 붙은 호수 옆에서도, 그리고 말이 풀을 뜯어 먹고 있는 영국 더비셔Derbyshire 어느 농가의 석탄 난로 앞에서도 찾아볼 수 있습니다. 이 모든 곳의 사람들은 맥주가 제게 준 선물 같은 여행이라는 걸 모르고 브루클린 브루어리 맥주를 좋아하고 고마워합니다.

맥주는 단순히 곡물, 홉, 효모, 물로 만든 술이 아닙니다. 맥주는 사랑과 우정이며, 기술과 마법이고, 정체성이자 언어이며, 논쟁과 다툼이자, 음악과 패션이며, 대화와 혁명이며, 역사와 미래입니다. 맥주를 통해 여러분들은 문명의 성장을 따라갈 수 있고, 국가만의 특징을 느낄 수 있고, 음식 문화의 르네상스를 목격할 수 있습니다. 왜냐하면 맥주는 단순한 액체가 아니기 때문입니다. 맥주는 인류입니다. 여러분들은 이 책에서 작가인 낸시 홀스트-풀렌과 마크 W. 패터슨과 함께 모험을 떠나 세계 최고의 맥주를 만드는 사람들을 만나 보고 여러 장소를 방문할 예정입니다. 이 책에 나와 있는 순서대로 따라가다 보면 여러분들은 멋진 맥주 이야기가 가득한 멋진 여행을 하고 맥주계의 훌륭한 사람들을 만날 수 있습니다. ■

개릿 올리버는 1994년부터 브루클린 브루어리에서 브루마스터로 일하고 있습니다. 브루클린 브루어리는 2015년 판매량 기준 미국에서 12번째로 큰 크래프트 맥주 양조장입니다.

세계의 역사, 문화, 취향은
매력적인 여러 종류의
맥주를 만들었습니다.

AUTHORS' NOTE

맥주 여행의 매력에 빠지다

낸시 홉스트-풀렌 박사 | 마크 W. 패터슨 박사

언제부터 맥주를 좋아하는 사람이 되었나요? 단순히 맥주 애호가가 아니라, 맥주가 어디서 기원이 되었고, 어떻게 만들어졌고, 어떻게 많은 스타일들이 진화했는지와 같은 여러 차이를 알고 싶어 하는 맥주 애호가 말입니다. 우리는 이른 봄 미국 샌프란시스코에서 열린 지리학 학회에서 쉬는 동안 아이리시 펍에서 맥주를 마시면서 그렇게 되었습니다. 지리학자로서, 교수로서, 그리고 홈브루어로서, 우리는 단순히 맥주를 마시는 것만으로 만족하지 못했습니다. 대신에, 우리는 우리가 마시고 있는 이 신비한 맥주에 대해 심사숙고한 여러 질문을 던지기 시작했습니다. 어디서 재료가 재배되었을까? 특정 지역의 물이 어떻게 맥주 맛에 영향을 주었을까? 환경, 경제, 정치, 문화가 어떻게 우리가 마시는 맥주에 영향을 주었을까? 이러한 물음과 긴 여정을 통해 우리는 맥주에 관련된 첫 번째 저서인 『더 지오그래피 오브 비어The Geography of Beer』를 2014년에 출간했습니다.

암스테르담(Amsterdam)의 카페 헤퍼(Cafe Heffer) 야외에서 맥주를 즐기고 있는 작가들

그 이후, 우리는 계속해서 맥주와 지리학의 관계를 생각했습니다. 대학교에서 맥주와 지리학의 관계에 대한 강좌를 열어 가르쳤고, 학생들을 유럽으로 인솔해 여러 맥주 스타일에 대해 가르쳤습니다. 연구를 계속할수록 우리는 맥주가 더 많은 지리적 연관성을 가지고 있다는 것을 알게 되었습니다. 맥주는 특정 지역에서 재배한 재료를 사용해 만들었고, 이러한 맥주는 그 지역의 역사, 문화, 자연환경을 반영합니다. 핀란드의 사티Sahti, 스웨덴의 고틀랜드드릭카gotlandsdricka, 덴마크의 흐비트욀hvidtøl 같은 북유럽 국가의 팜하우스 에일farmhouse ale 맥주는 맥주의 생산과 소비가 지역적이었다는 것을 보여 줍니다. 벨기에의 트라피스트 맥주는 양조와 가톨릭 교회의 역사적 연관성을 보여 줍니다. 수수와 기장을 사용하는 아프리카의 홈브루어들은 아프리카의 자연환경과 그 지역 주민들과 밀접하게 연관되어 있습니다. 우리는 맥주가 어떻게 역사를 만들었고, 문화에 영향을 주었고, 전통을 보전하고, 때로는 부활했는지 알아보기 시작했습니다.

맥주와 지리학의 연관성에 대한 호기심은 우리를 13개월 동안 총 6대륙, 28개 국가, 160,000마일257,000km을 여행하게 만들었습니다. 우리는 400군데 이상의 양조장을 방문했으며 여러 양조사, 주인, 매니저, 바텐더들을 인터뷰했습니다. 우리는 2,000개 이상의 맥주를 맛보았고 어떻게 각 국가의 크래프트 문화가 성장하는지 보았습니다. 우리는 전 세계를 여행하면서 맥주의 역사와 문화에 자연스럽게 스며들었습니다. 그러나, 이 책은 우리의 여행 이야기가 아니라, 지리가 어떻게 여러 문화, 시간, 공간을 통해 맥주에 영향을 주었는지에 대한 심오한 이야기입니다. 이 책은 세계의 맥주가 어떻게 그 지역의 특징을 반영하는지에 대한 이야기입니다. 우리는 이 여행을 회상하기 위해 만날 때마다, 항상 이렇게 축배를 듭니다.

상처에는 연고를, 슬픔에는 환호를, 폭풍에는 고요함을, 목마름에는 맥주를For every wound, a balm. For every sorrow, cheer. For every storm, a calm. For every thirst, a beer.! ■

이 책에 대하여

이 책 『내셔널 지오그래픽의 아틀라스 오브 비어The National Geographic Atlas of Beer』는 전 세계를 여행하면서 맥주와 지역의 연관성을 탐구한 책입니다. 지리적인 측면에서 구성되어 있으며, 남극을 제외한 모든 대륙을 포함하고 있습니다. 각 챕터는 한 대륙을 중점적으로 소개하며, 그 대륙 안에 포함된 나라와 지역으로 나누어 설명하고 있습니다. 각 챕터는 맥주 스타일이 어떻게 탄생했고, 어떤 재료가 사용되며, 각 나라의 맥주가 시간에 따라 어떻게 변화했는지를 다룹니다. 이 책에는 100개 이상의 지도가 포함되어 있습니다. 이 책의 사이드바에는 맥주 테이스팅 팁, 흥미로운 문화적 내용, 맥주 애호가들의 필수 코스 같은 재미있는 내용도 포함하고 있습니다. 이제 이 책의 주요 구성을 살펴봅시다.

대륙 소개

각 챕터의 첫 부분에 나오며, 이러한 소개글은 각 대륙의 맥주 역사와 문화에 대한 전반적인 내용을 포함하고 있습니다. 각 대륙의 지리, 특정 재료, 현대 맥주계에 대한 내용을 포함하고 있습니다.

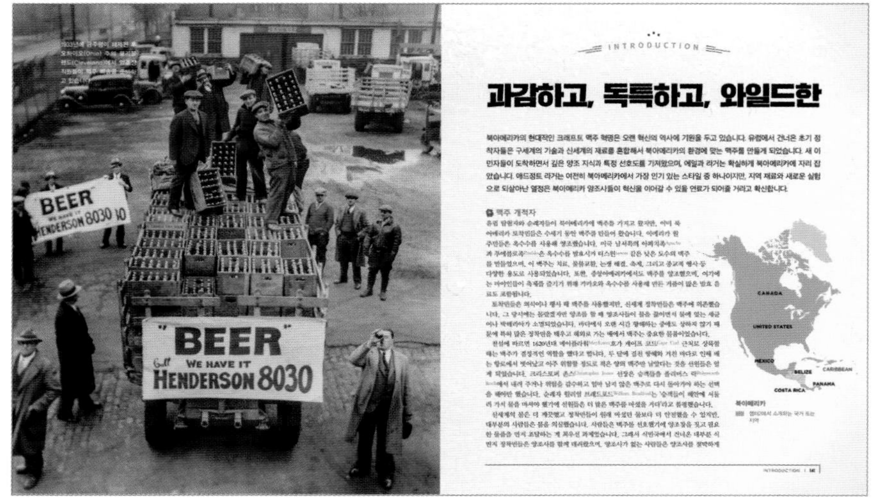

브루라인(Brewline) & 맥주 축제

브루라인은 각 대륙의 맥주 역사에서 주목할 만한 사건을 표시한 연표입니다. 축제 부분은 400명의 양조사들을 인터뷰한 내용을 종합하여 각 대륙의 최고의 맥주 축제를 소개하고 있습니다. 빨간색 원형 도형에는 각 지역의 맥주 관련 기이한 내용이나 상식을 제공합니다.

비어 가이드

이 부분은 지역 양조사와 업계에서 일하는 사람들을 인터뷰한 내용을 종합하여 해당 국가에서 맥주를 마시러 꼭 가 봐야 하는 장소를 선정해 소개합니다. 이렇게 선정된 장소와 그 나라의 모든 양조장 위치가 지도에 표기되어 있습니다. 각 장소 옆에 표기된 숫자는 순위가 아니라 쉽게 찾도록 지도에 표기해 놓은 숫자와 동일한 숫자입니다.

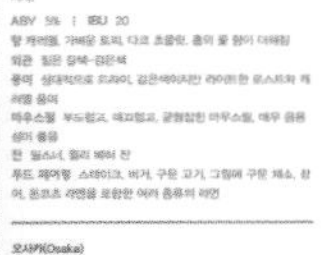

지역 맥주

한 국가의 광범위한 맥주 지리 정보를 지역마다 다룹니다. '개릿 올리버와 함께하는 맥주 테이스팅' 부분에서는 브루클린 브루어리의 브루마스터 개릿 올리버가 토착 맥주 스타일이나 지역 크래프트 맥주를 소개합니다. 'Local Flavor(지역 풍미)' 부분은 지역 맥주 문화와 양조 방법에 대해 더 심도 깊게 다룹니다.

각 대륙의 다른 나라 현황

각 챕터에서 다룬 대륙의 떠오르는 여러 맥주 국가를 소개하며 챕터를 마무리합니다. 각 국가의 맥주 생산량, 소비량, 각 국가의 병맥주 평균 가격에 대해 소개합니다.

INTRODUCTION

맥주의 중요성

인류를 형성한 맥주

맥주의 주요 4가지 재료인 곡물, 물, 홉, 효모를 생각한다면 맥주는 간단해 보이지만, 맥주의 역사와 지리는 놀랍게도 매우 복잡합니다. 맥주는 피라미드를 건설하던 노동자들에게 지급되었고, 왕족과 귀족들의 권력을 승계하는 데 사용되었고, 전쟁 때 군인들의 사기를 북돋았고, 대항해 시대 때 항해사들의 삶을 지속시켜 주었던 술이었습니다. 많은 맥주 스타일은 6대륙의 농업, 경제, 정치, 문화 분야에 두루 영향을 주었고, 이들은 다시 차례로 맥주 스타일을 형성하는 데 영향을 주었습니다.

20세기 초반 바의 모습

고고학적 증거에 따르면 기원전 7000년 전부터 중국에서 맥주가 만들어졌다고 합니다. 인류는 빵을 생산하기 위해 곡물을 경작했지만, 정착생활을 시작하는 데 맥주가 큰 요인이었다는 것을 암시하는 증거가 있습니다. 맥주는 인류의 많은 중요한 이야기를 통해 인류의 역사와 연관되어 있습니다.

맥주는 인류의 예술, 식습관, 탐험, 사회적 의식에 영향을 끼쳤고, 심지어 혁명이 일어나는 데 영향을 주기도 했습니다. 약 4000년 전인 고대 메소포타미아의 수메르인들은 맥주의 신에게 바치는 '닌카시 찬가A Hymn to Ninkasi'라는 시를 썼습니다. 중세시대서기 500-1500년, 유럽에서 맥주는 물보다 마시기 안전했습니다. 그래서 왕족, 귀족, 종교 지도자들은 맥주를 지배하기 위해 싸웠습니다. 맥주 생산권을 지배하는 사람은 누구건 엄청난 권력을 가질 수 있었습니다. 맥주는 15세기와 17세기 다른 세상을 탐험할 수 있게 탐험가들의 삶을 지속시켜 주었습니다. 메이플라워Mayflower호가 청교도인들을 1620년에 예정된 도착지가 아니라 플리머스 바위Plymouth Rock에 내려 준 이유 중 하나는 선원들의 맥주가 동이 나는 것을 두려워했기 때문입니다. 네덜란드 저지대 지방의 분리와 결과적으로 벨기에 국가 형성을 초래한 네덜란드 독립전쟁1568-1648년에서 맥주로 인한 수익금은 재정적으로 중요한 역할을 했습니다. 대항해 시대와 그 이후, 경제적인 이유와 전쟁으로 프랑스와 오스트리아 같은 국가의 양조사들은 벨기에나 미국 같은 다른 나라에 정착했습니다. 그들은 새로운 환경에서 양조 지식을 적용하여 우리가 지금 사랑하는 맥주 스타일과 문화를 형성했습니다.

맥주 이야기는 궁극적으로는 지리학 이야기입니다. 특정 지역에서 자라는 작물과 사용하는 물, 기술과 인간의 이주가 미치는 영향, 맥주의 생산과 소비를 형성한 정치에 대한 이야기입니다. 이 책은 맥주의 발전, 스타일의 채택, 지역 전통의 중요성, 새로운 분야로 탐험에 대한 내용을 다루고 있습니다. 지리학을 통해 인류가 어떻게 자연환경과 상호작용을 하는지 공간적 유사성과 차이점을 살피며 알아봅니다. 1516년 바바리아의 순수령은 어떻게 바바리아 맥주를 특별하게 만들었을까요? 벨기에에서는 왜 독일처럼 라거가 유행하지 않았을까요? 어떻게 오스트리아의 맥주 스타일이 멕시코의 라거 맥주를 규정하게 되었을까요? 어떻게 미국 홉이 전 세계 맥주 스타일에 영향을 주었을까요? 어떻게 지역 맥주가 대량 생산 맥주가 되었고, 일부 힘 있는 기업이 이들을 통제하게 되었을까요?

오늘날 세계에서 가장 큰 맥주 대기업 4곳은 전 세계 맥주 시장을 생산량 기준으로 보면 거의 절반을 차지하고, 판매량 기준으로는 75% 정도를 차지합니다. 가장 많이 소비하는 맥주 스타일은 바바리아독일와 보헤미아체코에서 유래된 페일 라거pale lager 스타일이지만, 페일 라거의 발전은 전 세계적입니다. 이러한 맥주 대기업들은 전 세계 맥주계를 단일화하고 지역적 영향을 배제시켰습니다. 이러한 단일성은 크래프트 양조사들이 새로운 스타일의 맥주를 찾는 맥주 애호가들을 위해 흥미로운 맥주를 선보이게 만들었습니다. 국가마다 정의는 다르지만, 크래프트 브루어리는 상대적으로 생산량이 적고 여러 스타일을 생산하는 마이크로 브루어리micro brewery입니다. 크래프트 양조사들은 새로운 도전을 두려워하지 않고, 맥주에 대한 정의와 새로운 맥주 스타일을 계속해서 만듭니다.

전 세계 맥주계는 시간과 공간, 대륙과 나라에 따라 변화하며, 각 지역은 그 지역만의 이야기를 가지고 있습니다. 이 책은 맥주의 재료, 여러 영향산업화, 전쟁, 금주령, 세계화, 변화하는 취향에도 살아남은 맥주 스타일, 맥주의 역사를 만든 맥주계의 인물들, 전통적인 맥주 강국들, 맥주 분야가 성장하는 신흥 국가들의 이야기를 다룹니다.

이 책에 소개된 나라, 지역, 양조장, 맥주 축제, 맥주 스타일의 선정에 대해 논쟁의 여지가 있을 수 있습니다. 솔직히 얘기하자면, 몹시 힘들었고 열렬한 논쟁을 통해 선정했지만, 여러분들 모두가 우리의 선택에 만족스럽지는 않을 것입니다. 이 책에서 소개된 국가에서 어떻게 맥주가 삶의 일부가 되었고 앞으로 어떻게 나아갈지 이해하는 데 도움을 준 양조사들에게 감사를 표하고 싶습니다. 우리가 발전하는 세계의 맥주를 이해하기 위해 전 세계 방방곡곡을 다닌 것처럼 여러분들도 이 책을 통해 우리와 함께하시기 바랍니다. ■

맥주의 떼루아

맥주의 맛을 결정하는 지리적 요인

보리와 밀밭이 미국 워싱턴 주의 휘트먼 카운티(Whitman County)의 풍경을 아름답게 합니다.

프랑스어 떼루아Terrior는 '땅' 또는 '토양'이라는 뜻이지만, 이 단어의 의미는 이것보다 더 복잡합니다. 떼루아는 자연환경토양, 강수량, 온도, 일교차이 음식과 음료의 특징에 어떤 영향을 주는지 농업적인 측면에서 맛을 탐구하는 것입니다. 다시 말해, 떼루아는 지역이 맛에 영향을 준다는 의미입니다. 주로 와인 분야에서 떼루아가 관련되어 있지만, 맥주의 경우 주요 4가지 재료인 곡물, 홉, 물, 그리고 효모에 따라 맥주의 특징이 크게 영향을 받습니다. 이러한 주요 재료의 품질과 특징은 재료가 자라는 장소와 환경에 의해 변해, 각각의 맥주를 특별하게 만드는 특유의 풍미를 만듭니다.

곡물

곡물은 몰팅malting, 전분을 당분으로 변환하는 데 필요한 효소를 만들기 위해 곡물을 발아시키는 과정을 누가 하느냐에 따라 크게 영향을 받습니다.

또한 곡물은 어디서 자라느냐에 따라 다른 풍미를 냅니다. 양조에 사용되는 주요 곡물은 보리, 밀, 호밀로, 그중 보리는 가장 자주 쓰이는 곡물입니다. 일부 역사학자들은 맥주에 대한 열망이 기원전 약 8000년 경 고대 비옥한 초승달 지대(지금의 중동지역)에서 인류의 경작을 이끌었다고 합니다. 보리는 베이스 몰트base malt로 사용되며 단백질, 미네랄, 발효 가능한 당분을 제공하며, 스페셜티 몰트specialty malt는 색깔, 아로마(향), 풍미에 영향을 줍니다. 맥아화 하지 않은 보리unmalted barley는 맥주를 묵직하게 하며 풍성한 거품을 줍니다(기네스를 생각해 보세요).

보리와 같은 시기쯤에 경작을 시작한 밀은 따뜻하고 습기가 있는 지중해 동쪽 지역에서 유래되었습니다. 주로 보리와 함께 밀 맥아 또는 맥아화 하지 않은 밀을 주로 보리와 함께 사용하며, 밀의 단백질은 맥주에 가득 찬 느낌의 마우스필과 바디감을 부여하며, 묵직하게 하고, 더 오래 지속되는 거품을 제공합니다.

호밀은 크리스피하고, 약간의 스파이시한 특징을 제공합니다. 빵, 민트의 풍미가 있는 동유럽의 크바스kvass, 쥬니퍼juniper가 들어간 핀란드의 사티sahti, 그리고 스파이시한 독일의 중세 로겐비어roggenbier 같은 주로 북유럽 스타일의 맥주에 사용됩니다.

귀리, 옥수수, 쌀, 기장, 수수 같은 부차적인 곡물은 전체 곡물 함유량에서 중요한 보조적인 역할을 합니다. 이러한 곡물과 추가적으로 사용하는 부가물은 맥주의 기반을 구성합니다.

청동기 시대기원전 2400-800년가 시작하기 이전까지 잡초로 여겨진 귀리는 경작을 하기 시

보리

밀

호밀

주요 곡물

주요 곡물 생산 지역
(주요 곡물에는 보리, 밀, 호밀이 포함됩니다)

북극해
ARCTIC OCEAN
북아메리카
(NORTH AMERICA)
유럽
(EUROPE)
아시아
(ASIA)
ATLANTIC
대서양
OCEAN
PACIFIC
태평양
OCEAN
아프리카
(AFRICA)
PACIFIC
태평양
OCEAN
세아니아
CEANIA)
남아메리카
(SOUTH AMERICA)
INDIAN
인도양
OCEAN
호주
(AUSTRALIA)
오세아니아
(OCEANIA)

작한 마지막 곡물 중 하나입니다. 귀리는 부드럽고 풍부한 질감을 주는 부가물adjunct입니다. 1890년대 스코틀랜드에서 스타우트를 만들 때 귀리를 사용했는데, 귀리의 효능을 내세워 인기를 얻었습니다.

발효 가능한 당분이 많은 옥수수는 멕시코에서 처음 경작되었고 남아메리카에서 주로 재배되었습니다. 남아메리카에서는 옥수수를 사용해 치차chicha를 만들었습니다. 쌀은 아시아의 가볍고 깔끔한 라거를 만들 때 인기 있는 재료이며, 아주 적은 맛을 냅니다. 옥수수와 쌀은 모두 아메리칸 스타일 라거를 만들 때 사용되며, 미국 보리로 인해 생기는 탁함과 안정성 문제를 해결하는 데 도움을 줍니다.

아프리카에서 인기 있는 기장과 수수는 글루텐gluten을 함유하지 않았으며, 보리와 밀을 대신해 사용하는 양조사들이 전 세계적으로 많이 늘고 있습니다.

홉

홉은 홉 식물의 암꽃으로, 맥주의 아로마, 풍미, 쓴맛을 주는 알파산alpha acids과 에센셜 오일essential oil을 함유하고 있습니다. 미국에서 재배되는 홉은 코를 찌르는 듯하고 눅눅하며 강한 시트러스citrus와 솔pine의 풍미를 가지고 있습니다. 그러나, 같은 홉을 영국에서 재배하면, 홉의 풍미는 더 섬세하며 부드럽고 특징이 더 완화됩니다.

부차적인 곡물

부차적 곡물을 생산하는 지역
(귀리, 옥수수, 쌀, 기장, 수수는 부차적인 곡물에 포함됩니다)

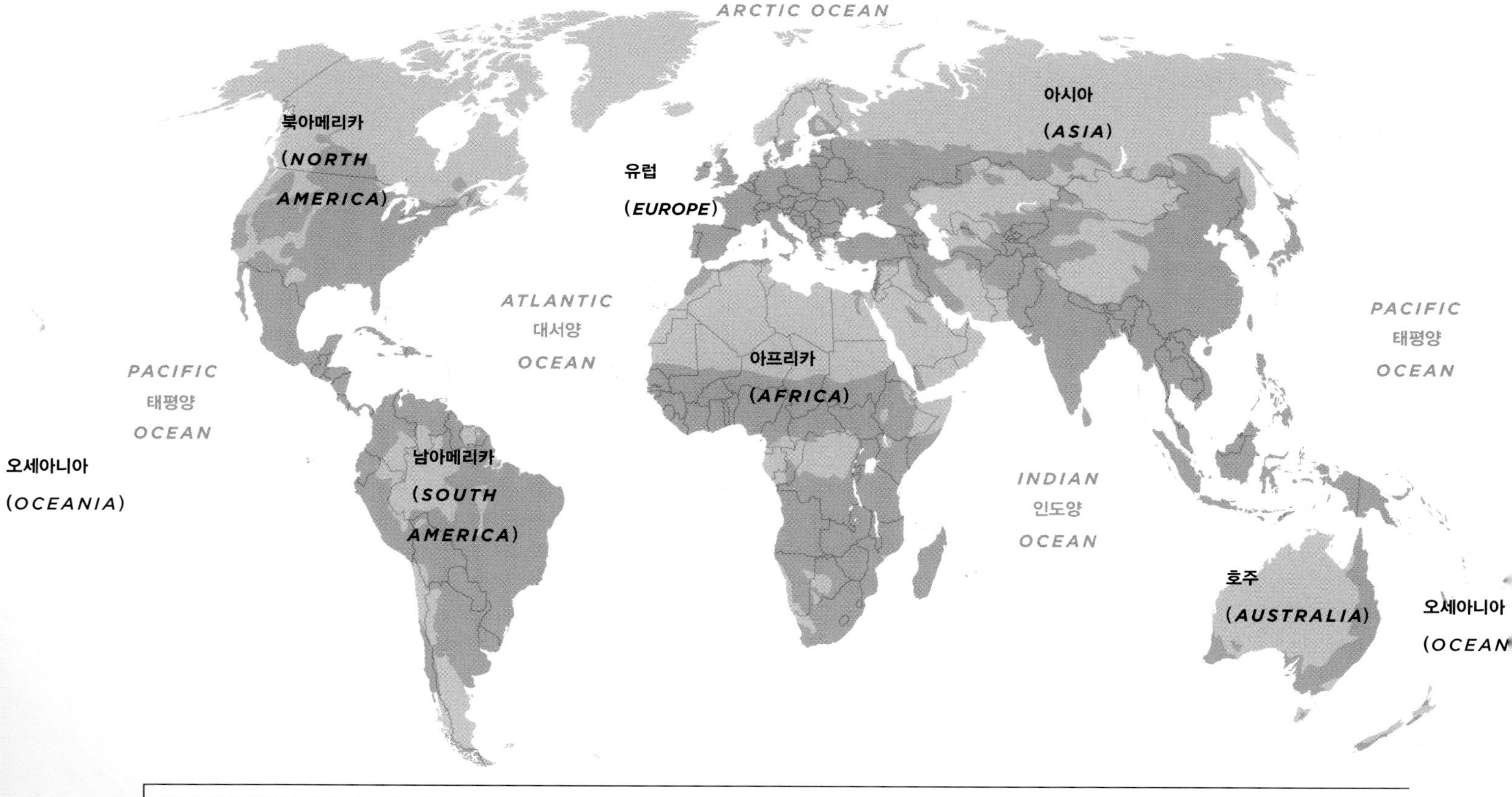

북극해
ARCTIC OCEAN
북아메리카
(NORTH AMERICA)
유럽
(EUROPE)
아시아
(ASIA)
ATLANTIC
대서양
OCEAN
PACIFIC
태평양
OCEAN
아프리카
(AFRICA)
PACIFIC
태평양
OCEAN
오세아니아
(OCEANIA)
남아메리카
(SOUTH AMERICA)
INDIAN
인도양
OCEAN
호주
(AUSTRALIA)
오세아니아
(OCEAN

독일이나 체코의 구세계 홉 종류(노블 홉noble hops 같은)는 영국의 클래식한 골딩Golding과 퍼글Fuggle 홉과 함께 상대적으로 낮은 쓴맛과 풍부한 아로마를 가지고 있으며, 반면에 미국 홉은 쓴맛과 아로마 모두 강합니다.

물과 효모

화학과 물 처리 과정에 기술이 진보되기 이전에는, 물의 품질은 오로지 지리적인 요인에 의해 결정되었습니다. 미네랄이 적은 연수는 깔끔하고 크리스피한 라거를 만들기에 적합하고, 반면에 미네랄이 풍부한 경수는 에일과 흑맥주의 풍미를 향상시킵니다. 물은 맥즙의 풍미, 홉의 쓴맛, 몰트의 풍부함과 같은 요인에 영향을 줄 수 있으며, 양조과정에 많은 영향을 줍니다.

효모가 1680년에 처음으로 관찰되고, 발효를 1857년에 공식적으로 이해하기 이전에, 효모는 자연환경에서 자연스럽게 맥주에서 그 역할을 찾아 맥주에 가장 큰 풍미를 더해 주었습니다. 사워 맥주sour beer, 람빅lambic, 와일드 에일wild ale, 플랜더스 레드Flanders red와 같은 맥주는 모두 공기 중이나 나무 배럴에서 비롯되는 효모와 박테리아에 의해 발생되는 풍미를 잘 드러내는 맥주입니다. 맥주의 떼루아에서 물과 효모는 지리적 특징이 중요하다는 것을 입증하는 최고의 증거입니다. ■

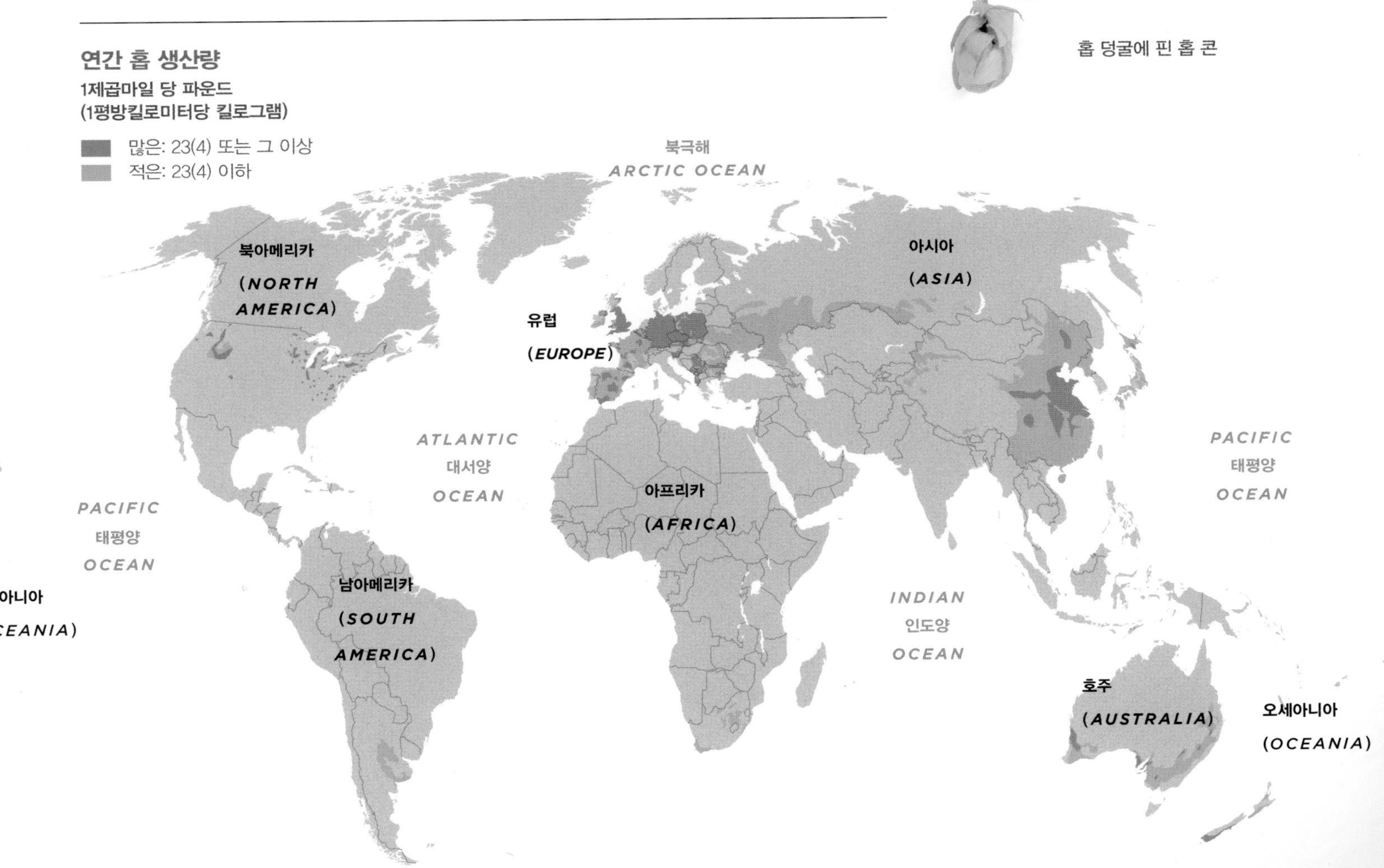

홉 덩굴에 핀 홉 콘

맥주 문화

끊임없이 발전하는 맥주계

맥주는 단순히 대중만을 위한 술이 아닙니다. 독일 같은 나라의 정부는 국빈 방문으로 독일을 방문하는 해외 고위 관리들에게 맥주를 대접합니다.

맥주는 전 세계 사회의 구조와 오랫동안 연관되어 있었습니다. 맥주는 사회적 지위를 결정했고, 종교적 의례와 의식을 강화했고, 사회적 통합을 증진시키고, 문화적 전통과 가치를 설립했습니다. 맥주는 사회적 윤활제, 축하의 수단, 의학 처방용, 사회적 변형의 촉매제였습니다. 일부 지역에서 맥주는 사회, 지역, 또는 국가를 정의하는 액체 형태의 유산입니다.

평균적으로 1인당 연간 약 7갤런26L 정도의 맥주를 소비합니다. 맥주가 모든 곳에서 인기 있는 주류가 아니기 때문에 이 평균치는 약간 왜곡되어 있지만, 맥주는 북아메리카 대부분의 지역, 남아메리카의 북쪽 지역, 서유럽, 아프리카 남쪽 지역, 오세아니아에서 사람들이 선호하는 주류입니다. 유럽 국가들은 전 세계에서 맥주 소비량이 가장 많으며, 체코의 1인당 연간 맥주 소비량은 약 38갤런144L으로, 세계에서 가장 많이 맥주를 소비합니다. 맥주 소비량이 높은 국가들이 지리적으로 북유럽과 영국 사이인 '비어 벨트beer belt'에 위치한 것은 놀랍지 않은 사실입니다. 그리고 비어 벨트 지역은 보리와 홉을 재배하기에 이상적인 조건을 가지고 있으며, 이러한 곳에서 맥주는 역사적으로 인기 있던 술이었습니다.

맥주 소비는 인구 규모와 많은 연관이 있습니다. 미국, 브라질, 러시아, 인도, 중국을 합치면 전 세계 맥주 시장의 거의 15%를 차지하고 있습니다. 크래프트 양조장이 제공하는 스타일의 확대는 맥주 소비자가 증가로 이어져 맥주 소비량은 앞으로 몇 년간 증가할 것으로 보입니다.

맥주 소비량의 증가와는 다르게, 맥주 생산량은 줄어들었습니다. 전 세계적으로 크래프트 맥주의 상승세에 지역 라거를 만드는 대형 맥주 회사는 큰 역풍을 맞았습니다. 일반적으로 소비자들은 크래프트 맥주를 적게 마시지만, 크래프트 맥주에 더 많은 돈을 지불합니다. 2009년 이후 크래프트 맥주 시장 점유율이 꾸준히 증가하는 것을 통해 크래프트 맥주에 더 많은 비용을 소비하는 프리미엄화 경향을 엿볼 수 있습니다.

대형 맥주 회사들은 여전히 충분한 자금과 큰 브랜드 파워를 가지고 있어, 그들의 대중적인 페일 라거가 사라질 위기는 없습니다. 이러한 거대한 맥주 회사들은 다른 회사를 합병하고, 유명하고 기반이 잘 잡힌 크래프트 양조장을 인수하여 그들의 진영으로 끌어들이려고 하고 있습니다. 그러나 이러한 상황에서도 크래프트 양조사들은 계속해서 맥주계에 큰 인상을 주고 있습니다. 크래프트 양조사들은 지역을 기반으로 하는 맥주 스타일로 돌아가, 특정 지역 브랜드를 인기화하거나, 오랫동안 잊혀졌던 스타일을 다시 복원하고, 스타일 분류가 힘든 맥주를 만듭니다.

많은 나라에서 소규모 양조장의 수가 증가하고 있습니다. 대부분의 미국인들은 10마

일16km 안에 크래프트 양조장이 있는 지역에서 살고 있습니다. 맥주는 점차 소비자와 가까운 곳에서 생산되고 있으며, 많은 양조장, 브루펍, 바, 그리고 맥주 전문점들은 지역 맥주 문화를 만들어가고 있습니다.

맥주 종류와 스타일

맥주 종류는 여러 방법으로 나뉠 수 있으며 많은 이름으로 불립니다. 맥주 발효 방식으로는, 3가지로 분류할 수 있습니다. 따뜻한 온도에서 발효하는 상면 발효에일, Ale, 차가운 온도에서 발효하는, 하면 발효라거, Lager, 그리고 자연 그대로의 즉흥 발효람빅, Lambic과 와일드 에일, Wild Ale. 그러나, 실제로는 발효에 사용되는 효모가 맥주의 종류를 결정합니다. 사카로마이세스 세레비지애Saccharomyces cerevisiae 효모는 에일을 만들 때 사용되며, 사카로마이세스 파스토리아누스Saccharomyces pastorianus 효모는 라거를 만들 때 사용되며, 브레타노마이세스Brettanomyces를 포함한 여러 야생 효모는 람빅이나 와일드 에일을 만들 때 사용됩니다.

맥주 스타일은 이러한 맥주 종류 중 하나에 포함되지만, 맥주 스타일은 항상 새롭게 만들어지거나 새롭게 재해석됩니다. 그렇다면 공통적으로 통용되는 맥주 스타일의 개수가 있을까요? 정답은 '아니오'입니다. 그렇다면 스타일 지정은 맥주를 인지하고, 분류하고, 색깔, 맛, 특징을 구별하고, 맥주의 기원과 전통의 진가를 아는 데 도움이 될까요? 네, 확실히 도움이 됩니다.

연간 맥주 생산량

연간 백만 U.S 배럴
(연간 백만 헥토리터)

- 5.1(6) 이상
- 1.9–5.1(2.2–6)
- 0.6–1.8(0.7–2.1)
- 0.6(0.7) 이하
- 자료 없음

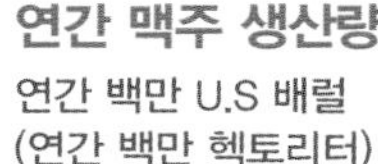

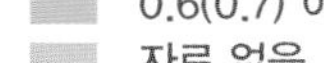

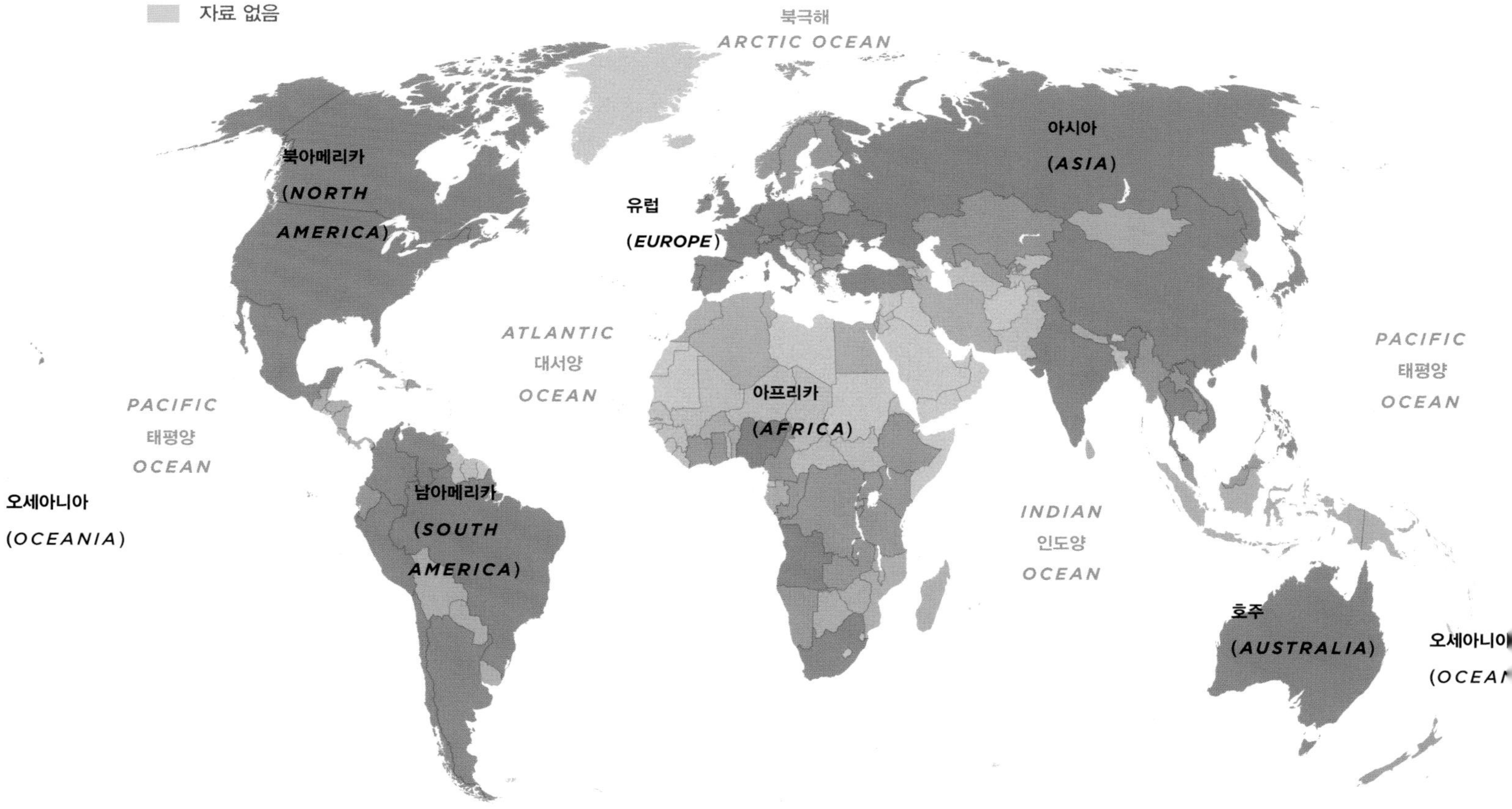

이 책에 실린 맥주 스타일 지도는 맥주와 지리적 연관성에 중점을 두었기 때문에, 일반적인 맥주 스타일 분류와는 차이가 있을 수 있습니다.

주요 맥주 스타일의 지리적 기원

맥주 스타일은 전 세계적으로 유래되었지만, 대부분은 벨기에, 독일, 영국, 미국에서 유래되었습니다.

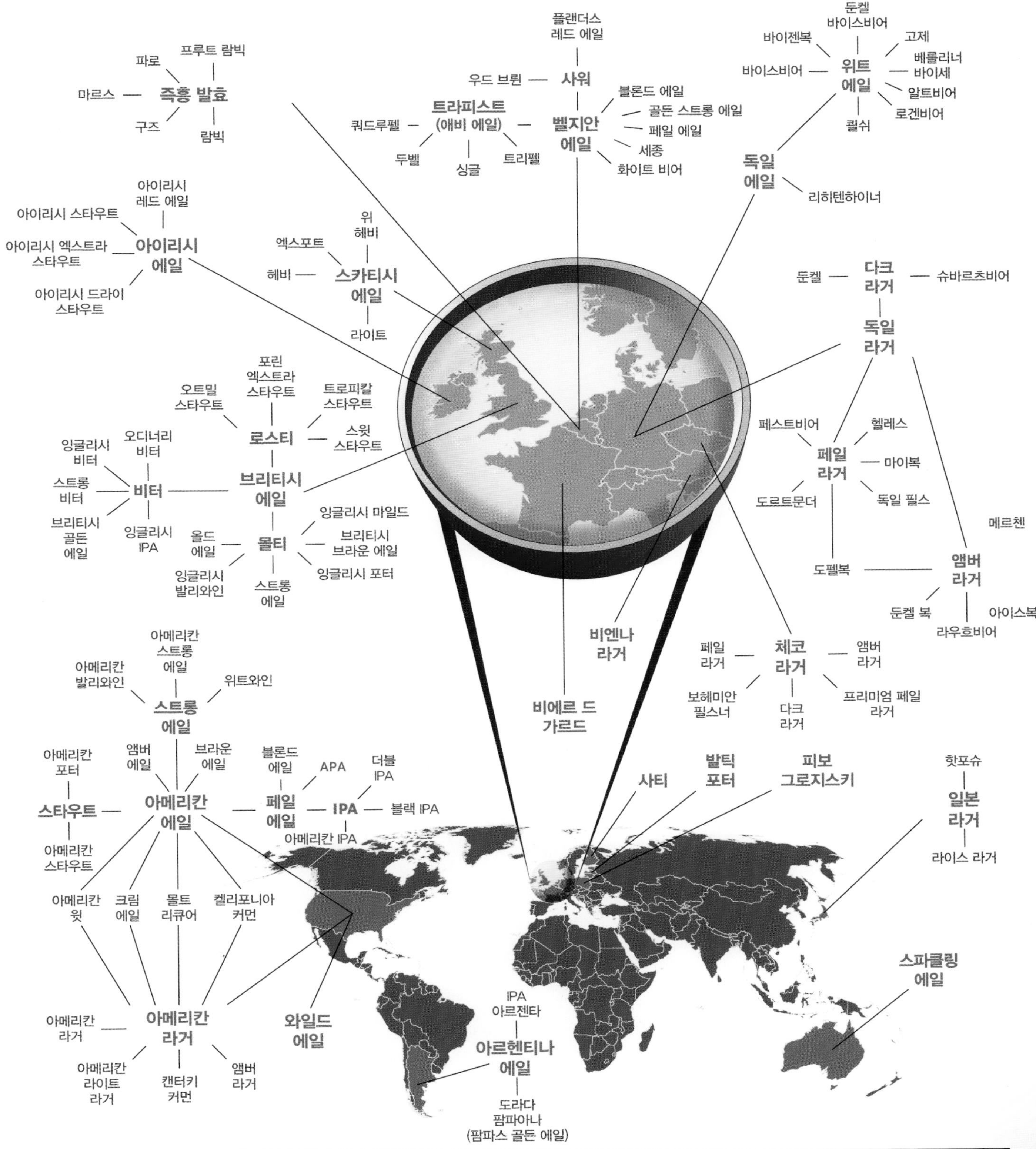

완벽하게 맥주 따르기

맥주에 대한 오해 또는 까다로운 취향과는 다르게, 캔맥주는 병맥주만큼 품질이 좋습니다. 맥주 포장 용기에 상관없이 대부분의 맥주는 맥주잔에 따라 마십니다. 맥주를 맥주잔에 따르면 양조사들이 가장 공들이는 요소 중 하나인 향아로마을 맡을 수 있습니다. 다음과 같은 맥주 서빙 팁을 따라 하면 모든 맥주를 최적의 상태에서 즐겁게 즐길 수 있습니다.

맥주 서빙 온도 체크하기

모든 맥주는 항상 차갑게 서빙하지 않습니다. 실제로 대부분은 차갑게 서빙해서는 안 됩니다. 온도는 맥주를 즐길 때 고려해야 할 가장 중요한 요소이며, 일반적으로 다음과 같은 세 가지 기본 사항을 잘 따르면 맥주를 좀 더 즐겁게 즐길 수 있습니다. 첫째, 맥주 도수가 높으면 맥주 서빙 온도도 높아야 합니다. 두 번째, 어두운색 계열 맥주는 일반적으로 좀 더 따뜻한 온도에서 서빙해야 합니다. 세 번째, 효모취가 아예 없거나 조금 있는 맥주는 차갑게 서빙해야 합니다. 예를 들어 깔끔하고 드라이한 맛을 가진 라거는 차갑게 서빙해야 합니다. 얼린 맥주잔에 맥주를 서빙하면 절대 안 됩니다. 지나치게 차가운 온도는 맥주의 풍미를 약화시킵니다.

모두 같지 않은 맥주 거품

맥주 거품은 항상 나쁜 게 아닙니다. 특정 맥주 스타일은 거품이 있는 것이 더욱 좋습니

맥주 양조 과정

맥주 양조 과정은 많은 미세한 차이가 있을 수 있으며 양조할 때 다음과 같은 큰 기계들을 항상 사용하는 것은 아닙니다. 다음과 같은 일련의 맥주 양조 과정은 일반적으로 곡물, 홉, 물, 효모가 우리가 좋아하는 맥주로 변화하는 과정을 보여 줍니다.

1 | **분쇄**

곡물 분쇄기로 맥아 곡물(물에 담가놓은 곡물이 발아하며 전분 함량을 최대화합니다)을 분쇄합니다. 곡물이 분쇄되면서 곡물 내부가 노출됩니다.

2 | **당화**

뜨거운 물이 담긴 당화조(mash tun's)에 분쇄한 곡물을 넣습니다. 전분을 분해 가능한 당분으로 바꾸고, 단백질을 분해하는 여러 효소가 활성화됩니다. 당분이 함유된 액체를 '맥즙(wort)'이라고 부릅니다.

3 | **맥즙 여과**

맥즙 여과기(lauter tun)에서 맥즙과 곡물 찌꺼기를 분리합니다. 그 후 스파징(sparging) 과정이 시작됩니다(스파징 과정은 곡물에서 가능한 많은 당분을 추출하기 위한 과정입니다).

4 | **끓이기**

보통 한 시간 정도 맥즙을 케틀(kettle)에서 끓입니다. 끓는 동안 여러 단계에서 홉을 추가합니다. 끓임 초반에 넣는 홉은 맥주의 쓴맛에 영향을 주고, 나중에 추가되는 홉은 풍미와 아로마에 영향을 줍니다.

5 | **침전**

홉이 첨가된 맥즙은 침전조로 이동하며 침전 과정을 통해 홉 잔여물과 단백질을 분리합니다.

다. 위트 에일과 같은 일부 맥주 스타일은 여과를 하지 않기 때문에 남아 있는 효모, 홉, 단백질의 영향으로 풍성한 거품을 가지고 있습니다. 가스와 20%의 맥주가 섞인 맥주 거품은 쓴맛을 내는 이산화탄소를 제거할 수도 있습니다. 또한 거품은 양조 과정에서 얻을 수 없는 질감의 미묘한 변화를 줄 수 있습니다. 캐스크 숙성된 에일이나 배럴 숙성 맥주를 마신다면, 케그와 병맥주보다 매우 적은 거품에 약간은 밋밋할 수 있다고 생각하면 됩니다.

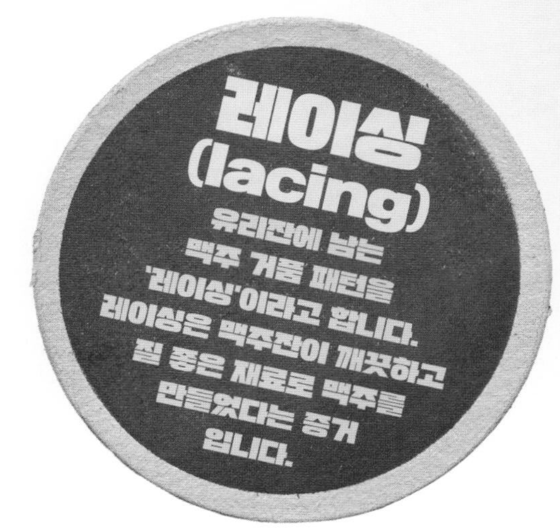

맥주잔의 중요성

알맞은 맥주잔은 맥주 특성을 잘 나타내며 색깔, 아로마, 맛을 강조하는 역할을 합니다. 일부 바에서는 맥주 스타일에 상관없이 파인트 잔을 사용하지만, 모든 바에서 파인트 잔에 맥주를 서빙하지는 않습니다. 벨기에에서는 모든 맥주 브랜드는 맥주를 더 즐겁게 즐길 수 있는 브랜드 고유의 전용잔이 있습니다. 맥주잔은 중요하기 때문에 때로는 맥주를 만들기도 전에 맥주잔을 먼저 만들 때도 있습니다40쪽 참조.

더러운 맥주잔의 증거 – 기포

맥주 한가운데 기포가 올라온다고 싫어 하지 마세요. 이산화탄소가 탈출하는 것으로 매우 정상적인 현상입니다. 그러나 기포가 유리잔에 붙어 있다면 무엇을 의미할까요? 바로 맥주잔이 더럽다는 증거입니다. 더러운 맥주잔은 맥주 맛과 질감에 기여하는 거품을 없앱니다. ■

6
냉각
효모를 넣기 위해 열교환기를 사용해 맥즙의 온도를 빠르게 낮춥니다. 온도를 빠르게 낮출수록, 맥주의 산화와 이취가 생길 가능성을 낮출 수 있습니다.

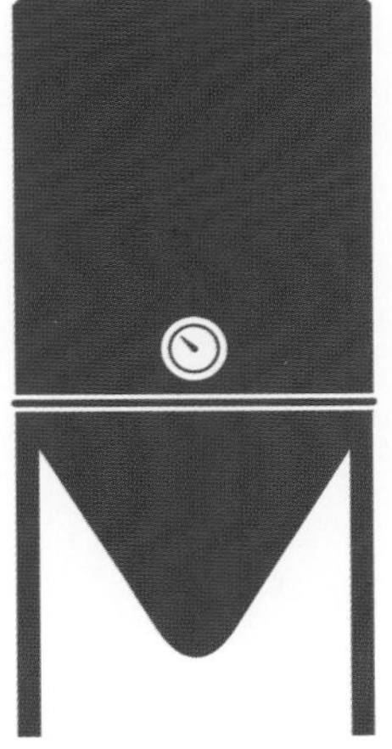

7
발효
맥즙이 발효조로 옮겨지고 효모가 첨가됩니다. 효모가 당분을 먹고 발효 과정에서 알코올과 이산화탄소라는 두 가지 주요한 부산물을 생산합니다.

8
여과(선택적 사항)
여과장치로 남아 있는 잔여물을 제거합니다. 일부 양조사들은 이 과정을 건너뛰고 맥주를 탁하게 둡니다. 여과는 숙성 과정 전후와 숙성 중에 진행될 수 있습니다.

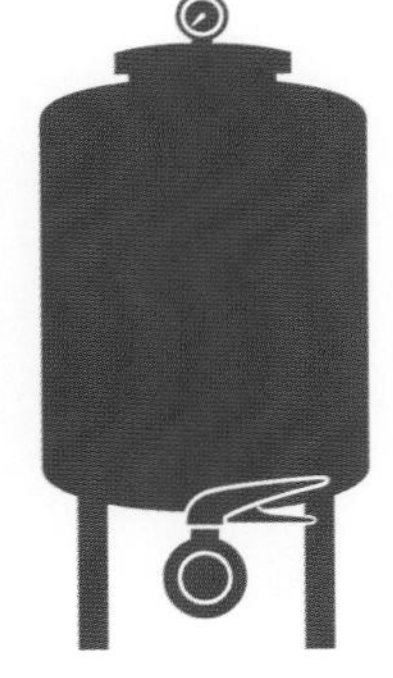

9
숙성
대부분의 당분이 알코올로 변환되면, 맥주를 브라이트 탱크 또는 배럴로 이동합니다. 숙성 과정에서 효모는 가라앉게 되고, 맥주는 투명해지며, 이취는 감소합니다.

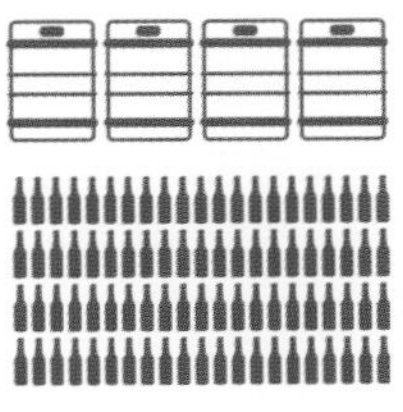

10
포장
맥주가 병, 캔, 캐스크, 또는 케그에 포장됩니다. 상표를 붙이고 배송하기 전에 대부분의 맥주는 탄산화 과정을 거칩니다.

거리마다 카페가 있는 벨기에 겐트 (Ghent) 지역처럼 맥주는 유럽 문화의 필수적인 요소입니다.

CHAPTER 1

유럽

기계화 이전에는 홉을 따는 일꾼들은 홉 수확 시기에 긴 죽마를 타면 홉 덩굴의 가장 높은 부분에 닿을 수 있었습니다.

★★★

INTRODUCTION

양조 역사의 서사

유럽에서 맥주는 지역의 특징을 잘 드러내는 술입니다. 맥주의 떼루아는 양조사가 사용할 수 있던 곡물과 홉 종류, 물의 미네랄 함량, 공기 중에 떠다니는 야생 효모와 미생물들과 같은 지역의 지리적인 요인에 의해 형성되었습니다. 그리고 양조할 수 있던 계절, 발효 온도, 맥주의 재료를 규정하는 법규도 맥주의 떼루아 형성에 영향을 주었습니다. 시간이 흐르는 동안 유럽 맥주계가 뚜렷한 차이나 특이한 방식을 개발하거나 연구하지 않았다면, 유럽은 오늘날처럼 다양하고, 존경 받고, 모방하고 싶은 맥주계를 이루지 못했을 것입니다.

유럽의 비어 벨트

유럽은 전 세계의 많은 인기 있는 맥주 스타일이 탄생하고, 확산되고, 발전한 지역입니다. 북유럽과 영국 사이에 위치한 '비어 벨트beer belt'에서 맥주는 전통적으로 가장 인기 있던 술이었고, 유럽 대부분의 맥주 스타일은 이 비어 벨트에서 유래되었습니다. 포도를 사용해 와인을 생산했던 따뜻한 남부 유럽의 지역과 곡물을 사용해 증류주(주로 보드카)를 생산했던 추운 북유럽 사이에서 비어 벨트가 성장했습니다. 영국, 벨기에, 독일은 비어 벨트를 잘 보여 주는 국가이며, 비어 벨트에 포함된 다른 나라도 비어 벨트 형성에 중요한 기여를 했습니다(핀란드의 사티, 스웨덴의 고틀랜드드릭카, 노르웨이의 시즈널 율레올juleøl과 같은 팜하우스 에일을 생각해 보면 됩니다).

유럽

챕터1에서 소개하는 국가

약 6000년 전인 신석기시대약 기원전 7000-3000년부터 북유럽에서 곡물 경작이 시작되었습니다. 사람들은 가축을 기르고 곡물을 재배하는 방법을 알아갔고, 수확한 곡물을 빻고 가공하는 도구를 개발했으며, 가공한 곡물을 발효하는 방법을 이해했습니다. 고대 그리스인들이 이집트를 점령한 기원전 4세기경 유럽 대부분의 지역에서 맥주는 흔했습니다. 그리스인들훗날 로마인들은 맥주를 와인에 비해 뒤떨어지는 술로 여겼지만, 로마 군대는 와인이 없는 히스파니아Hispania와 브리타니아Britania 같은 지역을 점령했을 때 병사들에게 술을 배급하기 위해 양조장을 건설했습니다. 서로마제국Western Roman Empire, 기원전 31년-기원후 476년의 통치 시기에, 켈트족Celts, 갈리아족Gauls, 게르만족Germanic은 와인보다 맥주 형태의 술을 선호했습니다.

와인을 사랑하던 로마 제국의 멸망으로 중세시대500-1500년 맥주 생산층에 흥미로운 변화가 일어났습니다. 이전까지는 가정에서 여성들이 맥주 양조를 담당해 왔지만 로마 가

톨릭 세력이 급부상하면서 맥주 양조는 수도원으로 넘어오게 되었습니다. 그러나, 모든 맥주가 똑같이 만들어지지는 않았습니다. 수도자는 주로 높은 도수의 맥주를 소비했으며, 낮은 도수의 맥주는 고단한 여행객, 순례객, 극빈층에게 돌아갔습니다. 교회는 주로 자금을 마련하거나, 세금을 내거나, 상품, 노동력, 기타 서비스를 구매하기 위해 수도원 맥주를 판매했습니다. 맥주 생산권을 지배하는 사람은 누구든 강력한 경제적 수단 역시 지배하게 되었습니다.

중세시대 중기1000-1300년에 상인층들이 성장하고 유럽 왕족들이 교회로부터 벗어나자, 다시 가정에서 맥주를 생산하게 되었습니다. 그러나, 도시 중심으로 밀집된 인구는 양조사에게 문제를 안겨 주었습니다. 바로 양조 과정에서 사용하는 불이 종종 치명적인 큰 화재로 번진다는 것이었습니다.

이러한 위험에 대처하기 위해 공동 양조장이 설립되었으며, 양조는 전문적인 사업으로 변모하였습니다. 오래가지 않아 양조사들은 무역을 가르치고, 규제를 제정하고, 세금을 부과하고, 정치적 영향력을 얻고, 술집을 열기 위해 에일 양조 길드를 만들었습니다.

celebrations

유럽 최고의 맥주 축제 Europe's Best Beer Festivals

바르셀로나 맥주 축제 Barcelona Beer Festival **| 바르셀로나 | 스페인 | 3월 |** 카탈루냐(Catalonia)의 가장 큰 맥주 축제로 방문객들에게 300가지 이상의 크래프트 맥주를 제공합니다. 대부분의 맥주는 스페인의 급성장하는 맥주계에서 생산한 크래프트 맥주입니다. '양조사와의 만남' 세션에 참여하거나 맛있는 스페인의 타파스를 즐기세요.

체코 맥주 축제 Czech Beer Festival **| 프라하 | 체코 | 5월 |** 1인당 맥주 소비량이 전 세계에서 가장 많은 체코의 수도에서 열리는 맥주 축제에 참여해 70가지가 넘는 다양한 스타일의 체코 맥주를 맛보세요.

그레이트 브리티시 맥주 축제 Great British Beer Festival **| 런던 | 잉글랜드 | 8월 |** '세상에서 가장 큰 펍'이라고 불리는 이 맥주 축제는 캠페인 포 리얼 에일(Campaign for Real Ale)에서 주최합니다. 5일 동안 열리며 900가지 이상의 맥주를 66,000명의 사람들에게 제공합니다.

벨지안 비어 위켄드 Belgian Beer Weekend **| 브뤼셀 | 벨기에 | 9월 |** 브뤼셀의 웅장한 그랑 플라스(Grand Place)에서 열리는 맥주 축제입니다. 웅장한 분위기에서 모든 벨기에 트라피스트 수도원 6곳의 맥주를 포함해 여러 벨기에 맥주를 마셔보세요.

옥토버페스트Oktoberfest **| 뮌헨 | 독일 | 9, 10월 |** 실질적으로 옥토버페스트는 맥주 축제가 아니고 맥주가 중요한 역할을 하는 바바리아 문화 축제입니다(54쪽 참조). 이보다 큰 맥주 축제는 없습니다.

에우르홉! 로마 맥주 축제 EurHop! Roma Beer Festival **| 로마 | 이탈리아 | 10월 |** 이탈리아에서 가장 큰 크래프트 맥주 축제 중 하나입니다. 이탈리아 음식과 함께 250가지 맥주를 즐겨보세요.

옥토버페스트에서 서버가 맥주를 한 아름 들고 서빙하고 있습니다.

1516년 독일에서는 맥주를 정의하는 '맥주 순수령Purity laws'이 나오게 되었습니다.

수익성 있는 무역 상품

바이킹8-11세기과 11세기의 독일 한자German Hansa, 네덜란드인, 영국인 같은 유럽의 다양한 해양 제국은 에일과 함께 무역과 탐험을 시작했습니다. 맥주는 오랜 항해 동안 생명을 유지시켜 주었던 영양 공급원이자 가치가 높은 수출품이었기 때문에 항해사들에게 맥주는 필수품이었습니다.

보리, 밀, 홉을 사용해 만든 맥주는 항해 시 함께하기에 적합한 주류였습니다. 독일 함부르크Hamburg는 이러한 재료를 충분하게 공급하는 지역이라 한자동맹Hanseatic League의 중심 도시가 되었습니다. 한자동맹은 해상 상인들의 경제적 연합으로 12세기에서 16세기 유럽 무역을 지배했으며 맥주와 양조 분야를 수익성 높은 사업으로 만들었습니다.

중세 시대 이후 맥주는 계속해서 경제 분야와 사람들의 기호에 영향을 주었습니다. 네덜란드 암스테르담의 전문적인 양조 사업은 암스테르담을 황금시기약 1600-1690년로 이끌었습니다. 또한, 네덜란드는 영국에 홉이 들어간 맥주를 소개하였으며, 후에 식민지 미국에도 이러한 맥주를 소개했습니다. 영국 제국이 성장하면서, 인디아 페일 에일India pale ale, IPA이 탄생하게 되었습니다72쪽 참조. 인디아 페일 에일은 1829년에 처음으로 기록된 스타일로 인도에 거주한 영국인과 군인들에게 보급할 목적으로 만든 맥주였습니다. 영국의 대량 생산 스타일 맥주로 알려진 런던 포터London Porter는 산업적 규모의 양조 혁신을 낳았지만, 19세기에 곡물과 홉에 높은 세금이 부과되면서 인기를 잃었습니다. 산업화와 이민으로 독일 양조사와 독일 스타일 라거가 전 세계에 퍼지게 되었습니다. 라거는 전 세계에서 가장 인기 있는 맥주 종류가 되었고, 지금도 가장 인기 있는 맥주 종류입니다.

오늘날 특정 지역에서 특정 스타일의 맥주를 선호하게 된 데에는 지리, 문화, 정치, 역사가 중요한 역할을 했습니다. 아일랜드는 어두운 색깔에 여러 잔 마실 수 있는낮은 도수의 스타우트와 포터를 선호하며, 영국은 마일드한 페일 에일을 선호하며, 체코와 남동부

brewline

맥주 분야에서 역사적 순간들 Historic Moments in Beer

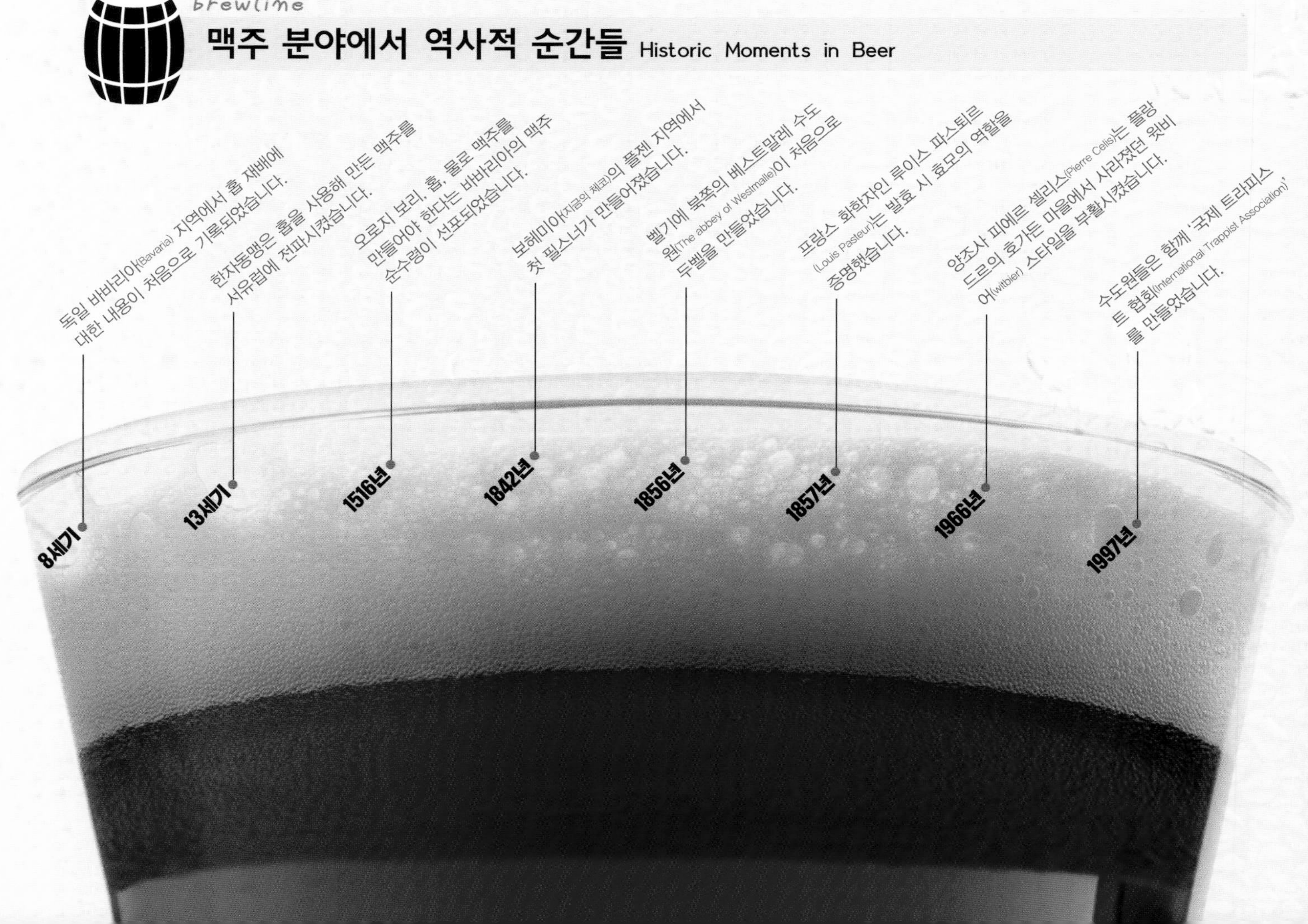

런던의 금융권에서 일하는 직장인들은 한 주간의 업무가 끝나면 트레이딩 하우스(Trading House) 같은 펍에 가서 맥주 한 잔으로 쌓인 스트레스와 피로를 풉니다.

독일은 페일 라거를 선호하며, 벨기에는 세종과 사워 에일을 선호합니다. 이로 인해 유럽은 특정 맥주 스타일이 우세한 독특한 지리적 경계로 나뉘게 되었습니다.

세계화와 지역화

오늘날 유럽 맥주계는 양분되어 있습니다. 2015년 기준으로 세계에서 가장 큰 맥주 회사 3곳인 AB 인베브AB InBev, 하이네켄 인터내셔널Heineken Internatinal, 칼스버그 그룹Carlsberg Group은 모두 유럽에 본사를 두고 있으며 전 세계 맥주 시장의 거의 50%를 차지합니다. 그러나, 지역 맥주 스타일이 부활하고 있으며 유럽의 지역 맥주계와 지역 풍미를 지키려는 양조장들이 있습니다. 양조사들은 지역 부재료를 소개하고 토착 스타일을 부활시켜 한동안 사라졌던 지역적 풍미를 다시 되살립니다.

맥주 제품의 세계화를 2가지 시선으로 바라볼 수 있습니다. 세계화로 인해 맥주의 떼루아를 배제하고 페일 라거 맥주를 양조하는 세계적인 거대 맥주 회사가 나오게 되었습니다. 반면에, 세계화로 인해 유럽의 맥주와 맥주 문화가 널리 퍼졌고, 멀리 떨어진 다른 나라의 맥주 팬들과 양조사들에게 영향을 주었습니다. 전 세계의 맥주 애호가들은 유럽의 다양한 맥주의 풍미를 알아가고 거의 무한하게 주어지는 선택의 기쁨을 발견합니다.

브뤼셀(Brussels)에 있는 브래서리 누엣니지너(Brasserie Nuetnigenough)에서 벨기에 맥주와 지역 음식의 페어링은 하나의 예술과 같습니다.

벨기에

유럽의 맥주 수도

비싼 보물은 때로는 작은 상자에 포장되어 나옵니다. 이러한 경우가 프랑스, 독일, 네덜란드, 영국해협English Channel에 둘러싸인 바로 벨기에 왕국Kingdom of Belgium입니다. 벨기에는 미국의 메릴랜드Maryland 주 정도의 크기에 불과하지만, 400가지 이상의 맥주 스타일을 생산하는 나라입니다. 어느 나라보다 더 많은 스타일의 맥주를 생산하며, 이러한 스타일 중 대부분은 분류하기 힘든 스타일입니다.

이렇게 작은 나라가 어떻게 세계 양조계에서 중요한 나라가 되었을까요? 벨기에의 지리적 특징 덕분에 맥주는 벨기에 문화에 오랫동안 자리잡아 왔습니다. 벨기에 맥주 역사는 갈리아족Gauls이 이곳에 살았던 2000년 전부터 시작되었습니다. 기원전 55년 로마가 유럽 북쪽 지역에 맥주를 소개했다고 하지만, 비슷한 시기 이미 이곳에서 갈리아족은 맥주를 만들고 있었다는 게 더 가능성이 높은 얘기입니다. 기원전 58년 줄리어스 시저Julius Caesar 황제는 벨기에를 정복했을 때, 벨가이족Belgae, 벨기에 지역에 살았던 갈리아족을 벨가이족이라고 부른다이 도수가 높은 많은 양의 맥주를 소비하고 있어서 놀랐습니다. 벨기에 지역이 포도를 재배하기에 너무 추운 지역이지만 보리를 재배하기에는 완벽한 지역이라는 점을 생각해 본다면, 갈리아인들이 선택한 술이 맥주라는 점은 쉽게 수긍이 됩니다.

한눈에 보는 벨기에

위 지도에 표기된 장소

- 양조장
- ★ 수도
- ● 도시

PAJOTTENLAND **지방의 부분**
WEST FLANDERS **지방**
FLANDERS 지역

양조 영향

벨기에 지역에는 라틴족과 게르만족의 영향이 섞여 있어, 양조사들은 수세기 동안 양쪽 최고의 장점만 받아들일 수 있었습니다. 로마인들이 와인 생산 기술을 전파해서 벨기에의 많은 인기 있는 맥주 스타일에서 이런 기술의 영향을 받은 부분을 찾아 볼 수 있으며, 반면에 게르만족은 벨기에 맥주를 영원히 형성한 양조 기술과 재료를 가지고 왔습니다.

끊임없던 유럽 정복자들이 전파한 재료와 기술들을 벨기에의 양조사들은 가감없이 받아들였지만, 그들은 이웃 바바리아지금의 독일의 스타일과 맥주 순수령은 강하게 거부했습니다. 1516년 바바리아에서는 맥주를 만들 때 오로지 보리, 물, 홉을 사용해야 한다는 맥주 순수령53쪽 참조을 반포하였지만, 벨기에 양조사들은 계속해서 여러 허브, 향신료, 유럽 열강들에 의해 유입된 다른 부재료를 사용해 실험했습니다. 커피와 겨자부터 시작해 여러 과일까지 모든 재료는 벨기에 양조에서 그 쓰임새를 찾아나갔습니다.

산업혁명1750-1900년의 과학적이고 기술적인 혁신은 효모 균주의 발견과 분리를 도래했습니다. 이러한 기술로 유럽 양조사들은 특정 효모 균주를 선택하고 양조할 수 있었지만, 일부 벨기에 양조사들은 박테리아와 효모에 의해 생기는 신맛을 받아들이면서 지역 효모를 사용하고 즉흥 발효46쪽 참조 방식을 고수하기로 합니다. 이러한 선택은 벨기에 맥주를 독특하고 매우 지역 특징적으로 유지시켰으며 벨기에만의 스타일을 만들었고 여전히 벨기에만의 스타일로 남아 있습니다.

위: 벨기에는 맥주로 유명하지만, 브뤼셀(Brussels)에는 브래서리 앙 스토이므링(Brasserie En Stoemelings)을 포함한 몇 개의 양조장만 있습니다.

오른쪽: 브뤼셀에 있는 데릴리움 카페(Delirium Cafe)는 가장 많은 맥주를 제공해 세계 신기록을 가지고 있습니다(2,500여 가지 이상).

벨기에 맥주를 보존하다

벨기에는 토착 맥주 스타일이 많은 나라이며, 세계에서 가장 다양한 종류의 맥주 생산국입니다. 맥주 대기업인 AB 인베브는 루벤Leuven에 본사를 두고 있으며, AB 인베브의 가장 인기 있는 맥주 브랜드 중 하나인 스텔라 아르투아Stella Artois는 루벤 지역에 기반을 두고 있습니다.

그러나 이런 맥주 대기업이 전 세계를 라거 맥주로 채우고 있어도, 지역 맥주 스타일에 대한 벨기에의 사랑은 건재합니다. 2016년에 유네스코UNESCO는 벨기에의 맥주와 양조 문화가 벨기에 정체성의 일부분으로 중요성을 보여준다고 여겼으며 벨기에의 사회와 식문화에서 필수적인 역할을 하기에 무형문화유산으로 인정했습니다.

Speak easy

'건배'를 말하는 3가지 방법

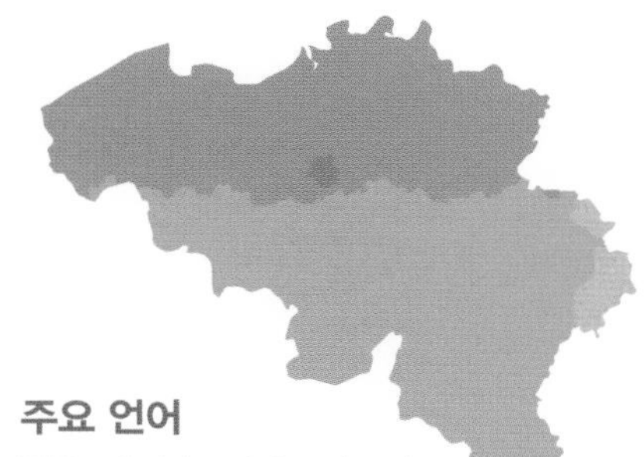

주요 언어

- 네덜란드어와 프랑스어
- 네덜란드어
- 프랑스어
- 독일어

벨기에식 네덜란드어를 사용하는 플랜더스(Flanders)에서 맥주 한 잔 마시고 싶다면, 'een-pintje(ayn PINCH-ya)'라고 말하거나 주먹을 쥐고 새끼손가락을 올려 주문할 수 있습니다. 건배는 'Op uw gezondheid(op oow guhzohnd'-HAYT)'라고 말하거나 'Santé!(SAN-tey)'라고 말하면 됩니다.

대부분이 프랑스어를 사용하는 브뤼셀이나 왈롱(Wallonia)에 있다면, 'brasserie(BRA-sir-REE)'나 펍에 가서 'Une biere(oon BEE-yair)'라고 맥주 한 잔을 주문하고 'Santé!'라고 말해 건배를 하면 됩니다.

독일어권인 벨기에 동쪽 지역에 있다면, 'brauerei(BROW-er-ee)'에서 'biér'를 들어 올리고 'Prost!'라고 말하면서 건배해 봅시다.

트라피스트 맥주

수도원 벽 뒤에 숨겨진 내막

트라피스트 맥주Trappist beer의 이야기는 1098년에 지금의 프랑스 동쪽에 있던 베네딕트회의 몰렘 수도원abbey of Molesme의 수도자들에 의해 시작되었습니다. 이러한 수도자들은 베네딕트 성인Saint Benedict의 가르침을 고수하고, 기도와 일의 효과적인 균형을 맞추며, 속세에서 벗어나, 초기 기독교 사도의 방침에 따른 집단 생활을 하는 초기 교회 시대의 이상향을 추구하려고 했습니다. 이런 수도자들은 고행과 고난의 삶을 추구하기 위해 프랑스 시토Citeaux의 수도원으로 이동했습니다. 이러한 이주를 통해 이들의 정신이 전파되었고, 시토회Cistercian Order는 전 유럽으로 퍼지게 되었습니다.

초기 시토회 수도원은 수작업에 초점을 맞추었으며, 자급자족하기 위해 작물을 재배하고 에일을 만들었습니다. 연구와 학습이 수도자들의 일상에 중요한 부분이 되자, 1664년 프랑스 노르망디Normandy의 라 그란데 트라페La Grande Trappe 수도원의 수도자들은 소박한 삶을 추구했던 옛날 방식으로 돌아가기 위한 개혁을 추진합니다. 그들은 트라피스트Trappists로 이름을 바꾸고 자활을 위해 맥주를 만들었습니다.

수도자들은 1862년부터 시메이(Chimay)에서 양조를 해 오고 있습니다.

이 행복했던 양조 시기는 1780년대 신성 로마 제국Holy Roman Emperor의 요제프 2세Joseph II가 수도원의 문을 닫고 종교적 역할을 제한하는 개혁을 실행하게 되면서, 난관에 부딪힙니다. 10년 후, 프랑스혁명French Revolution과 그 후 이어진 나폴레옹의 통치로 수도자들은 프랑스 북부를 떠나게 되었으며, 많은 트라피스트 수도자들은 현재 맥주를 양조하고 판매하는 6곳의 트라피스트 수도원이 있는 벨기에에 재정착하게 되었습니다.

트라피스트 수도자들은 수세기 동안 노력과 연구를 계속하며 양조 과정을 개선해 나갔습니다. 그들은 당화 시 한 번 이상 물을 더 흘려보내면 다른 도수의 맥주를 얻을 수 있다는 것을 알게 되었습니다. 첫 번째이자 가장 도수가 높은 술은 수도자들이 차지했으며, 나머지는 가난한 사람들에게 주었습니다. 수도자 양조사들은 체르비시아 듀플렉스cervisia duplex, 라틴어로 '더블 에일'이라는 뜻를 캐스크에 XX 마크로 표시하였으며, 도수가 낮은 심플렉스simplex 맥주는 X 하나로 표기하였습니다. 옅은 노란색의 싱글 또는 블론드4.8-6% ABV, 갈색의 알코올이 느껴지는 있는 두벨6-9% ABV, 그리고 도수가 더 높은 쿼드루펠10% ABV 이상을 포함한 트라피스트 스타일은 꽤 높은 알코올 도수를 함유하고 있습니다. 1930년대 만들어졌고 공식적인 이름이 1956년도에 붙여진 황금색의 트리펠8-10% ABV은 페일 맥주가 인기 있던 시절에 베스트말레 수도원Abbey of Westmalle의 양조사가 만들었습니다.

6곳의 트라피스트 수도원은 양조장보다 덜 알려져 있습니다. 이들은 아헬성 베네딕트 수도원, Achel, Saint Benedictus-Abbey, 시메이노트르담 드 스쿠드몽 수도원, Chimay, Abbaye Notre-Dame de

노트르담 오르발 수도원은 공식적인 트라피스트 에일을 생산하는 벨기에의 6개 수도원 중 한 곳입니다.

Scourmont, 오르발노트르담 오르발 수도원, Orval, Abbaye Notre-Dame d'Orval, 로슈포르노트르담 드 생레미, Rochefort, Abbey of Notre-Dame de Saint-Remy, 베스트블레테렌베스트블레테렌 성 식스투스 수도원, Westvleteren, Saint-Sixtus Abbey of Westvleteren, 베스트말레베스트말레 수도원, Westmalle, Abbey of Westmalle입니다. 이러한 수도원은 대중에게 공개를 하지 않기 때문에 트라피스트 맥주는 신비로운 맥주로 여겨집니다. 예를 들어, 성 식스투스 수도원은 맥주를 연간 4,000배럴만 생산하며, 소비자가 양조장에 방문해 맥주를 구매하려면 미리 예약을 해야 하며, 한 번 방문할 때마다 2케이스만 구매할 수 있습니다. 그래서 흔히 세계 최고의 맥주 5위 안에 선정되는 쿼드루펠 스타일인 베스트블레테렌 12Westvleteren 12 한 병이 시장에서 $20 이상에 판매되는 것은 놀랍지 않습니다.

다른 맥주 스타일과 다르게 트라피스트 맥주는 트라피스트 양조장 밖에서 양조될 수 없으며, 트라피스트 수도자가 양조 과정에 관여를 해야 합니다. 실제로, 트라피스트 맥주는 법으로 보호받고 있습니다. 1985년에 벨기에 법원은 '트라피스트Trappist'는 보호 명칭이고 원산지 인정 명칭이라고 인정하는 판결을 내립니다. 이러한 판결은 결국 훗날 국제 트라피스트 협회International Trappist Association, ITA를 창설하고, ATPAuthentic Trappist Product 라벨을 만드는 데 영향을 주었습니다. 승인을 받은 트라피스트 수도원들만 상품 홍보 시 '트라피스트'라는 단어를 사용할 수 있습니다. ■

벨기에의 대표 맥주 스타일

벨기에 맥주는 독특한 분류에 포함되지만, 맥주 스타일로 인정 받는 주요 스타일들이 있습니다. 이러한 스타일 모두 스타일이 기원한 지역에 영향을 받아 형성되었습니다.

1 | 애비 에일

역사적으로 수도자가 애비 에일abbey ale, 수도원 맥주을 양조했으며, 지금도 수도자가 트라피스트 에일38쪽 참조을 만들고 있습니다. 애비 에일 종류는 모두 도수가 꽤 강하며, 풍부하고 몰티한 두벨dubbel, 복잡하고 황금색의 트리펠tripel, 알코올이 느껴지고, 어둡고, 과일의 풍미가 느껴지는 쿼드루펠quadrupel을 포함합니다. 이러한 상면 발효 맥주에 효모와 발효 가능한 당분을 병입 시 첨가하면 시간이 지날수록 맛이 좋아질 수 있습니다.

2 | 플랜더스 사워

복합적이고 프루티한 와인 같은 맛으로 잘 알려진 플랜더스 사워flemish sour는 복합적인 '혼합 발효mixed fermentation' 방식을 사용해 상면 발효 효모인 사카로마이세스 세레비지애Saccharomyces cerevisiae와 다양한 야생 효모와 박테리아를 혼합해 사용합니다. 웨스트 플랜

local flavor 어울리는 맥주잔 The Perfect Glass

맥주의 특징을 잘 살리기 위해 다양한 온도(매우 차가운, 차가운, 셀러, 상온)에서 맥주가 서빙되지만, 맥주를 서빙하는 잔은 벨기에에서 가장 중요합니다. 맥주를 잔에 따르면 맥주의 풍미와 아로마를 느낄 수 있고, 거품을 유지하는 데 도움을 주며, 더 즐겁게 맥주를 마실 수 있습니다. 벨기에 사람들은 잔을 중요하게 여기기 때문에, 카페에서는 양조장의 전용 맥주잔을 주로 사용해 각 양조장에서 생산한 맥주의 색깔, 아로마, 맛을 더 돋보이게 합니다. 일부 벨기에 양조장은 맥주를 만들기 전에 맥주잔을 먼저 만듭니다. 그 결과, 많은 벨기에 카페와 펍은 수백 개의 맥주잔을 보유하고 있습니다. 특정 맥주에 해당하는 적절한 맥주잔이 없으면, 바텐더는 손님에게 다른 잔에 맥주를 서빙해도 되는지, 또는 다른 맥주로 바꾸고 싶은지 물어볼 것입니다.

더스West Flanders의 토착 스타일인 플랜더스 레드 에일Flanders red ale은 오크 캐스크에서 숙성을 하며 이스트 플랜더스East Flanders의 우드 브륀플랜더스 브라운, oud bruin, Flanders brown 스타일보다 일반적으로 더 신맛이 납니다.

FLANDERS
1, 3, 5
WEST FLANDERS
2
EAST FLANDERS
2
BRUSSELS
3, 4
Leuven
6
PAJOTTENLAND
4
Brussels
Hoegaarden
6
WALLONIA
1, 3, 5

3 | 골든 스트롱

대부분 벨기에 맥주는 과일, 향신료, 풍선껌 같은 독특한 느낌을 주는 벨기에 효모 균주가 통합적인 특징을 부여합니다. 벨지안 골든 스트롱belgian golden strong을 마셔 보는 것으로 시작해 보세요. 이 스타일의 대표 맥주는 두벨Duvel, 플랑망어로 '악마'라는 뜻로 스카치 에일Scotch ale의 단일 효모 균주에서 기원한 크리스피하고, 탄산감이 높고, 알코올이 느껴지는 에일 스타일입니다.

4 | 람빅

와인 같은 사워 맥주인 람빅lambic은 브뤼셀과 파요테란트Pajottenland나 그 주변에서 발견되는 독특한 벨기에 미생물들을 사용해 즉흥 발효한 맥주입니다. 포트 와인이나 셰리 배럴에서 수년 간 숙성이 됩니다. 람빅의 종류는 블랜딩 하지 않고 탄산감이 가벼운 스트레이트 람빅straight lambics, 영 람빅young lambics과 올드 람빅old lambics을 블랜딩한 구즈gueuze, 설탕을 넣은 파로Faro, 체리를 사용한 크릭kriek이나 라즈베리를 사용한 프람보아즈framboise 같은 다양한 프루트 람빅이 있습니다. 대부분은 맛이 꽤 드라이하고, 시고, 펑키funky합니다.

맥주 스타일의 기원

- 지방의 일부
- 지역 안에 있는 지방
- 지역
- ★ 수도
- ● 도시
- 1 이 책에 소개된 맥주 스타일

5 | 세종

가장 개성적이고 여러 방식으로 해석이 가능한 맥주 스타일인 세종saison은 프랑스어권인 왈롱Wallonia과 플랜더스의 농업 지역에서 기원한 시즈널 팜하우스 에일seasonal farmhouse ale입니다. 색깔은 연하고, 도수는 낮으며, 탄산감이 높은 이러한 스타일의 맥주는 노동자 계급층, 농부, 농장 일꾼들을 위해 만들어졌습니다.

6 | 화이트 비어

약 1445년 브뤼셀의 동쪽 농장 지역에서 호가든의 수도자가 만든 화이트 비어white beer(플랜더스에서는 윗비어witbier, 프랑스에서는 비에르 블랑슈biére blanche라고 부릅니다)는 밀 베이스의 에일입니다. 제2차 세계대전 이후에 거의 사라질 뻔한 스타일이지만, 1966년 우유 배달원이었던 피에르 셀리스Pierre Celis가 양조사가 되면서 이 스타일은 호가든Hoegaarden 지역에서 다시 부활했습니다. 이 스타일은 신맛이 느껴졌던 맥주였지만, 오늘날의 화이트 비어는 중세시대 양조사들이 맥주에 풍미를 주고 상하는 것을 방지하기 위해 넣었던 코리앤더coriander, 고수 씨앗와 오렌지 필orange peel을 넣어 만듭니다.

비어 가이드

맥주 애호가들의 필수 코스

벨기에 양조장이나 카페에서 맥주를 맛보지 않았다면 벨기에 여행은 끝난 게 아닙니다. 벨기에 맥주를 경험할 수많은 장소 중에서, 벨기에 양조사들과 맥주 전문가들은 다음과 같은 장소들을 방문해 보기를 추천합니다.

1 | 깐띠용 브루어리 (Brasserie Cantillon)

브뤼셀(Brussels)

벨기에에서 가장 유명한 람빅 양조장 중 하나인 깐띠용은 살아 있는 박물관 같은 곳입니다. 복잡하고 오래된 시설, 구식인 양조 장비, 어두운 불빛의 환경 같은 단정하지 않은 모든 요인이 이곳의 인기 있는 람빅과 구즈를 생산하기에 이상적인 환경을 만듭니다.

2 | 드 할브 만 브루어리 (Brouwerij De Halve Maan)

브뤼헤(Bruges)

1564년에 설립된 드 할브 만(De Halve Maan)은 브뤼헤 성벽 안에 남아 있는 유일한 양조장이며, 500년이 지난 지금도 여전히 맥주를 생산하고 있습니다. 2016년에 양조장과 2마일(3km) 정도 떨어진 곳의 병입 시설과 파이프 라인을 연결해 중세시대 거리와 브뤼헤 지하에는 맥주가 흐르고 있습니다. 그림 같은 도시 전경을 보러 양조장의 루프탑에 올라가 보세요.

3 | 로덴바흐 브루어리 (Brouwerij Rodenbach)

루셀라레(Roeselare)

1821년부터 맥주를 생산하기 시작한 이 양조장은 플랜더스 레드 에일 스타일을 대표하는 로덴바흐 그랑 크뤼(Rodenbach Grand Cru)를 생산합니다. 이곳에 들러 양조장 투어를 해 보세요. 오랫동안 이곳의 브루마스터인 루디(Rudy)가 양조장에 있는 날이라면 여러분의 질문에 답해 줄지도 모릅니다.

4 | 포페링게 (Poperinge)

플랜더스(Flanders)

포페링게는 벨기에의 홉 재배 중심지입니다. 벨기에의 홉 농장에 방문해 홉을 수확하는 모습을 보거나 홉 박물관 포페링게(Hopmuseum Poperinge)에 방문해 지역 홉의 역사에 대해 배워 보세요. 10월에 열리는 포페링게 비어페스티벌(Poperinge Bierfestival)에는 25곳 이상의 양조장이 참여합니다.

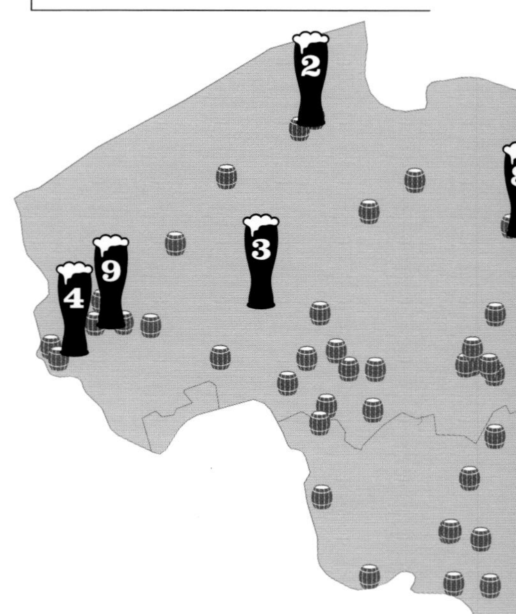

5 | 오 봉 비유 탕 (Au Bon Vieux Temps)

브뤼셀(Brussels)

그랑플라스(La Grand Place) 근처의 이 카페는 화려하지만 규모가 작습니다. 빨리 걷는다면 그냥 지나칠 수 있습니다. 이곳은 오래된 나무 탁자와 카운터가 있으며 아름다운 스테인드글라스 창문이 있습니다. 구하기 어려운 트라피스트 에일인 베스트블레테렌 12를 제공합니다.

6 | 스텔라 아르투아 브루어리 (Stella Artois Brouwerij)

루벤(Leuven)

대량 생산 라거를 좋아하지 않더라도 스텔라 아르투아 브루어리를 방문하는 것은 그만한 가치가 있습니다. 이 양조장은 이곳 맥주의 풍부한 역사를 전시해 놓았으며 양조장 투어를 통해 대규모의 현대 양조장의 내부를 볼 수 있습니다. 투어가 끝난 후에는 바에 들러서 스텔라 아르투아를 따르는 방법을 배워 보고 마셔 봅시다.

7 | 오드 마르크트 (Oude Markt)

루벤(Leuven)

1150년에 건설된 루벤의 오드 마르크트(올드 마켓)는 세계에서 가장 긴 바입니다. 이곳에서 바를 찾는 우를 범하지 마세요. 직사각형 모양의 마을 중심 자체가 바이며, 거의 40개 정도 되는 카페가 모든 종류의 맥주를 판매합니다.

8 | 그루트 스타즈브루어리 (Gruut Stadsbruwerij)

겐트(Ghent)

이곳은 열혈 맥주 역사 연구가들이 방문해 봐야 할 곳입니다. 그루트(70쪽 참조) 같은 중세의 여러 종류의 허브를 사용해 맥주를 양조합니다. 강변을 걷다 보면 비어하우스, 지역 양조사 길드가 모금한 기금으로 건설한 성 미카엘 성당, 도시에서 가장 작은 펍인 카페 갈레젠후이스(Cafe t'Galgen-huis)를 볼 수 있습니다.

9 | 세인트 식스투스 베스트블레테렌 (Sint-Sixtusabdij Westvleteren)

베스트블레테렌(Westvleteren)

벨기에 6곳의 트라피스트 브루어리(38쪽 참조) 중 하나인 세인트 식스투스 베스트블레테렌(Sint-Sixtusabdij Westvleteren) 방문은 벨기에에서 가장 탐나는 신주 같은 맥주가 있는 장소에 온 것입니다. 다른 5곳의 트라피스트 양조장과는 다르게, 이곳은 맥주를 유통하지 않습니다. 유명한 베스트블레테렌 12 구매를 원하는 방문객들은 미리 사전에 예약을 해야 하며 차량 등록 번호를 제시해야 합니다. 이렇게 하는 이유는 이전 60일 안에 이곳을 방문하지 않았다는 것을 확인하기 위해서입니다.

1
5
6
7

벨기에의 양조장과 필수 코스

양조장

1 이 책에 소개된 필수 코스

사진(Photos)

1 사장이자 양조사인 장 반 로이(Jean van Roy)가 깐띠용 브루어리에서 람빅을 따르고 있습니다. **9** 베스트블레테렌 브루어리는 쿼드루펠 스타일로 유명한 베스트블레테렌 12를 생산합니다.

수년간 양조장들은 맥주를 운송하기 위해 겐트 운하(Ghent canal)에 의존했습니다. 오늘날에는 맥주 투어에서 유람선을 타고 운하를 둘러볼 수 있습니다.

사워 맥주는 호불호가 갈리는 맥주입니다. 어떤 사람들은 좋아하고, 어떤 사람들은 싫어하며, 어떤 사람들은 사워 맥주의 복합적이고 떫은맛에 익숙해지고 싶어 합니다. 이런 사워 맥주는 특히 자연 그대로 발효를 하고 싶은 바람을 이은 옛날 방식의 양조 전통이 형성되었던 벨기에 북쪽 지역의 플랜더스를 정의하는 술입니다.

1857년 루이스 파스퇴르Louis Pasteur가 알코올 발효에서 효모의 역할을 확실히 밝히기 이전에, 모든 맥주는 즉흥 발효46쪽 참조를 했거나 이전 배치의 효모가 접종되었습니다. 발효의 숨은 과학적 원리를 알지 못했을 때는 조금 남은 오래된 맥주이든, 저어 주는 데 사용한 막대이든, 공기 중에 있던 무엇이든 새로운 배치에 접촉하도록 놔두었습니다. 플랜더스의 레드와 브라운 에일 종류는 어두운 색깔이었으며 나무 배럴에서 숙성을 하는 동안 브레타노마이세스Brettanomyces 같은 효모나 락토바실러스Lactobacillus와 페디오코커스Pediococcus 같은 박테리아에 노출되어 신맛이 났었습니다. 플랜더스 사람들에게 맥주는 약간 신맛이 있고, 약간 머스티Musty, 먼지 같은 퀴퀴함하고, 심지어는 약간 상한 듯한, 하지만 몰트의 단맛과 복합성이 느껴졌던 술이었습니다.

과학적 진보로 알려지지 않았던 효모와 발효에 대해 알게 되었고, 주변 국가의 양조사들은 맥주에 들어가는 것들을 깨끗하게 하고, 통제하고, 조절하기 시작했습니다. 바바리아인 지금의 독일인과 보헤미아인지금의 체코인은 그들의 지식을 사용해 라거를 만들었고, 라거는 인기 있는 맥주 스타일이 되었습니다. 더 많은 양조사들이 배양한 효모를 사용했지만, 플랜더스 사람들과 영국인들은 맥주를 숙성시키고 여러 빈티지를 블렌딩하는 방법을 계속 사용하기로 합니다. 이러한 방법은 오늘날 플랜더스에서 계속 쓰이고 있으며, 이렇게 해서 만든 맥주는 낮은 탄산감, 신맛, 어두운 외관을 가진 톡특한 에일입니다.

그러나 플랜더스의 모든 에일이 신맛이 나는 것은 아닙니다. 플랜더스는 '위트 비어 벨트wheat beer belt'의 서쪽 경계에 있는 지역입니다. 플랜더스 지역은 맥아화가 잘 되지 않은 맥아발아 조짐이 약간 있는 맥아화 하지 않은 밀 같은 재료를 사용해서 색깔이 옅고, 탁하고, 단맛의 풍미가 느껴지는 맥주를 만들었습니다. 역사적으로 유명한 스타일은 초크chalk를 사용해 색이 어두운 페터맨peeterman이라고 알려진 스트롱 앰버strong amber와 약간 단맛이 있는 비에르 드 다이스트biére de diest가 있습니다. 이러한 스타일의 대부분은 인기를 잃어 갔지만, 호가든Hoegaarden의 윗비어witbier는 오히려 주목할 만한 방법으로 부활했습니다.

약 1445년 호가든과 플랜더스와 왈롱의 경계 지역의 수도자들은 밀을 사용하는 맥주 레시피를 개발했습니다. 네덜란드는 카리브해 지역에 있는 쿠라사우Curacao 식민지와 무역을 하면서 오렌지 필Orange peel과 코리앤더를 들여왔습니다. 이 두 가지 재료는 맥주를 인기 있는 술로 만드는 데 큰 역할을 했습니다. 그래서 18세기 초반에 호가든 지역에는 양조장이 36개나 있었습니다. 이곳의 마지막 양조장은 1950년대에 문을 닫았지만, 1966년 피에르 셀리스Pierre Celis에 의해 다시 부활하게 됩니다. 그가 건초 다락에서 레시피를 수정한 후, 이 스타일은 매우 인기 있어져서 인터브루지금의 AB 인베브, InterBrew, AB InBev가 그의 양조장을 1989년에 인수했습니다. 오늘날, 윗비어witbier 스타일에서 호가든 브랜드의 위치는 아이리시 스타우트Irish Stout 스타일에서 기네스Guinness 브랜드가 차지하는 위치와 같습니다.

모든 현대 벨기에 양조장의 거의 60%는 플라망어권인 플랜더스에 위치해 있습니다. 심지어 세계에서 가장 큰 맥주 대기업인 AB 인베브의 본사도 이곳의 루벤 마을에 있습니다. 플랜더스의 여러 맥주 스타일에 대한 관심이 증가하면서, 플랜더스는 어디에서도 맛볼 수 없는 맛을 가진 맥주로 계속해서 사람들의 입맛을 자극하고 영감을 줍니다.

local flavor

혼합 발효 Mixed Fermentation

혼합 발효는 전통적인 고온(상면) 발효 방법과 즉흥 발효(spontaneous fermentation) 방법을 혼합한 방법입니다. 효모와 박테리아의 혼합은 맥주에 프루티함과 신맛을 부여하지만, 타이밍이 매우 중요합니다. 예를 들어, 발효과정 단계와 나무통에서 에일 효모인 사카로마이세스 세레비지애(Saccharomyces cerevisiae), 젖산균인 락토바실러스(Lactobacillus), 야생 효모인 브레타노마이세스(Brettanomyces)가 섞이게 되고 그 후 몇 달에 걸쳐 숙성됩니다. 오크 통에 있던 미생물들은 프루티한 풍미를 내며, 심지어 약간 산성화하고, 더 정교한 맛을 냅니다. 그러고 나서 마스터 블렌더가 그들만의 비밀스러운 방법으로 짧은 기간 동안 숙성한 맥주와 오랜 기간 숙성한 맥주를 혼합해 만든 사람의 창의성과 뉘앙스가 느껴지는 맥주로 만듭니다.

개릿 올리버와 함께하는 맥주 테이스팅

플랜더스 레드 에일(Flanders Red Ale)

한때 맥주의 풍미에서 산미는 큰 부분을 차지했고, 플랜더스 레드 에일은 전통을 잘 표현하는 와인 같은 맛을 잘 지니고 있습니다. 람빅과 비슷하지만, 즉흥 발효를 사용해 만든 맥주는 아닙니다. 대신에, 맥즙에 효모와 신맛을 내는 박테리아가 추가되어 '벨기에의 브루고뉴(the burgundy of Belgium)'라고 불리는 복잡한 스타일의 맥주를 만듭니다.

ABV 4.5–6.5% | IBU 10–22

향 프루티함, 복합적, 와인 같은 향, 블랙 체리, 자두, 보통 약간 초산 같은 향

외관 선명한 적갈색, 가넷

풍미 프루티함, 중간 정도의 시큼한, 토스티한 캐러멜과 바닐라 향

마우스필 미디엄 바디감, 섬세한 에페르베성(effervescent), 때로 탄닌이 느껴짐

잔 화이트 와인 잔, 튤립, 셰리 잔

푸드 페어링 스튜, 사냥 고기(game meat), 경질 치즈

추천 맥주 로덴바흐 그랑 크뤼(Rodenbach Grand Cru)

지역 맥주

파요테란트

람빅(lambic)과 구즈(gueuze)의 고향

그림 같은 농지와 푸른 언덕이 펼쳐진 파요테란트Pajottenland는 제네Zenne 강과 던데르Dender 강 사이의 브뤼셀 남서쪽에 위치해 있습니다. 이 지역은 북쪽으로는 플랜더스와 남쪽으로는 왈롱 사이에 둘러싸여 있는 지역으로, 이 세상 어디에서도 없는 야생 박테리아로 양조한 람빅으로 유명합니다.

2000년 전에 이 지역은 유럽의 중요한 교차로 중 한 곳이었습니다. 또한 다른 시기에는 켈트족, 프랑크족Franks, 로마인, 오스트리아인, 네덜란드인, 프랑스인들이 점령했었습니다. 로마인들은 현대 벨기에의 모든 영토를 아우르는 지역을 지배했으며 그들은 이 지역이 가장 한결같은 맥주를 만들었다는 것을 알았습니다.

이 최고의 맥주는 즉흥 발효를 통해 만들어졌습니다. 이 지역의 대표적인 맥주 스타일은 뛰어난 풍미를 만들기 위해 브레타노마이세스 브뤼셀엔시스Brettanomyces bruxellensis나 브

local flavor

즉흥 발효 Spontaneous Fermentation

람빅은 에일의 상면 발효나 라거의 하면 발효가 아니라 즉흥 발효 방법으로 발효됩니다. 그래서 람빅은 독특한 양조 분류입니다. 람빅의 즉흥 발효는 페일 몰트와 30~40%를 차지하고 있는 맥아화하지 않은 밀을 사용해 만든 맥즙에서 일어나며, 이러한 맥즙은 토착 효모와 공기 중의 박테리아에 노출됩니다. 이러한 자연의 미생물은 람빅의 풍미와 알코올을 만듭니다. 그래서 람빅을 만드는 양조장은 대부분의 현대 양조 시설과는 다르게 완전히 살균하지 않습니다.

전통적으로, 람빅은 크고 오픈 발효조인 쿨쉽(coolship, koelschip)이라고 불리는 발효조를 사용해서 효모와 미생물을 자연스럽게 접종합니다. 신선하고 뜨거운 맥즙은 쿨십에서 밤새 식히면서 야생 효모가 안으로 들어갈 수 있게 합니다. 이 과정은 보통 10월에서 그 다음해 5월 사이에 하며, 이 시기의 온도는 맥즙을 밤 사이에 68°F(20°C)로 낮춰 줍니다. 요약하면, 람빅을 만드는 방법은 맥즙을 공기 중에 노출시키고, 나무 캐스크에서 숙성을 하고, 람빅을 잔에 따라 건배를 하면 됩니다.

깐띠용 브루어리의 쿨쉽에 있는 맥즙은 공기 중에 노출되어 있습니다.

파요테란트 지역 고유의 공기 중 미생물은 다른 곳에서 만들 수 없는 람빅을 만드는 데 기여합니다.

레타노마이세스 람빅쿠스Brettanomyces lambicus 같은 주변의 야생 효모와 수십 가지의 다른 미생물들에 의존하고 있습니다.

그러나 공기 중의 박테리아를 예측할 수 없기 때문에 이런 스타일을 만드는 것은 쉽지 않습니다. 좋지 않은 박테리아가 유입되는 것을 방지하기 위해 람빅은 봄과 가을에만 양조됩니다. 따뜻한 날씨로 인해 좋지 않은 박테리아가 람빅이 있는 배럴에 유입되면, 발효 과정을 망치거나 이취를 만들 수 있습니다. 잘 만들어진 람빅은 파요테란트의 미생물 떼루아가 만드는 마구간, 말안장, 가죽, 과일, 머스티한 냄새와 맛을 가지고 있습니다.

파요테란트의 공기 중 박테리아와 야생 효모의 혼합은 전 세계에서 가장 오래된 스타일 두 가지를 만드는 데 도움을 줍니다. 바로 구즈와 람빅입니다. 구즈는 숙성한 람빅을 영 람빅과 블렌딩해서 만들며, 이렇게 하면 2차 발효를 하게 됩니다. 이 과정으로 인해 신맛이 나고 밋밋하며, 상당히 탁한 람빅이 드라이하고, 맑고, 스파클링한 구즈로 바뀌게 됩니다.

람빅이라는 명칭이 어떻게 유래되었는지는 아무도 모릅니다. 지역 민속에 따르면 람빅이라는 명칭은 4개의 벨기에 마을Leembeek, Borchtlombeek, Onze-Lieve-Vrouw-Lombeek, Sint-Kantelikine-Lombeek 중 하나에서 유래되었을 수 있다고 합니다. 일부는 소작농들이 와인 같은 알코올을 브랜디 같은 증류주로 만들 때 사용했던 알람빅alembic, 프랑스어로 증류 기계라는 뜻이라는 명칭과 연관되어 있다고 합니다. 람빅 명칭의 유래와 상관없이, 람빅과 블렌딩한 람빅인 구즈는 전통 방식으로 생산되었다는 인증인 '전통 특산물 인증traditional specialties guaranteed'으로서 유럽 연합European Union, EU의 보호를 받습니다. 양조사들은 이러한 인증이 람빅 생산 지역의 야생 효모와 미생물을 배제하는 인증이라고 논쟁하지만, 미래 세대를 위해 람빅 스타일의 진정성을 이어가게 만듭니다.

개릿 올리버와 함께하는 맥주 테이스팅

람빅(Lambic)

전 세계에서 가장 오래되고 가장 복잡한 맥주 종류 중에서, 람빅은 실험실에서 배양한 효모를 사용하지 않고 발효합니다.

ABV 5–7% | IBU 0–10

향 얼씨함(earthy), 복합적, 펑키함, 대개 사과나 시트러스 과일류의 향

외관 금색, 때로 살짝 탁함, 견고한 흰색 거품

풍미 특유의 시큼함, 좋은 람빅 맥주는 균형감이 좋으며 잘 어우러짐, 매우 낮은 쓴맛, 꿀 향

마우스필 상쾌함, 가벼움, 샴페인 같은 작은 기포와 높은 탄산감

잔 샴페인 플루트, 셰리, 튤립 잔

푸드 페어링 샐러드, 해산물, 고트 치즈

추천 맥주 깐띠용 구즈(Cantillon Gueuze)

지역 맥주

왈롱

무궁무진한 지역

벨기에 남부 지역의 세무아 강(Semois River) 근처의 농부들이 세종 맥주 스타일을 처음으로 만들었습니다.

대부분의 현대 맥주 스타일은 연중 생산하거나 원하면 언제든지 만들 수 있지만, 항상 그래왔던 것은 아닙니다. 냉장 시설과 재료에 대한 전 세계적인 접근성이 없었던 시기에 맥주는 매우 계절적인 술이었고, 특정 계절에 독특하고 특정한 스타일의 맥주를 생산했습니다. 특히 산울타리와 언덕이 있는 벨기에 남부 지역에서 그랬으며, 이 지역의 대표 맥주 스타일인 세종의 기원은 계절 맥주였습니다.

벨기에의 대부분의 전통적인 스타일은 수도원, 귀족의 땅, 또는 브루하우스에서 탄생했지만, 세종은 1700년대 프랑스어권인 왈롱Wallonia 지방의 시골에서 기원한 스타일입니다. 팜하우스 에일이라고도 불리는 이 스타일은 농부나 일꾼들이 여름에 일하면서 갈증을 해소하기 위한 용도로 겨울에 양조하는 페일 에일에서 시작되었습니다. 물보다 안전하게 마실 수 있었고, 낮은 알코올 도수는 일을 하고 있던 농장에서 중요한 활력소 역할을 했습니다. 세종프랑스어로 '계절'이라는 의미이라는 이름은 계절적 제약에서 유래했습니다. 냉장 시설이 있기 이전 시기에는 맥주가 오염되는 것을 방지하기 위해 시원한 달에만 양조를 해야 했습니다. 발효 온도가 따뜻하면 맥주가 오염됐기 때문입니다. 또한 적정 도수의 맥주를 만드는 것이 중요했습니다. 알코올 도수가 너무 높으면 노동자의 생산성을 방해하고, 도수가 너무 낮으면 보관하는 도중 상할 수 있었습니다.

각 농가는 그들만의 레시피를 가지고 있어서 이 스타일을 해석하는 방법은 누가 양조하느냐에 따라 달랐습니다. 맥주를 만들 때 사용한 곡물은 다양했습니다. 일부 사람들은 밀왈롱 지역은 '윗비어 벨트'의 일부 지역, 다크 비엔나 몰트, 호밀, 귀리를 사용했고, 다른 사람들은 곡물을 혼합해 사용하기도 했습니다. 예를 들어, 얼씨earthy하고 허브의 풍미가 있는 영국의 켄트 골딩Kent Goldings 또는 독일의 할러타우Hallertau 같은 홉을 여러 방식으로 혼합하거나 다양한 허브와 향신료를 추가로 사용해 맥주의 맛과 복합성을 주었습니다. 대부분의 농부들은 자신만의 하우스 효모를 가지고 있었으며, 이 효모들은 효모만의 독특한 풍미와 향을 주었습니다. 그리고 플랜더스의 사워나 파요테란트의 람빅 같이 일부 야생 효모 균주가 맥즙에 들어갔을 가능성이 항상 있었습니다. 이렇게 변형이 많은데도 현대의 세종은 자체 스타일로 종합적으로 분류되는 것이 놀랍습니다.

지역 카페에서 서버가 세종을 포함한 지역 맥주를 보여 주고 있습니다.

오늘날 세종 양조장은 대규모 양조를 크게 반대합니다. 왈롱 지역의 양조사들은 좀 더 많은 양의 홉을 사용해서 독특한 스타일을 만들어가고 있습니다. 이렇게 해서 덜 호피한 플랜더스의 사워 스타일과 더 몰티하고 덜 스파이시한 프랑스의 비에르 드 가르드 스타일과 구별해 나가고 있습니다. 오늘날 세종의 대다수는 과거의 세종과는 다르지만, 여전히 지역적 근원과 무궁무진한 양조 스타일을 아우르고 있습니다. 세종과 3가지의 트라피스트 맥주 스타일38쪽 참조을 분류하기는 어렵지만, 왈롱 지역에는 제한이 매우 적으며 흥미로운 맥주를 많이 만드는 양조장들이 있는 맥주계가 있습니다.

local flavor

그리셋Grisette의 귀환

수세기 동안 존재했지만 잘 알려지지 않은 벨기에 팜하우스 에일이 다시 돌아왔습니다. 산업혁명의 주요 중심지였던 스켈트(Scheldt)와 던데드(Dender) 강 지역 주변에서 전통적으로 그리셋(Grisette)을 양조했습니다. 왈롱 지역의 농부가 선택한 술은 여전히 세종이었지만, 리프레싱하고 드라이한 그리셋은 석탄이나 돌을 채굴하는 광부들이 일을 끝내고 마시는 술로 떠올랐습니다. 그리셋은 전형적으로 낮은 도수에 가벼운 바디감의 페일 위트 에일로, 젖산이 부족했고, 숙성은 세종에서 더 흔했습니다. 그리셋(프랑스어로 '회색'이라는 뜻, 광부들이 채굴했던 돌의 색깔)이라고 불렸던 젊은 여성들은 일을 마친 광부들에게 그리셋을 제공했습니다. 그리셋은 벨기에 광산과 함께 점차 사라져 갔지만, 이 맥주 스타일은 미국 양조사들이 자신들만의 해석으로 재창조하면서 그리셋 스타일이 다시 살아나고 있습니다.

개릿 올리버와 함께하는 맥주 테이스팅

세종(Saison)

세종은 한때 산미와 야생 효모의 특징을 가지고 있었지만, 1920년대에 현대 필스너 같은 단순하고 고전적인 스파이시 한 효모의 풍미를 완벽히 결합한 형태로 다시 태어났습니다.

ABV 다양함, 거의 6–8% | IBU 20–35
향 스파이시, 후추, 레몬, 프루티함, 때때로 호피한 향
외관 짙은 금색에서 오렌지색, 보통 어느 정도는 탁함
풍미 매우 드라이, 강렬함, 리프레싱, 중간 정도의 쓴맛
마우스필 라이트에서 미디엄 바디감, 풍부한 에페르베성
잔 화이트 와인 잔, 튤립, 하이볼 잔
푸드 페어링 새우, 연어, 햄, 고트 치즈, 다양한 치즈
추천 맥주 세종 듀퐁(Saison Dupont)

뮌헨(Munich)의 호프브로이하우스는
400년이 넘는 시간 동안 맥주를 양조
하고 서빙해왔습니다.

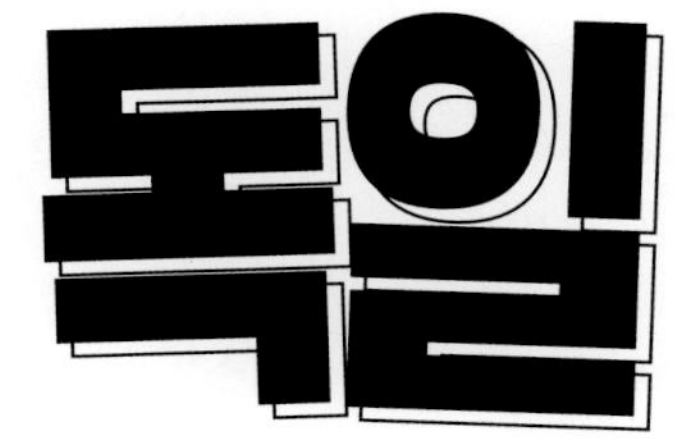

독일

전통의 중심지

독일에서 맥주는 부와 권력과 오랫동안 연관되어 있습니다. 맥주를 만들었던 사람들은 풍부한 수입원을 가졌었고, 맥주 판매를 지배했던 사람들이 독일의 대부분을 지배했었습니다. 왕, 성주, 성직자는 모두 권력을 얻기 위해 맥주 양조를 이용했지만, 독일인들이 선택한 술은 항상 맥주였습니다.

20세기 이전 독일의 흥망성쇠는 독일 맥주의 역사와 얽혀 있습니다. 476년에 서로마 제국이 멸망하자 게르만족은 모든 가정에서 맥주를 만들 수 있도록 허가했으며, 주로 여성이 양조를 담당했습니다. 그 후, 중세시대 초기500-1000년에 봉건제도가 생겼고, 권력에 굶주린 성주들은 소작농의 땅과 양조권을 차지하려고 했습니다. 신성 로마 제국의 황제이자 프랑크 제국Frankish Empire의 통치자인 샤를마뉴Charlemagne는 양조장을 차지하려고 모든 토지를 요구했습니다. 그러나, 6세기와 9세기 사이 부족 사회에서 기독교 중심으로 사회가 변화하자 가톨릭 교회의 세력이 커졌습니다. 맥주의 대량 생산권은 수도원으로 넘어가게 되었습니다. 교회의 주교와 수도자는 토지권, 사회복지, 세금, 맥주 생산을 포함한 상업 전반을 관리했습니다.

두 번째 밀레니엄이 시작할 때 독일에는 맥주를 생산하는 수도원이 500곳 이상 있었으며, 이 중 300곳은 바바리아Bavaria에 위치했었습니다. 하지만, 봉건 성주는 그들 소유의 상업적인 호프브로이하우스Hofbräuhauses를 열어 권력을 되찾기 시작했습니다. 교회와 성주가 권력을 두고 다투고 있을 때 신흥 상인 계층이 오늘날 독일 북부를 포함한 북유럽 쪽에 주로 있던 무역, 상업, 산업을 통해 점차 부를 쌓아갔습니다. 수세기 동안 이런 진취적인 상인들은 높은 품질의 맥주를 만들고 그들이 설립한 무역로를 통해 맥주를 판매하였고, 맥주는 매우 수익성 높은 상품이 되었습니다.

한눈에 보는 독일

위 지도에 표기된 장소

- 양조장
- ★ 수도
- ● 도시

HALLERTAU **지역**

BAVARIA 주

독일 맥주는 에일이 먼저

가장 풍부한 독일 맥주 종류는 라거이지만, 항상 그랬던 것은 아닙니다. 역사상 오랫동안 독일은 상면 발효를 하고 홉을 사용하지 않은 에일의 나라였습니다. 그러나, 15세기 후반과 16세기 초반에 효모 균주 두 개가 교배된 하면 발효 효모인 사카로마이세스 파스토리아누스Sacchromyces pastorianus가 소개되면서 바뀌었습니다.

독일의 상면 발효 지역과 하면 발효 지역의 지리적 경계는 환경, 운, 정치적 요인에 영향을 받아 생겼습니다. 1553년 양조사들은 차가운 온도에서 숙성을 하면 더 순수한 맥주를 얻을 수 있다고 믿었습니다. 따라서 상면 발효 효모가 가장 활발한 시기인 바바리아의 여름 기간에 맥주를 양조할 수 없다고 법으로 명시했습니다. 겨울의 차가운 온도에서 가장 활발한 하면 발효 효모에 대한 규제는 없었습니다. 이에 따라 독일 남부 지역에는 라거 문화가 발전하게 되었고, 반면에 독일 북부 지역에는 에일 문화가 남게 되었습니다.

독일 북부 지역을 에일이 지배하게 되자, 함부르크Hamburg, 브레멘Bremen, 뤼베크Lubeck 같은 항구 도시는 맥주 무역이 증가하는 중심지가 되었습니다. 1520년대 함부르크에는 500개 이상의 양조장이 있었습니다. 총 25,000,000리터(213,000 U.S. 배럴)의 맥주를 생산했으며, 도시 주민의 거의 절반이 맥주계에 종사했습니다. 한 세기 후, 30년 전쟁30 Years' War으로 인해 찬란했던 함부르크의 맥주계는 끝을 맞이하게 됩니다. 독일은 370개의 반독립적인 주로 나뉘었으며, 각 주는 맥주 생산, 판매, 세금에 대한 자체적인 법률을 가지고 있었습니다. 독일은 120년이 지난 후에야 통일이 되었습니다.

19세기 중반 오토 폰 비스마르크Otto von Bismark가 독일을 통일했을 때는 2차 산업혁명이 진행되던 시기였습니다. 양조학이 발전하고 발효를 잘 이해하게 되면서 2가지 변화

뮌헨에 있는 비어가르텐 암 머프엣베르크(Biergarten am Muffatwerk) 같은 맥주 카페는 독일 대부분의 도시에 흔합니다.

가 생겼습니다. 맥주 품질 관리가 향상되고 양조 비용이 절약됐습니다. 냉장 시설의 개발로 라거를 언제 어디서나 양조할 수 있게 되었고, 양조사들은 어떤 맥주를 만들지 결정할 때 지역의 기후에 의존하지 않게 되었습니다. 라인강 계곡과 밀맥주(위트 비어)를 양조하던 지역을 제외하면, 독일은 온 나라의 라거화에 전력을 기울였습니다.

맥주, 권력, 그리고 순수령

중요하면서도 동시에 비판을 받는 일련의 맥주 순수령을 통틀어 종합적으로 라인하이츠거보트Reinheitsgebot라고 합니다. 맥주 순수령은 독일 맥주의 역사를 형성해 왔습니다. 1516년에 바바리아의 빌헬름 4세Wilhelm IV는 맥주는 오직 보리, 물, 홉으로만 만들 수 있다고 명시한 섭스티투치온발보트Substitutionsverbot, 대체 금지법라 불리는 순수령을 제정했습니다. 당시에 맥주 양조장들이 비위생적인 장소에 있거나, 양조사들이 나무껍질, 뿌리, 그리고 어쩌면 환각성 버섯을 사용해 맥주를 만들 수 있어 맥주 품질이 일관되지 않던 때라 순수령은 안전을 위한 조치였습니다. 그러나, 많은 학자들은 순수령이 발족된 원인이 돈에 있다고 주장합니다. 왜냐하면 순수령으로 제빵사들은 저렴한 비용으로 밀을 계속 사용할 수 있었기 때문입니다. 순수령은 맥주 가격을 더 저렴하게 만들었지만, 순수령을 따르지 않는 양조사들은 처벌했습니다.

맥주 순수령은 처음엔 라거가 탄생한 바바리아 지역의 양조사들에게만 적용되었습니다. 독일 다른 지역의 양조사들은 맥주를 만들 때 밀, 향신료, 과일을 사용했습니다. 문제는 독일이 통합되던 1871년에 생겼습니다. 바로 바바리아 밖의 지역에서 부가물adjuncts을 사용하는 양조사들에게 어떻게 맥주 순수령을 적용할 건지가 문제였습니다. 1906년에 라거와 에일에 다르게 적용되는 법을 다시 만들고 재정했으며, 효모는 허용되는 재료로 추가되었습니다. 제1차 세계대전 이후에 라거에 더 강한 규제를 부과하고 에일에 더 적은 규제를 부과하기 위한 법이 다시 만들어졌습니다. 이 수정된 법은 라인하이츠거보트로 알려지게 되었고, 오늘날에도 여전히 라인하이츠거보트라 부릅니다.

500년 동안 라인하이츠거보트는 바바리아 양조사들을 보호하는 동시에 그들의 창의성을 억압했습니다. 독일에서 부가물을 사용해 맥주를 만들고 판매하는 외국 양조사들은 그들의 맥주를 '맥주beer'라고 부를 수 없었습니다. 이러한 조치는 자국 맥주 산업을 보호했습니다. 그러나, 1987년에 유럽 사법 재판소는 라인하이츠거보트를 따르지 않고 만든 수입 맥주를 맥주에 포함시키기 위해서 '맥주beer'라는 단어의 의미를 확대해야 한다고 판결을 내렸습니다. 이러한 판결에 따라 독일 소비자에게 새로운 맥주 제품이 소개되었습니다.

많은 독일인들은 맥주 순수령을 찬성하지만, 일부 양조사들은 맥주 상품에 '맥주' 상표를 넣기 위해 순수령을 따르기보다는 혁신하기로 선택을 했습니다. 다른 양조사들은 여전히 라인하이츠거보트를 따르며, 라인하이츠거보트가 맥주의 높은 품질과 타협하지 않는 기준을 유지하게 해 준다고 말합니다. 그렇기는 하지만, 독일 맥주 산업은 양조 분야가 시야를 넓혀야 한다는 압박에 직면했습니다.

Speak easy

독일에서 맥주를 주문하는 방법

양조장 이름을 말해서 맥주를 주문하는 미국과는 다르게, 독일에서는 주로 스타일을 말해 맥주를 주문합니다. 각각의 맥주는 그 맥주 스타일의 특징을 잘 살리도록 만들어진 맥주잔에 서빙됩니다. '___ **하프 리터 주세요**(Einen halben Liter___, bitte / IHN-en HALB-en LEE-tah___, BIT-teh)'라고 말하세요. 빈칸에 맥주 스타일을 넣어서 얘기하면 됩니다.

둔켈(dunkel / DOON-kel) – 다크 라거

고제(gose / GO-zah) – 짜고 신맛이 느껴지는 라이프치히(Leipzig)의 윗 에일

알트비어(altbier / AHLT-beer) – 뒤셀도르프(Dusseldorf) 지역의 비터 에일

바이스비어(weissbier / VICE-beer) – 밀맥주(위트 비어)

필스너(pilsner, pilss) – 필스너

같은 맥주를 한 잔 더 마시고 싶다면, 잔을 가리키면서 '**한 잔 더 주세요**(Noch ein Bier bitte / nokh IHN beer BIT-teh)'라고 말하세요.

대부분의 맥주 홀은 여러 사람들이 앉는 좌석이기 때문에, 누군가 옆에 앉아도 놀라지 마세요. 잔을 들고 그들과 함께 '건배'라는 의미인 'Prost'를 외치세요.

옥토버페스트

바바리아 문화의 축제

대부분의 결혼식에는 신랑과 신부의 맹세, 웨딩 케이크, 춤과 같은 축하할 만한 특정한 요소들이 있습니다. 결혼식 행사에 경마가 포함되거나 도시 전체를 초대하는 일은 흔치 않습니다. 훗날 바바리아의 루트비히 1세 왕과 테레제 왕비가 되는 루트비히Ludwig와 테레제Therese의 1810년 10월에 거행된 결혼식이 이러한 경우에 해당되었습니다. 이들의 결혼식이 전 세계에서 가장 유명한 맥주 축제가 될지는 아무도 몰랐을 것입니다.

두 번째 축제는 그들의 유명한 결혼식을 기념하기 위해 1811년 10월에 열렸습니다. 두 번째 축제의 경우 경마와 바바리아의 생산량을 늘릴 목적으로 열린 농업 박람회가 특징이었습니다. 이 축제는 매년 열리는 전통 행사가 되었지만, 1813년에는 나폴레옹과의 전쟁으로, 1854년에는 콜레라 발생으로 취소되었습니다. 1818년에는 축제에 회전목마, 그네, 맥주 가판대가 등장하였고, 맥주 가판대는 매우 인기가 많았습니다. 축제 초기에는 나무 오르기, 포대 들고 뛰기, 많이 먹기 대회, 거위 잡기 대회가 추가되었습니다. 1819년부터 뮌헨 시민들이 축제를 조직하기로 하면서 축제 기간이 2주로 늘어났으며, 더 따뜻한 날에 축제를 하기 위해 9월 중순으로 시기를 옮겼습니다.

1887년에는 처음으로 양조장들과 연합하여 퍼레이드를 진행해 말들이 맥주 케그를 끌었고, 음악가들은 연주를 했고, 시민들은 맥주를 즐겼습니다. 이 축제에서 주로 마셨던 맥주는 메르젠märzen으로, 어두운 색깔의 맥주인 메르젠은 전통적으로 3월에 양조하고 여름 기간 동안 숙성을 해서 옥토버페스트 기간에 마실 수 있던 맥주였습니다. 1896년에는 지역 양조장들의 후원을 받아 맥주 가판대는 맥주 텐트나 맥주 홀로 바뀌었습니다. 맥주 소비는 인기 있는 특징이 되었고 1910년 열린 100번째 축제에서는 거의 31,700갤런120,000L의 맥주가 소비되었습니다. 만 명 이상의 사람을 수용할 수 있는 여러 건물들이 이 해에 지어졌습니다. 옥토버페스트는 제1차와 제2차 세계대전 같은 주요 사건이 일어났을 때만 취소되었습니다. 1938년에는 나치 정부가 옥토버페스트의 명칭을 일시적으로 독일제국 민속축제Gross-deutsches Volksfest로 바꾸었습니다. 뮌헨 시장이 첫 케그를 탭핑하는 현재 옥토버페스트의 전통적인 개회식은 1950년대부터 시작되었습니다.

개막 퍼레이드, 대회, 경주, 게임 같은 많은 재미있는 요소가 가득했지만, 1960년에 경마는 없어졌습니다. 전 세계에서 가장 큰 맥주 축제에 참여하는 7만 명의 사람들을 수용할 공간이 필요해 포대 들고 뛰기 행사와 거위 잡기 행사 또한 사라지게 되었습니다. 오늘날, 6개의 양조장은 축제에 참여하는 많은 사람들을 위해 옥토버페스트비어Oktoberfestbier로 이름을 붙인 맥주를 생산합니다.

옥토버페스트는 전 세계 많은 지역에서 열리며, 맥주 소비량은 수백만 갤런으로 추정됩니다. 하지만, 바바리아 사람들은 옥토버페스트는 단순한 맥주 축제가 전혀 아니며, 맥주가 중요한 부분을 차지하는 바바리아 문화의 축제라고 할 것입니다. ■

옥토버페스트를 즐기기 위해 시민들은 종종 바바리아의 민속 의상을 입습니다. 여자는 던들(dirndl)을 입고 남자는 레더호젠(lederhosen)을 입습니다.

전통의 확장

독일에서 맥주는 큰 사업 분야입니다. 2015년 맥주 산업은 유럽 경제에 560억 만 달러 이상을 기여했는데, 이 중 거의 120억 만 달러는 독일이 창출했습니다. 독일의 1,400개의 양조장 중 절반은 마이크로 브루어리지만, 이들은 전체 생산량의 1% 미만을 생산합니다. 독일의 크래프트 맥주 소비자는 몰티한 독일 라거보다 호피한 미국 스타일의 에일을 더 찾지만, 전통적인 맥주 스타일은 독일 맥주 홀에서 항상 자리를 잡고 있을 것입니다. 이러한 맥주 홀은 더 많은 맥주 스타일과 함께 더 붐빌 것입니다.

독일의 대표 맥주 스타일

어떻게 스타일을 정의하느냐에 따라 독일에는 20여 가지에서 많게는 50여 가지의 맥주 스타일이 있습니다. 각 스타일은 맥주 스타일이 기원한 장소의 특징을 잘 보여 줍니다.

1 | 알트비어

뒤셀도르프Dusseldorf와 라인란트Rhineland 주변에서 기원한 구릿빛의 에일 맥주입니다. 알트비어altbier는 시원한 온도에서 라거처럼 숙성하지만, 실제로는 에일입니다. 알트비어는 '오래된 맥주'라는 뜻으로 에일이 독일 맥주계에 먼저 등장했다는 사실을 소비자들에게 상기시켜 줍니다. 크리미한 거품, 미디엄 바디감, 드라이한 피니쉬가 특징입니다.

2 | 베를리너 바이세

베를리너 바이세berliner weisse라는 이름은 '베를린의 화이트'라는 의미로 원산지 지정 명칭으로 법적인 보호를 받습니다. 베를리너 바이세로 불리기 위해서는 베를린에서 만들어야 합니다. 약 30%의 밀을 사용해 만듭니다. 가벼운 신맛이 느껴지며, 낮은 알코올 도수와 가벼운 탄산감이 있어서 여름에 마시기 좋은 맥주입니다. 종종 베를리너 바이세에 라즈베리, 레몬, 우드러프woodruff로 만든 시럽을 추가해 달콤하게 먹기도 합니다62쪽 참조.

3 | 도펠복

바바리아의 도펠복doppelbock, 더블 복, double bock은 독일에서 가장 높은 도수의 맥주 중 하나이며, 도수가 7−13% 정도라는 점을 고려한다면 꽤나 어울리는 이름입니다. 도펠복의 일부 종류는 꽤 몰티하며 쓴맛이 거의 느껴지지 않습니다. 도펠복은 1700년대 수도원에서 스트롱 에일을 라거 버전으로 만든 데서 유래되었습니다. 종교적 단식 기간에 엄청난 양의 이 '액체 빵(도펠복)'이 소비되었습니다.

4 | 둔켈

바바리아 기원의 다크 라거인 둔켈dunkel은 보리로만 만든 맥주입니다. 당시 보리 건조 기술이 좋지 않아서 종종 몰트를 조금 태웠기 때문에 처음부터 어두운색의 맥주로 만들어졌습니다. 둔켈은 1516년 맥주 순수령53쪽 참조에 따라서 만든 첫 맥주이며, 따라서 대부분의 독일 라거의 선구적인 맥주로 여겨집니다. 둔켈은 약한 쓴맛, 풍부한 몰티함, 종종 바닐라나 너티한 풍미, 보통 4.5−5.6% 도수를 가진 맥주입니다.

5 | 헬레스

독일어로 'Hell'은 '옅은' 또는 '밝은'의 뜻으로 이 볏짚-금색strawblonde, 스트로블론드을 띠는 맥주의 별칭입니다. 이웃 나라의 인기 있는 보헤미아 필스너에 경쟁하기 위해 1894년 뮌헨의 슈파텐 브루어리Spaten Brewery가 개발한 헬레스helles는 몰트 중심적인 맥주로, 가벼운 단맛, 낮은 쓴맛이 특징인 라거입니다.

6 | 쾰쉬

옅은 색깔, 낮은 몰티함, 낮은 쓴맛을 가진 에일인 쾰쉬Kölsch는 상면 발효 효모를 사용해서 만들었지만, 한 달 혹은 그 이상 동안 숙성합니다. 뒤셀도르프에서 24마일39km 정도 떨어져 있고 라인강 주변에 위치한 도시인 쾰른Cologne에서 쾰쉬 스타일이 기원했습니다. 쾰른의 방언에서 이름을 붙였으며, 쾰쉬는 원산지 보호를 받는 스타일로 쾰른 지역에서 만들어져야만 쾰쉬라고 할 수 있습니다. 쾰쉬 맥주는 좁고 긴 잔인 슈탕에stange, '막대' 또는 '장대'라는 뜻에 제공됩니다.

7 | 메르젠

앰버 라거인 메르젠Märzen은 맥주가 양조되는 시기인 3월을 뜻하는 독일어에서 이름이 붙여졌습니다. 메르젠은 여름 기간에 숙성하는 동안 맥주가 상하는 것을 방지하기 위해 전형적인 바바리아 라거보다 더 높은 도수5-6.5%와 더 많은 홉을 사용해서 만들었습니다. 이 스타일은 1872년에 열린 옥토버페스트에서 처음 소개되었고 현재는 뮌헨의 옥토버페스트54쪽 참조에서 주로 판매되는 맥주입니다.

8 | 라우흐비어

보리 베이스 라거인 라우흐비어rauchbier의 이름의 뜻은 '훈연 맥주'이며, 건조 과정에서 몰트에 생기는 스모키한 풍미에서 생겨난 이름입니다. 라우흐비어는 프랑코니아Franconia의 밤베르크Bamberg 지역에서 유래된 스타일이며, 오늘날에도 여전히 몇 안되는 양조장들이 밤베르크 지역에서 라우흐비어 맥주를 생산하고 있습니다. 라우흐비어는 고기맛 느낌meaty, 앰버-구리색, 크리미한 거품, 4.8-6% 알코올 도수가 특징인 맥주입니다.

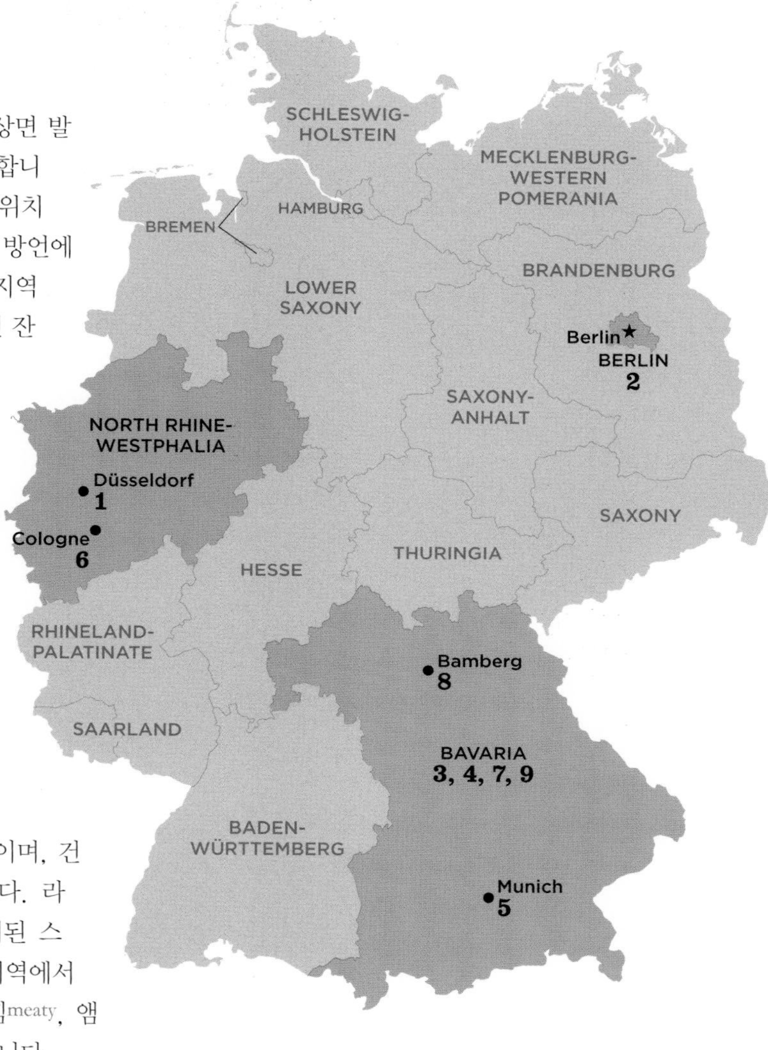

9 | 바이스비어

에일의 종류인 바이스비어weissebier는 바이젠비어Weizenbier, wheat beer 또는 바이세Weisse라고도 알려져 있습니다. 독일 이외의 지역에서는 이 스타일을 헤페바이젠hefeweizen으로 알고 있습니다. 이 스타일의 이름은 맥주를 만들 때 사용하는 곡물인 페일 위트pale wheat에서 유래되었고, 페일 위트는 전체 곡물양의 50-70% 정도 차지합니다. 바이스비어의 독특한 풍미는 효모와 밀에서 나오며, 클로브clove, 정향, 바나나, 풍선껌의 풍미가 느껴집니다. 바이스비어는 일반적으로 여과를 하지 않지만, 여과한 바이스비어 형태인 크리스탈 바이젠kristall-weizen, crystal wheat도 있으며, 어두운색 형태인 둔켈바이젠dunkelweizen, dark wheat도 있습니다.

비어 가이드

맥주 애호가들의 필수 코스

독일 양조사들이 추천하는 다음과 같은 장소들은 독일의 많은 지역 맥주를 경험할 수 있게 해 줍니다.

1 | 호프브로이하우스 (Hofbräuhauses)

뮌헨(Munich)

약 1500년대 후반부터 있던 뮌헨의 가장 인기 있는 관광지 중 하나인 호프브로이하우스에 들러서 맥주 한 잔 즐기세요. 이곳은 항상 사람들로 북적이지만, 라이브 폴카 밴드와 거대한 독일 전통 프레첼인 라우겐브레첼(laugenbrezel)을 즐길 수 있어 방문할만한 가치가 충분합니다.

2 | 학센하우스 춤 라인가르텐 (Haxenhaus zum Rheingarten)

쾰른(Cologne)

라인강에서 가까운 거리에 위치한 이 13세기의 펍은 항해사와 항만 노동자들에게 음식, 술, 숙박을 제공했었습니다. 오늘날 방문객들은 전통적인 여인숙(wirtshaus, 비르츠하우스)을 방문할 수 있으며, 여전히 음식, 술, 숙박을 제공합니다. 7온스(207ml) 잔에 가펠 쾰쉬(Gaffel Kölsch)만 서빙하지만, 원하는 만큼 마시면 됩니다. 이곳의 스페셜 음식인 슈바인 학센이랑 같이 먹어 보세요.

3 | 바이에리셔 슈타츠브라우어라이 바이엔슈테판(Bayerische Staatsbrauerei Weihenstephan)

프라이징(Freising)

바이엔슈테판 언덕에 위치한 세계에서 가장 오래된 양조장인 바이엔슈테판은 1040년에 베네딕트회의 수도자가 설립했습니다. 이곳은 또한 바바리아의 빌헬름 4세가 1516년에 바바리아의 맥주 순수령을 발표한 곳이기도 합니다. 가이드 투어를 통해 이 역사적인 장소를 둘러본 후, 비어가르텐(biergarten)에 가서 이 곳에서 생산한 맥주를 맛보세요.

4 | 노이에 프로모나드 (Neue Promenade)

베를린(Berlin)

이곳의 걷고 싶은 산책로는 밤이 되면 거리의 악사들과 공연자들이 팁을 받기 위해 공연을 펼치면서 활발해집니다. 바이엔슈테파너 베를린(Weinhenstephaner Berlin)을 포함한 여러 맥주 카페들 중 한 곳을 방문하여 야외에 앉으면 그곳이 분위기를 즐기기에 최고의 장소입니다.

5 | 그뢰닝거 프리바트브루우어라이(Groninger Privatbrauerei)

함부르크(Hamburg)

중세시대에 함부르크의 옛 양조 지역이었던 장소에 위치해 있습니다. 이곳의 현대 양조장은 함부르크의 첫 밀맥주 양조장이라고 말합니다. 소시지와 함께 이곳의 대표 맥주인 그뢰닝거 필스(Gröninger Pils)와 한세아텐 바이세(Hanseaten Weisse)를 즐겨 보세요.

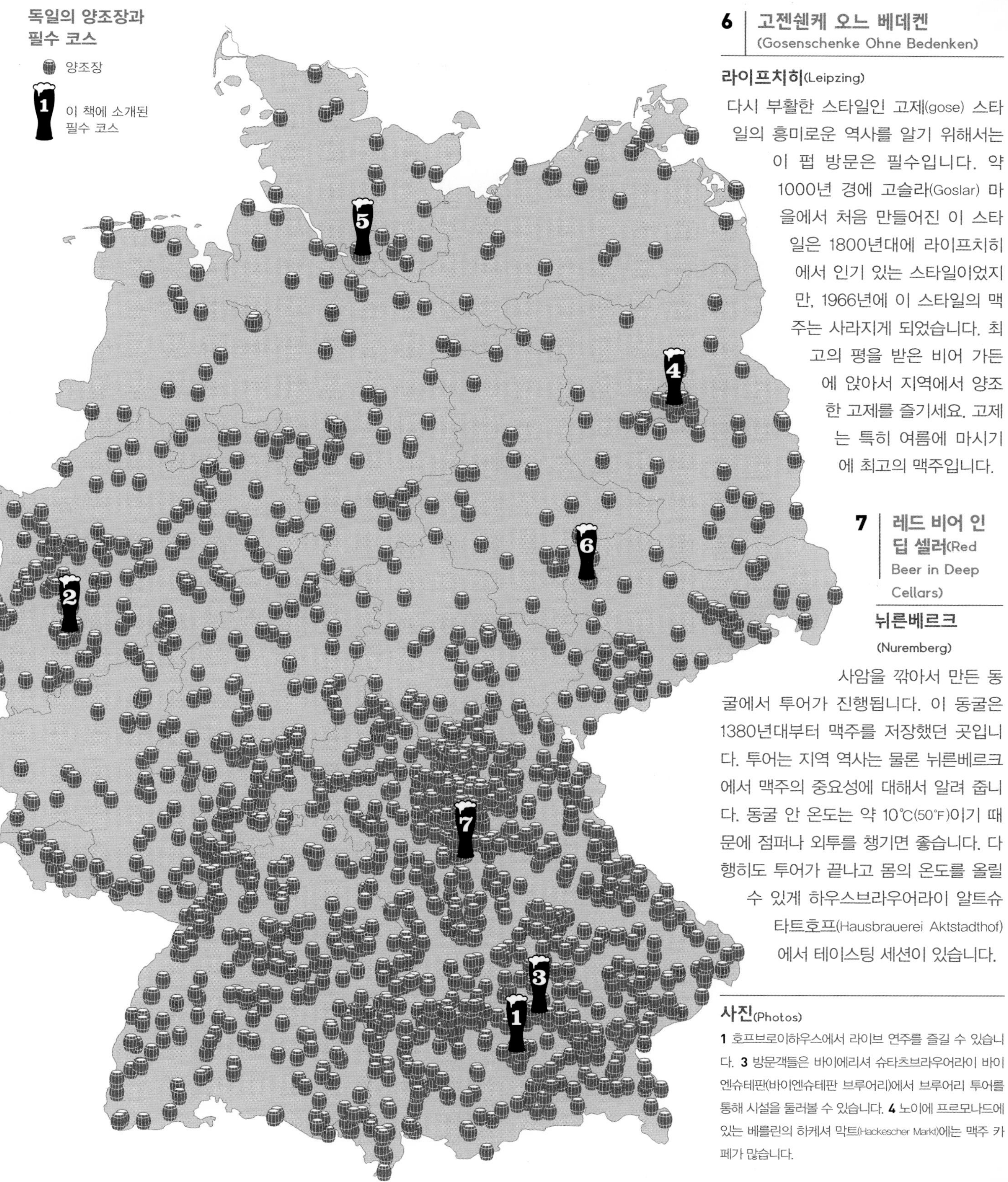

6 고젠쉔케 오느 베데켄 (Gosenschenke Ohne Bedenken)

라이프치히(Leipzing)

다시 부활한 스타일인 고제(gose) 스타일의 흥미로운 역사를 알기 위해서는 이 펍 방문은 필수입니다. 약 1000년 경에 고슬라(Goslar) 마을에서 처음 만들어진 이 스타일은 1800년대에 라이프치히에서 인기 있는 스타일이었지만, 1966년에 이 스타일의 맥주는 사라지게 되었습니다. 최고의 평을 받은 비어 가든에 앉아서 지역에서 양조한 고제를 즐기세요. 고제는 특히 여름에 마시기에 최고의 맥주입니다.

7 레드 비어 인 딥 셀러(Red Beer in Deep Cellars)

뉘른베르크

(Nuremberg)

사암을 깎아서 만든 동굴에서 투어가 진행됩니다. 이 동굴은 1380년대부터 맥주를 저장했던 곳입니다. 투어는 지역 역사는 물론 뉘른베르크에서 맥주의 중요성에 대해서 알려 줍니다. 동굴 안 온도는 약 10℃(50℉)이기 때문에 점퍼나 외투를 챙기면 좋습니다. 다행히도 투어가 끝나고 몸의 온도를 올릴 수 있게 하우스브라우어라이 알트슈타트호프(Hausbrauerei Aktstadthof)에서 테이스팅 세션이 있습니다.

사진(Photos)

1 호프브로이하우스에서 라이브 연주를 즐길 수 있습니다. **3** 방문객들은 바이에리셔 슈타츠브라우어라이 바이엔슈테판(바이엔슈테판 브루어리)에서 브루어리 투어를 통해 시설을 둘러볼 수 있습니다. **4** 노이에 프로모나드에 있는 베를린의 하케셔 막트(Hackescher Markt)에는 맥주 카페가 많습니다.

바바리아의 알프스 지대는 풍부한 맥주 역사와 함께 지역에 그림 같은 배경을 제공합니다.

바바리아의 맥주 문화, 순수령, 기술, 스타일에 영향을 받지 않은 양조장을 찾는다면 아마 찾기 쉽지 않을 것입니다. 바바리아는 마치 맥주를 만들기 위해 맞춰진 지형 같습니다. 바바리아의 완만한 농경지에서 밀과 보리가 재배되며, 할러타우 지역은 세계에서 가장 큰 홉 재배 지역이며, 대수층은 바바리아의 유명한 맥주 스타일을 만들 때 필요한 연수를 제공합니다. 남쪽의 웅장한 알프스 지대는 냉장 시설이 개발되기 이전 라거를 보관하기 위한 지하 동굴을 만들기에 완벽한 장소였습니다. 이곳은 양조를 하기에 알맞은 지형으로, 바바리아 문화에 맥주가 큰 부분을 차지한 것은 어찌보면 당연한 결과입니다.

양조를 할 때 사용할 수 있는 맥주 재료를 보리, 홉, 물로 제한시킨 1516년에 제정된 맥주 순수령53쪽 참조에 바바리아 양조사들은 구애 받지 않고 다양한 라거 스타일을 만들었으며, 그중에는 헬레스helles, 켈러비어kellerbier, 메르젠Märzen, 복비어bockbier, 슈바르츠비어schwarzbier, 라우흐비어rauchbier가 있습니다. 이런 스타일의 맥주 색깔은 옅은 금색에서 검은색까지 이르며, 깔끔하고 크리스피한 풍미에서 스모키한 풍미까지 다양합니다. 체코 필스너에 비해 더 가볍고, 더 드라이하며, 더 크리스피한 바바리안 필스너Bavarian Pilsner도 있습니다. 바바리아 지역은 또한 밀 베이스 에일인 바이스비어 또는 미국에서는 헤페바이젠이라 부르는 스타일이 탄생한 지역입니다. 맥주 순수령에도 구멍이 있었습니다. 비텔스바흐 공작Duke of Wittlesbach이 통치할 당시에 사람들이 밀맥주를 애호하자 밀맥주 생산을 허용했습니다.

홉은 바바리아 맥주계에서 중요한 역할을 했으며 8세기부터 홉의 역사가 시작되었습니다. 뮌헨의 북쪽으로 45마일70km 떨어진 곳에 위치한 바바리아의 할러타우 지역은 전 세계에서 가장 큰 홉 재배 지역입니다. 이 지역은 전 세계 홉 생산의 1/3을 차지하며 독일 홉의 90%를 생산합니다.

또한 바바리아에는 여름철에 맥주를 마시기에 가장 좋은 장소인 비어가르텐비어 가든이 있습니다. 라거 맥주가 인기를 얻게 되고 알브레히트 5세 공작Duke Albrecht V이 여름에 맥주 생산 금지법을 빌헬름의 맥주 순수령에 덧붙이게 되자, 양조사들은 라거를 보관하기 위해서 시원한 장소가 필요했습니다. 그래서 큰 동굴을 판 후에 큰 얼음 조각을 같이 두어 여름에 맥주가 상하지 않게 하였습니다. 그 위에 펼쳐 놓은 밤나무 가지는 치명적인 태양열로부터 맥주를 보호했으며, 그늘 아래에서 맥주를 마실 수 있는 예쁜 공간을 주었습니다. 이러한 비어 가든은 인기 있는 소풍 장소가 되었습니다. 술집과 여인숙은 손님을 뺏기는 것을 막기 위해 비어 가든의 음식 판매를 금지하였습니다.

바바리아는 독일과 유럽 맥주 문화에서 중요한 역할을 해왔고, 그로 인해 유럽 연합은 바바리아를 '지리적 표시 보호protected geographical indication'로 설정하여 바바리아에서 생산된 맥주만 바바리아 맥주라고 상표에 표기할 수 있게 했습니다. 이러한 지리적 표시는 바바리아 양조 문화를 보호하고 독일 문화의 중심이 담겨 있는 맥주를 보존합니다.

개릿 올리버와 함께하는 맥주 테이스팅

둔켈(Dunkel)

바바리아 지역은 다크 라거가 골든 라거(Golden Larger)보다 지배적이었던 마지막 지역 중 한 곳이었습니다. 때로는 '액체 빵'이라고 묘사되는 어두운색의 둔켈은 많은 바바리아인들이 따뜻하고, 훈훈하고, 식욕을 자극하는 그들의 문화를 잘 표현한다고 느끼는 맥주입니다.

ABV 4.5–5.6% | IBU 18–25

향 몰티함, 빵, 토스티, 가벼운 초콜릿 또는 토피 향

외관 불그스름한 색을 띤 짙은 러셋브라운색

풍미 몰트 중심적 풍미, 풍부함, 비스킷, 절제된 단맛

마우스필 꽤 풀바디감, 거칠지 않음, 부드러움, 하지만 질리지 않음

잔 손잡이가 있는 바바리안 자이델 잔

푸드 페어링 소시지, 돼지고기, 구운 닭고기, 구운 생선

추천 맥주 아우구스티너 브라우 둔켈(Augustiner Bräu Dunkel)

local flavor

초이클 별 뒤에 숨겨진 맥주 The Beer Behind the Zoigl Star

대부분의 사람들이 들어 보지 못한 초이클(Zoigl)은 탁하고, 구릿빛의 몰티한 맥주입니다. 초이클이 낯선 이유는 바바리아 동쪽의 오버팔츠(Oberpfalz) 지역의 에슬라른(Eslarn), 팔켄베르크(Falkenberg), 미터타이히(Nitterteich), 노이하우스(Neuhaus), 빈디셰셴바흐(Windischeschenbach) 이렇게 5개 마을에 있는 공동 브루하우스에서만 양조를 하기 때문입니다. 초이클이라는 단어는 '표시'나 '상징'을 뜻하는 독일어인 차이헨(zeichen)에서 유래되었습니다. 양조장 문 위에 걸어 두는 꼭지점이 6개인 초이클 별 모양은 다윗의 별(Star of David)과 비슷해 보입니다. 중세시대(500-1500년)의 양조사들은 3가지 요소인 물(water), 땅(earth), 불(fire)과 3가지 재료인 물(water), 곡물(grains), 홉(hops)을 나타내기 위해 이 별 모양을 사용했습니다.

초이클 별은 신선한 맥주를 나타냅니다.

공동 브루하우스에서 초이클 맥즙을 만든 후, 양조사 집에 있는 개인 셀러로 옮겨가 발효하게 놔둡니다. 2주 후, 발효가 끝난 맥주는 숙성 탱크로 이송하여 숙성을 합니다. 맥주가 완성되면, 숙성 탱크에 바로 연결해 탭핑합니다. 양조사가 꼭지점이 6개인 초이클 별을 집 밖에 달면 맥주를 판매하고 있다는 것을 의미했습니다. 셀러에 있는 맥주를 다 판매하면, 다음 양조사가 탱크에 연결해 맥주를 팔았습니다. 초이클 별 모양도 그다음 판매자에게 전달되었습니다. 초이클 맥주는 배치마다 그리고 마을마다 달랐으며, 양조사마다 자신들만의 비밀 레시피를 가지고 있었습니다. 초이클을 마셔 보고 싶다면, 지역 신문을 통해 현재 어떤 집이 초이클 별 모양을 달았는지 확인하세요.

지역 맥주

베를린

신구의 혼재

독일의 수도 베를린은 다방면에 걸쳐 과거와 현재가 혼재된 도시입니다. 제2차 세계대전 당시에 베를린의 거의 80%가 무너졌지만, 독일은 전통 건물의 잿더미 위에 현대적인 건물을 지어 도시를 재건설했습니다. 1961년에 베를린 장벽이 세워진 후 서베를린West Berlin은 계속해서 번영했지만, 동베를린East Berlin은 그렇지 못했습니다. 이에 따라 베를린 맥주 역사도 둘로 나누어졌습니다.

local flavor

섞다 Mixing It Up

독일인들은 독일 밖의 지역에서 관심을 받고 있는 두 가지의 맥주 칵테일을 발명했습니다. 첫 번째는 베를리너 바이세에 시럽을 1샷 넣는 베를리너 바이세 밋 슈스(Berliner weisse mit schuss)입니다. 베를린 사람들은 색깔로 바이세를 주문합니다. 빨간색을 의미하는 로트(rot)는 라즈베리 시럽, 초록색을 의미하는 그룬(grün)은 우드러프 시럽, 노란색을 의미하는 겔프(gelb)는 레몬 시럽이 들어갑니다.

날이 좋았던 1922년 6월의 토요일, 뮌헨에서 출발한 약 13,000명의 사이클리스트들이 작은 마을인 다이젠호펜(Deisenhofen)의 여인숙에 몰려들면서 두 번째 칵테일인 라들러(radler)가 탄생하게 되었습니다. 사이클리스트들은 여인숙의 맥주를 마시면서 자전거를 탔기에, 여관 주인은 맥주와 레몬 소다를 섞었습니다. 여관 주인은 이것을 라들러 마스(radler-mass)라고 불렀으며, 독일어로는 '사이클리스트의 1리터'라는 뜻입니다. 라들러는 현재 전 세계에서 모든 종류의 맥주 스타일과 소다를 섞어서 만들어지고 있습니다. 미국 조지아(Georgia) 주의 레드 헤어 브루잉 컴퍼니(Red Hare Brewing Company)는 IPA 맥주와 자몽 소다를 섞어서 SPF 50/50을 만듭니다.

베를린의 잘 알려진 맥주 스타일이 하나가 있다면, 바로 색이 옅고, 신맛이 나고, 도수가 낮은 밀 베이스 맥주인 베를리너 바이세Berliner weisse입니다. 베를리너 바이세 레시피에는 맥주에 신맛을 내기 위해 락토바실러스Lactobacillus 효모가 사용되며, 다른 레시피에서는 펑키한 맛을 내기 위해 브레타노마이세스Brettanomyces 효모를 사용하기도 합니다. 베를리너 바이세 스타일이 베를린에서 유래되었는지 아니면 1600년대 후반 박해를 받은 프랑스 신교도들이 베를린으로 오게 되면서 유래된 것인지에 대한 역사학자들의 의견은 분분합니다. 이와 상관없이 베를린에 있던 수백 개의 양조장들은 베를리너 바이세 스타일을 1800년대까지 만들었고, 베를린은 유럽에서 맥주 분야를 이끌어 가는 도시 중 하나가 되었습니다. 여름에 마시기 좋은 베를리너 바이세의 가벼운 탄산감 때문에 나폴레옹과 그의 주둔 군사들은 1809년에 이 스타일을 '북쪽의 샴페인champagne of the north'이라고 불렀습니다.

20세기 들어서 바바리안 라거가 인기를 얻자 베를리너 바이세의 인기는 줄어들었습니다. 베를린 장벽은 베를린 양조 분야에 큰 영향을 주었습니다. 서베를린의 양조사들은 최고의 장비와 재료를 사용할 수 있었지만, 공산주의 정권의 동베를린은 그럴 수 없었기 때문입니다. 그러므로, 서베를린 맥주의 품질은 동베를린 맥주에 비해 품질이 우수했습니다.

1989년에 베를린 장벽이 무너지면서 사람과 맥주는 두 베를린 사이를 자유롭게 왕래할 수 있었습니다. 과거 동베를린의 양조장들은 문을 닫거나, 현대화되거나, 서베를린 양조장으로 인수되었습니다. 이렇듯 독일 통일의 결과는 양조장의 합병과 통합이었습니다. 그러나, 베를린 맥주 산업은 곧 크래프트 맥주라는 다른 요인의 압박에 직면하게 됩니다.

비어 컴퍼니Bier-Company는 1995년에 베를린에 설립된 초

베를린 베딩(Wedding) 지역의 지하에 있는 브루펍인 에스씨이흔브라우(Escehnbräu)는 매달 새로운 특별한 맥주를 선보입니다.

기 크래프트 양조장 중 한 곳입니다. 독일 양조 협회German Brewing Association에게는 유감스러운 일이지만, 이들은 전통적인 독일 맥주 스타일에 싫증을 느끼게 되어, 맥주 순수령에 벗어나는 맥주를 만들기로 결정합니다. 이 양조장은 서서히 성장을 했으며, 몇몇 직원은 회사에서 독립해 자신만의 브라우하우스 서드스턴Brauhaus Südstern과 브루베이커Brewbaker를 2001년에 설립합니다. 이러한 양조장들은 전통적이지 않은 맥주 스타일로 밀고 나갔습니다. 브롤로BRLO, 슬라브어로 '베를린'이라는 뜻와 숍페 브라우Shcoppe Bräu 같은 다른 크래프트 양조장들은 그들만의 다양한 맥주 스타일과 함께 베를린의 크래프트 맥주 분야를 넓혀 나갔습니다.

독일이 미국에 수출하는 홉보다 더 많은 양을 미국에서 수입한 2012년에 독일 크래프트 맥주의 인기 상승은 분명했습니다. 독일 크래프트 맥주 레시피에 종종 미국 홉이 사용되는데, 그 이유는 일반적으로 미국 홉이 독일 지역 홉 종류보다 더 풍미와 아로마가 있기 때문입니다. 크래프트 맥주에 대한 열망은 베를린의 많은 외국인 거주민과 연관성이 있을 수 있습니다. 외국인 거주민이 많은 지역은 크래프트 맥주를 더 받아들이는 경향이 있습니다. 이유가 무엇이 되었든, 크래프트 맥주는 전통적인 맥주들과 나란히 베를린 맥주계에서 중요한 위치를 선점하고 있습니다.

개릿 올리버와 함께하는 맥주 테이스팅

베를리너 바이세(Berliner weisse)

베를리너 바이세는 시큼함을 다시 주목하는 현대 트렌드의 창시한 스타일 중 하나이며 한때 베를린의 100개가 넘는 양조장이 생산했습니다. 오늘날, 산미를 다시 주목하는 현대 크래프트 맥주에서 선봉에 있는 스타일이며, 미국 브루펍에서 인기 있는 맥주입니다.

ABV 2.8–3.5% | IBU 4–8

향 레몬, 요거트 향, 파스타 면 같은(밀)

외관 매우 옅은 볏짚색, 조밀한 흰색 거품

풍미 깔끔한 시큼함, 드라이, 레몬, 깔려 있는 밀의 풍미(시럽이 추가되면 추가적인 풍미가 느껴짐)

마우스필 크리스피, 가벼움, 드라이, 쥬시

잔 고블릿, 첼리스, 화이트 와인 잔

푸드 페어링 해산물, 샐러드, 페타와 고트 치즈, 세비체, 송아지 소시지

추천 크래프트 맥주 브루베이커 베를리너 바이세(Brewbaker Berliner Weisse)

지역 맥주

노르트라인-베스트팔렌

라인강에서 맥주를

쾰쉬와 알트비어, 이렇게 두 가지의 인기 있는 독일 에일은 라인강 계곡에서 유래되었습니다.

라인강은 노르트라인-베스트팔렌North Rhine-Westphalia 지역의 언덕을 따라 구불구불하게 이어져 있으며, 수세기 전 과거에 이 물길이 얼마나 중요했는지 보여 주는 아름다운 성과 요새가 있습니다. 독일 노르트 라인랜드North Rhineland 지역의 맥주는 강 주변에 있는 두 도시인 뒤셀도르프와 쾰른Cologne이 오랫동안 지배해 왔습니다. 어떠한 순수령도 이 지역의 여름 양조를 금지하지 못했기 때문에 독일의 많은 다른 지역들과는 다른 맥주계를 형성할 수 있었습니다. 쾰른과 뒤셀도르프 지역은 25마일40km밖에 떨어지지 않았지만 쾰쉬Kölsch와 알트비어altbier 같은 고유의 맥주 스타일을 만들었습니다. 이들은 독일 에일 종류 맥주입니다.

뒤셀도르프는 알트비어의 고향이며, 여전히 800년 전처럼 구릿빛에, 미디엄 바디감, 약간 몰티하고 드라이한 피니쉬가 특징인 맥주로 남아 있습니다. 3세기로 거슬러 올라가면 지금은 알슈타트Altstadt, 구시가지로 불리는 곳에서 거의 모든 가정에서 고유의 알트비어를 만들었습니다. 알트비어는 독일 전체 맥주 시장에서 2-3%를 차지하지만, 뒤셀도르프에서는 거의 50%를 차지합니다.

라인강 위쪽에는 쾰른Cologne이 있습니다. 쾰른은 그루트gruit가 인기 있는 맥주 재료였던70쪽 참조 중세시대500-1500년 때 양조가 번성한 곳입니다. 1396년에 이십여 개의 양조장이 양조 분야에서 한 목소리를 내기 위해 길드를 만들었습니다. 그동안에 더 북쪽에서 점점 인기를 얻었던 코이테비어keutebier는 밀, 보리, 홉을 사용해 만들었습니다. 결국, 이 맥주는 쾰른에 진출했으며, 1471년에 코이테비어 양조사들은 길드에 가입할 수 있었습니다. 그들은 홉을 사용해 코이테비어를 만들었기에, 그루트의 사용을 금지하려고 했습니다. 점차 시간이 흐르면서 밀 역시 코이테비어를 만들 때 사용하지 않았습니다. 1800년대 후반 냉장 시설의 발전으로, 쾰른과 뒤셀도르프 양조사들은 차가운 온도에서 에일을 숙성해 맥주를 더 부드럽게 만들었습니다. 그렇게 해서 쾰른에서 나온 맥주가 바로 쾰쉬Kölsch입니다.

쾰쉬는 섬세한 에일로 연한 색깔, 적당한 탄산감, 낮은 몰티함과 약간의 호피함이 있습니다. 쾰쉬 협약Kölsch Konvention에 속한 양조장만 합법적으로 그들의 맥주를 쾰쉬라 부를 수 있습니다.

개릿 올리버와 함께하는 맥주 테이스팅

쾰쉬(Kölsch)

보헤미아의 새로운 금색 필스너에 대응하기 위해 만든 상면 발효한 쾰쉬는 특히 미국을 포함한 전 세계 크래프트 양조사들에게 인기 있는 스타일이 되었습니다.

ABV 4.5–5.2% | IBU 18–25

향 섬세한 프루티함에 꽃향이 더해짐

외관 밝은 옅은 금색과 푹신한 흰색 거품

풍미 부드러움, 상쾌함, 가벼운 빵의 풍미, 꿀의 향

마우스필 라이트–미디엄 바디감, 크리스피, 강한 탄산감

잔 슈탕에, 하이볼 잔

푸드 페어링 샌드위치, 햄, 조개류, 다양한 소시지

추천 크래프트 맥주 라이스도르프 쾰쉬(Reissdorf Kölsch)

local flavor

전통을 이어가다 Carrying Tradition

쾰른의 아무 쾰쉬 바나 뒤셀도르프의 알트비어를 서빙하는 펍에 간다면, 어디에서도 찾기 힘든 풍부한 맥주 서빙 전통에 빠져 보세요. 코베(Köbe)라고 불리는 웨이터가 나무 배럴을 서빙 장소로 꺼내, 바에 끌어올리고, 탭퍼(zappes)로 탭을 쾅 치는 장면을 살펴보세요. 이산화탄소를 사용하는 대신에 중력을 사용해 맥주를 추출합니다. 푸른색 앞치마를 두른 웨이터가 크란츠(kranz)라 불리는 특별한 금속 받침대에 맥주를 올려 서빙합니다. 이 받침대는 처음부터 금속으로만 만들었던 것은 아니며, 과거에는 나무로 만들었습니다. 산업 혁명 이전에는, 물건을 싣고 쾰른의 항구로 들어오는 배는 수동으로 물건을 내리거나 실어야 했습니다. 배의 선장은 종종 지역 노동자들을 고용했었고, 채용을 희망하는 사람들은 양조장에 모여 있었습니다. 더 많은 지역 노동자들이 자신의 이름을 홍보하기 위해 나무 크란츠에 적었습니다. 웨이터는 크란츠를 들고 여러 테이블을 서빙하기 때문에, 선장들이 자연스럽게 손으로 쓴 광고를 볼 수 있게 되어 지역 노동자들을 고용했을 수도 있습니다. 쾰른의 학센하우스 춤 라인가르텐은 여전히 쾰쉬 맥주를 나무 크란츠에 담아 서빙합니다.

오늘날, 웨이터는 독일어로 '막대'라는 뜻의 좁은 슈탕에 잔에 쾰쉬를 따라 운반합니다. 원통형 모양의 슈탕에 잔에는 약 200ml(7온스)를 따를 수 있으며, 작은 용량은 맥주가 빨리 데워지는 것을 막습니다. 뒤셀도르프의 웨이터는 알트비어를 서빙할 때 슈탕에와 비슷한 모양의 잔을 사용하지만, 이 잔의 사이즈는 두 가지가 있습니다. 손님들이 맥주를 다 마시면, 웨이터는 잔 위에 코스터가 없지 않는 이상 재빨리 새로운 맥주를 가져다 줍니다. 웨이터는 매번 신선한 맥주를 가져다 줄 때마다 연필로 코스터에 표시하며, 코스터의 표시대로 합계를 내서 계산서를 청구합니다. 잔 위에 코스터를 올려놓지 않는 사람은 늦은 밤에 비어라이헨(bierle-ichen, 맥주 좀비)으로 변할 가능성이 있겠지요.

영국

이상적인 리얼 에일(real ales)의 땅

많은 섬들이 모인 나라 영국에는 울타리로 나뉜 잉글랜드의 푸른 언덕, 바람과 비에 노출된 스코틀랜드의 바위들, 북아일랜드의 자이언트 코즈웨이Giant's Causeway, 빛나는 런던의 빅 벤 같은 많은 상징적인 장소가 있습니다. 이러한 모든 장소에서는 아마도 근처 펍에서 나오는 웃음소리가 들릴 것입니다. 펍에서 시민들은 여과와 살균을 하지 않은 거의 상온 온도인 맥주를 마시면서 하루의 일과를 나눕니다. 영국의 전통적인 맥주 스타일의 인기와 접근성은 흥망성쇠를 겪었지만, 세계 맥주계에서 영국의 영향력은 절대로 흔들리지 않고 있습니다.

기원전 55년에 로마가 영국을 침략하기 이전부터 영국에서는 맥주를 양조했습니다. 1세기 나무 밀랍판 기록을 통해 로마 군사들이 맥주를 구매했다는 것을 알 수 있으며, 맥주 부호들과 배달부들이 런던 생활의 흔한 일부였다는 내용을 담고 있습니다. 5세기 때 로마가 물러나면서 로마 상점들은 지역 에일을 판매하는 술집이 되었습니다.

노르망디Normandy, 프랑스 북쪽 지역의 침략자들은 영국을 격파하고 1066년에 왕위를 찬탈했으며, 앵글로-노르만Anglo-Norman의 생활 양식의 영향에 따라 모든 마을마다 에일 생산 길드 하우스가 있었습니다. 신선하고 아마도 단맛이 났던 '마일드 에일mild ales', 숙성을 했으며 신맛이 날 것 같은 '브라이트 에일bright ales', 밀과 꿀을 사용해 만들었을 것 같은 '웰시 에일Welsh ales', 새로운, 오래된, 사워, 퓨어, 두 번 양조된 에일 스타일 등등이 있었습니다. 결혼식을 위한 '브라이드 에일bride ales'과 영주에게 바칠 돈을 모으기 위한 '스콧 에일scot ales'과 같이 에일은 중요한 때를 위해 맞춤식으로도 양조되었습니다.

영국과 프랑스 사이에 발발한 백년전쟁Hundred Years' War, 1337-1453년 시기에 맥주 생산량은 다시 증가했습니다. 병사들은 매일 8파인트 정도의 맥주를 배급받았으며, 이러한 수요로 인해 양조는 집과 수도원을 넘어 공장 단계로 생산 규모가 확장되었습니다. 1400년대 중반 모든 영국 맥주는 '에일ale'로 불렸으며 물, 곡물, 그루트gruit | 70쪽 참조, 효모를 사용해 만들어졌습니다. 15세기 후반에 네덜란드는 영국에 홉을 소개했습니다. 그 이후 홉을 사용해 만든 술이 비로소 '맥주beer'가 되었습니다. 1700년대 영국의 모든 맥주는 홉을 사용해 만들어졌습니다152쪽 참조.

한눈에 보는 영국

위 지도에 표기된 장소

- 양조장
- ★ 수도
- ● 도시

WALES 국가 또는 주
WILTSHIRE 자치주
IRELAND 관련 없는 국가

성장과 변화

20세기가 되자 영국에는 1,400개 이상의 회사가 소유한 6,500개의 양조장이 있었습니다. 1970년대 초기에 이 수치는 급격하게 낮아져 96개의 회사가 소유한 177개의 양조장이 남게 되었습니다. 이렇게 수치가 급격하게 낮아진 주요 이유는 맥주 산업의 합병 때문입니다. 미국도 많은 맥주 산업의 합병을 경험했지만 미국과는 다르게, 영국의 많은 양조장들은 그들의 맥주를 유통할 수 있는 펍을 소유했었습니다. 이런 '직영 펍tied houses'은 오로지 펍을 소유한 양조장의 맥주만 판매해야 했으며, 이로 인해 잠재적인 경쟁자를 제거했습니다. 1960년대 후반에 영국에서 가장 큰 6개의 양조장을 '빅 식스Big Six'라고 불렀습니다. 이런 빅 식스 양조장들은 1980년대에 영국 자국 맥주의 75%를 생산했고 펍의 75%를 소유했었습니다.

또한 1960년대와 70년대에 양조사들은 많은 전통 맥주 스타일의 생산을 중단했습니다. 이러한 스타일들의 맥주는 캐스크 컨디션드cask conditioned를 했습니다. 캐스크 컨디션드 맥주는 오랫동안 보관할 수 없으며 맥주가 상하지 않게 계속해서 확인해야 합니다. 브루어리 컨디션드brewery conditioned 맥주케그 맥주로 바꾸면 살균 과정을 통해 숙성이나 풍미에 영향을 주는 살아 있는 박테리아와 효모를 죽여 발효 과정을 끝냅니다.

합병은 계속되었으며, '빅 식스Big Six'는 '빅 포Big Four'로 바뀌게 되었습니다. 1989년에 양조장이 소유할 수 있는 펍의 개수를 제한한 '비어 오더Beer Orders'로 이러한 회사들은 이전보다 펍은 적게 소유했지만, 지역 펍에 대한 이들의 영향은 여전히 강하게 남아 있었습니다. 영국 문화의 주요 부분인 펍은 현재 엔터프라이즈 인Enterprise Inn이나 펀치 테번스Punch Taverns 같은 거대 대기업의 일부가 되었습니다. 2003년 비어 오더Beer Orders는 폐지되었지만, 영국 맥주계는 소비자의 선택 폭을 제한하고 독특한 지역 풍미가 없는 브루어리 컨디션드 맥주가 남은 상태로 변하게 되었습니다.

Speak easy

펍의 언어

영국에서는 바 뒤에 있는 사람을 바텐더(bartender)라고 부르지 않고 **바 스태프**(bar staff), **바 맨**(barman), 또는 **바 메이드**(barmaid)라고 부릅니다.

대부분의 펍은 테이블 서비스를 제공하지 않기에 바에 직접 가서 주문을 해야 합니다. 잉글리시 파인트는 아메리칸 파인트보다 약 20% 정도 더 크니 주의하세요. 적당히 마시고 싶다면 보통 하프 파인트(half pint)를 주문할 수 있습니다. '**하프 라거**(half a lager)' 또는 '**하프 비터**(half a bitter)'라고 얘기하면 됩니다.

누군가가 술을 돌아가면서 사자고 한다면, 자신의 술 값을 지불하지 않아도 됩니다. 자신이 술을 사야 할 차례가 돌아오기 때문입니다.

바 스태프에게 팁을 남기고 싶다면, 간단하게 '**당신 꺼는 어떤 술로 할래요?**(And one for yourself?)'라고 말하세요. 팁을 받기로 한다면, 그들은 추가 요금을 당신에게 부과할 것입니다.

스타우트를 포함해 여러 잔을 주문하는 경우 **스타우트를 먼저 주문하세요.** 스타우트는 따르는 데 일정 시간이 걸리기 때문입니다.

건배는 관습적입니다. 다음은 주로 하는 건배사입니다(지역마다 많이 다를 수 있다는 것을 알아두세요).

잉글랜드 – '**건배**(Cheers)' 또는 '**쭉 마셔**(Bottom's up)'

스코틀랜드와 북아일랜드 – '**건강을 위해**'라는 의미의 '**Slàinte mhath**(SLAWN-cha wah)'

웨일스 – '**건강을 위해**'라는 의미의 'lechyd da(YEAH-chid da)'

전통을 받아들이다

발전하는 영국 맥주계에서 합병은 확실히 어느 정도 나름의 역할이 있었지만, 1970년대 들어서 '캠페인 포 리얼 에일Campaign for real ale, CAMRA, 캄라'과 같은 단체는 영국 맥주에 풍미와 전통을 다시 가져오는 데 중요한 역할을 했습니다. 캄라는 소비자의 선택권이 적어지고 특징이 없어지는 맥주 시장에 대응하기 위해 4명의 공동 설립자가 만들었으며, 이들은 '리얼 에일real ale'를 지향합니다. 리얼 에일은 캐스크에서 맥주가 계속해서 발효하고 숙성되도록 하는 전통적인 방법으로 캐스크 컨디션드한 전통 맥주 스타일입니다. 리얼 에일의 탄산은 상업 양조장에서 강압적으로 주입하는 탄산이 아닙니다. 리얼 에일의 탄산은 발효 과정의 부산물입니다. 대중들은 캄라의 이러한 전통적인 방법을 되찾으려는 취지에 호응하였으며, 1991년 30,000명에 불과하였던 회원수가 지금은 180,000명이 넘습니다. 그러나, 캐스크 에일 지지자들은 종종 살균과 여과를 하고, 케그에서 서빙 하기 위해 강압적으로 이산화탄소를 주입하는 맥주를 만드는 크래프트 양조사들을 배제합니다. 그렇기는 하지만, 영국 크래프트 맥주계는 성장하고 있습니다. 일반적으로, 맥주 소비자는 생산과 제공 과정보다는 맛과 다양성을 더 중시하기 때문에 크래프트 맥주를 경쟁력 있는 선택지로 만들어 주었습니다.

영국에는 1,400개 이상의 양조장이 있어서 인구당 양조장 수가 세계에서 가장 많은 국가 중 하나입니다. 맥주에 부과되는 세금은 책임감이라고 할 수 있습니다. 왜냐하면 3,100 U.K.배럴(4,300 U.S. 배럴이나 5,000hL) 이상의 규모로 맥주를 생산하는 양조장에 세금

어디에나 펍이 있는 것은 아니지만, 영국 전역에는 거의 5만 개의 펍이 있습니다.

을 두 배로 부과하기 때문입니다. 그래서 이 주세법은 3,100 U.K. 배럴 이상으로 생산하는 것을 장려하지 않습니다. 결과적으로 소규모의 양조장의 수가 많아졌으며 1,100가지 이상의 맥주를 즐길 수 있게 되었습니다.

영국의 대표 맥주 스타일

페일, 포터, 마일드, 비터 같은 스타일의 맥주를 자세히 알아본다면 영국 맥주가 새롭게 보일 것입니다.

1 | 브리티시 골든 에일

1986년에 생긴 브리티시 골든 에일British golden ale은 상대적으로 새로운 스타일의 맥주로, 영국 양조사들이 영국 라거와 경쟁할 수 있는 맥주를 찾다가 나오게 된 스타일입니다. 향과 풍미는 적당히 호피하고, 낮은 몰티함, 3.8 – 5%의 낮은 도수가 특징입니다. 일부 영국 양조사들은 약간의 시트러스한 풍미를 더하기 위해 영국 홉 대신에 미국 홉을 사용해 만들기도 합니다.

2 | 잉글리시 발리와인

풍부하고 몰티한 잉글리시 발리와인english barleywine의 이름은 와인에 가까운 높은 도수에서 생겨난 것입니다. 잉글리시 버전 발리와인은 몰티함과 알코올과 균형을 이루는 호피함이 조금 있지만 아메리칸 버전 발리와인은 더 호피한 느낌이 강합니다. 일부 종류의 발리와인은 와인이나 포트 배럴에서 숙성해, 배럴 숙성에서 기인한 풍미가 더 느껴집니다.

3 | 잉글리시 비터

지금은 쓰다고 느껴지지는 않지만, 잉글리시 비터english bitter는 쓴맛을 더 드러냈던 스타일이었습니다. 19세기 영국에서 비터는 당시 인기 있던 마일드보다 더 호피했으며, 홉

local flavor

그들이 사랑했던 그루트 For the Love of Gruit

홉이 양조사들에게 아주 귀중한 재료가 되기 오래전부터 그루트(Gruit)는 유럽 양조를 정의하는 재료였습니다. 몇몇 수도자들을 제외한다면 9세기 이전까지 모든 사람들은 홉의 선구 역할을 했던 그루트를 사용했습니다. 에일은 서양톱풀(yarrow), 들버드나무(sweet gale), 마시 로즈마리(marsh rosemary) 등 여러 허브를 혼합한 재료와 시나몬, 헤더(heather), 쥬니퍼 같은 수십 개의 향료를 첨가해 에일을 만들었습니다. 이 당시에 홉도 사용했지만, 홉만 단독적으로 사용하지는 않았습니다. 그루트는 약효 성분이 있다고 알려져 있지만, 또한 약간의 마취성 항정신제, 그리고 아마도 정력제 효과도 있었습니다. 세이지(sage) 같은 서양톱풀은 심지어 광기를 유발한다고 알려져 있었습니다. 돈이 필요한 왕, 귀족, 그리고 가톨릭 교회는 에일 판매 수익 때문에 에일의 유통을 지배하려고 했습니다.

무역과 항해를 통해 양조사들은 홉을 사용한 맥주가 그루트 에일보다 더 오랫동안 보존된다는 것을 깨달았으며, 홉을 사용한 맥주는 경제적인 장점이 더 많았습니다(152쪽 참조). 1268년에 프랑스의 루이 9세(Louis IX)는 몰트와 홉만을 사용해 맥주를 만들어야 한다는 법령을 선포했습니다. 수세기 이후인 1516년 바바리아의 순수령(53쪽 참조)은 그루트 대신에 홉이 맥주를 양조할 때 사용할 수 있는 3가지 재료 중 하나라고 선포했습니다. 홉에 세금이 부과되었고, 그루트의 인기는 점차 사라졌습니다.

영국은 18세기까지 그루트를 사용했지만 결국 그루트보다 홉을 더 많이 사용하게 되었습니다(76쪽 참조). 현대 양조사들은 그루트에 점차 관심을 가지게 되었고, 독특한 허브 혼합 재료인 그루트는 과거 에일의 풍미를 되살립니다.

을 첨가한 영국의 첫 맥주였을 것입니다. 버튼 온 트렌트의 물은 구리색의 몰트 중심적인 특징이 있는 전형적인 캐스크 컨디션드 에일을 만드는 데 도움을 주었습니다. 잉글리시 비터는 알코올 도수로 구분할 수 있는데, 도수가 높아짐에 따라 오디너리스탠다드, 베스트스페셜, 프리미엄, 그리고 엑스트라 스페셜 비터또는 ESB로 나눌 수 있습니다.

4 | 잉글리시 인디아 페일 에일

18세기 런던에서 처음 양조된 후 버튼 온 트렌트에서도 양조되었습니다. 잉글리시 IPAenglish india pale ale는 인도에 거주하는 영국인이나 병사들에게 보냈던 많은 맥주 스타일 중 하나였습니다72쪽 참조. 홉의 특성이 두드러지는 IPA는 1970년대에 대량 생산 라거 맥주에 밀렸지만, 미국의 크래프트 혁명으로 IPA 스타일을 재개발하면서 부활한 스타일입니다152쪽 참조. 금색-앰버 색깔의 이 스타일은 아메리칸 IPA에 비해 더 몰티하며 덜 호피합니다.

5 | 잉글리시 마일드

원래 마일드는 맥주의 신선함을 나타내는 단어였지만, 지금은 맥주 스타일의 명칭으로 진화하게 되었습니다. 초기 버전의 잉글리시 마일드english mild는 도수가 높고 가격이 싼 맥주였지만, 후에는 도수가 3-4.5%인 맥주로 재해석되었습니다. 이 인기 있는 드래프트 스타일의 맥주는 캐러멜 같은 몰티한 느낌과 앰버-브라운 색깔을 띠는 맥주입니다. 마일드보다 더 달고 더 색깔이 어두운 버전인 브라운 에일brown ale 또한 흔하지만, 브라운 에일은 주로 드래프트보다는 병맥주로 출시됩니다.

6 | 잉글리시 포터

잉글리시 포터english porter는 브라운 에일이 런던 노동자에게 인기가 많아지면서 진화했을 가능성이 있는 스타일입니다. 세계의 첫 대량 생산 맥주 스타일인 잉글리시 포터는 라이트-다크 브라운 색깔, 캐러멜-초콜릿 몰티함, 크리미한 질감, 그리고 4-5.5%의 적당한 도수 덕분에 사랑을 받은 스타일입니다. 1970년대에 이 스타일은 사라졌지만, 잉글리시 포터는 다시 인기 있는 스타일로 돌아왔습니다.

7 | 임페리얼 스타우트

임페리얼 스타우트imperial stout 스타일의 기원은 잉글리시 포터가 수출용으로 양조되던 1700년대 초기로 돌아갑니다. 러시아의 표트르 대제Tsar Peter the Great와 러시아 왕실이 좋아해서 이 스타일은 종종 러시안 임페리얼 스타우트라고 불렸습니다129쪽 참조. 도수가 8-12% 사이의 임페리얼 스타우트는 영국과 미국의 크래프트 맥주 시장에서 인기가 높아지며 부활하게 되었습니다.

8 | 위 헤비

위 헤비wee heavy라는 명칭은 '작지만 강하다'라는 의미입니다. 왜냐하면 이 스타일의 맥주는 약 6.5-10% 정도로 높은 도수인데, 작은 잔에 담아 서빙하기 때문입니다. 이러한 스카티시 에일은 앰버-브라운 색으로, 꽤 몰티하며, 때로는 약간의 스모크나 견과류 풍미가 느껴집니다.

잉글랜드의 IPA

속설, 진실, 그리고 전설

IPA의 전설적인 이야기는 동인도회사East India Company, EIC의 설립에서 시작됩니다. 동인도회사는 민간 무역 회사로 1600년대 영국과 인도 사이에 물품을 배송하던 주요 업체였습니다. 주로 인도에 있는 영국 군인과 거주민을 위해 맥주를 운반했으며, 4–6개월 걸리는 항해 기간 동안 선원들이 마실 맥주도 실어서 운반했습니다.

당시에 흔했던 어두운색의 맥주보다 색깔이 옅었던 맥주를 통칭해 페일 에일이라고 했으며, 일부 역사학자들은 페일 에일이 잉글랜드에서 처음 양조된 후 1670년대 후반에 인도로 운반되었다고 얘기합니다. 주로 10월에 양조해서 '10월의 맥주October beer'라고 불렸던 이 맥주는 18개월 혹은 그 이상을 숙성했습니다. 항해하는 6개월 동안 배에서 맥주를 배럴 숙성하면 와인과 같은 맥주가 되었고, 이 맥주는 인도에 있는 영국 상류층에 큰 인기를 얻게 되었습니다. 이 맥주는 가볍고 리프레싱해서 인도의 더운 날씨에 마시기에 딱 좋은 맥주였습니다. 상선들이 인도에 도착했을 때 맥주가 상해 자주 거절당했는데, 홉을 사용해 만든 맥주는 더 적게 거절당해서 양조사들은 홉이 방부 효과를 가지고 있다는 것을 알게 되었습니다. 동인도회사의 선장들은 그들의 맥주 대부분을 템즈강 하구 근처이자 런던의 동쪽에 있는 올드 보우 브루어리Old Bow Brewery에서 조달했습니다.

반대되는 속설도 있지만, 올드 보우 브루어리는 IPA를 발명하지 않았습니다. 당시에는 IPA라는 용어가 존재하지 않았을 때라 대부분은 인디아 에일India ale, 페일 인디아 에일pale India ale, 페일 엑스포트 인디아 에일pale export India ale, 또는 인도로 보내기 위해 만든 페일 에일pale ale prepared for India이라고 했습니다. 올드 보우의 사장인 조지 호지슨George Hodgson은 이 스타일의 맥주를 대중화시켰으며, 그의 브루어리는 수십 년 동안 좋은 맥주의 대명사가 되었습니다. 양조장의 위치가 항구 근처여서 정박해 있는 배에 맥주를 옮기기 쉬웠기 때문에 호지슨이 거둔 성공의 원인 일부분에는 지리적 이점도 있었다고 얘기할 수 있습니다.

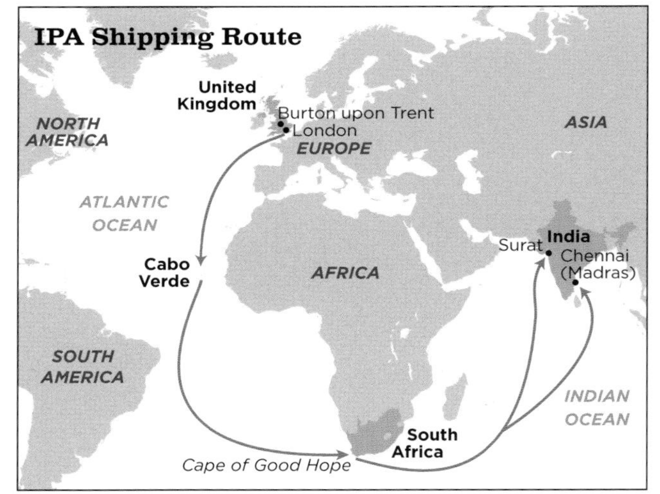

19세기에 IPA는 영국에서 멀리 떨어진 식민지인 인도(왼쪽 사진)나 호주(오른쪽 사진)에서 중요했습니다.

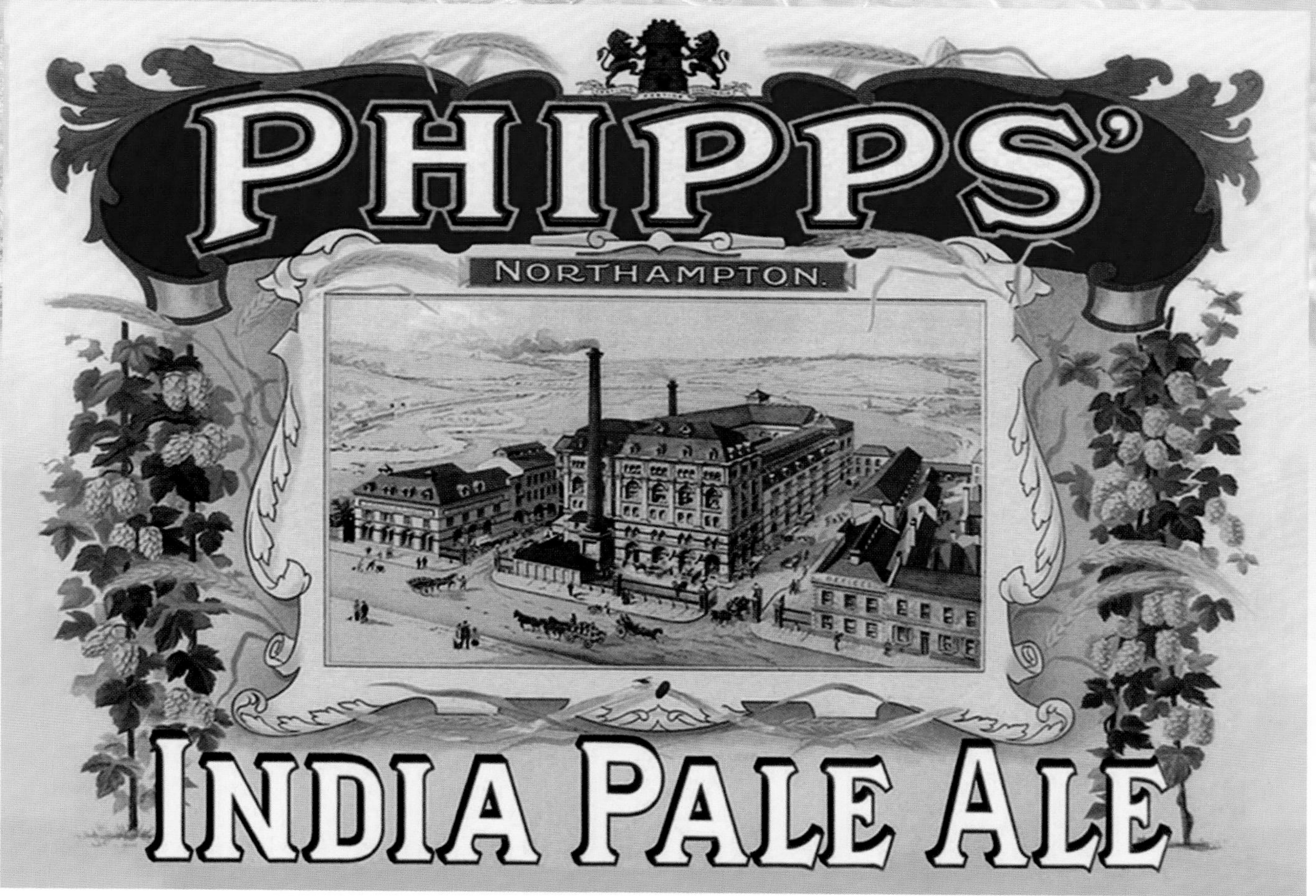

잉글랜드의 핍스 노스햄턴 브루어리 컴퍼니(Phipps Northampton Brewery Company)는 1880년대부터 IPA를 생산하기 시작했습니다.

호지슨은 동인도회사 선장들에게 맥주 지급 기간을 18개월 연장하는 조건으로 거래를 회유했습니다. 1821년 조지 호지슨의 손자인 프레드릭 호지슨Frederick Hodgson과 토마스 드레인Thomas Drane은 수익에서 동인도회사를 완전히 배제하고 직접 맥주를 배송하기로 결정합니다. 이들은 지역 소매상들을 건너뛰는 소매 인프라 구조를 인도에 설립했으며, 동인도회사 선장들은 내켜하지 않았습니다. 1822년 동인도회사 선장들은 버밍엄Birmingham 북쪽에 위치한 작은 마을인 버튼 온 트렌트Burton upon Trent의 사무엘 알솝Samuel Allsopp 양조사에게 인도로 수출할 맥주를 만들어달라고 설득합니다. 알솝은 올드 보우의 페일 에일 맥주를 따라서 만들었는데, 운이 좋게도 이 맥주는 호지슨의 맥주보다 약간 더 가볍고, 좀 더 쓰고, 더 에페르베성efferuescent, 발포성의 기포가 있는이 있었습니다. 알솝은 몰랐을 수도 있지만, 버튼 온 트렌트의 물은 경수따라서 칼슘이나 마그네슘 같은 미네랄 성분이 높음라서 더 나은 페일 에일을 만들 수 있었습니다. 1년 후, 알솝은 그의 페일 에일 첫 물량을 인도에 보냈으며, 인도에서 그의 페일 에일은 큰 성공을 거두었습니다. 머지않아서 다른 양조사들도 버튼 온 트렌트에 양조장을 설립하게 되었고, 결국 이곳에서 생산된 맥주는 지구 반대쪽에 있는 인도 맥주계를 지배하게 되었습니다.

호지슨도 알솝도 사용하지 않은 '인디아 페일 에일Inida Pale Ale'이라는 단어의 기원에 대한 논쟁이 있습니다. 역사적 자료에 따르면 단어는 1830년대 영국에서 등장하며, 또한 호지슨의 맥주가 배송되었던 호주에도 등장합니다. 누가 이 단어를 만들었든 오늘날의 크래프트 맥주 매니아들은 이 스타일의 맥주를 잘 압니다. 미국 크래프트 양조사들은 IPA 스타일의 맥주를 1970년대에 부활시켰으며151쪽 참조, 이 과감한 스타일은 크래프트 맥주 세계에서 가장 사랑을 많이 받는 맥주 스타일 중 하나입니다.

비어 가이드

맥주 애호가들의 필수 코스

영국에서 맥주 소비자에게 선택권이 몇 가지밖에 없었던 시절은 지나갔습니다. 오늘날 영국의 맥주계는 유구한 양조 전통을 계승하고 발전시키며 성장하는 자신들의 크래프트 맥주계를 자랑스럽게 여기고 있습니다.

1 | 그리핀 브루어리 (Griffin Brewery)

런던(London), **잉글랜드**(England)

치스윅(Chiswick)에 있는 이 양조장은 풀러스(Fuller's) 맥주를 1820년대 말부터 만들고 있으며, 런던에 마지막으로 남은 가족 소유의 양조장입니다. 그리핀 브루어리는 회사의 역사를 잘 담고 있는 양조 시설을 견학할 수 있는 투어를 제공하며, 방문객들에게 런던 프라이드(London Pride) 같은 이곳의 맥주를 시음할 수 있게 합니다.

2 | 더 홀스 앤드 그룸 (The Horse and Groom)

버튼 온 더 힐(Burton on the Hill), **잉글랜드**(England)

『더 굿 펍 가이드(The Good Pub Guide)』가

선정한 올해의 펍인 더 홀스 앤드 그룸(The Horse and Groom)은 지역 맥주를 마셔 보고 싶을 때 들러야 하는 곳입니다. 여러 양조장에서 만든 지역 리얼 에일을 맛볼 수 있습니다.

3 | 멈블스 브루어리 (Mumbles Brewery)

스완지(Swansea), **웨일스**(Wales)

영국 맥주계에서 상대적으로 후발 주자인 이 브루어리는 5가지의 각기 다른 에일과 몇 가지의 시즈널 맥주를 생산합니

다. 바다의 느낌을 내기 위해 굴을 사용해 만든 오이스터마우스 스타우트(Oystermouth Stout)는 꼭 마셔 봐야 합니다.

4 | 셰필드 에일 트레일 (Sheffield Ale Trail)

셰필드(Sheffield), **잉글랜드**(England)

영국에 정해진 맥주 수도는 없다고 하지만, 셰필드는 다릅니다. '전 세계 리얼 에일의 수도'라 할 수 있는 셰필드는 잉글랜드 최고의 장소에서 맥주를 즐기고 싶은 사람들에게 현대적인 펍과 전통적인 펍을 아우르는 에일 트레일을 제공합니다.

5 | 힐덴 브루어리 (Hilden Brewery)

리스번(Lisburn), **북아일랜드**(Northern Ireland)

1981년에 설립된 힐덴 브루어리는 북아일랜드에 가장 오래된 독립 양조장입니다. 탭룸에서 제공하는 11개의 드래프트 맥주를 마셔 보거나 브루어리 투어에 참여해 이곳의 역사에 대해 배워 보세요.

6 | 와드워스 브루어리 (Wadworth Brewery)

윌트셔(Wiltshire), **잉글랜드**(England)

바스(Bath) 근처에 위치한 와드워스 브루어리는 브루어리 소유 240개 펍의 맥주를 만들며, 이들 중 일부는 숙박 시설도 제공합니다. 브루어리 투어를 꼭 해 보고, 샤이어 말(Shire horses)도 보고, 양조장 타워에도 올라가 보세요.

7 | 오크니 브루어리 (Orkney Brewery)

오크니 제도(Orkney Islands), **스코틀랜드**(Scotland)

스코틀랜드 북쪽에 위치한 이 섬의 지리적 고립은 이곳의 특징 중 하나입니다. 과거 빅토리아 시대에 작은 학교 건물이었던 곳을 양조장으로 바꾼 곳입니다. 브루어리 투어를 참여해 이곳 맥주의 떼루아에 대해 알아보고 맥주를 맛보세요.

8 | 예 올드 트립 투 예루살렘(Ye Olde Trip to Jerusalem)

노팅엄(Nottingham), **잉글랜드**(England)

1189년부터 운영해 온 영국에서 가장 오래된 여관으로 잉글랜드에서 예루살렘으로 가던 사람들의 휴식처였습니다. 사암을 깎아서 만든 셀러를 구경해 보고 임신 가능성을 높여 준다는 소문으로 유명한 '임신 의자'도 구경해 보세요.

사진(Photos)

1 풀러스의 런던 프라이드는 그리핀 브루어리의 대표 맥주입니다. **2** 더 홀스 앤드 그룹 펍은 1580년에 열었습니다. **3** 멈블스 피어(Mumbles Pier)는 스완지 멈블스 마을의 랜드마크입니다. **5** 힐덴 브루어리에 있는 맥주 케그가 배송을 기다립니다. **6** 샤이어 말은 와드워스 브루어리의 맥주 배송을 도와줍니다.

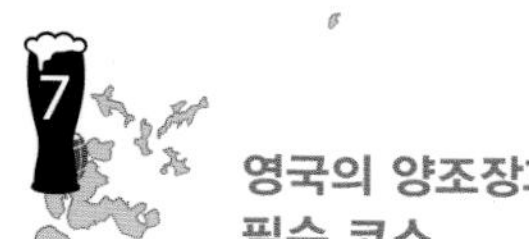

영국의 양조장과 필수 코스

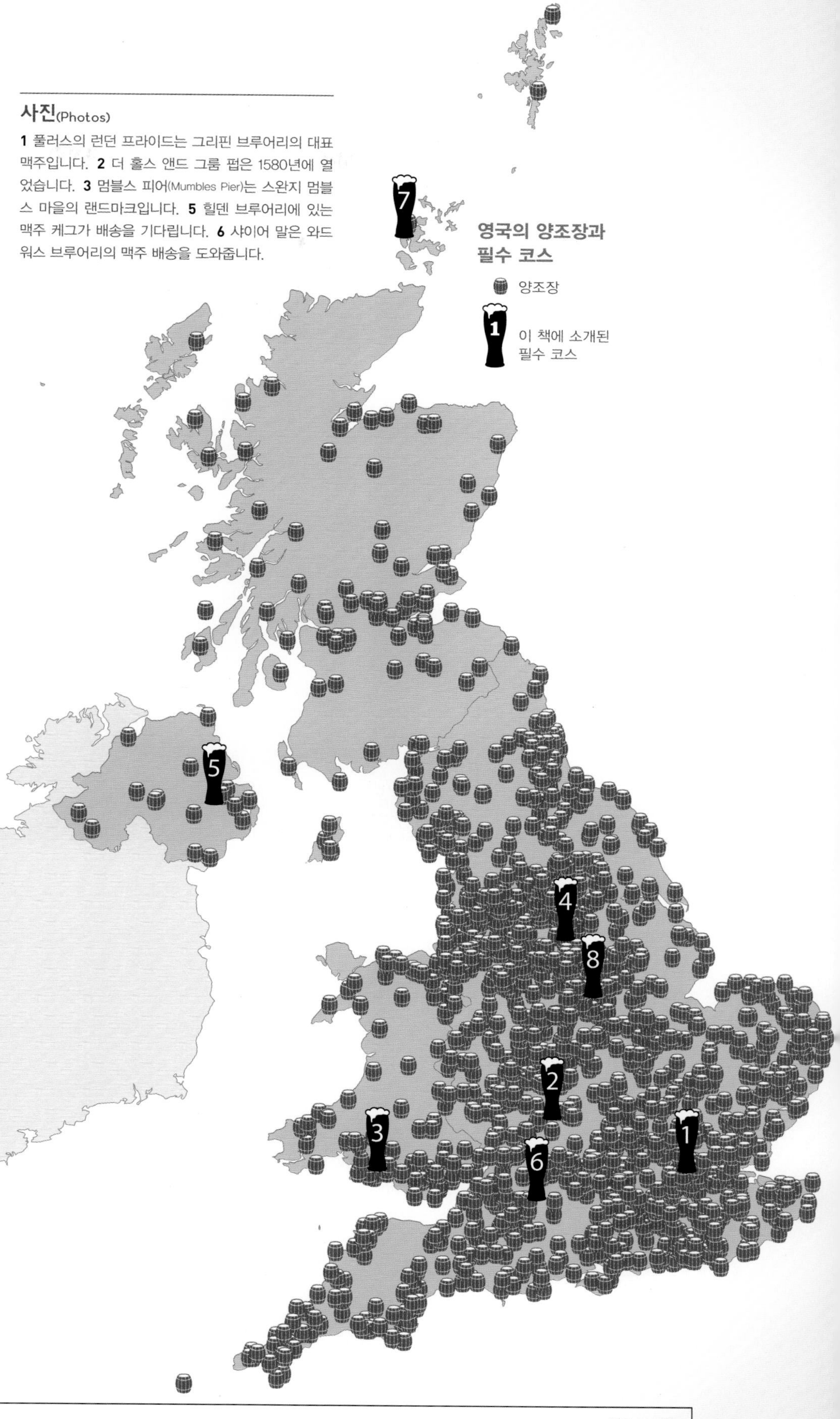

양조장

이 책에 소개된 필수 코스

지역 맥주

잉글랜드

리얼 에일을 유지하다

한때 대영제국을 해가 지지 않는 나라라고 했습니다. 이와 같은 말은 영국의 맥주에도 적용될 수 있었을 정도로 영국인들에게 맥주는 일상의 일부였습니다. 중세시대500-1500년에 맥주는 수도자나 가정에서 양조되었으며, 영국에서 가장 흔하고 건강한 음료 중 하나였습니다. 실제로, 영국 제도는 유럽 비어 벨트에 속하는 지역으로 역사적으로 영국 사람들이 선택한 술은 맥주였습니다. 이러한 선호도는 밀과 보리를 재배하기에 적합한 영국의 자연환경에 어느 정도 영향을 받았습니다. 15세기에 영국이 세계로 확장해 나가면서 에일은 해군의 필수품으로 여겨졌습니다. 그래서 헨리 7세Henry VII는 1492년 포츠머스Portsmouth에 해군 양조장을 지었습니다.

더 모탈 맨(The Mortal Man)은 레이크 디스트릭(Lake District)에 위치한 전통적인 영국 여관으로 작은 펍이 있습니다.

15세기쯤 저지대Low Countries, 유럽 북해 연안의 벨기엔, 네덜란드, 룩셈부르크로 구성된 지역에서 건너온 홉은 영국에서 쓰임새를 찾아가고 있었습니다. 홉을 사용하기 이전에 양조사들은 다양한 허브와 향신료를 혼합한 그루트70쪽 참조를 사용했습니다. 영국에 홉이 소개된 이후에도 영국 사람들은 그루트의 사용 중단을 주저했습니다. 헨리 8세Henry VIII가 피카르디Picardy를 침략했을 때우연히도 피카르디는 832년에 맥주에 홉을 사용했다는 기록이 처음 나온 도시, 해군 대령은 에일이 다 떨어져 어쩔 수 없이 홉을 사용해 만든 맥주를 마셨다고 불평했습니다. 15세기와 16세기에 영국인들은 에일과 맥주 사이의 차이를 보전하려고 애썼습니다. 에일은 그루트를 사용한 반면, 맥주는 홉을 사용했습니다. 그러나, 1710년 영국 법의 수정으로 그루트를 몰아내고 홉이 영국 맥주계에 입지를 굳히게 되었습니다.

18세기에 진gin은 매우 인기 있는 술이었으며, 파괴적인 영향을 주는 술이었습니다. 1830년대 비어 하우스 법안Beer House Act은 양조장과 맥주 판매 규제를 완화해 사람들이 증류주 대신에 더 안전하고 건강한 술을 마시도록 변화하는 데 도움을 주었습니다. 18세기와 19세기에 스타우트와 포터는 인기 있는 맥주 스타일이었으며, 특히 런던에서 인기가 높았습니다. 그러나, 그 후 홉을 사용한 페일 에일과 IPA는 더 마일드한 에일과 함께 맥주계에서 자리를 잡아갔으며, 결국 어두운 몰티한 맥주를 몰아내 오늘날 비터 스타일의 맥주에 영향을 주었습니다.

20세기 중반까지 라거는 전통적인 잉글리시 에일에 가려 자리를 잡지 못했습니다. 잉글랜드는 오랫동안 상면 발효 맥주를 만들어 왔지만, 라거는 낮은 온도에서 하면 발효를 통해 만들어집니다. 세계 대부분의 나라처럼, 라거는 영국 맥주 시장을 지배해 나갔으며, 대부분의 라거는 현재 맥주 대기업이 생산합니다.

1970년대는 영국 맥주계는 침체기였습니다. 양조장도 몇 군데밖에 없었으며, 몇 안 되는 업주들, 그리고 소비자의 선택의 폭도 좁아졌습니다. 캠페인 포 리얼 에일 같은 단체들은 이렇게 감소하는 선택의 폭에 대한 좌절에서 성장하게 되었으며, 꽤 성공적으로 전통 캐스크 컨디션드 리얼 에일을 맥주계에 다시 복귀시켰습니다. 그러나, 캄라의 성공과 목표는 전통적이지 않은 방식으로 혁신을 추구하는 현대 크래프트 맥주의 지지를 받지 못했습니다.

영국 펍의 숫자는 감소하고 알코올 소비량은 점점 줄어들었지만, 2002년부터 영국 정부가 일 년에 5,000hL132,086갤런 또는 약 3,055 U.K. 배럴 미만으로 생산하는 양조장에 세금을 감면해 주기 시작하면서 마이크로 브루어리의 수가 다시 증가하기 시작했습니다. 영국에는 '크래프트 브루어리' 또는 '크래프트 맥주'에 대한 정확한 정의가 실질적으로 없어서 기록에 어려움이 있지만, 소사이어티 오브 인디펜던트 브루어스 The Society of Independent Brewers에 따르면 영국 크래프트 맥주 분야는 2013년 이후부터 매년 15%씩 증가했다고 합니다. 게다가, 영국에서 소비되는 맥주의 80%는 영국에서 생산된 맥주입니다.

개릿 올리버와 함께하는 맥주 테이스팅

잉글리시 베스트 비터 (English Best Bitter)

당신이 펍에 가서 영국 사람 옆에 앉는다면, 잉글리시 베스트 비터는 그 사람이 마시고 있을 수 있는 아주 클래식한 맥주입니다. 잉글리시 베스트 비터는 아마도 최고의 세션 맥주일 것입니다. 잘 보관하고 서빙하면 이 맥주는 전 세계에서 가장 섬세하고, 복잡하고, 묘한 매력이 있는 맥주 중 하나일 것입니다.

ABV 4.1-4.5% | IBU 28-35

향 마일드한 몰티함, 빵, 오렌지, 얼씨하고 핵과류 계열의 홉 향
외관 앰버색, 느슨하게 형성된 거품, 전통적인 베스트 비터는 매우 투명함
풍미 크리스피, 빵과 같은 푸루티함, 드라이, 캐러멜
마우스필 크리스피, 미디엄 바디감, 은은한 자연 탄산감
잔 브리티시 파인트 잔
푸드 페어링 햄, 샌드위치, 로스트 비프, 다양한 우유 치즈
추천 맥주 풀러스 런던 프라이드(Fuller's London Pride)

local flavor

런던 맥주 홍수 The London Beer Flood

런던의 홀본 위펫(Holbron Whippet) 펍은 1814년 10월에 홀스 슈 브루어리(Horse Shoe Brewery)의 나무 발효조를 감싸고 있던 철 띠가 부서지면서 발생한 상상하지 못했던 사고를 기리고자 애니버서리 에일(anniversary ale)을 만듭니다. 발효 탱크가 무너지면서 약 3,500배럴 정도의 브라운 포터 에일이 흘러나오게 되었습니다. 이렇게 흘러나온 맥주는 다른 여러 발효조를 파괴했으며 양조장 벽면에 세게 부딪혔습니다. 그로 인해 약 12,000hL의 맥주가 흘러나오게 되었습니다. 목격자들은 약 5m 높이의 맥주 파도가 생겨났다고 증언했으며, 세인트 자일스 루커리(St. Giles Rookery)의 빈민가 근처를 덮쳐서 최소 8명이 사망했다고 전하였습니다. 후에 배심원은 브루어리 사장들의 혐의를 풀어 주었고 버려진 맥주에 부과된 소비세를 환불해 주었습니다.

런던 맥주 홍수가 발생한 지 16년이 지난 후인 1830년의 홀스 슈 브루어리의 모습

지역 맥주

스코틀랜드

숙성해서 더 좋은

바위가 많은 산, 무성한 협곡, 그림 같은 호수, 둘러싸인 해안가 모두 스코틀랜드의 어마어마한 지리를 형성하며, 이러한 지리적 특징은 스코틀랜드의 술에 중요한 영향을 주었습니다. 스코틀랜드 술을 얘기하면 스카치 위스키가 먼저 떠오르기 때문에 스코틀랜드에서 스카치보다 더 많은 양의 맥주가 소비된다는 사실은 놀라울 따름입니다.

유럽처럼 스코틀랜드의 맥주 역사를 살펴보면 중세시대에는 수도원이 양조의 중심적인 역할을 했으며, 그 이후에는 여성들이 수세기 동안 주로 양조사 역할을 했습니다. 다른 유럽 국가와는 다르게 스코틀랜드에는 홉이 없었습니다. 스코틀랜드의 기후는 홉이 자라기에 너무 추웠습니다. 그래서 양조사들은 맥주에 쓴맛을 주기 위해 헤더heather, 머르틀myrtle, 금작화broom를 사용했습니다. 스코틀랜드의 기후와 토양은 보리, 밀, 귀리를 풍부하게 생산할 수 있는 좋은 땅이었습니다. 스코틀랜드 기후 때문에 더 추운 온도에서 발효할 수 있는 효모가 필요했습니다. 이런 기후에서 에일 효모는 빠르게 발효하지 못했고, 그래서 대부분은 맥주를 셀러에서 숙성했습니다. 따라서, 이렇게 생산된 스코틀랜드의 에일은 그윽하고, 부드럽고 완전히 몰티한 맛, 꽤 드라이한 피니쉬 같은 숙성된 맥주의 특징을 보여 줍니다. 수세기 동안, 이러한 환경 조건과 스코틀랜드의 물은 스코틀랜드의 맥주를 무시할 수 없는 맥주로 만들었습니다.

19세기 중반 에딘버러Edinburgh는 세계 양조의 중심이 되었습니다. 이러한 성공은 곡물의 접근성과 후에는 홉에 대한 접근성이 좋았다는 점이 일부 작용하지만, 이곳이 번영할 수 있었던 가장 큰 이유는 도시 지하 대수층의 물 덕분입니다. 에딘버러의 지리적 단층은 특정 깊이에서는 연수가 나왔으며 다른 층에서는 경수가 나왔기 때문입니다.

local flavor

스코틀랜드의 실링 맥주 Scotland's Shilling-Strength Beer

1971년 영국이 십진제 통화로 바꾸면서 실링(shilling)은 통화로서는 유물이 되었지만, 스코틀랜드 실링 맥주는 여전히 남아 있습니다. 20세기 초반 맥주 산업은 '실링 시대'로 접어들었습니다. 이 시기에는 배럴의 청구 가격을 토대로 맥주의 이름을 붙였습니다. 원래 세금 때문에 이렇게 했지만, 훗날 이러한 관습은 에일의 스타일과 도수를 나타내는 지표가 되었습니다. 테이블(table)과 하비스트(harvest) 맥주로 알려진 낮은 도수 맥주는 배럴당 28-36실링 정도의 가장 낮은 가격이 책정되었습니다. 라이트와 마일드 에일은 살짝 도수가 높았으며 배럴당 42-48실링이 책정되었고, 페일 에일은 배럴당 54실링이었습니다. 엑스포트와 임페리얼 에일은 70-80실링이 책정되었고, 도수에 따라 스트롱 에일은 90-160실링이 책정되었습니다. 도수가 6-10%인 스트롱 에일은 도수가 높아서 보통 잉글리시 파인트의 1/3 정도 되는 적은 양으로 팔았습니다. '위 헤비(wee heavy)'는 이러한 스타일의 높은 알코올 도수와 적은 용량을 나타내기 위해 만들어진 용어입니다. 위 헤비는 미국에서 더 흔하게 생산하는 스코틀랜드 스타일 맥주 중 하나입니다.

스코틀랜드의 상징적인 에일린 도난 성(Eilean Donan Castle)은 13세기에 지어졌습니다. 현재는 이 성의 이름을 붙인 에일을 생산하는 맥레이(MacRae) 가문이 성을 관리하고 있습니다.

연수는 미네랄 함량이 낮아서 포터 같은 에일을 양조하기에 이상적이며, 반면에 경수는 페일 에일을 만들기에 적합합니다. 이러한 다양하고 훌륭한 품질의 물을 사용해 에딘버러의 양조사들은 특유의 지역 재료와 스코틀랜드의 추운 환경의 영향을 받은 다양한 스타일의 맥주를 만들었습니다. 1840년에 에딘버러의 양조 분야 규모는 최고조에 이르렀고 양조장의 수는 280개에 달했습니다. 19세기 후반으로 가면서 대부분의 양조장이 합병되었고, 제1차 세계대전 이후에 양조장은 11개로 줄어들었습니다.

합병이 일상이었던 스코틀랜드 맥주 산업은 1970년에는 양조장이 11개에 불과했으나, 2015년에는 다시 93개로 늘어났습니다. 2007년부터 시작했으며 수십 개의 국가에 펍이 있는 브루독Brewdog 같은 마이크로 브루어리가 맥주 시장을 재활성화시켰습니다. 라거를 만드는 대기업이 시장의 60%를 차지하고 있지만, 수십 개의 소규모 양조장들은 훌륭한 리얼 에일과 크래프트 맥주를 생산합니다. 사람들이 지역 펍에 더 많은 선택권이 있다는 것을 알게 되고 더 많은 종류를 요구하면서 스코틀랜드의 맥주 선호도는 바뀌고 있습니다.

개릿 올리버와 함께하는 맥주 테이스팅

스카티시 헤비(Scottish Heavy)

스코틀랜드는 북쪽 기후와 유럽과의 전통적인 관계의 영향으로 대륙의 영향을 강하게 받은 호피하지 않은 맥주를 만들었습니다. 스코틀랜드의 양조 기술과 발효 온도는 영국보다는 독일의 전통과 더 유사합니다.

ABV 4-6% | IBU 12-30

향 몰티함, 빵, 약간 프루티함, 버터스카치 향

외관 옅은 구리-다크 브라운색

풍미 캐러멜 향, 몰트의 특징이 부각되는 풍미, 절제된 과일의 풍미, 실제 스카티시 에일은 피트 스모크 풍미가 전혀 없음

마우스필 미디엄 바디감, 상대적으로 낮은 탄산감, 풍부한 몰티함

잔 브리티시 파인트 잔

푸드 페어링 구운 고기, 사냥 고기, 스테이크, 버거

추천 맥주 벨헤븐 스카티시 에일(Belhaven Scottish Ale)

프라하 구시가지의 광장은 많은 문화 축제가 열리는 곳이며, 지역 주민들과 관광객들을 대상으로 하는 맥주 카페들이 있습니다.

체코

제 자리로 돌아가다

체코 양조의 흥망성쇠와 최종적인 성공은 체코에서 가장 오래된 양조장인 프라하 브레브노브 수도원Brevnov Monastery의 이야기가 잘 보여 줍니다. 기록에 따르면 베네딕트 수도회의 수도자들은 이곳에서 993년부터 맥주를 만들었다고 합니다. 수세기 동안 이곳은 파괴되었다가 재건설되었고, 포위되었다가 해방되었으며, 닫았다가 재개했지만, 최종적으로 이곳의 양조 전통은 돌아오게 되었습니다. 이러한 이야기는 길고 회복력 있는 체코 양조의 역사를 대변합니다.

체코는 오스트리아, 독일, 폴란드, 슬로바키아에 둘러싸여 있으며, 국경 지역의 산맥은 낮고 평평한 농장으로 바뀌었습니다. 이곳에서 곡물과 홉은 잘 자랐으며, 체코가 전 세계 맥주계를 이끌어가는 국가가 되는 데 일조하였습니다. 체코는 대부분의 유럽 국가들이 홉을 사용한 시기보다 수백년이나 빠른 1088년부터 홉을 사용했습니다. 특히 사즈Saaz 지역에서 재배되는 홉을 포함한 보헤미안 홉은 매우 높은 품질로 평가 받아 이웃 바바리아 지역에 비싼 가격에 팔았습니다. 14세기 보헤미아를 다스렸고 모두가 양조를 할 수 있게 합법적으로 만든 황제 카를 4세Emperor Charles IV는 맥주 생산량을 확대했으며 국내 양조사들이 홉을 충분히 사용할 수 있게 홉의 수출을 제한했습니다. 교회와 부유층은 맥주 시장을 통제해 막강한 권력을 얻었습니다.

한눈에 보는 체코

위 지도에 표기된 장소

- 양조장
- ★ 수도
- ● 도시

BAVARIA 독일 주
BOHEMIA 역사적 지역

특권의 술

카를 4세의 통치 수세기 전에는 수도자들이 대부분의 지역에서 양조를 담당했습니다. 보헤미아에는 수도원이 아닌 곳에서 양조를 금지하는 금지령이 있었는데, 교황 이노센트 4세Pope Innocent IV는 250년 동안 유지되었던 이 금지령을 해제했습니다.

큰 도시에 사는 시민들과 귀족들은 종종 맥주를 양조하고 판매할 권리를 얻었습니다. 대부분의 경우, 이러한 권리는 기본적으로 시민에게 1체코 마일약 4.6마일 또는 7.4km 반경 안에서 맥주를 생산하고 판매하는 독점권인 마일로브 프라보the Mílové Právo를 포함했습니다. 마일로브 프라보는 도시와 마을에만마일로브 프라보 안에 있는 시골 지역도 포함해서 적용되어서 시골에 사는 거주민들은 자유롭게 양조했습니다. 하지만 이러한 권리를 얻은 양조장들은 경쟁할 대상이 없었기 때문에 맥주 품질의 하락이라는 결과를 초래했습니다. 스비타비Svitavy, 1256년, 체스케 부데요비체české Budějovice, 1265년, 플젠Plzen, 1290년을 포함해 이전에 양조장이 없던 여러 마을에 양조장이 생기기 시작했습니다. 대부분은 탁한 밀 맥주인 빌레 피보bilé pivo와 오랜 기간 동안 숙성한 하면 발효 맥주인 스타레 피보staré pivo를 주로 생산했습니다. 맥주 분야를 연구하는 학자들은 빌레 피보가 15세기에 보헤미아 주변의 바바리아에 소개되었고, 이 스타일이 바바리아에서 진화해서 오늘날의 바이스비어weissbier 스타일이 되었는지 또는 정반대의 상황인지에 대해 논쟁합니다. 게다가, 일부 학자들은 라거링lagering이 보헤미아에서 시작되었고, 그 후에 바바리아에 소개되었다고 주장합니다.

그 후, 후스 전쟁Hussite Wars, 1419-1434년으로 많은 양조장들이 무너지게 되었습니다. 1600년대의 첫 반세기 동안 계속되었던 30년 전쟁30 Years' War으로 전체 인구의 30%가 줄어 체코 양조계는 힘든 시기를 보냈습니다. 이러한 전쟁이 일어나기 이전에 대부분의 양조장들은 에일을 만들었지만, 라거링이 소개된 이후에는 바뀌었습니다.

상승, 하락, 성공

체코의 가장 잘 알려진 맥주 스타일은 아마도 체코 필스너겠지만, 체코 양조 분야가 빠르게 다시 성장할 즈음에는 이미 라거가 체코를 평정한 뒤였습니다. 1860년대에 필스너의 큰 인기로 라거를 생산하는 양조장 수는 100개 이상에서 800개 이상으로 증가했습니다. 이러한 인기가 퍼지면서 밀 베이스의 맥주는 거의 사라지게 되었습니다.

제2차 세계대전 이후에 많은 양조장이 문을 닫거나 국가에 귀속되었지만, 맥주는 여전히 저렴한 주류였습니다. 불행하게도, 정부는 이러한 양조장에 투자를 거의 하지 않았으

local flavor

플젠 물에는 무엇이 있을까요? What's in Plzen's Water?

맥주 소비자들은 물의 중요성을 간과하지만, 물의 품질은 맥주 떼루아에 큰 영향을 줍니다. 대표적인 예가 플젠(Plzeň)에서 처음 만들어진 필스너이며, 플젠의 연수는 필스너의 독특한 맛을 만들어 내는 데 큰 역할을 했습니다. 전 세계 다른 지역의 물을 사용해서 체코 필스너를 만들 수 없으며 같은 맛을 기대하기 어렵습니다. 이러한 이유는 지역마다 물이 함유하고 있는 이온의 종류(칼슘, 나트륨, 마그네슘 등등)와 함량이 다르기 때문입니다. 경수는 미네랄 함량이 많으며, 홉의 쓴맛을 끌어 내어 호피한 맥주 스타일을 만들기에 적합합니다. 미네랄 함량이 낮은 연수는 홉의 쓴맛을 가라앉힙니다. 플젠의 물을 분석해 보면 칼슘 10ppm(parts per million), 마그네슘 3ppm, 중탄산염 3ppm을 함유하고 있습니다. 그 결과는? 오늘날 맥주 소비자들이 계속해서 열광하게 만드는 라이트하고 크리스피한 체코 필스너입니다. 1842년에 필스너를 처음 만든 조세프 그롤(Josef Groll)은 플젠 물 성분을 몰랐을 것입니다(87쪽 참조). 많은 전통적 맥주 스타일처럼 체코 필스너는 뜻하지 않은 행운의 한 예시입니다.

며, 대부분은 황폐해졌습니다. 운영을 계속하던 양조장들은 보통 다크 라거와 라이트 라거, 이렇게 두 가지 스타일만 생산했습니다.

1989년에 벨벳혁명Velvet Revolution으로 공산체제가 무너지자, 체코 양조 산업은 많은 것을 다시 시작해야 했습니다. 21세기 시작 초반에는 60개의 양조장만 있었습니다. 그 후 브루펍이 생겨났으며, 토착 밀맥주 스타일 같은 스타일이 실험적으로 만들었습니다. 토착 밀맥주의 경우 150년이라는 오랜 시간이 지난 후에야 부활한 스타일입니다. 2015년에 양조장 수는 250개로 증가했습니다.

부활한 선택지

맥주 소비량은 체코가 세계 선두이며, 그중 98%는 자국 내에서 생산한 필스너입니다. 체코는 유럽 맥주 수입국으로는 유럽에서 중간 순위이며 세계 맥주 수입국으로는 하위권인 나라입니다. 이러한 수치는 체코인들이 국내산 필스너에 매우 충성도가 높다는 것을 보여 줍니다. 필스너 우르켈Pilsner Urquell과 부데요비츠기 부드바Budejovický Budvar는 체코에서 가장 많이 소비하는 맥주입니다.

이러한 충성도는 소비자의 선호도와 가격에 민감한 라거 소비자층을 반영하고 있지 않습니다. 체코의 여러 세대는 값싼 맥주 가격에 익숙해졌기에 체코 크래프트 양조사들은 에일이 따라잡기 어렵다고 말합니다. 그렇기는 하지만 체코 맥주계는 점점 다양해지고 있습니다. 프라하에는 20개 이상의 양조장이 있고 체코와 전 세계의 맥주를 제공하는 많은 전문 맥주 바가 있습니다.

체코에서 가장 큰 맥주 축제인 체코 맥주 축제(Czech Beer Festival)에서 사람들이 선택한 맥주는 단연코 체코 필스너입니다.

비어 가이드

맥주 애호가들의 필수 코스

체코 맥주계 종사자들이 추천하는 다음과 같은 흥미로운 장소에 방문해서 체코가 얼마나 세계 맥주계에 기여를 했는지 알아봅시다.

1 | 플젠스키 프레즈드로이 (Plzenský Prazdroj)

플젠(Plzeň)

유명한 필스너 우르켈을 생산하는 이 양조장은 프라하에서 기차로 90분 정도 떨어진 곳에 있습니다. 최첨단 보틀링 공장과 맥주를 숙성하는 지하 투어를 해 보고, 배럴에서 추출한 필스너 우르켈을 맛보세요. 이보다 더 신선할 수는 없습니다.

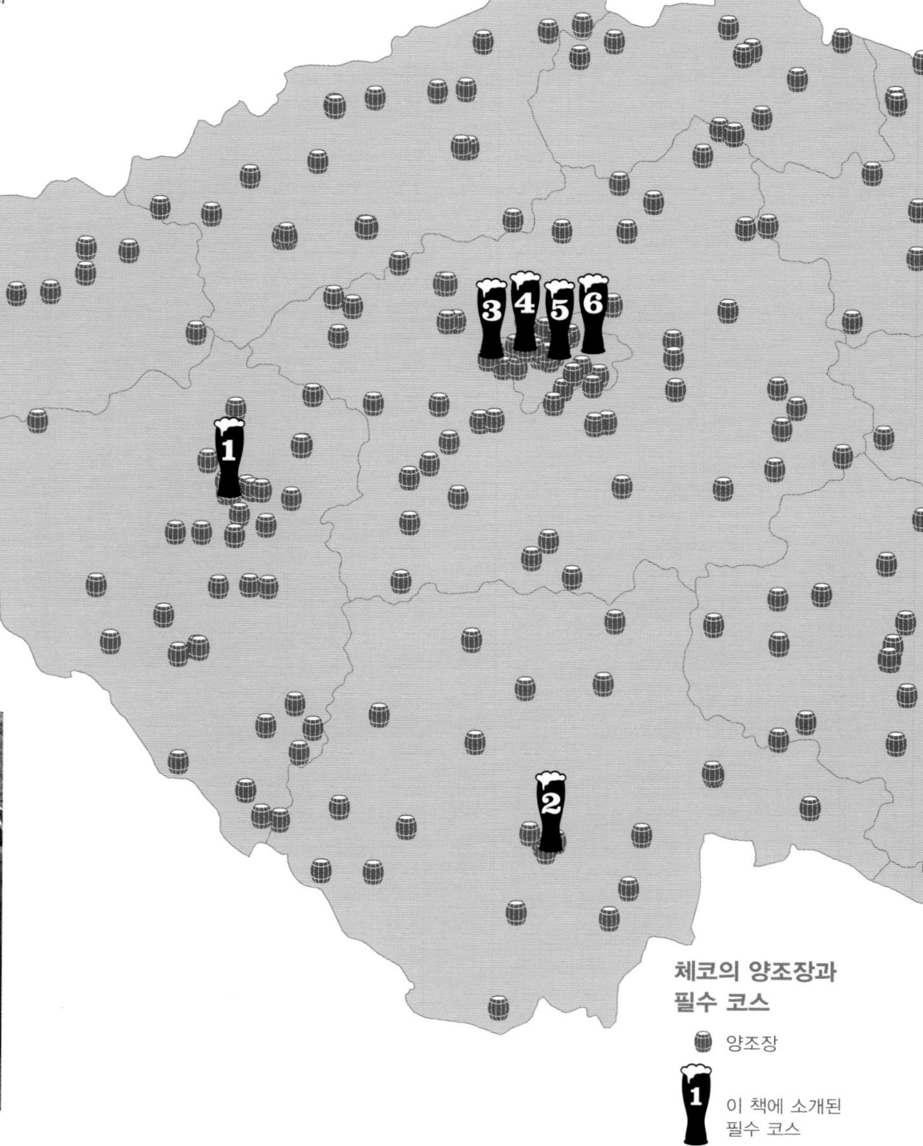

체코의 양조장과 필수 코스

양조장

이 책에 소개된 필수 코스

2 | 부데요비츠키 부드바 (Budejovický Budvar)

체스케 부데요비체(Ceské Budejovice)

버드와이저(Budweiser)가 미국적인 맥주라고 생각한다면, 다시 한번 생각해 보세요. 이 양조장은 오리지널 버드와이저를 생산하는 곳이며, 체코 사람들은 이곳에서 생산하는 맥주를 자랑스럽게 생각합니다. 가볍고, 꽃 향, 살짝 그래시한(grassy) 맛의 체코 오리지널은 미국 버드와이저와는 완전히 다릅니다.

3 | 프라하 맥주 박물관 (Prague Beer Museum)

프라하(Prague)

박물관 관람을 너무 진지하게 생각하지 마세요. 이 박물관은 일반적인 박물관과는 다릅니다. 체코 최고의 맥주들이 전시되어 있으며 모두 시음해 볼 수 있습니다. 맛있는 음식, 라이브 뮤직, 30가지 이상의 드래프트 맥주와 함께 즐긴다면 박물관에 가는 것도 지루하지는 않습니다.

4 | 버나드 피브니 라즈네(Bernard Pivní Lázne)/비어 스파(Beer Spa)

프라하(Prague)

따뜻하고 포근한 욕조에 몸을 담그는 모습을 상상해 보세요. 물에 효모와 좋은 체코 홉이 들어갔다고 상상해 보세요(보리는 빼고요). 모든 걱정에서 벗어나 스파에 몸을 담그고 최고의 체코 필스너 맥주 마시는 모습을 상상해 보세요. 그러고 나서 마사지를 즐기고 무제한으로 제공되는 살균하지 않는 버나드(Bernard) 맥주를 마시는 모습을 상상해 보세요. 이 모든 것이 상상이 아니라 여러분들은 진짜 맥주 스파에 있는 것입니다.

5 | 우 플레쿠 (U Fleků)

프라하(Prague)

1499년부터 운영해 온 이 양조장은 다크 라거 스타일만 생산하며, 매장에서만 판매합니다. 이곳 중앙의 멋진 비어 가든과 모임을 하기에 좋은 화려하게 꾸며진 8개의 홀에서 시간을 보내 보세요.

6 | 피보바르스키 덤 (Pivovarský Dům)

프라하(Prague)

프라하에 있는 몇 안 되는 크래프트 양조장 중 하나인 이곳은 필스너 맥주를 마시는 게 지겨울 때 가기에 좋은 장소입니다. 피보파르스키 덤의 다양한 맥주는 여러분을 즐겁게 만들어 줍니다. 커피 맥주, 사워 체리 맥주, 쐐기풀(nettle) 맥주, 바나나 맥주 등등 다양한 맥주를 마셔 보세요.

사진(Photos)

1 필스너 우르켈의 배럴은 지하 동굴에 저장되어 있습니다. **2** 부데요비츠키 부드바에서 오리지널 버드와이저를 따르고 있습니다. **4** 프라하의 비어 스파 버나드에서 맥주와 함께 스파를 즐기세요. **5** 라이브 음악은 우 플레쿠 비어 가든의 전통의 일부분입니다.

지역 맥주

플젠 & 프라하

독특한 스타일을 만들다

필스너를 발명한 도시 프라하에서 남서쪽으로 60마일 100km 정도 떨어진 곳에 위치한 보헤미아 도시인 플젠과 플젠의 환경은 맥주의 세계를 깊게 형성했습니다. 플젠은 전 세계적으로 유명한 필스너 스타일이 탄생한 지역이며 필스너를 처음 생산한 플젠스키 프레즈드로이Plzeňský Prazdroj, 필스너 우르켈가 있는 곳입니다. 낮은 품질의 라거가 플젠 지역을 잠식했을 때인 1830년대 필스너를 처음으로 양조하였습니다. 몇몇 플젠 도시 시민들은 그들만의 양조장을 짓기로 결심하고 지역 건축가인 마틴 스텔처Martin Stelzer에게 양조장 디자인을 맡기게 됩니다. 스텔처는 양조장을 어떻게 건설해야 하는지 알기 위해 바바리아에 있는 양조장을 방문했습니다. 조세프 그롤Josef Groll | 87쪽 참조을 양조사로 채용했으며, 그는 필스너 스타일을 만들었습니다. 플젠의 물은 필스너를 매우 인기 있게 만들었습니다82쪽 참조. 대부분의 관광객들은 필스너 우르켈 브루어리를 방문하려고 플젠에 가지만, 필스너 우르켈이 플젠에서 양조하는 유일한 맥주는 아닙니다. 양조 실력이 전설적인 플랑드르Flanders의 전설의 왕의 이름에서 따서 붙인 감브리너스Gambrinus 브랜드도 있습니다.

플젠의 풍부하고 놀라운 맥주 역사는 지역 맥주 박물관에 전시되어 있습니다. 또한 이곳은 지역 맥주 트레일에서 들르는 곳으로, 지역 맥주 트레일은 근처 도브라니Dobřany의 도브란스카 피보Dobřanská Pivo와 같은 양조장들도 방문합니다. 플젠은 여러 필스너를 생산하는 우 스토쎄수U Stočesů 마이크로 브루어리가 있는 로키차니Rokycany 지역과 가깝습니다. 플젠의 북쪽에 있는 자테츠Žatec는 필스너를 만들 때 사용하는 사즈Saaz 홉을 재배하는 지역으로 유명합니다. 700년 전에 홉의 수출을 제한했던 카를 4세 황제 덕분에 사즈 홉의 90%는 체코에서 사용되고 있습니다. 자리에 앉아서 어떻게 이런 홉이 지역의 스타일을 형성했는지 테이스팅해 보세요.

전통을 바탕으로 프라하는 카를교, 바로크 건축물, 맥주 등등 많은 것으로 잘 알려진 도시입니다. 프라하의 맥주 역사는 플젠에 비해서 많이 가려졌지만, 프라하에는 약 30개의 소규모 양조장이 있어, 프라하 주민들은 많은 선택지가 있습니다. 『더 비어 가이드 투 프라하The Beer Guide to Prague』의 맥주 전문 작가 에반 레일Evan Rail은 프라하에는 많은 양조장, 브루펍, 바틀샵, 그리고 전문 맥주 바들이 있어 프라하를 유럽 최고의 맥주 도시라고 소개합니다.

체코 필스너는 여전히 체코의 맥주 시장을 지배하지만, 프라하 양조장들은 다른 맥주 스타일을 소개해 체코 맥주 애호가들의 미각을 넓히고 있습니다.

심지어 프라하에서 오래된 양조장들의 일부는 전통적인 필스너 스타일에서 벗어나 변화를 주려고 합니

한때 유럽에서 가장 컸던 플젠의 공화국 광장(Square of the Republic)에는 현대적인 건축물이 장식되어 있습니다.

다. 프라하의 모든 주요 양조장들은 한때 인기 있던 토착 스타일인 전통 블랙 라거를 현재 생산하고 있습니다. 프라하에서 가장 잘 알려진 브루어리는 1499년부터 운영을 해온 우 플레쿠일 것입니다. 우 풀레쿠는 오랜 역사와 유일한 맥주인 다크 라거 플레코브스키 레작 13Flekovský Ležák 13으로 유명합니다. 보헤미아의 첫 수도원이자 초기 체코 양조장 중 하나인 아름다운 브레브노브 수도원Břevnov Monastery은 120년 동안 양조를 중단했지만 2012년에 다시 문을 열었습니다. 방문객들은 체코 라거, 다크 라거, 밀맥주, 임페리얼 라거, 그리고 잉글리시 IPA나 아메리칸 IPA 같지는 않지만 독특한 애비 IPAabbey IPA를 마셔 볼 수 있습니다.

local flavor

필스너의 탄생 The Birth of Pilsner

필스너는 전 세계에서 가장 많이 팔리는 맥주 스타일로, 맥주 시장의 거의 90%를 차지하고 있습니다. 그렇다면 이 인기 있는 맥주 스타일은 어디서 유래되었을까요? 이 이야기의 시작은 1839년 바바리아와 가까운 플젠 지역에 바바리안 스타일 다크 라거가 밀려들면서 시작되었습니다. 이러한 수입 맥주의 유입에 대항하기 위해 도시 시민들은 그들만의 양조장을 건설하고 지역 라거를 만들기로 결정합니다. 필스너 발명에 대한 전설은 많지만, 역사적으로 더 정확한 이야기는 1840년대 플젠의 새로운 양조장에 채용된 바바리아 양조사인 조세프 그롤(Josef Groll)로 이어집니다. 그는 플젠 지역에서 아무도 시도하지 않았던 높은 품질의 맥주를 생산하기 원했습니다. 그리고 1842년에 맥주가 준비되기 전까지 비밀에 부치고 준비했습니다. 그러고 나서 맥주가 준비 되었을 때, 그는 배럴을 광장에 가지고 가서 도시 사람들에게 페일 골드 라거를 선보였습니다. 사람들은 모두 어두운 맥주에 익숙해서 처음에는 깜짝 놀랐습니다. 하지만, 맥주를 마셔 보자 사람들은 그롤이 성공할 거라는 걸 알았습니다. 그는 결국 자신의 고향인 바바리아에 돌아와 계속해서 필스너를 양조했습니다. 그롤이 일했던 양조장은 플젠스키 프레즈드로이(Plzensky Prazdroj)라고 불렸습니다. 오늘날 우리는 이곳을 '원조(오리지널) 필스너'라는 의미인 필스너 우르켈(Pilsner Urquell)이라고 알고 있습니다.

플젠(Plzen)

필스너(Pilsner)

1800년대 중반 필스너는 맥주계에 등장하며, 황금색 돌풍을 이끌었습니다. 필스너의 투명도와 옅은 색깔은 모든 다른 전통 맥주를 격파하고 미래의 맥주로서 확고히 자리 잡았습니다.

ABV 4.5–5.2% | IBU 30–45

향 풍부한 몰티 함, 빵, 꽃과 허브 같은 홉 향, 일부 맥주는 약간 버터 향이 느껴짐

외관 금색–짙은 금색

풍미 몰트에서 느껴지는 복잡한 빵의 느낌이 부드럽고 지속적인 쓴맛과 균형을 이룸

마우스필 미디엄 바디감, 높은 음용성

잔 필스너 잔(종종 풋티드 형태)

푸드 페어링 튀긴 생선에서 버거까지 매우 다양하게 페어링

추천 맥주 필스너 우르켈(Pilsner Urquell)

프라하(Prague)

체코 블랙 라거(Czech Black Lager)

프라하에는 확실히 기본적인 필스너 스타일이 많지만, 오늘날 여전히 인기 있는 옛날 스타일인 다크 라거가 프라하의 진정한 맥주입니다. 지역 대부분의 양조장에서 생산하며, 맥주 색깔은 어두운색에서 검은색입니다. 체코 블랙 라거를 즐기는 가장 좋은 방법은 프라하 최고의 맥주 홀에서 맥주를 마시면서 시간을 보내는 방법입니다.

ABV 4.7–5.2% | IBU 20–30

향 높은 온도의 캐러멜, 흑빵, 가벼운 커피, 초콜릿 향

외관 붉은빛이 강조된 어두운 갈색, 거의 검은색

풍미 구조감이 있고, 가벼운 로스트와 캐러멜 풍미가 주로 느껴지지만 여전히 매우 음용성이 있음

마우스필 미디엄 바디감, 균형감

잔 풋티드 텀블러(Tumbler)

푸드 페어링 굽거나 또는 그릴에서 구운 고기와 가금류, 다양한 야채 구이

추천 맥주 스타로프라멘 다크(Staropramen Dark)

역사적으로 파리의 몽마르트(Montmartre) 지역은 많은 예술가들이 활동했던 공간이었습니다. 오늘날, 몽마르트는 카페들이 가득 찬 활기차고 북적이는 지역입니다.

프랑스

삶의 환희

프랑스는 의심의 여지가 없는 포도나무의 나라입니다. 프랑스 와인은 와인을 만들 때도 사용한 포도 품종보다 지역(보르도Bordeaux, 보졸레Beaujolais, 샴페인Champagne처럼)에서 이름을 따서 붙입니다. 프랑스 문화에서 와인이 차지하는 위상에 견줄 수는 없지만, 맥주는 프랑스 주류 문화에서 나름의 확실히 빛나는 역사를 가지고 있습니다.

프로방스Provence에서 발견된 고고학적 증거는 맥주가 청동기시대 후기기원전 1700-1200년부터 프랑스에서 양조되었다는 것을 보여 줍니다. 프로방스의 로크페르튀즈Roquepertuse 유적지 연구 결과는 철기시대기원전 1200-600년에 보리를 몰트로 만들고 건조했다는 것을 보여 주며, 당시 기술을 생각하면 맥주 양조에 대한 꽤 정교한 지식이 있었다는 것을 암시합니다.

시간이 흘러 중세시대 초기500-1000년의 프랑스에서 양조는 가사 활동이었습니다. 9세기 초에 프랑스 수도원은 독자적인 맥주 양조를 시작했으며, 수도원은 14세기에 프랑스와 영국 사이에 일어난 백년전쟁Hundred Years' War, 1337-1453년까지 맥주 생산의 독점권을 얻었습니다. 1480년대 후반 파리Paris에서 맥주 양조를 관리하는 법안을 제정했습니다. 새로운 길드는 필수 수습 제도를 만들었으며, 양조 관련 논쟁을 관리했으며, 판매하기 전 모든 맥주를 맛보았습니다.

프랑스에 평화가 찾아오고 수도원에서 양조를 다시 시작했을 때, 베네딕트회Benedictines와 시토회Cistercians는 주요한 종교 양조사였습니다. 베네딕트회에서 따로 분리한 시토회는 성장을 거듭해 1664년부터 트라피스트Trappists라고 불렸습니다38쪽 참조. 프랑스혁명French Revolution, 1789–1799년에 이르기 전까지 최소한 9개의 트라피스트 수도원에서 맥주를 생산했습니다. 오늘날에는 어떤 곳도 남지 않았습니다. 프랑스혁명과 나폴레옹 보나파르트Napoleon Bonaparte가 지휘한 연속적인 전쟁으로 많은 양조사들과 수도자들은 그들의 양조 지식과 함께 벨기에나 네덜란드 같은 나라로 피난을 갔기 때문입니다.

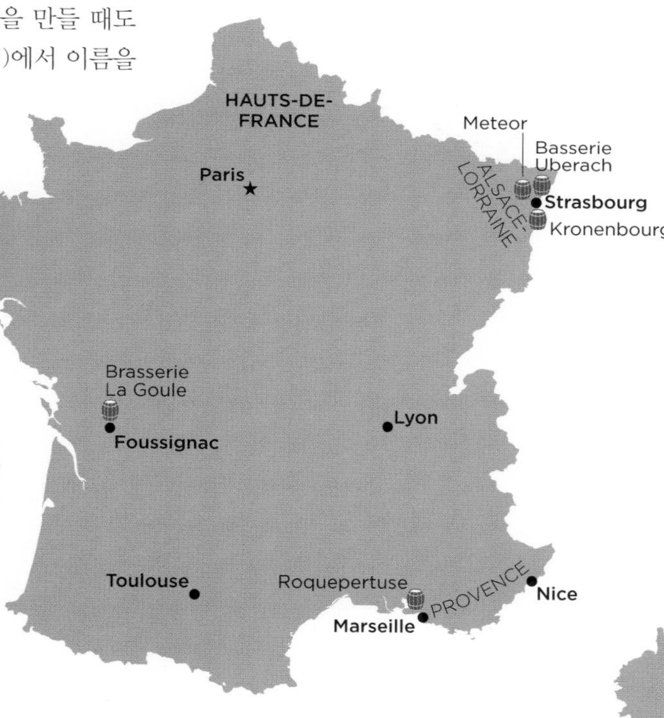

한눈에 보는 프랑스

위 지도에 표기된 장소

- 양조장
- ★ 수도
- ● 도시

PROVENCE 지리적 지역 또는 영토

HAUTS-DE-FRANCE 지역

호황과 불황

산업혁명으로 인한 기술적 진보는 양조 산업에서 양날의 검과 같았습니다. 기술의 진보는 맥주 산업이 성장하는 데 도움을 주었지만, 산업을 경쟁적으로 만들었습니다. 1910년 프랑스에는 거의 3,000개의 양조장이 있었습니다. 제1차 세계대전으로 양조장의 수는 900개로 감소했으며, 계속되는 합병으로 거의 한 마을에 양조장 한 곳만 남게 되었습니다. 제2차 세계대전이 끝난 후 양조장의 수는 약 500개까지 줄어들었습니다. 1975년에는 오직 23개의 양조장만 프랑스에서 맥주를 생산하고 있었습니다.

조용한 혁명

프랑스의 문화, 역사와 관련이 적거나 전혀 없는 맥주에 불만을 가졌던 양조사들이 1980년대 프랑스의 아티자날artisanal, 크래프트 맥주 운동을 시작했습니다.

이러한 초기 크래프트 양조사들은 수입 맥주와 힘든 싸움을 하게 되었고, 이러한 싸움은 결국 프랑스 맥주계에 자리매김하였습니다. 그러나, 프랑스 일부 지역에서 크래프트 맥주는 좋은 기반을 쌓았습니다. 크래프트 양조장들은 프랑스의 전통으로 돌아가 와인처럼 지역 떼루아의 특징을 보여 주는 맥주를 만들기 위해 지역 재료를 사용합니다.

local flavor

아티자날 맥주의 연금술 The Alchemy of Artisanal Beer

양조장이 최고로 많았을 때인 1890년대 후반과 1900년대 초반 사이에 프랑스에는 약 3,000개 정도의 양조장이 있었습니다. 양조장들은 보통 소규모였으며, 주로 마을 한 곳, 펍, 또는 술집용으로 맥주를 만들었습니다. 양조사들은 다른 지역에서 자라는 재료를 사용하면 다른 맛의 맥주를 만들 수 있다는 것을 알았지만, 당시에는 어떻게 또는 왜 그런지 완전히 이해하지는 못했습니다. 이것은 떼루아의 본질이며, 떼루아 개념은 프랑스 와인과 맥주 업계에서 서서히 이해되었습니다.

프랑스인들은 와인을 얘기할 때 종종 떼루아에 대해서 언급합니다. 그러나, 와인은 오직 하나의 재료인 포도로 만들지만, 맥주는 곡물, 홉, 물, 부가물로 만듭니다. 떼루아는 오늘날 매크로와 마이크로 브루어리의 가장 큰 차이점 중 하나입니다. 매크로 브루어리는 균일한 맛을 유지하기 위해 맥주를 만들 때 떼루아 개념을 완전히 배제하지만, 크래프트 양조사들은 재료가 재배되는 장소에 따라 생기는 맛의 변수를 받아들입니다. 연금술사가 금을 만들기 위해 재료를 손보는 것처럼, 프랑스 크래프트 양조사들은 다른 지역에서 재배된 재료를 사용해 완벽한 맥주를 만들려고 합니다.

장 필리페 말(Jean-Philippe Malle)은 파리의 생제르망 데 프레(Saint-Germain-des-Pres)의 중심에 위치한 오닐 브루어리(O'Neil Brewery)의 헤드 브루어입니다.

생 마르텡 운하(Canal Saint Martin)를 따라 있는 쉐 프륀(Chez Prune)은 바이자 비스트로입니다. 이곳에서 시민들이 파리 크래프트 맥주를 즐기고 있습니다.

프랑스 아티자날 양조의 발흥은 지역의 떼루아를 잘 아는 양조사들이 있는 시골 지역에서 시작되었습니다. 떼루아는 프랑스 음식과 주류에 항상 중요한 역할을 했으며, 맥주도 예외는 아니었습니다. 현대 프랑스의 크래프트 양조사들은 다른 국가의 양조 전통을 사용하는 것을 두려워하지 않으며, 보일링 과정에 재료를 넣어 실험적인 맥주를 만듭니다. 라즈베리, 블루베리, 살구, 체리, 그리고 여러 과일은 프랑스 크래프트 맥주에서 종종 그 쓰임새를 찾아가고 있습니다. 알자스Alsace의 브래서리 우바아크Brasserie Uberach는 장미, 생강, 복숭아를 사용해 줄리엣Juliette 맥주를 만들었고, 푸시나크Foussignac의 브래서리 라 구울Braseerie La Goule은 카리브해 지역에서 정력제라고 불리는 보이스 반데bois bande라는 스파이스 트리를 사용해 라 구울 보이스 반데La Goule Boise Grande 맥주를 만들었습니다.

프랑스의 크래프트 맥주 떼루아는 다양하지만, 모두 프랑스 크래프트 맥주라는 공통점으로 귀결됩니다. 바로 매크로 브루어리에서 벗어난 제품이라는 점입니다. 프랑스 맥주계가 성장하고 있기 때문에 더 다양한 맥주계를 위한 투쟁은 맥주 애호가들에게 승산있는 혁명입니다.

비어 가이드

맥주 애호가들의 필수 코스

프랑스 양조장들은 매우 뛰어난 맥주를 생산하고 있습니다. 우리의 말을 그대로 믿지 말고 프랑스 양조사들이 추천하는 다음과 같은 장소를 직접 방문해 보세요.

1 라 브래서리 아티자날 데 니스 (La Brasserie Artisanale de Nice)

니스(Nice)

프렌치 리비에라(French Riviera). 이곳은 아름답고, 부유하고, 높은 수준의 사람들이(그리고 맥주) 많은 곳입니다. 니스 중심에 있는 이 양조장에는 지역 재료 사용에 자부심이 있는 양조사 올리비에 커틴(Olivier Cautain)이 있습니다. 병아리콩(chickpea)을 사용해 만든 크리스피한 블론드 에일인 지타(Zytha)를 마셔 보세요.

2 브래서리 데 라 구뜨 도르 (Brasserie de la Goutte d'Or)

파리(Paris)

이 양조장의 이름을 번역하면 '황금 방울(The Golden Drop)'이라는 뜻으로, 중세시대 이곳에서 생산되었던 와인에서 이름을 붙였습니다. 아프리칸 파리(African paris)라고 불리는 노동자 계급이 거주하는 지역에 위치해 있습니다. 양조장 규모는 작지만, 이곳의 맥주는 매우 인기 있습니다. 모험심이 강한 사람은 와사비를 사용해 만든 세션 에일인 고 멘(Go Men)을 마셔 보세요.

3 피코무스 (Pico'Mousse)

리옹(Lyon)

피코무스에서 크래프트 맥주를 양조하는 방법을 배워 나만의 맥주를 만들 수 있는 기회를 잡아 보세요. 어떤 스타일의 맥주를 양조할 건지 정하고, 맥주를 양조하고, 몇 주 후 여러분의 맥주를 마실 때가 되면 주변 사람들과 맥주를 함께 나눠 마셔 보세요.

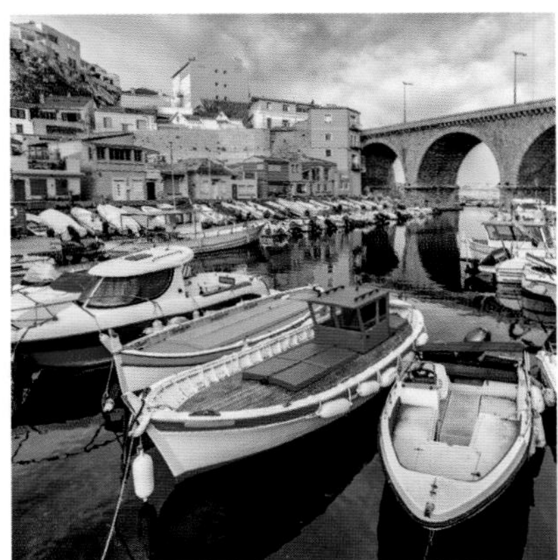

4 브래서리 데 라 플렌 (Brasserie de la Plaine)

마르세유(Marseille)

프랑스 크래프트 맥주 중심지에서 멀리 떨어져 있는 이 양조장은 유명합니다. 양조사 살렘 하지(Salem Haji)는 프랑스 마이크로 브루계의 월터 화이트(Walter White)라고 불립니다. 그가 만든 좋은 맥주는, 지역 와인 샵에서 그의 맥주를 가지고 가서 판매할 정도입니다. 아메리칸 IPA 스타일인 후불루니(Houblonnee, 프랑스어로 '호피한(hoppy)'이라는 뜻)를 마셔 보세요.

5 오투르 듀느 비어 (Autour d'une Biere)

툴루즈(Toulouse)

이 맥주 샵은 독일과 벨기에서 멀리 떨어진 프랑스 남부에 위치해 있지만, 프랑스 지역 맥주와 두 국가의 특별한 맥주를 판매하고 있습니다. 맥주 관련 상품을 모으는 사람들은 특별한 물건이 나오는지 살펴보세요.

6 | 르 트라이앵글 (Le Triangle)

파리(Paris)

작은 마이크로 브루어리이자, 레스토랑이자, 맥주 바인, 르 트라이앵글은 맥주와 음식의 페어링을 가장 중요하게 생각합니다. 셰프와 비어 소믈리에가 최고의 페어링을 위해 같이 일합니다. 스페인산 시더(ceder) 배럴에서 숙성한 IPA인 세드르 데 바흐바흐(Cedre des Barbares)를 마셔 보세요.

사진(Photos)

1 니스 다운타운의 마세나 광장(Place Massena)에는 태양의 분수(Fontaine du Soleil)가 있습니다. **3** 피코무스에 방문하는 방문객들은 자신만의 맥주를 만들 수 있습니다. **4** 마르세유의 발롱 데 조프(Vallon des Auffes) 항구에 낚싯배가 정박해 있습니다. **5** 툴루즈의 오투르 듀느 비어는 유럽 전역의 맥주를 취급합니다.

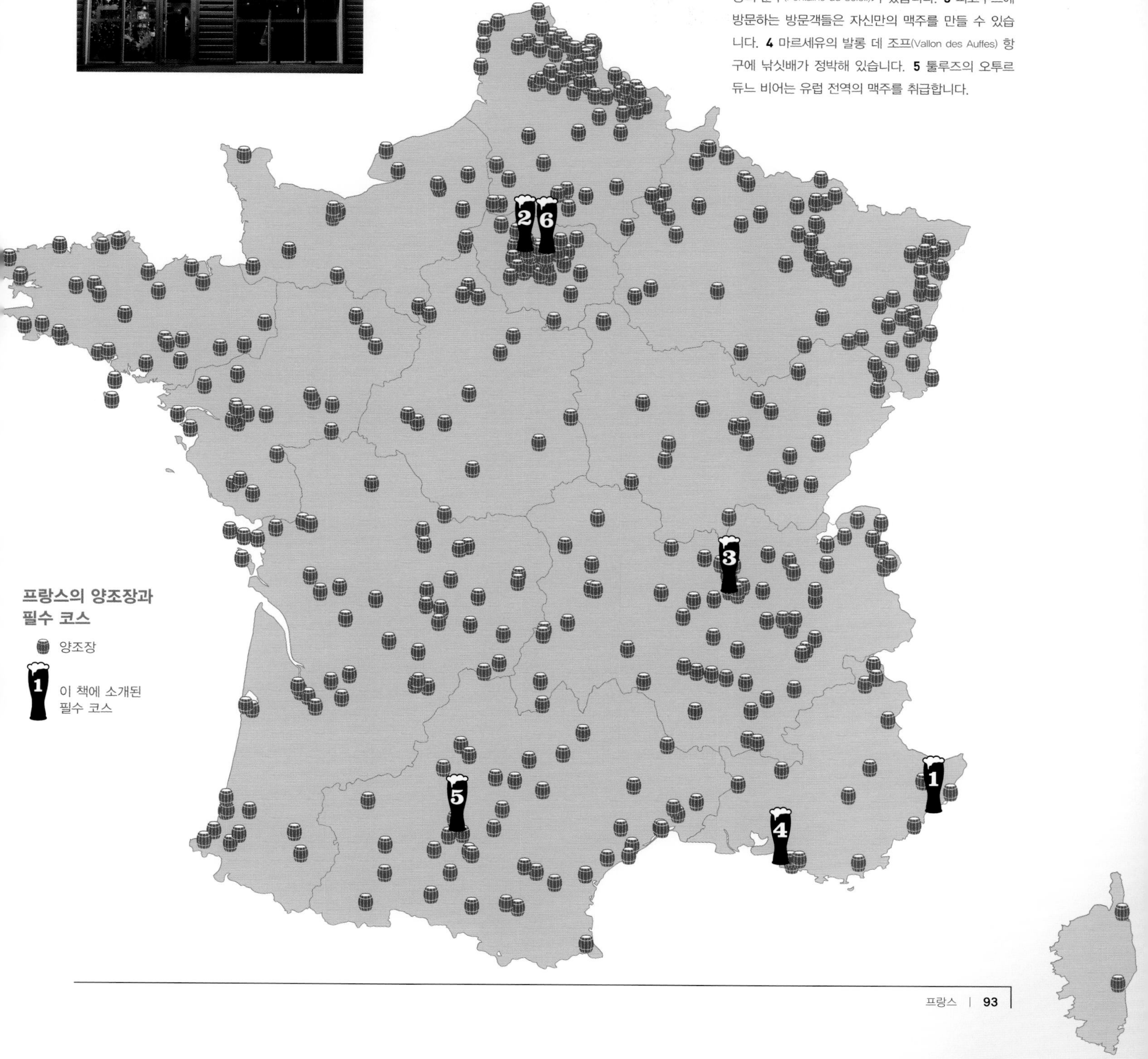

프랑스의 양조장과 필수 코스

양조장

1 이 책에 소개된 필수 코스

지역 맥주

알자스-로랜 & 오트-드-프랑스

끊이지 않는 맥주

풍부한 맥주 벨기에, 룩셈부르크, 독일, 스위스와 국경을 접하고 있으며 프랑스 남동쪽에 위치한 알자스-로랜Alsace-Lorraine 지역은 다른 프랑스 도시보다 더 많은 맥주를 생산합니다. 1259년에 양조사이자 맥아 제조자maltster인 아르놀두스 세르비사리우스Arnoldus Cervisarius는 수도원도 가정집도 아닌 곳에 지역의 첫 양조장을 설립했습니다. 1800년대에 라인강에 있는 마을이자 독일 국경과 근접한 스트라스버그Strasbourg에는 250개 이상의 양조장이 있었습니다. 이 지역은 크로넨버그Kronenbourg와 메테오르Meteor를 포함해 프랑스의 가장 큰 양조장들이 있는 곳이며, 이들이 생산하는 라거 맥주는 프랑스 맥주 시장을 지배하고 있습니다. 이 지역의 독일과의 지리적 근접성과 문화적 연결성은 이곳에서 만드는 필스너와 다른 라거 스타일을 통해 드러납니다.

이 지역에서 두 가지의 맥주 스타일이 탄생했으며, 모두 바뀌는 계절성에서 유래한 스타일입니다. '3월의 맥주' 또는 '봄의 맥주bière de printemps'라고 불리는 비에르 드 마르스bière de Mars는 전통적으로 농부들이 늦은 겨울이나 초기 봄에 양조를 하고 발효가 끝나면 바로 소비하였습니다. 두 번째 스타일은 크리스마스 맥주인 비에르 드 노엘bière de Noël입니다. 수확물을 저장할 공간을 만들기 위해서 농부들은 전년도에 수확하고 남은 곡물을 비워야 했습니다. 이러한 곡물은 계절의 마지막 맥주를 만드는 데 사용되었으며, 보통 10월 말에 양조했습니다. 더 많은 곡물과 홉이 사용되었고 추가적으로 설탕과 향신료도 사용되었습니다. 이렇게 해서 만들어진 맥주는 앰버-갈색이며, 스파이시하고 알코올 도수가 높았습니다. 다시 말해서 연휴 때 즐기기 좋은 맥주였습니다.

맥주 보관 오트-드-프랑스Hautes-de-France 지역에는 프랑스의 어떠한 지역보다 더 많은 양조장이 있습니다. 벨기에와 국경을 접하고 있어 오트-드-프랑스 맥주의 맥주 스타일, 재

Speak easy

프랑스에서 맥주를 주문하는 방법

펍에 도착하면, '**맥주 한 잔 주세요**(Une biere s'il vous plait / Oo-n BEE-yair, si voo play)'라고 주문하세요. 건배를 할 때는 '**건강을 위하여**(Sante / SAN-tey) 라고 말하세요.

드래프트 맥주(Biere a la pression / BEE-yair ah lah preh-syohN)를 주문할 때는 어떤 맥주를 원하는지 지목해야 합니다. 맥주 이름을 얘기하거나 스타일을 얘기해서 주문할 수 있습니다.
스타우트(biere brune / BEE-yair broon), **라거**(biere blonde / BEE-yair blond), **화이트 비어**(biere blanche / BEE-yair blanch), **에일**(biere anglaise / BEE-yair AN-glez), **밀맥주**(le bie / LE blay)

서빙 사이즈도 선택해야 합니다. 두 개의 가장 흔한 사이즈는 **1파인트**(une pinte / OON peent)와 **하프 파인트**(un demi / un de-MEE)입니다.

Brasserie(BRA-sir-REE)가 양조장이라는 뜻이지만, 이 단어는 맥주를 만들지 않는 레스토랑이라는 의미로 쓰일 수 있습니다. 테이블에 앉기 전에 메뉴판을 꼭 체크해 보세요.

알자스의 콜마르(Colmar) 마을의 건축물은 맥주처럼 주변국인 독일의 영향을 받았습니다.

료, 계절적 양조와 같은 부분에 확실히 영향을 주었습니다. 크래프트 맥주 산업은 이 지역에 강력하게 돌아오게 되었고, 현재 이 지역에는 40개 이상의 마이크로 브루어리가 있습니다. 깨끗한 지하수와 보리, 밀, 홉을 재배하기에 알맞은 토양과 기후 같은 지리적 요인은 이곳에서 양조가 번성할 수 있도록 도와주었습니다. 이 지역은 포도를 재배하기에는 적합하지 않기에 와인 지역으로는 배제된 곳입니다.

오트-드-프랑스 지역은 프랑스 토착 스타일인 비에르 드 가르드bière de garde 덕분에 양조의 온상으로 떠오르게 되었습니다. 종종 벨기에 세종 스타일과 비교되지만, 비에르 드 가르드는 일반적으로 더 풍부하고 몰티하며, 시큼할 정도는 아닙니다. 역사적으로, 맥주가 상하는 것을 방지하기 위해 시원한 달에 양조를 했습니다. 이 말은 여름에는 양조를 하지 않았다는 의미입니다. 비에르 드 가르드 스타일은 날씨가 더운 달에 열심히 일하는 농부들을 위해 만들어진 스타일입니다. 그래서 더 신선하게 오래 보관하기 위해 높은 도수6-8%로 양조되었습니다. 마일드하고, 스파이시한 맛과, 토스트 또는 캐러멜 풍미, 약간의 산미, 높은 탄산, 앰버 색깔이 특징인 맥주입니다. 이 지역 밖의 많은 양조사들이 비에르 드 가르드를 만들지만, 이 지역 떼루아의 맛을 맛보고 싶은 사람들은 오로지 프랑스 북쪽에서 만든 맥주에서만 그 맛을 찾을 수 있을 것입니다.

개릿 올리버와 함께하는 맥주 테이스팅

알자스-로랜(Alsace-Lorraine)

블론드 엑스포트 라거(Blonde Export Lager)

알자스-로랜 지역을 형성한 독일과 프랑스 사이의 주도권 다툼에 영향을 받은 알자스 맥주는 전통적인 독일 스타일을 기반으로 프랑스의 감각이 더해진 맥주입니다. 블론드 엑스포트 라거는 더 도수가 높고, 더 바디감이 느껴지는 변형된 필스너라 생각하면 됩니다.

ABV 5.5% | IBU 20-25

향 빵, 몰티함, 특유의 꽃 같은 홉 향

외관 밝은 금색

풍미 드라이 풍미의 틀에서 캔디드 몰트의 풍미와 좋은 홉 향

마우스필 꽤 풀바디감, 하지만 단맛은 없는

잔 필스너 잔

푸드 페어링 타르트 플랑베(Tarte flambee), 슈쿠르트(choucroute), 햄

추천 맥주 리콘 앨자스(Licorne Elsass)

노드-파-드-칼레(Nord-Pas-de-Calais)

비에르 드 가르드(Biere de Garde)

벨기에 사촌인 세종 스타일에 비해 더 얼씨하고, 균형감 있고, 단맛이 나는 프랑스 팜하우스 에일은 저녁 식사에서 빛을 발휘하는 맥주입니다. 약간 머스티한 풍미가 꽤 흔하지만, 이 풍미가 스타일에 부합하는 풍미인지는 의견이 많이 갈립니다.

ABV 6-8.5% | IBU 20-28

향 몰티함, 비스킷, 때때로 약간의 스파이시한 향

외관 블론드에서 앰버나 갈색까지, 종류에 따라 색깔이 다름

풍미 몰티함, 부드럽고, 거의 단맛이 느껴짐, 하지만 피니쉬로 가면서 드라이해짐

마우스필 미디엄 바디감, 중간 정도의 탄산감

잔 튤립, 챌리스, 풋티드 고블릿 잔

푸드 페어링 구운 가금류, 사냥고기, 샤퀴테리(charcuterie), 워시드 린드 치즈(washed rind cheese)

추천 맥주 브래서리 데 생트 실베스트르 쓰리 몽트(Brasserie de Saint Sylvestre 3 Monts)

아일랜드 남서쪽에 위치한 딩글(Dingle)은 1,500명만 거주하는 작은 마을이지만, 이곳에는 약 40개의 펍이 있으며 대부분은 기네스 맥주를 판매합니다.

아일랜드

전형적인 펍 문화

에메랄드 섬이라고도 불리는 아일랜드에는 푸른 언덕, 시골 마을, 음악 소리가 들리는 역사적인 더블린Dublin의 거리 등등 어디에나 유명한 펍들이 있습니다. 이러한 펍들은 아일랜드 생활과 역사의 일부입니다. 펍은 아일랜드의 국가적 정체성을 구축하는 데 도움을 주었고 계속해서 아일랜드 사회의 중요한 일부로 남아 있습니다. 유명한 아이리시 스타우트Irish stout부터 좀 덜 알려진 레드 에일red ale까지, 맥주 양조는 아일랜드 사람들이 아이리시해Irish Sea 너머의 다른 나라들과 차별화하기 위한 수단으로 오랫동안 사용해왔습니다.

아일랜드에는 세계에서 가장 오래된 펍이 있습니다. 이 펍은 아일랜드의 지리적 중심인 애슬런Athlone 마을에 있으며, 서기 900년부터 펍이었던 곳입니다. 그러나 아일랜드에서 맥주 양조는 더 오래 전부터 해 왔고, 그 역사는 청동기 시대 기원전 2400-800년까지 거슬러 올라갑니다. 대부분의 유럽 국가처럼 아일랜드 역시 주로 수도원에서 양조를 해 왔습니다. 아일랜드의 패트릭St. Patrick 성인은 5세기경에 성직자 메스칸Mescan에게 양조사의 역할을 부여했습니다. 1600년대 시골의 작은 양조장들은 수도원을 대신해 주로 양조를 하였으며, 대부분 여성들이 운영했습니다. 맥주를 만들어 파는 이러한 여성들을 '선술집 여주인alewife, 에일와이프'이라고 불렀으며, 중세시대 아일랜드와 대부분의 유럽에서 이들을 쉽게 볼 수 있었습니다. 이들은 종종 곡물을 먹는 설치류를 잡기 위해 양조장 주변에 고양이를 풀어놓았습니다. 많은 양조사들은 오랜 시간 동안 가마솥 쪽으로 등을 구부리고 밖에서 양조했습니다. 맥주를 판매할 준비가 되면, 그들은 보리 줄기를 긴 막대의 끝에 묶었는데 이것은 빗자루 같았습니다. 그래서, '선술집 여주인'은 마녀를 상상하는 데 큰 몫을 하였습니다. 아일랜드의 기후는 홉을 재배하기에 부적절한 기후이기 때문에 양조사들은 18세기 중반까지 맥주에 사용할 홉이 없었습니다. 그래서 그들은 맥주에 쓴맛을 주는 효과가 있는 겐티아나 뿌리gentian root를 사용했습니다.

아메리카 지역 식민지가 영국 맥주 수입을 중단하자 18세기에 아일랜드로 수입되는 영국 맥주가 점차 늘어나게 되었습니다. 하지만 아일랜드 국내 맥주 생산량은 여전히 일정했습니다. 심지도 감자 기근1845-1849년도 아일랜드의 맥주 생산량을 낮추지 못했습니다.

한눈에 보는 아일랜드

위 지도에 표기된 장소

양조장
★ 수도
● 도시
NORTHERN IRELAND 관련 없는 국가

감자 기근으로 인구의 20-25%가 감소하자 아일랜드의 양조장들은 맥주를 다른 나라에 팔았습니다.

아일랜드 양조 분야의 주요 인물들

아일랜드의 대부분의 유명한 맥주들은 양조장을 설립한 사람의 이름을 따서 이름을 붙였습니다. 1710년에 존 스미딕스John Smithwick는 아일랜드에 처음으로 대규모 상업 양조장을 킬케니Kilkenny에 설립합니다. 1759년에 아서 기네스Arthur Guinness는 더블린Dublin에 양조장을 설립합니다. 1792년에 윌리엄 비미쉬William Beamish와 윌리엄 크로포드William Crawford는 코크Cork에 양조장을 건설합니다. 제임스 머피James Murphy는 코크 지역에 기반한 양조장을 1856년에 시작했습니다. 1800년대가 시작할 때 아일랜드에는 약 100개의 지역 양조장이 있었습니다.

19세기 더블린과 런던에서 스타우트를 포함한 포터 맥주가 인기 있었습니다. 우리가 생각하는 포터와 스타우트는 어두운 색깔의 맥주 스타일이지만, 초기 버전은 브라운과 앰버 몰트를 사용해 만들었고 어디서 양조를 하느냐에 따라서 꽤 달랐습니다. 그 이후인, 1817년에 포터 색깔을 매우 어둡게 하는 로스팅이 된 블랙 패턴트 몰트black patent malt가 소개되었습니다. 이 몰트는 아일랜드에서 매우 인기가 높아져서 영국에서 많은 양을 수입했습니다. 그러나, 더블린은 결국 어두운 포터를 더 많이 양조해서 런던에서 수입하는 양보다 더 많은 양을 런던으로 수출했습니다. 이러한 수요로 아더 기네스는 에일 대신에 포터를 양조하기로 합니다. 전 세계에 스타우트를 수출하면서 그의 양조장은 곧 아일랜드뿐만 아니라 유럽에서 가장 큰 양조장이 되었습니다. 제2차 세계대전이 발발했을 때, 기네스와 마운트조이Mountjoy는 더블린에 유일하게 남은 양조장 두 곳이었습니다.

local flavor

아이리시 펍에 대한 전 세계적인 사랑 Worldwide Love for the Irish Pub

퍼블릭 하우스(public house)의 줄임말인 펍(pub)은 누구나 가서 맥주 한 잔 마실 수 있는 아일랜드의 역사적인 장소였습니다. 프라이빗 하우스(private house)는 회원권이 필요했습니다. 그래서 펍은 주로 노동자 계급이 선호하던 곳이었습니다. 대부분의 아일랜드 사람들에게 로컬 펍에 가는 것은 단지 맥주를 즐기는 것 그 이상의 의미가 있었습니다. 지역 펍은 사람들과 어울리고, 당대의 문제를 토론하고, 수다를 떨 수 있던 장소였습니다. 아일랜드 대문호인 제임스 조이스(James Joyce), 윌리엄 버틀러 예이츠(William Butler Yeats), 오스카 와일드(Oscar Wilde), 사무엘 베케트(Samuel Beckett)는 주기적으로 펍에 방문하던 단골들이었습니다. 20세기 중반 더블린은 24시간 내내 술을 마실 수 있었습니다. 펍에서는 문 닫을 때까지 마실 수 있었고, 그 후에는 공식적으로 여행객들을 위한 곳으로 타운 밖의 일정 거리에 위치한 보나 파이드(bona fide) 펍에서 마실 수 있었으며, 그다음에는 주로 증류주를 파는 약간의 향락적인 지하 클럽이나 주류 밀매점에서 마실 수 있었습니다. 여전히 술이 더 필요한 사람은 아침 7시에 오픈하는 얼리 하우스(early house)에 갔습니다. 얼리 하우스는 원래 생선 장수, 우유 배달원, 지역 텃밭 농부들을 위한 곳이었지만, 지금은 밤에 근무하는 사람들이나 오전 중반에 여는 펍을 기다리는 사람들이 주로 가는 펍입니다. 더블린의 1,000개의 펍 중에 15개만 얼리 하우스입니다.

아이리시 펍의 인기는 아이리시 펍 컴퍼니(Irish Pub Company)와 같은 사업으로 이어졌으며, 이곳은 디아지오(Diageo) 같은 맥주 대기업과 협력해 전 세계에 아이리시 펍을 짓고 있습니다. 요즘 여행객들은 전 세계 어디든 여행할 수 있으며 아이리시 스타일 펍의 분위기를 즐길 수 있습니다.

떠오르는 맥주의 물결

제2차 세계대전이 끝난 후 이어진 양조장들의 통합, 합병, 인수로 크래프트 양조장의 시장 진입이 어려워졌습니다.

1980년대 초기에 크래프트 맥주 운동은 터지기 시작했습니다. 대부분의 펍은 이미 대규모 양조장과 유통 계약을 맺고 있어서 펍 주인들은 크래프트 맥주를 팔지 않았습니다. 리암 라하트Liam LaHart와 올리버 휴즈Oliver Hughes는 처음 두 번의 실패 끝에 아일랜드의 첫 현대적인 브루펍인 포터 하우스 브루잉 컴퍼니Porterhouse Brewing Company를 1996년 더블린의 템플 바Temple Bar 근처에 여는 데 성공합니다.

오늘날 아일랜드 맥주 시장에서 크래프트 맥주 시장은 약 2% 미만이지만, 점유율은 점점 증가하고 있습니다. 2008년 아일랜드에는 12개의 크래프트 양조장이 있었지만 지금은 60개 이상입니다. 2010년에는 오직 27개의 펍에서만 크래프트 맥주를 제공했지만, 지금은 650개 이상의 펍에서 크래프트 맥주를 제공합니다. 넓게 생각해 본다면 아일랜드에는 7,500개 이상의 펍이 있으며, 그중 1,000개 이상은 더블린에 있습니다. 그러므로 크래프트 양조장이 성장할 여지가 충분히 있습니다. 크래프트 양조장들은 내수 시장을 개척해 가고 있지만, 많은 크래프트 양조장은 또한 해외 시장을 구축하고 있습니다. 아일랜드 맥주 4개 중 하나는 해외로 운송되기에, 어느 때보다 아일랜드 맥주를 해외에서 찾는 게 쉬워졌습니다.

도니갈 카운티(County Donegal)에 위치한 가족 소유의 낸시스 펍(Nancy's pub)은 전 주인인 마가렛 맥휴(Margaret McHugh)가 모은 수집품으로 가득 차 있습니다.

비어 가이드

맥주 애호가들의 필수 코스

아일랜드 양조사들은 아일랜드 맥주계의 핵심과 같은 다음 장소들을 추천합니다. 이러한 곳들은 아일랜드에 어두운 계열의 맥주보다 더 많은 것이 있다는 것을 보여 줍니다.

1 기네스 스토어하우스 (Guinness Storehouse)

더블린(Dublin)

더블린에서 가장 유명한 랜드마크 중 하나인 기네스 스토어하우스에 가기 위해 시간을 내 보세요. 스토어하우스 안에 있는 박물관에서 아일랜드와 기네스의 역사에 대해 알아보세요. 기네스를 완벽하게 파인트 잔에 따르는 방법을 배워 보고, 360도로 도시의 전경을 볼 수 있는 7층의 그래비티 바(Gravity Bar)에서 드라이 아이리시 스타우트(dry Irish stout)를 즐겨 보세요.

2 에잇 디그리스 브루잉 컴퍼니 (Eight Degrees Brewing Company)

미첼스타운(Mitchelstown)

북쪽 코크 카운티(County Cork)에 위치한 이 양조장은 호주인과 뉴질랜드인이 운영을 하고 있으며, 2016년 더블린 컵(Dublin Cup)에서 수상한 맥주 중 하나인 싱글 홉 IPA 맥주 라인업들을 생산합니다. IPA 맥주들은 빨리 소진되기 때문에 어떤 날에 어떤 맥주가 있을지 모릅니다.

3 오슬로 (Oslo)

골웨이(Galway)

아일랜드의 드라마틱하고 강한 바람이 많이 부는 서쪽 해안에 있다면 골웨이 베이 브루어리(Galway Bay Brewery)의 대표 펍인 이곳을 방문해볼 만합니다. 상을 받은 더블 IPA 스타일 맥주인 폼 앤 퓨리

(Foam and Fury)를 포함한 5가지 주요 맥주를 마셔 보세요. 또한 리미티드 에디션과 시즈널로 출시되는 병맥주도 만나 볼 수 있습니다.

4 템플 바 지역 (Temple Bar Area)

더블린(Dublin)

더블린의 중심에서 4블록 정도 늘어 서 있는 이 지역에는 무수히 많은 펍과 바가 있습니다. 이곳에서 방문객들은 아일랜드에서 가장 유명한 취미 중 하나를 즐길 수 있습니다. 바로 같이 맥주 마시며 이야기를 나누는 것입니다. 유명한 템플 바(Temple Bar) 펍에 꼭 들러 보세요.

5 메탈맨 브루잉 컴퍼니 (Metalman Brewing Company)

워터포드(Waterford)

크리스탈만 워터포드의 보물이 아닙니

다. 이 양조장의 페일 에일과 시즈널 맥주, 또한 독특하면서 뛰어난 밀 라거인 이퀴녹스(Equinox)와 칠리 포터인 히트싱크(Heatsink)는 이 양조장을 아일랜드의 필수 코스로 아일랜드 맥주 지도에 표기하게 만듭니다.

6 | 프란시스칸 웰 브루어리 (Franciscan Well Brewery)

코크(Cork)

13세기에 프란시스칸 수도원(Franciscan monastery)이 있던 자리에 1998년에 설립된 양조장입니다. 인기 맥주인 레블 레드(Rebel Red)와 샨돈 스타우트(Shandon Stout)를 포함한 맥주들은 양조 시 화학약품이나 방부제를 사용하지 않습니다.

7 | 더블린 리터러리 펍 크롤 (Dublin Literary Pub Crawl)

더블린(Dublin)

조이스, 쇼(Shaw), 예이츠, 와일드 등등 아일랜드의 문학사에는 거장 작가들이 많습니다. 이 펍 크롤은 총 4곳의 다른 펍을 방문하며, 각 장소에서 배우들이 유명한 아일랜드 작가의 산문을 낭독합니다. 지역 맥주와 함께 이야기와 역사가 가득한 저녁을 즐겨 보세요.

사진(Photos)

1 기네스 스토어하우스는 더블린 최고의 관광명소입니다. **3** 오슬로 바는 골웨이 베이 브루잉의 대표 펍입니다. **4** 더블린의 템플 바 펍은 1840년에 설립되었습니다. **5** 리즈모어 성(Lismore Castle)은 아름다운 워터포드의 관광지 중 한 곳입니다.

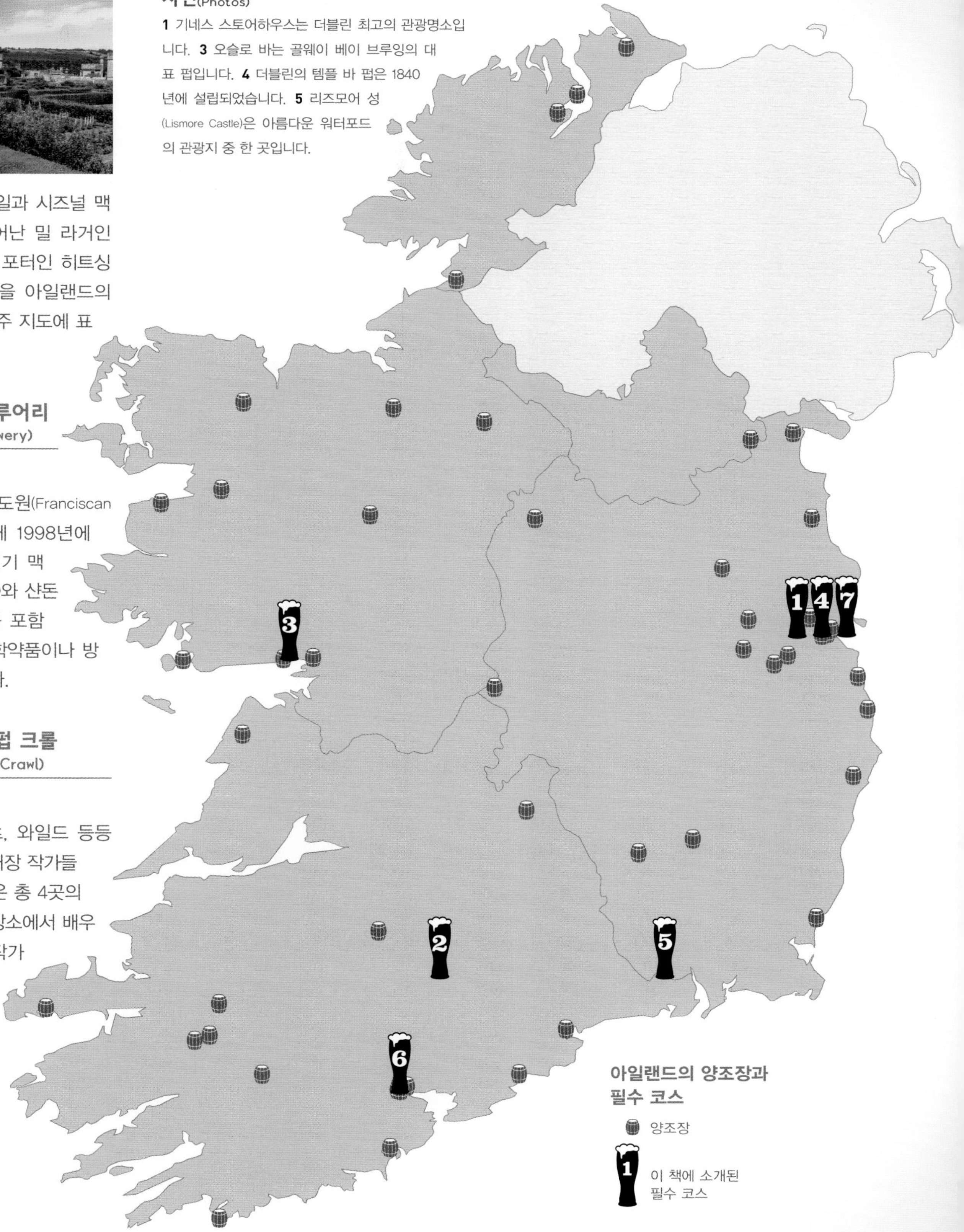

아일랜드의 양조장과 필수 코스

양조장

이 책에 소개된 필수 코스

지역 맥주

더블린 & 코크

검은색의 맥주와 거친 맥주

더블린의 검은색 맥주 아일랜드의 정치적 수도인 더블린은 또한 틀림없는 아일랜드 맥주의 수도입니다. 더블린에는 180만 명의 인구가 살고 있으며 아일랜드의 어떤 도시보다 많은 총 16개의 양조장이 있습니다. 기네스는 더블린에서 가장 많은 양의 맥주를 생산하지만 아일랜드 전역에서 기네스의 판매량은 감소하고 있습니다. 그렇지만 더블린의 아이콘인 기네스를 걱정할 필요는 없습니다. 아서 기네스는 1759년에 세인트 제임스 게이트 브루어리St. James Gate Brewery와 부지를 계약할 때 9000년간 임대 계약을 했기 때문입니다. 그러나, 아일랜드 사람들은 평상시에 마시던 맥주를 덜 마시기 시작했고 그들의 맥주 선호도는 점차 다양해졌습니다. 아일랜드 현대 맥주 소비자들은 스타우트를 즐기지만, 항상 기네스여야 할 필요는 없습니다. 실제로 아일랜드의 크래프트 양조장인 칼로Carlow와 포터하우스Porterhouse는 기네스와 경쟁하기 위해 스타우트를 생산합니다. 그리고 물론 더블린의 펍에서는 다양한 스타우트 브랜드를 제공합니다.

오늘날 더블린 사람들은 다양한 취향을 가지고 있으며, 크래프트 양조장들은 이러한 다양한 취향을 만족시키기 위해 나오게 되었습니다. 실제로, 아일랜드와 더블린에서 국내 크래프트 맥주 소비는 지난 5년간 증가했습니다. IPA 스타일 맥주는 점점 더 인기 있어지며, 크래프트 양조장은 그들만의 방식으로 만든 맥주를 보여 주고 있습니다.

펍과 양조장만이 크래프트 맥주계에 영향을 주는 것은 아닙니다. 더블린은 아일랜드에서 가장 큰 아이리시 크래프트 맥주 축제Irish Craft Beer Festival 같은 여러 맥주 축제가 열립니다. 기네스는 여전히 더블린을 장악하고 있지만, 더블린은 아이리시 스타우트 외에도 얘기할 것이 많습니다.

local flavor

어떻게 기네스가 기네스북을 갖게 되었을까요. How Guinness Got Into Records

한 사람이 1L(34oz) 맥주가 든 스테인(Stein) 잔을 들 수 있는 최고 기록이 24개라는 것을 알고 있었나요? 아니면 1분에 전기톱으로 가장 많이 열 수 있는 병맥주 개수가 24개라는 것을 알고 있었나요? 이러한 최고의 기록을 본격적으로 기록하기 시작한 것은 1955년 출판된 『기네스북 오브 레코즈(Guinness Book of Records)』 초판입니다. 이 책이 나오게 된 기원은 1951년 휴 비버 경(Sir Hugh Beaver)이 그의 지인과 새를 사냥하러 갔을 때로 거슬러 올라갑니다. 그들은 검은가슴물떼새(golden plover)와 붉은 뇌조(red grouse) 둘 중 어떤 새가 유럽에서 가장 빠른 사냥용 새인지 논쟁하게 됩니다. 그 당시에는 인터넷이나 참고할 자료가 없었기 때문에 이들의 언쟁은 해결되지 않았습니다. 수년 후, 비버는 노리스(Norris)와 로스 맥허터(Ross McWhiter) 두 형제에게 이러한 논쟁을 일단락시킬 수 있는 최고의 기록들만 모아서 책으로 만들어 달라고 의뢰를 합니다. 이 책은 1955년에 출간되었으며 바로 베스트셀러가 되었습니다. 비버가 이사로 재직하던 기네스 사가 두 형제를 고용할 수 있는 자금을 제공했기 때문에 기네스 사 이름을 따서 책 이름을 지었습니다. 오늘날, 우리는 이 책을 『기네스 월드 레코즈(Guinness World Records)』라고 알고 있습니다.

더블린 리피강(Liffey River)을 건널 수 있는 하페니교(Ha'Penny Bridge)

이유 있는 저항자들 코크의 아름다운 남쪽 도시에 위치한 프란시스칸 웰Franciscan Well 크래프트 양조장은 오래전부터 맥주를 만들었던 13세기 수도원의 장소에서 맥주를 만듭니다. 또한 코크는 아일랜드 양조 분야에서 역사적으로 중요한 머피스Murphy's와 비미쉬&크로포드Beamish&Crawford가 있는 곳입니다. 머피스는 1856년에 설립되었으며, 기네스에 비해 더 라이트하고 쓴맛이 적은 스타우트와 아이리시 레드 에일Irish red ale을 만듭니다. 머피스Murphy's의 지역 라이벌인 비미쉬&크로포드는 1792년에 설립되었습니다. 포터 맥주의 큰 성공으로 비미쉬&크로포드의 코크 포터 브루어리Cork Porter Brewery는 수년간 아일랜드에서 가장 큰 양조장이었습니다.

코크는 1900년대 초기에 아일랜드 독립운동을 주도한 마이클 콜린스Michael Collins의 고향이라 '저항의 도시Rebel City'라는 별명을 얻었습니다. 코크 지역의 아이리시 레드 에일의 성공은 이 도시의 저항의 정신을 잘 보여 줍니다. 아이리시 스타우트가 시장을 잠식한 상황에서 아이리시 레드 에일은 맥주 애호가들에게 살짝 달고, 가볍게 호피한 맥주입니다. 프란시스칸 웰의 레블 레드Rebel Red는 아일랜드에서 가장 많이 팔리는 자국 크래프트 맥주이며, 다른 양조장들도 그들만의 독특한 아이리시 레드 에일을 만들고 있습니다.

개릿 올리버와 함께하는 맥주 테이스팅

더블린(Dublin)

아이리시 스타우트(Irish stout)

어떠한 맥주 스타일보다 아이리시 스타우트처럼 국가를 상징적으로 보여 주는 스타일은 아마도 없을 것입니다. 아일랜드 문화와 연관되어 있어 아이리시 스타우트 사진을 국기에 넣어도 전혀 놀랍지 않을 것입니다.

ABV 3.9–4.5% | IBU 35–45

향 커피, 다크 초콜릿, 좋은 맥주는 가벼운 송진 같은 홉 향

외관 매우 어두운 갈색–제트블랙색, 트레이드 마크인 두터운 황갈색 거품

풍미 드라이, 상대적으로 쓰며, 토피와 다크 초콜릿 향

마우스필 가볍고, 크리스피, 드라이, 강한 로스티드 느낌, 두꺼운 거품은 크리미한 느낌을 줌

잔 브리티시 파인트 잔

푸드 페어링 구운 고기, 햄, 스틸톤 치즈(Stilton cheese), 소시지

추천 크래프트 맥주 오하라스 아이리시 스타우트(O'Hara's Irish Stout)

코크(Cork)

아이리시 레드 에일(Irish red ale)

맥주 애호가들은 아이리시 레드 에일이 아일랜드 토착 스타일인지 아니면 독창적인 마케팅 부서(아마도 미국의)에서 유래된 스타일인지 논쟁을 할 수 있습니다. 이와 상관없이, 많은 아일랜드 크래프트 양조사들은 아이리시 레드 에일을 아일랜드의 스타일로 규정하며, 그들만의 아이리시 레드 에일을 만듭니다.

ABV 4.5–5.2% | IBU 18–25

향 캐러멜 몰트, 약간의 은은한 로스트 향

외관 붉은빛이 있는 짙은 앰버색

풍미 약간 단맛, 부드러운 캐러멜 풍미와 쓴맛의 은은한 균형감

마우스필 미디엄 바디감, 거칠지 않음, 매우 음용성이 좋음

잔 브리티시 파인트 잔

푸드 페어링 소고기, 돼지고기, 구운 고기, 워시드 린드 치즈(washed rind cheese)

추천 크래프트 맥주 에잇 디그리스 브루잉 컴퍼니 선번트 아이리시 레드 에일(Eight Degrees Brewing Company Sunburnt Irish Red Ale)

토스카나(Tuscany)는 예스러운 분위기의 야외 트라토리아가 유명합니다. 여러 트라토리아에서 와인과 함께 크래프트 맥주를 판매하기 시작했습니다.

이탈리아

맥주의 재발견

이탈리아Italy 북쪽의 산맥과 호수, 토스카나Tuscany의 나무가 길게 어우러진 농경지, 시칠리아Sicily의 상징적인 마운트 에트나Mount Enta 화산 같은 이탈리아의 풍경은 그림같습니다. 이탈리아의 떼루아는 삶의 큰 일부인 와인을 통해 진가를 발휘하지만, 이탈리아 맥주에서도 떼루아의 영향이 드러나며 맥주계 역시 점점 성장하고 있습니다.

기원전 7세기로 돌아가 보면, 지금의 이스라엘Israel, 시리아Syria, 레바논Lebanon, 요르단Jordan을 포함하는 지역에 거주하던 페니키아Phoenicians인은 시칠리아에서 맥주를 소비하고 거래했습니다. 기원전 6세기경에 이탈리아 알프스 북쪽의 작은 언덕에서 발견된 무덤에서 맥주의 흔적이 나왔습니다. 기원전 31년에 로마의 첫 황제인 아우구스투스Augustus가 클레오파트라Cleopatra를 이기고 이집트가 로마제국의 일부가 되기 이전까지 맥주는 아마도 로마 문화에 소개되지 않았을 것입니다. 한 세기가 지난 77년에 로마 역사학자인 플라이니 디 엘더Pliny the Elder는 『박물지Naturalis Historia』 37권에 맥주에 대해 기록했으며, 유럽의 북서쪽에서 이동해 지금의 이탈리아 지역에서 살았던 켈트족Celts은 발효에 대한 기본적인 이해가 있었다고 서술했습니다. 그 이유는 켈트족의 맥주는 이집트인들의 맥주보다 천천히 상했기 때문입니다.

로마의 그나아우스 줄리우스 아그리콜라Gnaeus Julius Agricola 장군이 85년에 브리튼을 정복하고 돌아올 때 양조사 3명을 데리고 오면서 맥주는 이탈리아 역사에 다시 등장하게 됩니다. 400년이 지난 후, 베네딕트St. Benedict 성인이 이탈리아 중부에 몬테카시노Monte Cassino 수도원을 설립할 때 이탈리아 역사에 맥주가 다시 등장합니다. 그는 영양분 공급책으로 맥주의 중요성을 이해했고, 그래서 수도자들은 매일 12온스355ml 병맥주 10개를 지급받았습니다. 그 당시 맥주는 도수가 그다지 세지 않았습니다.

로마 제국이 멸망하면서 이탈리아 북부의 일부분은 맥주가 주요 술이었던 독일과 오스트리아에 통합되었습니다. 그렇기는 하지만, 이탈리아는 중세시대500-1500년와 르네상스1300-1600년 시기에 적은 양의 맥주를 소비했습니다.

한눈에 보는 이탈리아

위 지도에 표기된 장소

- 양조장
- ★ 수도
- ● 도시
- \+ 봉우리
- ⌑ 흥미로운 장소

SICILY 행정구역
NORTHERN ITALY 문화적 구역
SAN MARINO 관련 없는 국가
ALPS 지리적 특징

와인에 둘러싸인 맥주

현대 장비를 갖춘 이탈리아의 첫 상업 양조장은 1789년 토리노Torino와 제노바Genoa의 중간쯤에 위치한 니짜 몬페라토Nizza Monferrato에 문을 열었습니다. 이탈리아 통일 운동인 리소르지멘토Risorgimento가 끝나갈 때쯤인 1871년에는 거의 150개의 양조장이 있었습니다. 세기가 바뀔 무렵에는 이탈리아의 상징적인 브랜드인 비라 페로니Birra Peroni, 1846년와 비라 모레티Birra Moretti, 1859년를 포함해 그 수가 300개로 증가했습니다.

이탈리아는 세계에서 두 번째로 큰 와인 생산국인 와인 중심 국가이지만, 맥주 시장 역시 급부상하고 있습니다. 대부분의 사람들은 페로니Peroni와 모레티Morreti 라거를 이탈리아 맥주로 여기지만, 크래프트 맥주 혁명은 새로운 스타일과 풍미를 소개하고 있습니다. 이러한 움직임은 1995년에 이탈리아 정부가 홈브루잉을 합법화하고 브루펍 운영에 대한 불필요한 형식을 줄이면서 시작되었습니다. 그 당시 맥주계는 대부분 필스너 같은 라거만 생산하던 대기업이 지배했습니다. 이탈리아 크래프트 양조사들은 와인 생산업자와는 달리 그들이 업계를 이끌어가면서 새로운 전통을 만들어 내야 했습니다.

오늘날 이탈리아의 마이크로 브루어리는 600개로 증가했으며, 피에몬테Piedmont 북쪽 지역에는 100개 이상의 양조장이 있습니다. 1996년에 문을 연 피에몬테의 비라피치오 르 발라딘Birrificio Le Baladin 양조장의 개척정신이 강한 양조사 테오 무쏘Teo Musso | 111쪽 참조는 꿀, 과일, 견과류 같은 지역적인 재료를 통합해 맥주를 만듭니다. 음식과 술에 대한 이탈리아의 열정은 왜 무쏘의 맥주가 인기 있는지 알려 줍니다. 그 이유는 바로 무쏘가 맥주를 만들 때 푸드 페어링을 염두에 두기 때문입니다. 푸드 페어링과 지역 부재료의 사용은 이탈리아 크래프트 맥주계의 큰 특징입니다.

지역적 풍미

이탈리아 크래프트 맥주는 맥주가 만들어지는 지역의 지리적 특징을 잘 구현하기에 특별합니다. 양조사들은 지역의 부재료를 사용하거나 와인 배럴 같은 지역 장비를 활용해 떼루아의 특징을 잘 살려 냅니다. 피에몬테 지역의 양조사들은 토착 곡물, 복숭아와 블루베리 같은 지역 과일, 그린 페퍼 같은 채소, 바질 같은 향신료처럼 지역에서 쉽게 구할 수 있는 재료를 잘 결합시켜 독특한 맥주를 만듭니다. 이탈리아 남쪽 와인 산업의 중심인 토스카나Tuscany 지역으로 가면 60개 이상의 성장하고 있는 양조장들이 있습니다. 주어진 지역 환경을 생각한다면, 지역 양조사들이 맥주를 숙성하려고 오래된 와인 배럴을 사용한다는 점은 이해가 됩니다. 이러한 맥주는 와인 배럴의 풍미, 탄닌, 박테리아, 효모를 얻게 되어 매우 다르고 흥미로운 맛을 냅니다. 더 남쪽으로 가면 시트러스한 과일이 풍부한 나폴리Napels 지역이 있는데, 이곳에서 오렌지나 레몬 맛이 나는 맥주를 찾기 쉽습니다.

장엄하고 대담한 크래프트 맥주가 주목을 받는 미국의 크래프트 양조사들과는 다르게 이탈리아 양조사들은 조화로움을 추구합니다. 그래서 이탈리아 어디를 여행하든지, 지역 크래프트 맥주를 마시면 부드럽고 균형감 있는 느낌을 받을 수 있습니다.

밀란의 비리피치오 램브레이트(Birrificio Lambrate)는 1996년에 하루에 40갤런(150L)을 양조했지만 지금은 하루에 1,000갤런(4,000L)을 양조할 정도로 성장했습니다.

Speak easy

이탈리아에서 맥주를 주문하는 방법

이탈리아에서도 크래프트 맥주가 뜨고 있기에 좋은 맥주를 찾기 위해 멀리 갈 필요가 없어졌습니다. 잘 모르겠다면, **'맥주 있나요?'**(Dove posso ottenere birra / DO-veh POS-soh o-ten-AIR-a beer-RAH)라고 물어보세요.

'맥주 한 잔 마실게요'(Gradirei una birra alla spina, per favore / grad-ee-RA-ee U-na beer-RAH Al-la SPI-na, PER fa-VOR-ay)라고 간단히 얘기해 드래프트 맥주를 주문할 수 있습니다.

어떤 맥주 스타일을 주문할지 안다면, 다음 중에서 하나 얘기해 보세요.

birra lager(BEE-ra la-GER) - **라거**

birra al malto(BEE-ra AL MAL-to) - **스타우트**

birra inglese scura(BEE-ra IN-glay-sa SCOO-ra) - **브라운 에일**

잔을 들어 올려 건배를 할 때, **'건배'**(Salute / sa-LOO-tay) 또는 유리잔을 부딪칠 때 나는 소리인 **'친친'**(Cin-cin / chin-chin)이라고 말하세요.

비어 가이드

맥주 애호가들의 필수 코스

이탈리아의 예술과 건축물을 관광하다가 휴식이 필요할 때, 이탈리아 양조사들이 추천하는 다음과 같은 장소에 가 보세요.

1 일 산토 베비토레 (Il Santo Bevitore)

베네치아(Venice)

이탈리아어로 '거룩한 술꾼'(the Holy Drinker)이라는 뜻의 이 펍의 이름은 작가 요제프 로트(Joseph Roth)가 지은 책인 『거룩한 술꾼의 전설(The Legend of the Holy Drinker)』의 제목에서 따왔습니다. 이 베네치아 펍은 도시에서 가장 많은 로컬 크래프트 맥주와 수입 맥주를 보유하는 곳 중 하나입니다. 운하의 도시인 베네치아에서 맥주를 마시러 가 봐야 하는 곳입니다.

2 비리피치오 산 미켈레 (Birrificio San Michele)

산탐브로지오 디 토리노
(Sant'Ambrogio Di Torino)

2010년에 설립된 이 양조장은 풍미가 가득하고, 여과와 살균을 하지 않은 맥주를 제공합니다. 이곳에서 양조는 정열의 오페라입니다. 실제로 이 양조장의 13개의 맥주는 오페라나 오페라의 캐릭터에서 이름을 따서 지었습니다. 카르멘(Carmen) 페일 에일과 나비(Butterfly) 퀼쉬가 대표적인 예입니다.

3 오르조 브루노 (Orzo Bruno)

피사(Pisa)

'갈색 곰'이라는 뜻의 오르조 브루노 탭룸은 오로지 비엔티나(Bientina) 지역의 일 비리피치오 아르티지아노(Il Birrificio Artigiano)에서 만든 여과와 살균하지 않는 4가지 종류의 맥주만 제공합니다. 생강, 검은 후추, 시나몬, 바닐라 같은 부재료를 사용해 만든 피카(Picca) 맥주를 마셔 보세요.

4 아바찌아 델레 트레 폰타네 (Abazzia delle Tre Fontane)

로마(Rome)

이 수도원은 이탈리아에서 유일하게 트라피스트 맥주(38쪽 참조)를 생산하는 곳입니다. 이곳의 수도자들은 단맛의 애프터테이스트(aftertaste)를 내는 유칼립투스(eucalyptus) 잎을 사용해 만든 벨지안 트리펠(Belgian Tripel)만 양조합니다. 일 년에 850–1,700 U.S. 배럴(10,002,000hL) 정도만 생산하기 때문에 이곳의 맥주를 마신다면 진귀한 기쁨을 느낄 수 있습니다.

5 비리피치오 아르티지아날레 카르마(Birrificio Artigianale Karma)

알비냐노(Alvignano)

나폴리 북쪽으로 한 시간 정도 떨어진 곳에 위치한 이 양조장은 밤, 꿀, 레몬, 겐티아나 뿌리, 향신료와 같은 지역 부재료를 사용해 독특하고 맛있는 풍미를 주는 맥주를 만듭니다. 가장 인기 있는 레몬 에일(Lemon Ale)은 아말피 해안(Amalfi Coast)의 레몬과 코리앤더를 사용해 만들었습니다.

6 루폴로 엘오타보 나노 (Luppolo l'Ottavo Nano)

팔레르모(Palermo)

7 | 비라 체르쿠아
(Birra Cerqua)

볼로냐(Bologna)

한 무리의 친구들이 지역 맥주계에 새로운 맥주 맛을 소개하기로 결심하면서 이 양조장이 생겼습니다. 2011년에 문을 연 양조장은 적은 양이지만 지역에서 재배하는 홉을 사용해 만든 IPA인 루.보(Lu. Bo) 맥주를 생산합니다.

시칠리아에서 무조건 가 봐야 하는 펍입니다. 이탈리아어로 '홉 여덟 번째 난쟁이'이라는 뜻의 이 펍은 이탈리아와 전 세계의 다양한 크래프트 맥주를 드래프트와 병맥주로 제공합니다. '우리 모두는 무언가를 믿습니다. 저는 곧 맥주를 마실 거라 믿습니다'라는 이 펍의 모토는 모든 것을 완벽하게 압축적으로 보여 줍니다.

사진(Photos)

1 베네치아의 가장 유명한 운하의 멋진 풍경 **4** 포룸 로마노(Roman Forum)는 로마의 상징적인 랜드마크 중 하나입니다. **5** 알비냐노 지역의 비리피치오 아르티지아날레 카르미에서 양조사들이 곡물을 당화조에 넣고 있습니다. **7** 볼로냐 지역의 비라 체르쿠아에 가서 맥주를 마시는 것은 볼로냐에서 하루를 마무리하는 멋진 방법입니다.

지역 맥주

이탈리아 북부 & 로마

완벽한 페어링

피렌체(Firenze)는 르네상스(Renaissance)의 발상지이며 크래프트 맥주 커뮤니티가 성장하는 지역입니다.

음식과 맥주의 조화 프랑스 국경에서 슬로베니아 국경까지 길게 늘어선 이탈리아 북부Northern Italy 지역은 이탈리아 크래프트 맥주 운동의 발상지입니다. 이러한 크래프트 맥주 운동은 와인 생산지인 '랑게Langhe'의 작은 마을인 피오쪼Piozzo에서 중점적입니다. 정부가 브루펍을 운영하기 쉽게 규제를 완화한 후, 1996년 이곳에 테오 무쏘Teo Musso는 비리피치오 르 발라딘Birrificio Le Baladin을 열었습니다. 무쏘는 맥주 만들 때 푸드 페어링을 염두하는 이탈리아 전통 방식을 따랐으며 더 열망 있는 양조사들이 그와 함께하도록 이끌었습니다.

이 지역에서 주목할 만한 다른 양조장들은 토리노Torino의 비리피치오 토리노Birrificio Torino, 토레키아라Torrechiara의 비리피치오 토레키아라Birrificio Torrechiara, 파닐, Panil, 리미도 코마스코Limido Comasco의 비리피치오 이탈리아노Birrificio Italinao, 밀란Milan의 비리피치오 램브레이트Birrificio Lambrate 입니다. 이러한 양조장들 모두 몰약myrrh, 생강, 페퍼, 과일 같은 지역 재료를 사용해 뛰어난 맥주를 만듭니다. 몇몇 양조장들은 배럴 에이징을 하거나 펑키함을 주기 위해 브레타노마이세스Brettanomyces를 추가해 맥주에 변형을 줍니다. 이러한 맥주들은 이탈리아 북쪽 지역 음식과 잘 어울리지만, 음식과 페어링하지 않고 마셔도 훌륭한 맥주입니다. 이 지역의 양조사들은 계속해서 실험을 해 놀라운 맥주를 제공합니다.

로마에 가면 이탈리아 크래프트 맥주 운동은 상대적으로 짧지만, 『비어 카너서Beer Connoisseur』 잡지는 2015년 로마를 세계 Top 20 맥주 도시 중 하나로 선정했습니다. 사람들의 수요를 충족하기 위해 생겨 나고 있는 양조장, 브루펍, 탭룸의 증가는 영원의 도시The Eternal City인 로마가 포함되는 데 크게 기여했습니다. 이탈리아의 크래프트계에서 맥주 소비량 측면을 생각한다면 로마는 이탈리아에서 논쟁할 가치가 없는 선두입니다.

크래프트 맥주에 대한 로마의 열정은 마누엘 콜로나Manuele Colonna 탭룸의 '내가 죽는다면 발효되고 싶다Ma Che Siete Venuti A Fa'라는 슬로건을 통해 알 수 있습니다. 그의 탭룸은 라거보다 다른 맥주를 마시고 싶어 하는 로마인을 위해 2001년에 문을 열었습니다. 로마 양조사들은 지역 풍미를 맥주에 잘 담아 내는 글로벌한 맥주 스타일을 만들기 위해서 실험을 거듭했습니다. 인기 있는 퀸 마케다 그랜드 펍Queen Makeda Grand Pub을 한 번 보세요. 이 펍의 이름과 같은 마케다Makeda 맥주는 이탈리아 남부 특유의 드라이하고 시트러스한 풍미를 주는 오렌지와 베르가못bergamot 껍질로 만든 쓴 비터 에일입니다. 비라 델 볼고Birra del Borgo와 같은 양조장은 맥주에 목마른 로마 사람들에게 호피한 맥주를 선보였습니다. '로마에 가면 로마의 법을 따르라'라는 말은 점차 이탈리아 풍미가 가득한 지역 크래프트 맥주를 마시라는 의미가 되고 있습니다.

양조사와의 만남

테오 무쏘 Teo Musso

테오 무쏘는 벨기에 여행을 몇 번 한 후, 1996년에 피오쪼(Piozzo)에 있는 그의 펍 근처에 우유 탱크를 사용해 르 발라딘(Le Baladin) 양조장을 건설했습니다. 그가 처음 만든 맥주인 블론드와 앰버는 바로 성공할 정도는 아니었습니다. 하지만, 오랜 인내, 기발한 마케팅, 향상된 맥주의 품질은 그를 성공으로 이끌었습니다. 곧, 그는 더 많은 공간이 필요하게 되었고 근처에 있는 부모님 소유 농장의 닭장을 발효실 시설로 바꿀 계획을 하게 됩니다. 그런데 건축허가를 신청했을 때, 건축법상 발효 시설은 물리적으로 양조장과 연결되어 있어야 한다는 사실을 알게 되었습니다. 이러한 난관에 좌절하지 않고, 무쏘는 양조장과 발효실의 지하를 연결하는 984피트(300m) 길이의 맥주관을 설치합니다. 그 후, 무쏘는 로마, 토리노, 그리고 뉴욕과 모로코(Morocco)의 에사우리아(Essaouria)를 포함한 다른 10개 도시에 탭룸을 열게 되었습니다.

개릿 올리버와 함께하는 맥주 테이스팅

이탈리아 북부(Northern Italy)

이탈리아 팜하우스 비어 (Italian Farmhouse Beer)

와인 중심적인 문화는 크래프트 맥주에 빠르게 빠져들고 있습니다. 주로 지역 음식과 와인 전통에 기반한 폭넓은 창의성은 이탈리아의 풍부한 특징과 아름다운 스타일이 빛나게 도와줍니다.

ABV 5.5–9% | IBU 15–30

향 스파이시(때로는 향신료가 실제로 사용됨), 매우 향이 풍부함

외관 보통 금색–앰버색, 종종 탁함, 풍부한 거품

풍미 주로 벨기에의 영향을 받은 풍미, 매우 드라이, 향신료와 식용 꽃의 풍미, 가끔 산미도 느껴짐

마우스필 가볍고, 드라이, 에페르베성

잔 튤립, 화이트 와인, 테쿠 잔

푸드 페어링 샤퀴테리, 치즈, 토끼 요리, 파테(pate)

추천 크래프트 맥주 비리피치오 델 두카토 누오바 마티나 (Birrificio del Ducato Nuova Mattina)

로마(Rome)

아바찌아 트레 폰타네 트리펠 (Abbazie Tre Fontane Tripel)

이탈리아의 유일하게 승인 받은 트라피스트 양조장인 트레 폰타네(Tre Fontane) | 108쪽 참조는 로마의 유일한 트라피스트 수도원에 있습니다. 벨지안 트리펠(Belgian Tripel) 스타일을 기반으로 하지만, 지역 재료인 유칼립투스 잎을 사용해 변형을 주었습니다.

ABV 8.5% | IBU 25

향 꽃, 스파이시, 정향, 특유의 유칼립투스 향이 더해짐

외관 짙은 오렌지색, 약간 탁함, 잘 형성되고 푹신한 거품

풍미 드라이, 거의 증류주 같은, 복잡한 크리스마스 케이크 같은 복합적인 풍미는 꿀, 오렌지, 정향, 유칼립투스 오일의 풍미가 느껴짐

마우스필 높은 탄산감, 알코올의 온기

잔 챌리스

푸드 페어링 향이 강한 치즈, 절인 고기, 짭짤한 비스킷, 달지 않은 디저트

비엔나 구시가지 또는 이네레 슈타트(Innere Stadt)는 도시 중심부에 있습니다. 좁고 구불구불한 거리에는 바와 카페가 줄지어 있습니다.

오스트리아

전통이 교차하는 나라

주요 무역로의 교차로였던 오스트리아는 독특한 지리적 이점 때문에 세계적인 힘을 가진 나라로 성장했습니다. 역사학자들은 약 1100년에 바바리아와 보헤미아에서 맥주를 수송하기 위해 오스트리아에 이와 같은 무역길이 만들어졌다고 추측합니다. 합스부르크 왕조는 수도인 비엔나를 기반으로 대부분의 유럽을 통치했으며 오스트리아는 수입 맥주가 가득한 중심지가 되었습니다.

오스트리아는 다른 문화권에 자주 노출되었고, 국경지역 맥주는 이러한 영향을 받았습니다. 1300년대 이전에 오스트리아에는 양조장이 존재했었지만, 1384년까지 공식적인 기록에는 양조장에 대한 언급이 없었습니다. 오스트리아에서 가장 큰 양조장인 잘츠부르크Salzburg의 스티겔 브로이벨트Stigel Brauwelt는 100년 후에나 문을 열었습니다. 그 당시 시원한 기온은 라거를 만들기에 이상적이었고 라거는 오스트리아 맥주계를 지배했습니다.

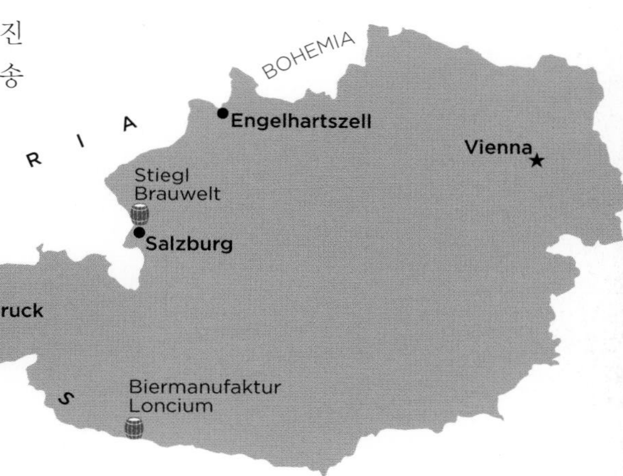

한눈에 보는 오스트리아

위 지도에 표기된 장소

- 양조장
- ★ 수도
- ● 도시

BAVARIA 독일 주
BOHEMIA 역사적인 체코 지역
ALPS 지리적 특징

인접국가 독일의 영향

오스트리아 맥주에서, 이웃 국가가 독일이라는 점보다 더 크게 영향을 준 것은 없습니다. 독일의 라거링lagering 기술과 냉장 기술은 오스트리아 맥주 문화와 생산 가능한 스타일을 형성하고 정의했습니다. 오스트리아 양조사들은 독일의 맥주 순수령53쪽 참조에 제한을 받지 않았기 때문에 더 다양한 스타일을 만들 수 있었습니다. 필스너 스타일을 개발하기 1년 전인 1841년 안톤 드레허Anton Dreher는 비엔나에서 라거의 크리스피함과 에일의 앰버색을 결합하여 새로운 스타일을 개발했습니다. 그리고 이 스타일을 비엔나 라거Vienna lager라고 불렀습니다. 그의 성공으로 헝가리와 이탈리아에도 양조장을 열게 되었습니다. 카를 폰 린데Carl von Linde의 '콜드 머신cold machine' 냉장 기술이 1800년대 후반에 나오게 되자, 드레허는 이 기계를 구매하기 위해 맨 앞에 줄을 섰었습니다. 기계를 오스트리아가 아니라 이탈리아에 있는 그의 양조장으로 보냈지만, 그는 오스트리아의 양조를 산업 시대로 이끌었다고 평가받습니다.

안톤 드레허는 1800년대 중반 비엔나 지역의 양조사였습니다. 그가 발명한 비엔나 라거는 라거의 크리스피함과 에일의 앰버 색깔을 결합한 스타일입니다.

비엔나 라거에 열광하는 사람들은 멕시코로 가야 할 것입니다. 19세기 후반에 오스트리아 사람들이 멕시코로 이민을 갔을 때, 그들은 비엔나 라거에 대한 지식을 함께 가지고 가게 되었습니다. 비엔나 라거는 오늘날 멕시코에서 가장 인기 있는 맥주 스타일입니다183쪽 참조.

수요를 충족하다

비엔나 스타일 라거의 인기가 오스트리아에서 줄어들면서 다른 스타일이 인기를 차지하게 되었습니다. 바로 오스트리안 메르젠Austrian marzen입니다. 메르젠의 인기는 '바바리안 방식이 아니라 비엔나 방식으로 양조되었습니다.'라는 이 스타일의 마케팅 슬로건 때문입니다. 오스트리안 메르젠은 바바리안 메르젠에 비해 색깔과 몰티함이 더 라이트하며 종종 헬레스 스타일과 비교됩니다57쪽 참조. 바바리안 메르젠처럼 늦은 봄에 양조하고 가을에 소비했습니다. 오늘날 오스트리안 메르젠은 오스트리아 맥주 시장의 60-70%를 차지하고 있습니다.

오스트리안 메르젠의 거의 절반은 하이네켄 인터내셔널 같은 외국계 기업의 양조장에서 생산하지만, 많은 오스트리아인 소유의 양조장들은 지역의 맥주 수요를 충족시키는데 도움을 주고 있습니다. 오스트리아는 유럽에서 4번째로 1인당 맥주 소비량이 높은 나라로, 연간 약 27.7갤런105L을 소비하며 28갤런106L을 소비하는 독일을 바짝 뒤쫓고 있습니다. 오스트리아의 약 200개의 양조장 중 절반은 마이크로 브루어리입니다. 메르젠과 필스너 같은 라거 스타일은 오스트리아 맥주 업계를 지배하지만, 상을 받은 비어마뉴팍투어 론시움Biermanufaktur Loncium 같은 마이크로 브루어리는 오스트리아 맥주 스타일이 아닌 IPA와 스타우트 같은 스타일의 맥주를 생산합니다. 새로운 맥주가 계속해서 출시되지만, 전통적인 맥주는 계속해서 오스트리아 맥주계의 주요 맥주로 자리 잡고 있습니다.

local flavor

슈타인비어: 불이 있는 곳에 맥주가 있다 Steinbier: Where There's Flame, There's Beer

앰버-다크 에일인 슈타인비어(Steinbier)는 1900년대 초기 이전 시기 오스트리아 남부에서 흔한 맥주였습니다. 이 이름은 독일어로 돌 맥주(Stone beer)라는 뜻이며 맥주의 맛보다는 맥주를 만드는 과정과 더 관련되어 있습니다. 농부들은 나무 배럴을 사용해서 슈타인비어를 만들었기 때문에, 배럴에 직접적으로 불을 가할 수 없었습니다. 그래서, 당화할 때 열을 가하고 맥즙(wort)을 끓이기 위해서 주변에 많았던 사암을 불에 가열해 넣었습니다. 뜨거운 돌은 맥즙에 있는 당분을 캐러멜라이즈했고 열이 계속 가해지면서 탄맛으로 변했습니다. 이러한 양조 과정은 매우 노동집약적이며, 적은 양만 만들 수 있었고, 절대 같은 맛을 두 번 이상 만들 수 없었습니다. 또한, 매우 위험해서 종종 타거나 양조장이 불에 타는 경우도 있었습니다. 금속 양조 장비가 보편화되어 양조장들이 대량의 에일과 라거를 생산하면서 슈타인비어를 생산하던 마지막 양조장은 1917년에 문을 닫게 되었습니다.

비어 가이드

맥주 애호가들의 필수 코스

오스트리아에는 많은 좋은 맥주와 양조장들이 있습니다. 오스트리아 양조사들이 추천한 다음과 같은 장소들은 많은 선택지 중에서 쉽게 선택할 수 있도록 도와줍니다.

1 | 입펜플라츠 4 (Yppenplatz 4)

비엔나(Vienna)

입펜플라츠의 활기찬 지역에 있는 이 마이크로 브루어리는 비엔나에서 가장 신선한 크래프트 맥주를 제공합니다. 메르젠이나 비엔나 라거 같은 스타일의 맥주보다는 IPA, 포터, 플랜더스 레드, 라들러 같은 스타일을 기대해 보세요.

2 | 스티겔 브로이벨트 (Stiegl Brauwelt)

잘츠부르크(Salzburg)

오스트리아에서 가장 큰 양조장은 말 그대로 작은 계단에서부터 시작되었습니다. 기존의 양조장은 운하 옆에 있어서 몇 계단만 내려가면 맥주를 유통시킬 수 있었습니다. 새로운 양조장은 브루어리 투어, 박물관, 레스토랑, 영화관, 맥주 테이스팅을 제공합니다.

3 | 스타켄버거 브라우어라이 (Starkenberger Brauerei)

타렌츠(Tarrenz)

이 양조장은 오래된 성에 있고 항상 여성들이 운영해 왔습니다. 다양한 맥주를 제공하며, 사람들은 이곳을 방문해 맥주를 마시고 따뜻한 맥주가 담긴 풀에서 수영을 즐길 수 있습니다.

4 | 테레지앤브라우 (Theresienbrau)

인스브루크(Innsbruck)

이곳은 지역 사람들이 자주 가는 브루펍입니다. 단 5가지의 맥주 스타일만 만들지만, 모두 좋은 맥주들이며 오로지 이곳에서만 마실 수 있습니다.

5 | 슈티프트 앵겔스젤 (Stift Engelszell)

앵겔하르츠스젤(Engelhartszell)

1293년에 설립된 이곳은 오스트리아에서 유일하게 맥주를 생산하는 트라피스트 수도원(38쪽 참조)입니다. 초콜릿과 꿀을 사용해 만든 다크 에일(dark ale)과 7% 도수의 팜하우스 에일 스타일의 맥주를 만듭니다.

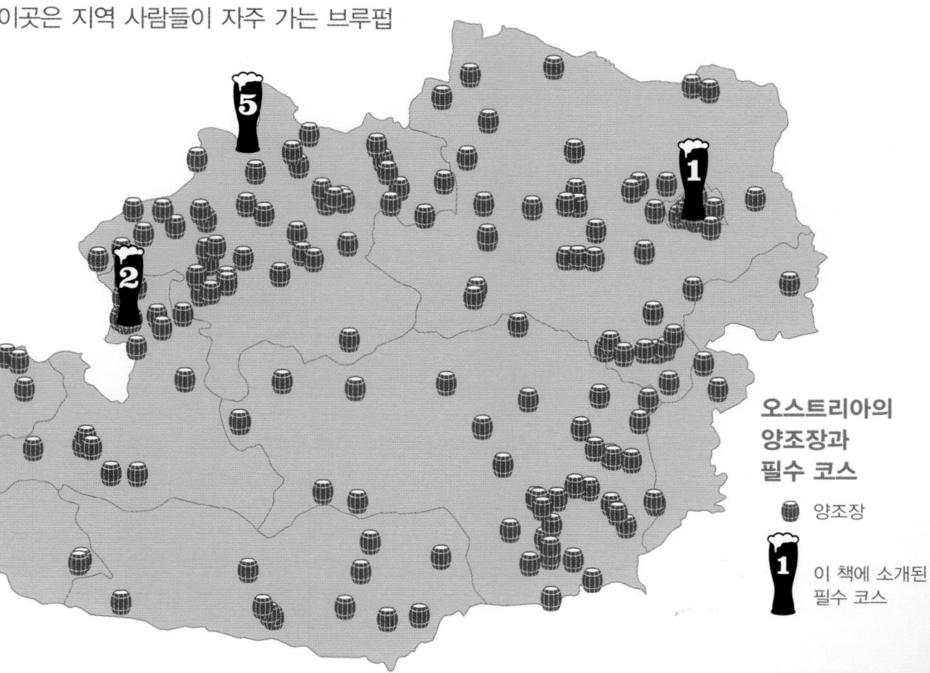

코펜하겐의 뉘하운(Nyhavn)
운하는 한때 번화한 상업항이
었지만 현재는 인기 있는 바와
레스토랑이 모여 있습니다.

덴마크

필스너에 대한 사랑

라거는 스칸디나비아 국가에서 지배적인 맥주입니다. 이 때문에 덴마크가 영어 단어인 '에일ale'의 탄생에 영향을 주었을 수 있다는 것은 더욱더 흥미롭습니다. 일부 학자들은 에일은 덴마크어의 øl맥주과 독일어의 alu쓴에서 유래되었다고 믿습니다. 다른 학자들은 멀리 항해했고 다른 나라를 정복했던 바이킹의 단어인 'ault쓴'가 소개되면서 유래되었다고 합니다. 어떤 이야기가 사실인지 상관없이 덴마크의 맥주 역사는 확실히 유구하며, 이러한 긴 역사는 사람들이 생각하는 것보다 전 세계 맥주계에 강력하게 영향을 주었습니다.

대부분의 초기 유럽의 경우처럼 덴마크에서도 여성들이 맥주를 양조했습니다. 중세시대500-1500년에 수도회가 양조를 이어받기 이전까지는 양조는 가사활동으로 여겨졌습니다. 중세시대가 끝나갈 때인 1525년에 덴마크의 첫 맥주 길드가 코펜하겐Copenhagen에서 설립되었습니다. 길드 멤버들은 왕과 왕의 군사를 위한 맥주 생산을 책임졌습니다. 왕의 군사는 하루에 1인당 2.6갤런10L을 배급받았습니다. 한편, 시골에서 여성들은 양조사로 다시 일을 시작했습니다. 알코올 도수가 낮고, 단맛이 있고, 몰티하며, 검은색을 가진 흐비트올은 시골에서 가장 흔하게 만드는 맥주였습니다. 이 맥주의 이름은 맥주를 만들 때 사용한 화이트 몰트에서 유래된 것으로, 완전히 익지 않은 보리를 몰팅해서 몰트 색깔이 연했습니다.

Skagen
Brøckhouse
Bryggeriet Apollo
Tuborg
Ølbutikken
Copenhagen
Warpigs Brewpub
Carlsberg
Mikkeler
Valby
Ærøskøbing

한눈에 보는 덴마크

위 지도에 표기된 장소

- 양조장
- ★ 수도
- ● 도시

칼(Carl)과 맥주를 숙성하던 언덕

1800년대 중반에 흐비트올과 상반되는 깔끔하고 크리스피한 라거가 덴마크에서 인기있었고, 덴마크에 새로 생긴 대부분의 양조장들을 이러한 스타일의 맥주를 생산하는 데 집중했습니다.

제이콥 제이콥슨Jacob Jacobsen 같은 양조사는 바바리아에서 라거 효모를 가져왔습니다. 당시에는 효모를 이송 중에 보관하기 위한 냉장 기술이 없어서 쉽지 않은 일이었습니다. 그는 물이 깨끗한 코펜하겐 외곽의 발비Valby에 양조장을 열었습니다. 그 지역은 언덕bjerg

투보그(Tuborg) 맥주를 말들이 코펜하겐(Copenhagen)의 티볼리 공원(Tivoli Gardens)으로 옮기고 있습니다.

이 있어서 그는 땅을 파 셀러를 만들어 맥주를 저장할 수 있었습니다. 제이콥슨은 양조장의 이름을 그의 아들 이름인 칼Carl과 양조 사업을 편리하게 만들어 준 그 언덕에서 이름을 따서 지었습니다. 칼스버그Carlsberg는 말 그대로 '칼의 언덕'이라는 뜻입니다. 칼스버그 그룹Carlsberg Group은 현재 세계에서 가장 큰 맥주 회사 중 하나입니다.

성장하는 크래프트 시장

1870년대 후반까지 덴마크 시골에는 약 200개의 양조장이 있었고 그중 16개가 코펜하겐에 있었습니다. 1873년에 오픈한 투보그Tuborg는 덴마크의 첫 필스너를 생산했습니다. 칼스버그는 수십 년이 지난 1904년까지 필스너를 생산하지 않았습니다. 20세기가 되면서 덴마크에는 약 400개의 양조장이 있었습니다. 그리고 필스너는 덴마크의 가장 인기 있는 맥주가 되었고 여전히 덴마크에서 가장 인기 있는 맥주 스타일입니다.

대기업 라거 맥주는 오랫동안 덴마크 시장을 지배했지만, 크래프트 맥주 혁명이 일어나고 있습니다. 1990년대 코펜하겐에 브리게리에트 아폴로Bryggeriet Apollo 브루펍이 문을 열었고 덴마크 소비자들에게 에일 맥주를 다시 소개했습니다. 5년이 지난 후, 브록하우스Brøckhouse는 덴마크 맥주계에 덴마크인이 처음으로 생산한 IPA를 선보였습니다. 올부티큰Ølbutikken, 덴마크어로 '맥주샵' 이라는 뜻은 2005년에 문을 열었고, 구하기 매우 힘든 미국의 쓰리 플로이즈 브루잉 컴퍼니Three Floyds Brewing Company의 다크 로드Dark Lord나 벨기에 깐띠용의 블루베리 람빅blueberry lambic 같은 맥주를 판매하면서 전 세계에서 가장 유명한 바틀샵 중 하나가 되었습니다.

유년시절 친구인 미켈 보리 비야르쇠Mikkel Borg Bjergso와 크리스티안 칼룹 켈러Kristian Klarup Keller는 아마도 덴마크에서 가장 잘 알려진 크래프트 양조사로, 미켈러Mikkeller에서 맥주를 양조하고 있습니다. 그들은 2006년에 열린 비어 긱 브렉퍼스트Beer Geek Breakfast에서 그들의 오트밀 스타우트를 선보여 전 세계적인 명성을 얻었습니다. 이후 미켈러는 미국 샌프란시스코San Francisco에 펍을 열고 인디애나Indiana의 쓰리 플로이즈Three Floyds | 154쪽 참조와 함께 코펜하겐에 워피그 브루펍Warpigs Brewpub을 열었습니다. 다시 말해, 덴마크 크래프트 맥주는 그들만의 방법으로 전 세계 맥주 애호가들의 마음과 그들의 맥주잔을 채워 가고 있습니다.

local flavor

칼스버그의 연구소와 '좋은' 맥주 Carlsberg Lab and "Good" Beer

칼스버그는 '아마도 세계 최고의 맥주'라는 슬로건으로 잘 알려져 있지만, 전 세계는 라거뿐만 아니라 칼스버그의 맥주와 효모 분야에서의 연구에 대해 많은 감사를 표해야 합니다. 제이콥 제이콥슨은 1875년 맥주 분야에서 더 많은 연구를 진행하기 위해 칼스버그 연구소를 설립합니다. 그 당시에는 맥주에서 이취가 나거나 역겨운 냄새가 나는 게 상대적으로 흔한 일이어서 제이콥슨은 왜 이런 현상이 일어나는지 알고 싶어 했습니다. 1883년 에밀 한센(Emil Hansen)은 냄새가 나는 맥주를 연구소에서 조사하던 중 맥주에 여러 효모 균주가 있는 것을 발견했습니다. 한센은 여러 균주를 분리할 수 있었고 맥주를 만들 때 가장 적합한 균주를 찾아 사카로마이세스(Saccharomyces, '설탕 곰팡이'라는 뜻)라고 이름을 붙였습니다. 그의 연구는 효모 균주를 배양하는 과정으로 이어졌습니다. 한센은 효모 배양 과정에 대한 특허를 내는 대신 그의 연구를 모두가 읽고 따라 할 수 있도록 공개했습니다. 칼스버그는 그들의 효모를 전 세계 여러 양조장에 보냈습니다. 라거에서 발견되는 대부분의 효모는 칼스버그의 효모 균주에서 기원했을 것입니다.

비어 가이드

맥주 애호가들의 필수 코스

덴마크는 작은 나라지만 훌륭한 맥주를 많이 생산합니다. 덴마크 양조사들이 추천하는 다음과 같은 장소에서 맥주를 마셔 보세요.

1 | 투올 (To Øl)

코펜하겐(Copenhagen)

토비아스 에밀 젠슨(Tobias Emil Jensen)과 토르 귄터(Tore Gynther)는 대회에서 상을 받은 맥주를 만들며 가공하지 않은 재료 그대로를 사용해 한계를 뛰어넘는 양조를 합니다. 그들의 바인 미켈러&프렌즈(Mikkeller&Friends)는 40개의 탭을 자랑하며 레이트비어(RateBeer)에서 선정한 전 세계 최고의 바 Top 4에 선정되었습니다.

2 | 노레브로 브리그허스 (Nørrebro Bryghus)

코펜하겐(Copenhagen)

2003년에 설립되었고 덴마크에서 가장 초기에 설립된 크래프트 양조장 중 한 곳입니다. 노레브로 브리그허스는 외국 스타일의 맥주를 노르웨이식으로 변형을 해 만드는 것으로 잘 알려져 있습니다. IPA부터 팜하우스 에일과 발리와인까지 모든 종류의 맥주를 만들며 맥주와 페어링하기에 좋은 전통 노르웨이 음식도 제공합니다.

3 | 라이즈 브뤼게리 (Rise Bryggeri)

아에로스코빙(Ærøskøbing)

1926년에 문을 연, 라이즈 브뤼게리는 클래식한 아에로(Ærø) 시리즈와 유기농 맥주 시리즈 2가지 라인업의 맥주를 만듭니다. 이 둘 모두 방문객의 관심을 끌기에 충분합니다.

4 | 스카겐 브리그허스 (Skagen Bryghus)

스카겐(Skagen)

이곳보다 덴마크 북쪽으로 더 갈 수 없을 것입니다. 2,200명의 주주들이 소유하고 있어서 이곳을 방문하면 지역 사람들의 모임에 초대받은 듯한 느낌이 듭니다.

5 | 미켈러 바 (Mikkeller Bar)

코펜하겐(Copenhagen)

미켈러 탭룸의 외관는 작고 특별한 것은 없지만, 실내에 있는 약 20가지의 탭은 그렇지 않습니다. 보통 약 10개의 탭은 미켈러 맥주이며, 나머지 탭은 전 세계 양조장에서 만들어진 맥주입니다.

덴마크의 양조장과 필수 코스

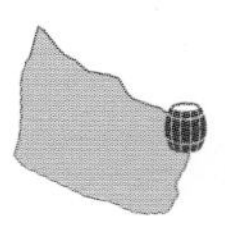

네덜란드 킨더다이크(Kinderdijk)의 풍차는 유네스코(UNESCO)에서 지정한 세계 문화유산입니다.

흐르는 맥주의 물살

전체 국토의 25%가 해수면보다 낮고, 상대적으로 평평한 지형인 네덜란드는 물품을 운송하기 위해 거대한 운하에 오랫동안 의존하고 있습니다. 물은 네덜란드의 농업, 운송, 경제를 형성하였고, 심지어 맥주 생산에도 영향을 주었습니다. 네덜란드의 비옥한 저지대는 유럽에서 홉을 사용해 만든 맥주가 인기 있을 당시 홉을 재배하기에 적합한 곳이었습니다.

홉을 사용해 만든 맥주는 12세기 독일에서 처음으로 대량 생산되었고, 그 후 13세기 한자동맹31쪽 참조으로 인해 주변 국가들에 소개되었습니다. 홀랜드Holland, 지금의 네덜란드의 양조사들은 맥주에 쓴맛을 주기 위해서 오랫동안 그루트70쪽 참조를 사용했지만, 운하를 통해 독일에서 홉을 들여오면서부터 그루트 대신에 홉을 사용하기 시작했습니다. 14세기 중반, 네덜란드는 자체적으로 홉을 하우다Gouda, 캄펜Kampen, 브레다Breda 지역에서 생산하였고, 홉 농사가 잘 되어서 14세기가 끝날 무렵엔 홉을 사용해 만든 맥주는 아주 흔한 맥주가 되었습니다. 영국 사람들이 홉을 자체적으로 재배하기 이전까지 네덜란드는 홉을 사용해 만든 맥주를 영국으로 다음 한 세기 동안 수출했습니다.

유명한 이유

1800년대 중반까지, 네덜란드에서 생산되는 맥주는 오직 에일 맥주였습니다. 제라드 하이네켄Gerard Heineken은 암스테르담Amsterdam의 헤이스텍 브루어리Haystack Brewery를 1864년도에 인수한 후, 오늘날 더치 라거Dutch lager라고 불리는 홀랜드식 맥주Hollandsch bier를 양조하기로 결정합니다. 5년 후, 암스테르담에서 열린 국제박람회에서 바바리안 스타일 라거의 인기를 체감한 후, 하이네켄은 바바리안 스타일 라거를 만들기로 결정하고, 필스너 생산을 위해 새로운 양조장을 건설합니다. 1875년 하이네켄 맥주는 다른 유럽 국가들로 수출되었고, 잇달아 남아프리카 공화국, 아프리카, 아시아까지 맥주를 수출했습니다. 1993년 하이네켄 맥주는 미국 시장에 처음으로 선보이게 됩니다. 오늘날, 하이네켄 인터내셔널Heineken International은 유명한 파워하우스 브랜드이며 전 세계에서 두 번째로 큰 맥주 회사입니다.

Kampen
Amsterdam
Heineken
Grolsch
The Hague
Bodegraven
Gouda
Rotterdam
Interbrew
Koningshoeven Abbey
Breda
Tilburg
Bavaria
De Kievet

한눈에 보는 네덜란드

위 지도에 표기된 장소

- 양조장
- ★ 수도
- ● 도시

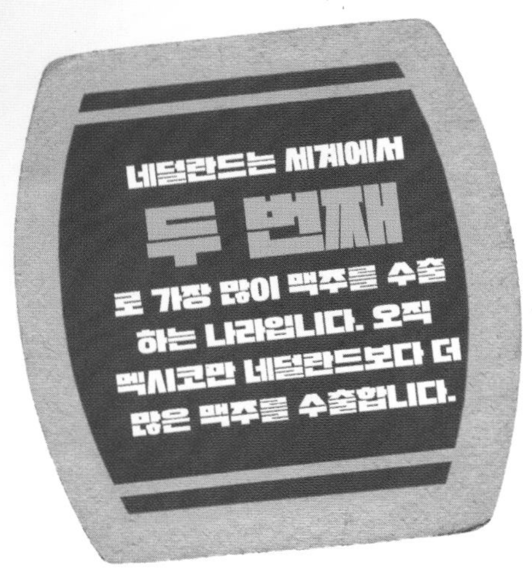

네덜란드 맥주 역사에서 주목해야 할 또 다른 부분은 벨기에 국경 근처의 틸버그Tilburg에서 일어났습니다. 1891년 코닝스후벤Koningshoeven 수도원에 트라피스트 양조장이 문을 열었고, 라 트라페La Trappe 에일을 생산하기 시작했습니다. 1969년, 이 수도원은 스텔라 아르투아의 명성을 보유한 아르투아 양조장에 수도원을 대신해 맥주를 생산하도록 허가했습니다. 1980년에 이 계약이 끝나자 수도자들은 네덜란드의 유일한 트라피스트 윗비어를 포함해 다시 에일 맥주를 양조했습니다. 오늘날 라 트라페 에일은 전 세계로 수출됩니다. 그러나 라 트라페는 네덜란드의 유일한 트라피스트 양조장이 아닙니다. 2013년 애비 마리 레퓨지Abbey Mary Refuge에 설립된 드 키비트De Kievet는 전 세계에서 두 번째로 최근에 생긴 공식 트라피스트 양조장입니다.

정체성을 만들어가다

1980년대 중반부터 1990년대 중반까지 많은 크래프트 양조장들이 문을 열었습니다. 맥주 강국인 이웃 벨기에에서 영감을 받아, 많은 양조장들이 벨기에 스타일 에일을 만들었습니다. 이러한 스타일을 만든 양조장의 대부분은 성공하여 네덜란드에서 가장 큰 4개의 양조장인 하이네켄, 인터브루지금은 AB 인베브 소속, 그롤쉬지금은 일본 아사히 그룹의 일부, 바바리아 또한 에일을 만들기로 결정합니다.

네덜란드에는 2012년 기준으로 165개의 양조장이 있었지만, 지금은 260개 이상의 양조장이 있습니다. 필스너는 네덜란드 맥주 시장의 90% 이상을 차지하고 있지만, 크래프트 맥주 분야는 가장 큰 성장률을 기록하고 있습니다. 과거 에일만 생산하던 네덜란드는 지금은 IPA부터 배럴 에이지드 맥주까지 다양한 스타일의 맥주를 생산합니다.

local flavor

녹색 병과 빨간 별 Green Bottle, Red Star

녹색 병에 포장된 맥주를 빠르게 떠올려 보세요. 여러분의 답은 아마도 그롤쉬, 칼스버그, 그리고 확실히 하이네켄 중 하나일 것입니다. 그러나, 하이네켄의 독특한 녹색 병은 처음부터 지금과 같은 모습은 아니었습니다. 1960년대 설립자 제라드 하이네켄(Gerard Heineken)의 손자인 알프레드 하이네켄(Alfred Heineken)은 병을 벽돌 모양으로 바꾸는 시도를 합니다. 월드보틀(world bottles, WOBOs)이라고 불린 이 병맥주는 서로 연결할 수 있어 알맞은 집을 건설하는 데 사용될 수도 있었습니다. WOBO를 사용해 작은 창고를 하이네켄에 건설했지만 WOBO 프로젝트는 프로토타입 단계를 통과하지 못했습니다.

회사가 처음 생겼을 때 라벨에 하이네켄의 상징적인 별 모양은 없었습니다. 1930년대 소비자의 시선을 끌기 위해 마케팅 수단으로 하이네켄 라벨에 빨간 별 모양을 추가했습니다. 이 빨간 별 모양은 제2차 세계대전 이후 공산주의의 확산이라는 함축적인 의미가 있다는 논쟁에 휘말리게 되었습니다. 그리하여 하이네켄은 빨간 테두리에 하얀 별 모양으로 바꾸었습니다. 1991년 유럽에서 공산주의가 붕괴하면서 다시 빨간색 별 모양으로 바뀌었습니다.

하이네켄 맥주는 누구라도 알아볼 수 있는 빨간 별 모양을 가지고 있습니다.

비어 가이드

맥주 애호가들의 필수 코스

다음은 네덜란드에 가면 꼭 해 봐야 할 것들입니다. 암스테르담 운하 산책하기, 튤립 꽃밭을 느긋하게 걷기, 네덜란드 양조사들이 추천하는 다음과 같은 북적거리는 맥주 중심지에서 맥주 마시기.

1 | 브루어리 헤뜨 아이(Brouwerij't IJ)

암스테르담(Amsterdam)

네덜란드에서 가장 큰 나무 풍차 옆에 있는 이 유명한 마이크로 브루어리를 놓치기 어려울 것입니다. 브루어리 투어를 하고 나서 벨지안 트리펠(Belgian tripel) 스타일인 자테(Zatte)와 발리와인(barleywine) 스타일인 스트라우스(Struis)를 마셔 보세요.

2 | 더 피들러(The Fiddler)

헤이그(The Hague)

헤이그에서 가장 유명한 양조장 중 하나인 더 피들러는 전통적인 영국 에일을 생산합니다. 이곳의 맛있는 크래프트 맥주는 지역 맥주를 마셔야 하는 모든 이유를 여실히 보여 줍니다.

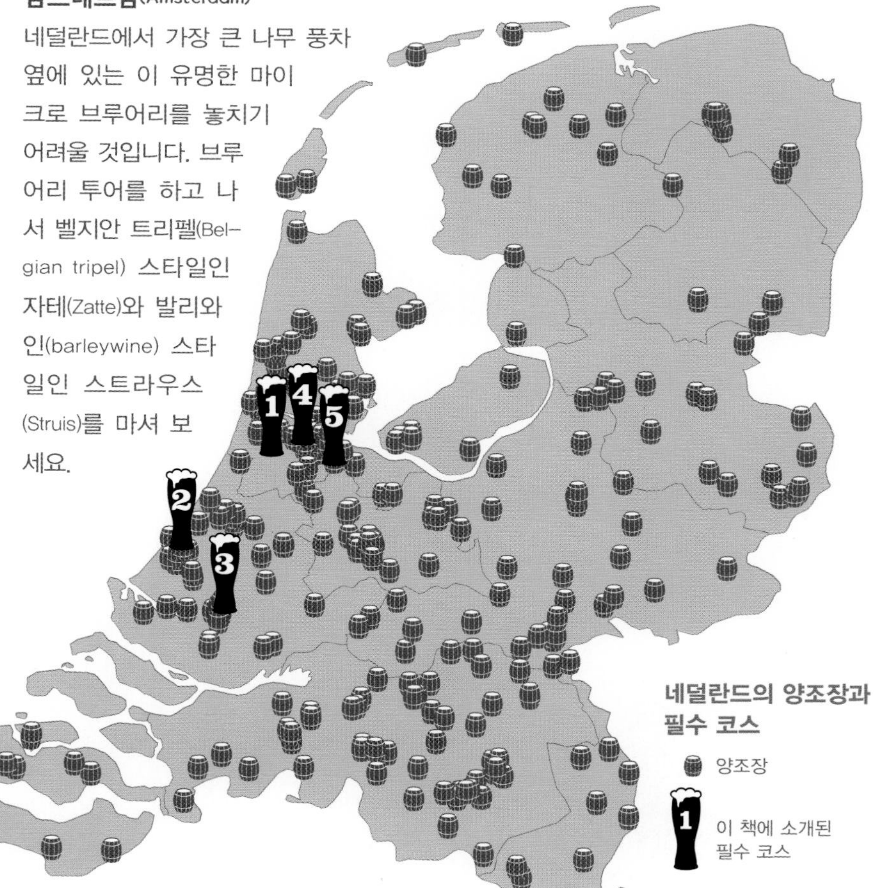

3 | 캅세 브루어스(Kaapse Brouwers)

로테르담(Rotterdam)

로테르담의 항구 도시에 새롭게 문을 연 이곳은 세계 최고의 맥주를 만드는 것을 목표로 하고 있습니다. 대부분은 올드 스타일을 새롭게 해석해서 만든 맥주입니다. 5가지의 주요 맥주가 있으며, 주기적으로 바뀌는 실험적인 맥주도 제공하고 있습니다.

4 | 브루어리 드 프라에(Brouwerij de Prael)

암스테르담(Amsterdam)

이 마이크로 브루어리는 홍등가 지역의 중앙역에서 도보로 몇 분 정도 떨어진 곳에 위치합니다. 이곳은 전형적인 네덜란드 스타일의 맥주보다는 밀크 스타우트(milk stout), 더블 IPA(double IPA), 스카치 에일(Scotch ale), 그리고 발리와인과 같은 맥주가 있습니다.

5 | 하이네켄 체험관(Heineken Experience)

암스테르담(Amsterdam)

하이네켄 체험관은 박물관, 양조장, 오락실, 영화관, 레스토랑, 기념품 가게, 펍이 한 곳에 다 모인 곳입니다. 그리고 세계에서 가장 유명한 네덜란드에서 양조한 필스너를 마시기 좋은 곳입니다. 하이네켄 맥주를 따르는 방법을 배우면 자격증과 함께 하이네켄에서 인정한 비어 푸어러(beer pourer)가 될 수 있습니다.

바르샤바(Warsaw) 구시
가지에는 꽤 많은 바와
야외 카페가 있습니다.

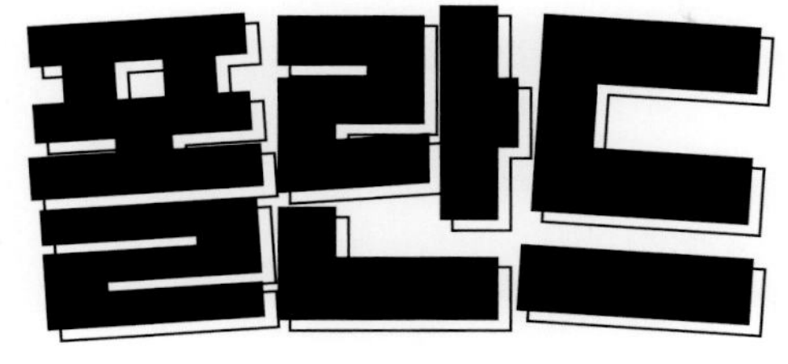

폴란드

새로운 맥주를 위한 투쟁

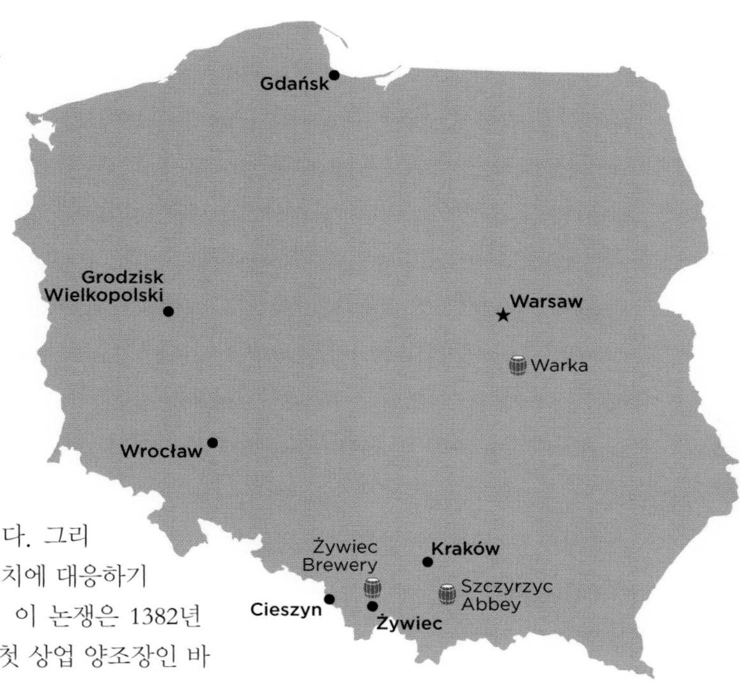

한눈에 보는 폴란드

위 지도에 표기된 장소

- 양조장
- ★ 수도
- ● 도시

폴란드 풍경은 산악지방에서 모래가 많은 해변으로 변화하고, 빙하 호수는 유럽의 마지막 원시림 지역의 일부로 바뀌었습니다. 그러나, 폴란드의 기후는 지속적으로 보리가 자라기에 이상적인 기후라 보드카와 맥주 모두를 생산하기에 적합했습니다.

다른 유럽 국가와 마찬가지로 중세시대500-1500년 폴란드에서 양조는 전형적인 가사활동이었습니다. 다른 점이 있다면 폴란드에는 맥주를 양조하는 수도자가 없었다는 겁니다. 그 이유는 미에슈코 1세Mieszko I 왕이 966년에 가톨릭 세례를 받기 이전까지는 폴란드인들은 이교도였기 때문입니다. 시치르크 수도원The Szczyrzyc Abbey은 양조장과 함께 1234년에 설립되었습니다.

1380년에 일어난 맥주 전쟁The Beer War은 아마도 폴란드에서 아무도 죽지 않은 유일한 전쟁일 것입니다. 브로츠와프Wroclaw 지방 정부는 도시의 맥주 생산과 판매에 대한 독점권을 두고 교회와 싸웠습니다. 그리하여 지방 정부는 지역 수도원의 맥주를 일부 몰수하였고, 이러한 조치에 대응하기 위해서 수도원은 시민들을 가톨릭에서 파문하겠다고 협박했습니다. 이 논쟁은 1382년 폴란드 왕과 교황이 개입하여 해결되었습니다. 이 사건은 폴란드의 첫 상업 양조장인 바르카Warka가 1478년에 생기기 거의 한 세기 전에 일어난 사건입니다.

포터, 북쪽으로 가다

오스트리아의 합스부르크 대공이 치에신Cieszyn에 첫 양조장을 19세기에 건설하기 전까지는 폴란드에서 양조는 소규모로 행해졌습니다. 처음엔 밀맥주를 양조했지만 점점 인기를 얻는 라거를 양조하게 되었습니다. 대공은 지비에츠Zywiec에 최신 양조 기술을 접목한 두 번째 양조장을 건설했습니다.

대공이 양조장 건설로 바빴기 때문에, 영국인들은 지역 에일이나 라거와 상당히 다른

바르샤바의 세임 크래프티 탭룸(Same Krafty Taproom)에서 바텐더가 드래프트 맥주를 따르고 있습니다. 폴란드의 크래프트 맥주 운동은 홈브루잉에 기반하고 있습니다.

스타일의 맥주였던 포터를 폴란드로 수출하기 시작했습니다. 이 스타일은 영국 포터보다 더 강한 도수를 가진 발틱 포터Baltic Porter라고 알려지게 되었습니다. 지비에츠 양조장은 영국에서 수입한 발틱 포터를 자신들만의 레시피로 개발하였고 오늘날에도 여전히 이런 맥주를 생산합니다.

새로운 분야

제2차 세계대전 이후, 소련은 폴란드 정부를 장악했습니다. 맥주 산업을 포함한 여러 산업은 국영화되었습니다. 그런데 맥주 생산은 감소하지 않고 오히려 증가했습니다. 폴란드는 1950년대에 8,000만 갤런3,000만 hL의 맥주를 생산했으며, 공산주의 정부의 통제 아래에 맥주 생산량은 꾸준히 증가했습니다. 공산주의가 멸망하고 3년 후인 1992년에 폴란드 양조장들은 3억 7,000만 갤런1,400만 hL 이상의 맥주를 생산했습니다.

그 이후 폴란드 맥주 산업은 막대한 성장을 했으며 현재는 연간 생산량이 10.5억 갤런4,000만 hL 정도입니다. 전문가들은 현재 라거 시장은 포화 상태이고 크래프트 맥주와 지역 양조장 부분에서 성장이 있을 거라 전망합니다. 폴란드에는 현재 133개의 양조장이 있으며, 이러한 양조장들의 대부분은 다양한 스타일의 맥주를 양조합니다.

local flavor

폴란드 그로지스키의 부활 Resurrecting Poland's Grodziskie

한때 사라질 뻔했던 폴란드의 토착 맥주 스타일은 세계의 맥주 스타일 리스트에 다시 포함되려고 하고 있습니다. 그로지스키(Grodziskie)는 낮은 도수의 밀 베이스의 에일 맥주로 전통적으로 보리를 사용하지 않고 밀, 물, 효모, 홉 4가지 재료를 사용해 만듭니다. 이 맥주는 훈연 건조한 밀 맥아에서 나오는 매우 독특한 훈연의 풍미를 가지고 있습니다. 또한, 이 스타일은 독일어로 그래쳐(Gratzer)라고 알려져 있으며, 이 맥주의 강한 탄산감 때문에 '폴란드 샴페인'이라는 별명이 붙여졌습니다.

폴란드의 밀맥주 인기는 14세기까지 거슬러 올라가지만, 폴란드 민속 전설은 그로지스키의 기원을 16세기 베네딕트회의 수도자와 연결시킵니다. 전설에 따르면 바브제즈노(Wabrezezno)의 베르나르도(Bernard)는 말라가는 우물을 찾기 위해 그로지스크 비엘코폴스키(Grodzisk Wielkopolski)에 도착했습니다. 그가 기도를 드리자 기적처럼 우물에 물이 다시 가득 채워져 양조사들은 다시 맥주를 만들 수 있었습니다. 도시의 높은 품질의 맥주를 통해 우물에는 이전보다 품질이 아주 좋은 물이 채워졌다는 것을 알 수 있습니다. 그 후 2세기 동안 이러한 자부심은 지역 양조사 길드가 도시의 맥아의 독점권을 차지하고 맥주 판매권을 지배할 수 있게 했습니다. 심지어는 도시의 원로들이 맥주를 판매하기 전 모든 배럴을 테스트해 맥주의 품질을 규제했습니다. 이러한 맥주는 지역 사람들과 관광객들에게 매우 인기 있었고, 19세기 여행 가이드들은 앞다투어 여름에 잎이 무성한 숲을 바라보며 마시기 좋은 맥주라고 추천했습니다.

시간이 지나면서 이 스타일의 인기는 점차 떨어지게 되었고, 제1차 세계대전 이후에 오직 한 곳의 양조장에서만 생산했습니다. 그로지스키를 만들었던 마지막 양조장은 1993년에 문을 닫았지만, 8년 후 폴란드 홈브루어들은 이 스타일이 양조 역사에서 사라지는 것을 막고 스타일을 부활시키는 데 도움을 주었습니다. 또한, 그로지스키는 미국에서도 부활을 하였는데, 미국 양조사들은 폴란드 기원의 이 맥주 스타일에 자신만의 독특한 변형을 주어 맥주를 만들었습니다.

비어 가이드

맥주 애호가들의 필수 코스

폴란드에는 셀프 가이드 비어 워크부터 여러 양조장들과 활기 넘치는 탭룸까지 맥주 애호가들이 가 볼만한 곳들이 많습니다.

1 브로바로 핀타 (Browar Pinta)

지비에츠(Żywiec)

지비에츠 브루어리(Żywiec Brewery's) 뒤편에 바로 위치한 크래프트 양조장은 '홉의 공격'이라는 뜻의 아메리칸 IPA 스타일의 아탁 호미엘루(Atak Chmielu), 에스프레소 라거인 아이엠 소 호니!(I'm So Horny!), 'IPA 맥주가 아니에요'라는 뜻을 가진 IPA 스타일의 쓰 네 파 IPA(Ce N'est Pas IPA) 같은 주목할 만한 맥주를 많이 제공합니다. 이곳은 한 번에 오직 100배럴만 만들기 때문에 맥주가 항상 신선합니다.

2 울리카 피보나 (Ulica Piwna)

그단스크(Gdan'sk)

그단스크 구도시의 비공식적인 '맥주 거리'입니다. 자갈이 깔린 울리카 피보나(Ulica Piwna)의 길거리를 걷고, 20여 개 이상의 맥주를 만드는 브로바로 피브나(Browar Piwna)를 방문해 보세요.

3 세임 크래프티 앤드 세임 크래프티 뷔자뷔(Same Krafty and Same Krafty vis-à-vis)

바르샤바(Warsaw)

시간은 별로 없지만 바르샤바 구시가지에서 폴란드의 크래프트 맥주를 마셔 보고 싶은 사람들은 이 탭룸들을 방문해 보세요. 서로 길 건너에 위치하고 있으며, 여러 폴란드 크래프트 맥주를 판매합니다.

4 스트레파 피바 펍 (Strefa Piwa Pub)

크라쿠프(Kraków)

크래프트 맥주를 매우 사랑하는 이 탭룸은 수십 개의 로컬 맥주와 수입 크래프트 맥주를 제공합니다. 이곳의 직원들은 맥주에 대한 지식이 많고 손님들에게 흔쾌히 자신들의 전문적인 의견을 알려 줍니다.

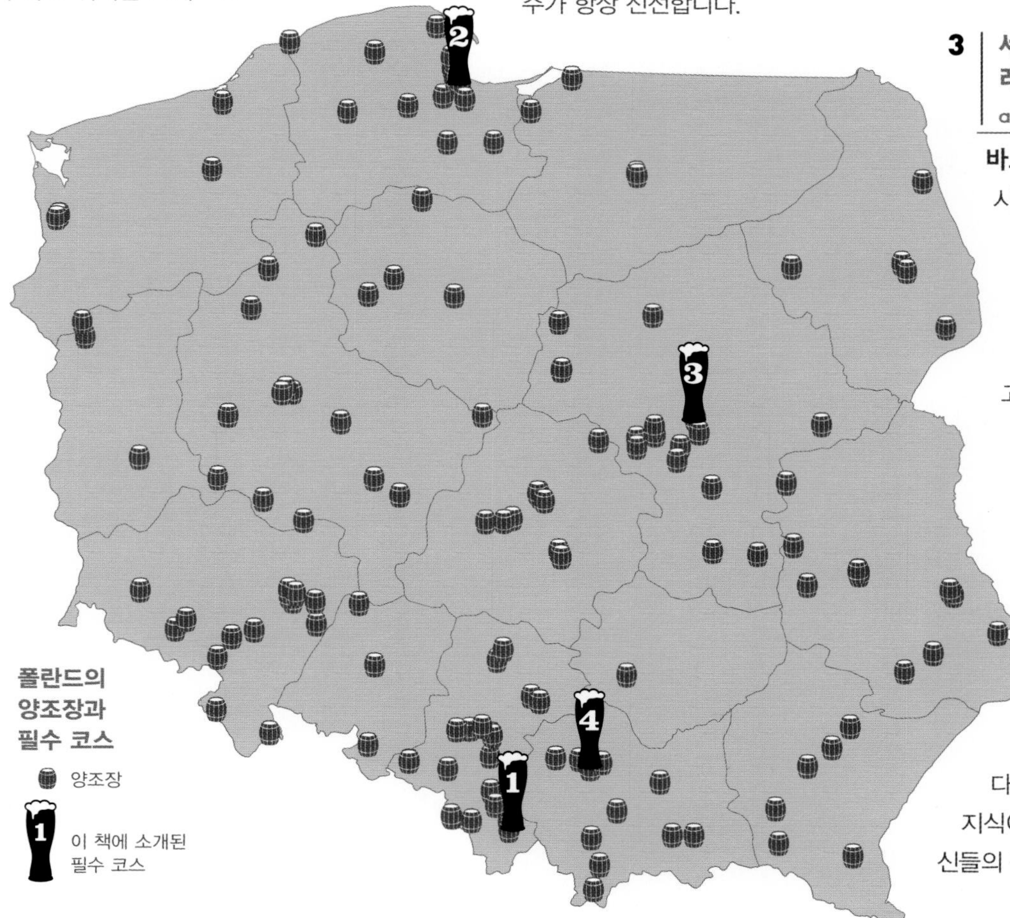

모스크바의 붉은 광장(Red square)에는 상징적인 성 바실리 대성당(St. Basil's Cathedral)이 있습니다. 최근 러시아 사람들의 성향은 보드카를 덜 마시고 맥주를 더 마시는 쪽으로 바뀌고 있습니다.

러시아

보드카를 넘어서

러시아에서 보드카는 가장 인기 있는 주류이지만, 맥주는 의미있는 과거와 밝은 미래를 가지고 있습니다. 2천 년 이상 전에는 발효한 술인 크바스kvass는 러시아에서 흔했습니다. 사람들은 호밀빵, 물, 향료를 그릇에 넣고, 공기 중에 놔두었습니다. 풍미를 더하기 위해 때때로 과일이나 자작나무 수액을 추가하기도 했습니다. 1세기에 쓰인 책에는 크바스는 블라디미르Vladimir 왕자의 침례식 때 사용되었다고 언급되어 있습니다. 크바스는 오늘날 여전히 러시아에서 구매할 수 있습니다.

한눈에 보는 러시아

위 지도에 표기된 장소

- 양조장
- ★ 수도
- ● 도시

포터 대제

러시아 맥주에 관해서라면 러시아 왕족들은 단연 영향력 있는 유행의 선구자였습니다. 1698년 표트르 대제Peter the Great는 런던 여행을 하면서 영국 맥주를 좋아하게 되었습니다. 그래서, 상트페테르부르크St. Petersburg가 건설된 1703년 이후, 영국 맥주를 수입하기 시작했습니다. 그러나, 표트르 대제는 더 강한 맥주를 원했고, 그리하여 영국 양조사들은 포터의 알코올 도수를 높여 오늘날의 러시안 임페리얼 스타우트Russian imperial stout 스타일을 만들었습니다. 거의 한 세기 이후인 1795년 독일 이민자인 아브라함 크로흔Abraham Krohn은 예카테리나 2세Catherine the Great를 위한 잉글리시 에일과 포터를 만들기 위해 상트페테르부르크에 양조장을 설립했습니다. 영국인 노아 카잘렛Noah Kazalet이 설립한 양조장을 합병해 새로운 회사인 카린킨Kalinkin이 되었습니다. 1822년 니콜라스 1세Tsar Nicholas I는 포터를 제외한 영국에서 수입하는 모든 상품에 관세를 부과했습니다. 관세 부과로 인해 잉글리시 에일의 수입은 끊겼지만, 러시안 임페리얼 스타우트는 계속해서 수입되었습니다.

제1차 세계대전과 1917년의 볼셰비키 혁명Bolshevik Revolution이 끝난 시점으로 가봅시

리빈스크(Rybinsk)에 위치한 보헤미아 브루어리(Bohemia Brewery)의 1909년 광고는 캔틴 다크(Canteen Dark), 스페셜 엑스포트(Special Export), 잉글리시 포터(English Porter), 마치 필스너(March Pilsen) 맥주를 포함하고 있습니다.

다. 러시아 전역에 금주령이 제정되었지만, 보드카는 여전히 레스토랑에서 구매할 수 있었습니다. 1925년 금주령이 풀리자, 양조장들은 다시 문을 열었고 대부분은 국영화되었습니다. 특히 모스코프스카야Moskovskaya와 스톨리치나야Stolichnaya 같은 보드카가 주류 시장을 지배했습니다. 맥주는 러시아 사람들의 입맛을 사로잡기에는 알코올 함량이 적었습니다. 아차코바 브루어리Ochakovo Brewery가 1978년 모스크바Moscow에 문을 열었으며, 점차 탄산음료, 와인, 보리와 몰트를 생산하는 농업 분야로 사업을 확장했습니다. 이 양조장은 러시아인이 소유한 양조장 중 가장 큰 규모입니다. 발티카 브루어리Baltika Brewery는 1990년부터 맥주를 양조하기 시작했고, 냉전시대가 끝난 후 칼스버그에 인수됐습니다. 이 양조장은 러시아에서 가장 많은 양의 맥주를 생산합니다.

맥주 VS 보드카

보드카는 러시아의 국민적 주류이지만, 맥주는 현재 보드카와 치열한 경쟁을 벌이고 있습니다. 통계 자료에 따르면 21세기가 된 후, 맥주의 판매량은 약 40%가 증가했다고 합니다. 전체적으로 본다면 러시아 사람들은 보드카를 더 선호하지만, 러시아의 젊은 소비자층18-35살 소비층은 맥주를 더 선호합니다.

크래프트 맥주는 이러한 문화적 변화를 이끌며, 크래프트 양조장 수량 역시 2010년 13개에서 2015년 98개까지 늘었습니다. 2010년 러시아 크래프트 맥주는 스코틀랜드의 브루독79쪽 참조과 덴마크의 미켈러118쪽 참조 같은 외국 크래프트 맥주 회사와 콜라보레이션을 함으로써 분수령을 맞았습니다.

다른 한 편으로는, 맥주에 부과되는 소비세가 2010년에 200% 올랐으며, 그다음 해 역시 계속해서 올랐습니다. 러시아 경제는 2013년부터 성장이 둔화되기 시작했고, 여전히 이러한 상황이 지속되고 있습니다. 이러한 영향으로 맥주 판매량은 꾸준히 감소하고 있습니다. 러시아 양조사들은 러시아 크래프트 맥주계는 1990년대 미국 맥주계 정도로 추정하고 있으며, 진화하는 시장에서 여전히 입지를 다지려고 노력하고 있습니다. 이러한 역경에도 AF 브루어리AF Brewery, 살덴스Salden's, 빅토리 아트 브루Victorty Art Brew와 같은 크래프트 양조장들은 보드카 골수팬들도 거부할 수 없는 맥주를 만들어 성공하고 있습니다.

Speak easy

러시아에서 맥주를 주문하는 방법

친구들을 바에서 만난다면, 친구들에게 '펍은 어디야?'(< где находится паб?/ gde nak-ho-dits-ya pab)'라고 물을 것입니다. 펍에 도착하면, 바텐더에게 '맥주 주문할게요.'(я хотел бы пиво пожалуйста/ YA KHYtel by PI-va pa-ZHAK-sta)라고 말하세요.

바텐더가 저렴한 수입 라거 맥주를 준다고 하면, '로컬 맥주는 없나요?'(есть ли у вас какие-либо местное пиво? / yest' li u vas ka-KI-ye-LI-bo MEST-no-va PI-va)라고 말하세요.

친구들이나 투어 가이드에게 감사하다면, '제가 살게요.'(п озвольте мне платить за это / POZ-vol'te mne PLA-tit'za eto)라고 말하세요. 잔을 올리고 '건강을 위해!'(Ваше здоровье! / vashe zda-ROV'-ye)라고 말하는 것을 잊지 마세요.

다음 잔을 마실 준비가 된다면, '맥주 한 잔 더 주문할게요.'(Я хотел бы еще пива / YA KHY-tel by YEESH-che piva)라고 말하세요.

비어 가이드

맥주 애호가들의 필수 코스

러시아 전역은 총 11개 표준 시간대가 있습니다. 그렇기 때문에 양조사들이 추천하는 다음과 같은 장소들과 함께 전략적으로 맥주 휴가 계획을 세워 보세요.

1 | AF 브루어리(AF Brewery)

모스크바(Moscow)

이 양조장 설립자 두 명은 대기업 양조장에서 일하던 직업을 그만두고 그들만의 마이크로 브루어리를 시작했습니다. 그래서 양조장의 이름인 AF는 '공장 반대'(Anti-Factory)를 의미합니다. 반항아 같은 그들은 '범죄적인 호피함'이라고 묘사하는 매우 호피한 맥주를 주로 양조합니다. 이곳의 더블 IPA 스타일이자 IBU가 119인 ABV not IBU: 폴라리스(Polaris) 맥주를 마셔 보세요.

2 | 맥주 박물관(Beer Museum)

상트페테르부르크(St. Petersburg)

러시아에서 가장 오래된 양조장인 스테판 라진 브루어리(Stepan Razin Brewery)의 설립 200주년을 기념하기 위해 1995년에 만들었으며, 박물관은 소련 맥주 역사에 대해 잘 전시하고 있습니다. 하이네켄은 2009년에 이 양조장을 닫았지만, 박물관은 여전히 방문해볼 만합니다.

3 | 죠스 브루어리 (Jaws Brewery)

자레치니(Zarechny)

이 양조장은 원자력발전소에서 불과 몇 마일 정도 떨어진 오래된 빨래방을 개조하여 시작했습니다. 이 양조장은 이름을 적절하게 붙인 아메리칸 IPA 스타일인 뉴클리어 런더리(Nuclear Laundry)를 포함해 20여개 이상의 맥주를 만듭니다.

4 | 구토브, 루스카야 (Gutov, Russkaya)

블라디보스토크(Vladivostok)

극동 시베리아에 있다면, 블라디보스토크의 첫 번째 마이크로 브루어리를 방문해 보세요. 라이트(light), 레드(red), 다크(dark) 3 종류의 맥주를 만들며, 그다음에 만드는 일회성 맥주의 스타일을 정할 때 손님들의 의견을 수용하기도 합니다.

스페인 카탈루냐(Catalonia) 지역의 역사적인 도시인 지로나(Girona)는 옛 것과 새 것이 만나는 도시이며 크래프트 맥주계가 번성하는 곳입니다.

스페인

와인을 사랑하는 나라의 맥주

유럽에서 세 번째로 큰 나라인 스페인의 건조한 기후와 풍부한 일조량은 유명한 와인 산업을 먹여 살리는 역할을 하며, 이러한 기후 때문에 곡물보다 포도나무가 많은 곳입니다. 와인에 대한 문화적 선호도가 있지만, 스페인의 맥주 역사는 로마인들이 이베리아 반도Iberian Peninsula를 기원전 206년에 정복하기 이전 시기로 거슬러 올라가며, 이베리아 반도에서 켈트어Celtic를 사용하던 켈트이베리아인Celtiberians들은 맥아화하지 않은 밀을 사용해 첼리아caelia를 양조했습니다. 전설에 따르면 켈트이베리아 전사들은 전투를 시작하기 전에 첼리아를 마셨으며, 로마인에게 스페인인은 사납고 거친 전사 같다는 고정관념을 주었습니다. 로마가 정복한 이후, 첼리아는 로마인이 선호하는 와인으로 대체되었습니다. 그와 함께 스페인에 포도밭이 나타나기 시작했습니다. 눈 덮인 산맥과 따뜻한 해안이 인접한 스페인의 풍경은 포도를 재배하기에 완벽했고, 보리와 홉을 재배하기에 이상적이었습니다. 보리는 스페인에서 가장 큰 재배 면적을 가진 곡물 중 하나지만, 맥주 생산량이 많은 독일, 체코, 영국과 같은 국가들과 함께 스페인은 유럽에서 홉을 가장 많이 재배하는 나라 중 하나입니다.

한눈에 보는 스페인
위 지도에 표기된 장소

- 양조장
- ★ 수도
- ● 도시

PORTUGAL 관련 없는 국가
Iberian Peninsula 지리적 특징

왕의 입맛

카를로스 5세Charles V가 스페인의 카를로스 1세Charles I가 되던 1516년까지 와인은 이베리아 반도를 지배했습니다. 맥주가 흔했던 플랜더스에서 온 그는 와인을 사랑하는 땅인 스페인에서 그가 즐겨 마시던 맥주를 그리워했습니다. 그를 위한 벨기에 스타일 맥주를 생산하기 위해 1537년 마드리드Madrid에 양조장이 건설되었습니다. 그러나, 카를로스는 결국 이주하게 되었고 이 양조장은 오래가지 못했습니다. 1557년 카를로스는 스페인 서쪽의 카세레스Caceres로 은퇴해 그곳에 그의 플랜더스 양조사를 불러 수도원에서 맥주를 만들게 했습니다.

스페인은 카를로스의 맥주에 대한 사랑을 함께 느끼지 못했습니다. 와인은 풍부했고,

품질이 좋았으며, 가격이 저렴했습니다. 그렇기는 하지만 카를로스의 맥주에 대한 사랑은 그의 아들인 필립 2세Philip II에게 전달되었습니다. 그는 맥주를 마시며 자랐기 때문에 마드리드에 양조장을 만들도록 지시했습니다. 여러 양조장이 1611년에 문을 열었으며, 모두 플라망어Flemish, 알자스어Alsatian, 또는 독일어 이름을 가지고 있었습니다. 스페인어 이름을 가진 곳은 아무 데도 없었지만, 그 이후 줄곧 스페인에서는 맥주를 생산했습니다.

지역적으로 변하다

스페인에서 1800년대 여러 독립적인 양조장들이 생겨났으며, 대부분은 외국인이 시작한 경우였습니다. 아우구스트 담August Damm은 프로이센-프랑스 전쟁Franco-Prussina War을 피해 1872년에 바르셀로나Barcelona에 정착했습니다. 그는 스트라스부르거Strasburger 라거를 만들었고, 이 라거 레시피는 지금은 전 세계에서 구매할 수 있는 에스트렐라 담Estre-alla Damm 맥주입니다. 1900년대 초기에 스페인 형제인 로베르토Roberto와 토마스 오스본Tomas Osborne은 크루즈캄포Cruzcampo 양조장을 세비야Seville에서 시작했습니다. 이 양조장은 스페인내전The Spanish Civil War 당시 재료 부족으로 생산을 멈춘 적 외에는 계속해서 성장했습니다. 스페인내전이 끝나고 양조장을 다시 연 후 주변 경쟁사들을 인수했습니다. 1991년 기네스는 이곳을 인수했지만, 1998년 하이네켄 인터내셔널에서 재인수합니다. 현재 이곳은 스페인에서 가장 많은 양의 맥주를 생산하는 곳입니다.

1980년대 후반과 1990년대 초에 스페인 정부 관료들은 주류생산 면허와 주류판매 면허를 취득하기 어렵게 변경하였습니다. 그러나 2000년대 중반부터 규제가 완화되기 시작하였고, 크래프트 양조장들이 다시 문을 열기 시작했습니다. 새로 생긴 크래프트 양조장들은 전체 곡물 함유량에 메밀을 포함하거나 향신료, 견과류, 꽃과 같은 다양한 재료를 사용해 다양한 스타일을 실험적으로 만들었습니다. 현재 스페인에는 450개 이상의 양조장이 있으며, 8억 8,700만 갤런3,300만 hL 이상의 맥주를 생산하고 있습니다. 스페인은 단지 유럽에서 세 번째로 가장 큰 나라가 아닙니다. 스페인은 유럽에서 5번째로 가장 큰 맥주 생산국이며, 부분적으로는 지역의 독특한 재료인 도토리나 밤을 이용해 맥주를 만들며 성장하고 있는 크래프트 맥주계와 희귀한 수입 맥주나 지역 맥주를 판매하는 바틀샵이 있는 곳입니다.

Speak easy

스페인에서 맥주를 주문하는 방법

스페인 사람들은 보통 주문할 때 세르베사(cerveza, 맥주)라고 얘기하지 않습니다. 대신에, 맥주 스타일과 사이즈를 구체적으로 얘기해 주문합니다.

펍에서 자리를 찾으면, **'차가운 병맥주 한 병 주문할게요'**(Me gustaria una botella de cerveza fria / may goosta-REE-a U-na boh-TAY-ya de ser-VAY-sa FREE-ya)라고 말하세요. 스페인에서 IPA는 'I-P-A'가 아니라 'EE-pa'라고 발음합니다.

선택할 수 있는 맥주 사이즈는 몇 개 있습니다. **'파인트 한 잔 주세요'**(Me gustaria una pinta de cerveza / may goos-ta-REDD-a U-na PIN-ta de ser-VAY-sa)고 말하거나(대부분은 잉글리시 파인트입니다), **'탕케 사이즈로 한 잔 주세요'**(Me gustaria una tanque de cerveza / may goosta-REE-a U-na TAN-kay de ser-VAY-sa)라고 말하거나(보통 500ml입니다), **'하프 파인트 한 잔 주세요'**(Me gustaria una cana de cerveza / may goosta-REE-a U-na HAR-ra de ser-VAY-sa)라고 말하거나, **'피처 사이즈로 한 잔 주세요'**(Me gustaria una jarra de cerveza / may goosta-REE-a U-na HAR-ra de ser-VAY-sa)'라고 말할 수 있습니다.

비어 가이드

맥주 애호가들의 필수 코스

스페인 양조장들은 스페인의 지리와 문화처럼 서로 다릅니다. 그렇기 때문에 스페인 양조사들이 추천하는 다음과 같은 필수 코스를 방문해 보세요.

1 | 세렉스 브루잉 컴퍼니 (Cerex Brewing Company)

사르자 데 그라나디야(Zarza de Granadilla)
2명의 농학자 친구가 함께 2013년에 문을 연 곳으로, 이 양조장은 매주 106갤런(401L) 규모의 필스너와 세계에서 처음으로 상업화된 도토리 맥주인 세렉스 이베리카 데 벨로타(Cerex Iberica de Bellota)를 매주 생산합니다.

2 | 엣지 브루잉(Edge Brewing)

바르셀로나(Barcelona)
이 양조장의 슬로건은 '바르셀로나에서 만든 미국 크래프트 맥주'입니다. 레이트비어가 선정한 2014년 세계 최고 신생 브루어리입니다. 2014년 레이트비어가 선정한 세계 최고의 맥주 top 50에 선정된 홉티미스타(Hoptimista)를 마셔 보세요.

3 | 마시아 아우구론스 (Masia Agullons)

산트 호안 데 메디오나(Sant Joan de Mediona)
바르셀로나에서 차로 멀지 않은 곳에 있는 마시아 아우구론스의 양조사 카를로스 로드리게즈(Carlos Rodruguez)를 주목하세요. 1년에 한 번 맥주를 양조하며 머스캇(Muscat)이나 메를로(Merlot) 와인을 사용한 배럴에서 배럴 에이징을 합니다.

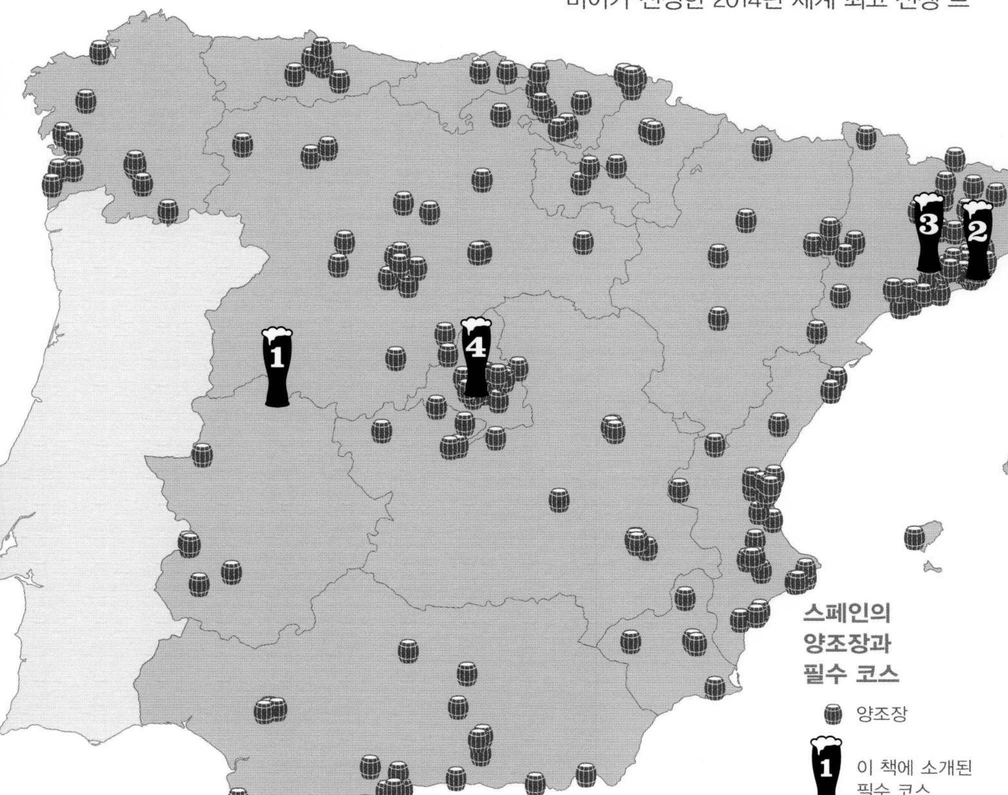

4 | 세르베샤 라 비르겐 (Cervezas la Virgen)

마드리드(Madrid)
'성모 마리아의 맥주'라는 뜻의 이름을 가진 이 양조장은 새로운 삶을 찾던 3명의 친구가 같이 설립했습니다. 2011년 샌프란시스코에서 하던 일을 그만둔 후, 이들은 마드리드에 라 비르겐(La Virgen)을 설립하고 충성 고객층을 확보했습니다. 이곳의 인기 있는 라 비르겐 데 카스타나스(La Virgen de Castanas) 맥주를 마셔 보세요. 밤을 사용해 만든 맥주로 단맛이 나고 스모키합니다.

유럽의

다른 나라 현황

에스토니아 Estonia

발틱 국가 중 최북단에 위치한 에스토니아는 3개의 외국계 맥주 회사가 맥주 시장의 90%를 차지하고 있습니다. 그러나, 에스토니아 맥주계는 이러한 3개의 회사보다 더 많은 것을 가지고 있습니다. 에스토니아 맥주계는 세계적인 수준의 맥주를 생산하는 젊은 크래프트 맥주 산업을 자랑하며, 하면 발효를 하는 발틱 포터(Baltic Porter)의 역사를 가지고 있으며, 역사적인 팜하우스 에일인 꼬뚜올루(koduolu)를 지금도 에스토니아 서쪽 부근의 여러 섬에서 생산하고 있습니다.

263개
12-oz 병맥주(93.5L)
1인당 맥주 소비량

130만
U.S. 배럴(150만 hL)
연간 생산량

29.56
에스토니아 크룬(Estonian kroons)
(U.S. $2.02)
12-oz 병맥주 평균 가격

핀란드 Finland

핀란드의 민족 서사시인 칼레발레(The Kalevala)는 인류의 기원보다 맥주에 관련된 내용이 더 많습니다. 인기 있었던 사티에 빠져 보세요. 사티는 속이 파인 사시나무통에 쥬니퍼 나뭇가지, 베리류, 빵효모를 함께 사용해 만든 중세 시대 기원의 강한 팜하우스 에일입니다. 사티는 유럽연합(European Union, EU)의 원산지 보호 규정을 받는 중요한 맥주 스타일입니다. 악명 높기로 소문난 엄격한 핀란드의 주류 법이 최근에 개정되어 규모는 작지만 활기찬 맥주계에 도움이 되었습니다.

221개
12-oz 병맥주(78.5L)
1인당 맥주 소비량

340만
U.S. 배럴(400만 hL)
연간 생산량

6.06
유로(U.S. $6.46)
12-oz 병맥주 평균 가격

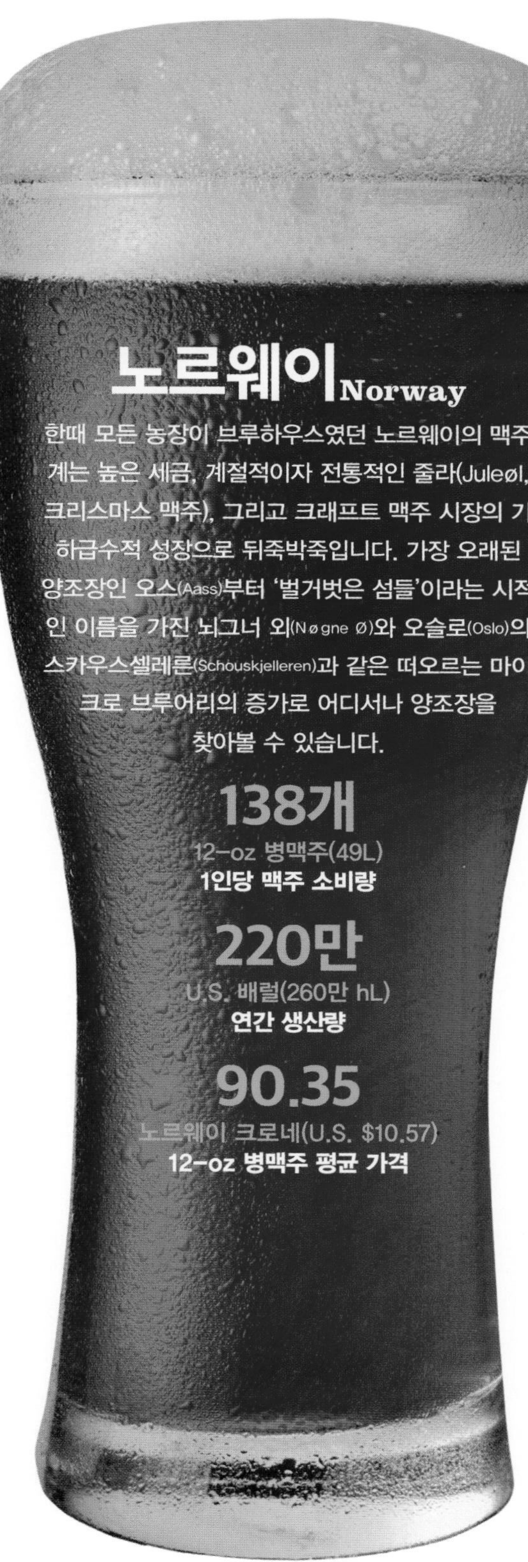

노르웨이 Norway

한때 모든 농장이 브루하우스였던 노르웨이의 맥주계는 높은 세금, 계절적이자 전통적인 줄라(Juleøl, 크리스마스 맥주), 그리고 크래프트 맥주 시장의 기하급수적 성장으로 뒤죽박죽입니다. 가장 오래된 양조장인 오스(Aass)부터 '벌거벗은 섬들'이라는 시적인 이름을 가진 뇌그너 외(Nøgne Ø)와 오슬로(Oslo)의 스카우스셀레른(Schouskjelleren)과 같은 떠오르는 마이크로 브루어리의 증가로 어디서나 양조장을 찾아볼 수 있습니다.

138개
12-oz 병맥주(49L)
1인당 맥주 소비량

220만
U.S. 배럴(260만 hL)
연간 생산량

90.35
노르웨이 크로네(U.S. $10.57)
12-oz 병맥주 평균 가격

스웨덴 Sweden

20세기 대부분의 기간 동안 맥주 소비를 억제하는 강한 규제가 있었지만, 맥주는 스웨덴에서 수 천년 이상 있었습니다. 스웨덴에는 단맛이 나며 알코올 도수가 낮은 스보그드릭카(svagdricka)와 스파이시한 홈브루 고틀랜드드릭카와 같은 역사적인 맥주 스타일이 있습니다. 하지만, 아메리칸 IPA가 가장 유행하는 스타일입니다. 150개쯤 되는 양조장의 대부분은 세계 다른 양조장과 국제적인 콜라보레이션 프로젝트를 진행해 모든 스타일의 맥주를 생산하고 있어 스웨덴을 크래프트 맥주를 맛보기 위해 꼭 가야 할 장소로 만듭니다.

149개
12-oz 병맥주(53L)
1인당 맥주 소비량

400만
U.S. 배럴(470만 hL)
연간 생산량

68.29
스웨덴 크로나(U.S. $7.61)
12-oz 병맥주 평균 가격

이 책이 출판될 당시에는 모든 수치가 정확했습니다.
수치는 평균값이며 시간이 지나면서 바뀔 수 있습니다.

오리건(Oregon) 주의 포틀랜드(Portland)는 비어바나(Beervana)로 알려져 있습니다. 80개 이상의 양조장들이 있으며, 미국의 어떤 도시보다 양조장이 많습니다.

CHAPTER 2

북아메리카

1933년에 금주령이 해제된 후 오하이오(Ohio) 주의 클리블랜드(Cleveland)에서 양조장 직원들이 맥주 배송을 준비하고 있습니다.

INTRODUCTION

과감하고, 독특하고, 와일드한

북아메리카의 현대적인 크래프트 맥주 혁명은 오랜 혁신의 역사에 기원을 두고 있습니다. 유럽에서 건너온 초기 정착자들은 구세계의 기술과 신세계의 재료를 혼합해서 북아메리카의 환경에 맞는 맥주를 만들게 되었습니다. 새 이민자들이 도착하면서 깊은 양조 지식과 특정 선호도를 가져왔으며, 에일과 라거는 확실하게 북아메리카에 자리 잡았습니다. 애드정트 라거는 여전히 북아메리카에서 가장 인기 있는 스타일 중 하나이지만, 지역 재료와 새로운 실험으로 되살아난 열정은 북아메리카 양조사들이 혁신을 이어갈 수 있을 연료가 되어 줄 거라고 확신합니다.

맥주 개척자

유럽 탐험자와 순례자들이 북아메리카에 맥주를 가지고 왔지만, 이미 북아메리카 토착민들은 수세기 동안 맥주를 만들어 왔습니다. 아메리카 원주민들은 옥수수를 사용해 양조했습니다. 미국 남서쪽의 아파치족Apache과 푸에블로족Pueblo은 옥수수를 발효시켜 티스윈tiswin 같은 낮은 도수의 맥주를 만들었으며, 이 맥주는 치료, 물물교환, 논쟁 해결, 축제, 그리고 종교적 행사 등 다양한 용도로 사용되었습니다. 또한, 중앙아메리카에서도 맥주를 양조했으며, 여기에는 마야인들이 축제를 즐기기 위해 카카오와 옥수수를 사용해 만든 거품이 많은 발효 음료도 포함됩니다.

토착민들은 의식이나 행사 때 맥주를 사용했지만, 신세계 정착민들은 맥주에 의존했습니다. 그 당시에는 몰랐겠지만 양조를 할 때 양조사들이 물을 끓이면서 물에 있는 세균이나 박테리아가 소멸되었습니다. 바다에서 오랜 시간 항해하는 중에도 상하지 않기 때문에 특히 많은 정착민을 태우고 해외로 가는 배에서 맥주는 중요한 물품이었습니다.

전설에 따르면 1620년대 메이플라워Mayflower호가 케이프 코드Cape Cod 근처로 상륙할 때는 맥주가 결정적인 역할을 했다고 합니다. 두 달에 걸친 항해와 거친 바다로 인해 배는 항로에서 벗어났고 아주 위험할 정도로 적은 양의 맥주만 남았다는 것을 선원들은 알게 되었습니다. 크리스토퍼 존스Christopher Jones 선장은 승객들을 폴리머스 락Polymouth Rock에서 내려 주거나 위험을 감수하고 얼마 남지 않은 맥주로 다시 돌아가야 하는 선택을 해야만 했습니다. 순례자 윌리엄 브래드포드William Bradford는 '승객들이 해안에 서둘러 가서 물을 마셔야 했기에 선원들은 더 많은 맥주를 마셨을 것이다'라고 불평했습니다.

신세계의 물은 더 깨끗했고 정착민들이 원래 마셨던 물보다 더 안전했을 수 있지만, 대부분의 사람들은 물을 의심했습니다. 사람들은 맥주를 선호했기에 양조장을 짓고 필요한 물품을 먼저 조달하는 게 최우선 과제였습니다. 그래서 식민국에서 건너온 대부분의 식민지 정착민들은 양조사를 함께 데려왔으며, 양조사가 없는 사람들은 양조사를 절박하

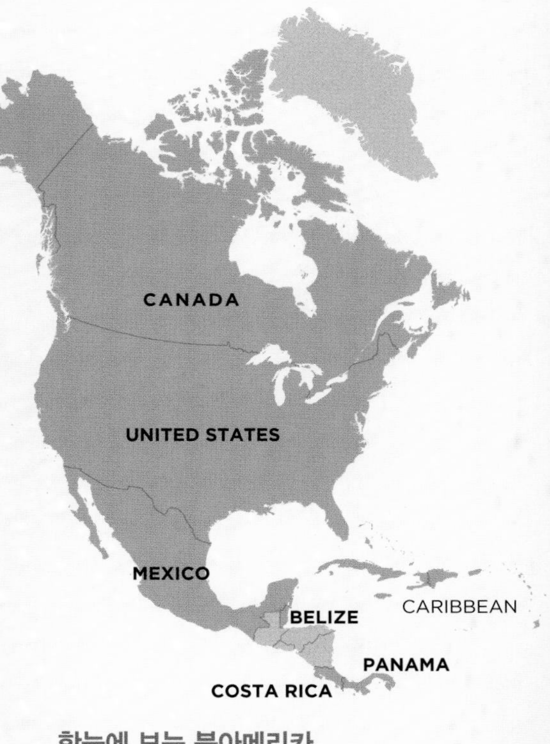

한눈에 보는 북아메리카

챕터2에서 소개하는 국가 또는 지역

게 구해야 했습니다. 1609년, 런던 신문에 실린 신세계에서 보낸 첫 구인 광고가 버지니아 식민지의 제임스타운Jamestown에서 양조사를 찾는다는 것임은 놀랍지 않은 사실입니다. 해외에서 재료를 조달하면 비용이 많이 들어서 정착민들은 종종 호박이나 가문비나무spruce의 윗잎 같은 토착 재료를 사용해 실험적인 배치의 맥주를 만들었습니다.

전쟁과 평화

메이플라워호의 유명한 항해가 끝나고 12년이 지난 1632년 독일 정착민들이 신세계의 첫 상업 양조장 중 하나를 지었습니다. 뉴 암스테르담New Amsterdam, 지금의 맨해튼의 남쪽 끝부분에 위치했으며, 양조장으로서는 이상적인 위치였습니다. 바로 지역 수원이 근방에 있었으며, 곡물을 구하기 쉬웠고, 노스 리버North River, 지금의 허드슨 강, Hudson를 이용하는 운송편이 있었기 때문이었습니다. 식민지 에일은 유럽 에일과는 다르게 홉이 많이 사용되지 않아 시간이 지나면 맛이 시큼해졌습니다. 북아메리카의 대부분의 맥주는 이러한 식으로 만들어졌기에 양조는 매우 지역적인 일이었습니다.

남성 노동자, 임신한 여성, 노인과 젊은이들 모두 맥주를 마셨습니다. 잉글리시 스타일 에일이 유행한 후 맥주를 하루 종일 마실 수 있도록 의도적으로 낮은 도수로 만들었습니다. 대부분의 맥주는 집에서 여성 또는 하인이 만들거나 지역 술집에서 만들었습니다. 식민지가 커지면서 술집은 사람들이 모이는 매우 중요한 곳이 되었습니다. 시민들은 이러한 술집에서 새로운 소식이나 소문을 듣거나, 회의를 하거나, 재판을 열거나, 우편물을 보내거나, 재밋거리를 찾거나, 식사를 하는 등 많은 것을 할 수 있었습니다. 방문객들은 술집에서 하룻밤을 보내기도 했습니다. 그래서 술집은 유럽인들의 통치에서 벗어나는 독립이라는 혁명적인 생각을 하게 만드는 데 이상적인 장소였습니다.

celebrations

북아메리카 최고의 맥주 축제 North America's Best Beer Festivals

몬디알 데 라 비에르 Mondial de la Bière **| 몬트리올 | 캐나다 | 6월 |** 캐나다의 가장 큰 맥주 축제로 600가지 이상의 맥주, 미드(meads, 꿀을 사용해 만든 술), 사이더(cider)를 8만 명이 넘는 축제 참가자들에게 제공합니다.

포틀랜드 크래프트 맥주 축제 Portland Craft Beer Festival **| 오리건 | 미국 | 7월 |** 이 축제는 포틀랜드 도시에서 만든 크래프트 맥주만 제공합니다. 포틀랜드가 거의 90개의 크래프트 양조장을 자랑하는 지역이라는 것을 생각해 보면 탁월한 결정인 거 같습니다.

더 그레이트 아메리칸 비어 페스티벌 Great American Beer Festival **| 덴버 | 미국 | 9, 10월 |** 미국에서 가장 큰 맥주 축제인 GABF는 800개 이상의 양조장이 참여해 3,800개의 맥주를 6만 명의 참가자들에게 제공합니다(159쪽 참조). 이 축제는 방문객들이 미국 전역의 양조사들을 만날 수 있는 기회입니다.

과달라하라 맥주 축제 Guadalajara Beer Festival **| 과달라하라 | 멕시코 | 10월 |** 라틴 아메리카에서 가장 큰 맥주 축제라고 홍보하는 이 축제는 100개 이상의 맥주가 있으며 3만 명이 넘는 사람들이 축제에 참여합니다.

밴프 크래프트 맥주 축제 Banff Craft Beer Festival **| 밴프 | 캐나다 | 11월 |** 캐나다 로키 산맥에 위치해 있으며, 케이브 앤드 베이슨 내셔널 히스토릭 사이트(Cave and Basin National Historic Site)에서 열립니다. 아름다운 자연 경관과 앨버타의 양조장들을 모두 즐길 수 있는 축제입니다.

푸에블라 비어 페스트 Puebla Beer Fest **| 푸에블라 | 멕시코 | 12월 |** 2만 명 이상의 사람들이 참여하는 멕시코에서 가장 큰 맥주 축제로 지역 맥주와 세계 맥주들을 제공합니다.

지역민이 오리건 주 벤드(Bend)에 있는 크루즈 펄먼테이션 프로젝트(Cruz Fermentation Project)의 탭룸에서 크래프트 맥주를 즐기고 있습니다.

1775년, 독립전쟁Revolutionary War이 발발하자 맥주는 군인들의 삶에 중요한 요소가 되었습니다. 독립군의 지휘관이었던 조지 워싱턴George Washington은 미국 군인에게 하루에 1L의 가문비나무 맥주나 사이더를 지급하도록 명령했습니다.

양조사들의 멜팅 팟(Melting pot)

식민지에서 맥주 생산은 지역적인 일이었지만, 17세기와 18세기의 기술적 진보는 맥주가 대규모로 생산되고 유통될 수 있다는 것을 의미했습니다. 살균이나 병입 같은 기술적 혁신은 양조사들이 더 오랫동안 보관할 수 있는 품질 좋은 맥주를 만들 수 있게 도와줬습니다. 철도와 냉장칸이 있는 기차는 1800년대 중반에 미국과 캐나다에 도입되었고, 1900년대 초에 이르러 멕시코에도 도입되었으며 맥주가 상할 위험성을 줄이면서 전국적인 규모의 맥주 배송을 가능하게 했습니다.

북아메리카의 맥주 문화를 형성한 다른 요인은 1800년대에 아일랜드인, 영국인 그리고 독일인 이민자들의 유입입니다. 임금 인상과 함께 이들의 맥주 사랑은 1865년에서 19세기 말까지 맥주 소비량을 거의 4배나 증가시켰습니다. 독일인들은 양조 전통과 하면 발효 효모를 사용하여 만든 라거 맥주에 특히 많은 영향을 주었습니다. 수십 년 안에 독일 스타일 라거는 잉글리시 에일과 지역 스타일의 맥주를 제치고 북아메리카 대륙의 맥주가 되었습니다.

맥주 시장의 성장은 대형 양조장들이 사업을 확장하는 데 도움을 주었지만, 이것은 또한 소형 양조장은 고전했다는 의미이기도 합니다. 1915년, 약 1,345개의 양조장이 연평균 44,000배럴5만 1,600hL 정도를 생산했습니다. 소형 양조장들은 과거의 유물이 되었습니다.

알코올의 종말

19세기와 20세기 초 맥주 산업은 호황이었습니다. 여러 역할을 하던 지역 술집은 알코올 판매가 주목적인 살룬Saloons으로 대체되었습니다. 살룬은 도박, 방탕, 만취와 동의어가 되었고, 금주 운동을 초래하였습니다. 금주 지지자들은 원래 높은 도수인 증류주를 마시는 대신 맥주를 대체품으로 하는 것을 지지했지만 그들은 결국 알코올의 생산과 판매를 금지하는 방향으로 전국적인 금지 법안을 만들도록 밀어붙였습니다. 그 결과는 미국1920-1933년과 캐나다캐나다에서는 지방마다 기간이 달랐습니다에 금주령이 도입되었고, 금주령은 맥주 산업에 장기적으로 악영향을 주었습니다.

몇몇 대형 양조장들은 금주령 시대 이후 다시 회복했지만, 금주 관련된 법안은 수십 년 동안 떠나지 않고 남아 있었습니다. 앤호이저 부시Anheuser-Bush나 펩스트Pabst 같은 대형 양조장은 금주령 이후 시기에 상업적인 변화에 적응을 할 수 있었지만, 소형 양조장은 적응하는 데 고생을 했습니다. 알코올 생산자는 살룬이나 바를 소유할 수 없었기에 많은 소형 양조장들은 상업적으로 살아남기 어려운 상태였습니다. 도수가 0.5%보다 높은 홈브루잉 맥주 제조도 1970년대까지 미국에서 불법이었지만, 지미 카터Jimmy Carter 대통령은 현대 크래프트 맥주 운동으로 안내하는 새로운 법안을 소개했습니다. 캐나다의 브리티시 콜럼비아British Columbia에서 1982년 브루펍이 합법화되었고, 결국 2013년까지 모든 지방과 지역으로 확대되었습니다. 멕시코는 금주령으로 고생하지는 않았지만, 오직 몇몇 맥주 브랜

brewline

맥주 분야에서 역사적 순간들 Historic Moments in Beer

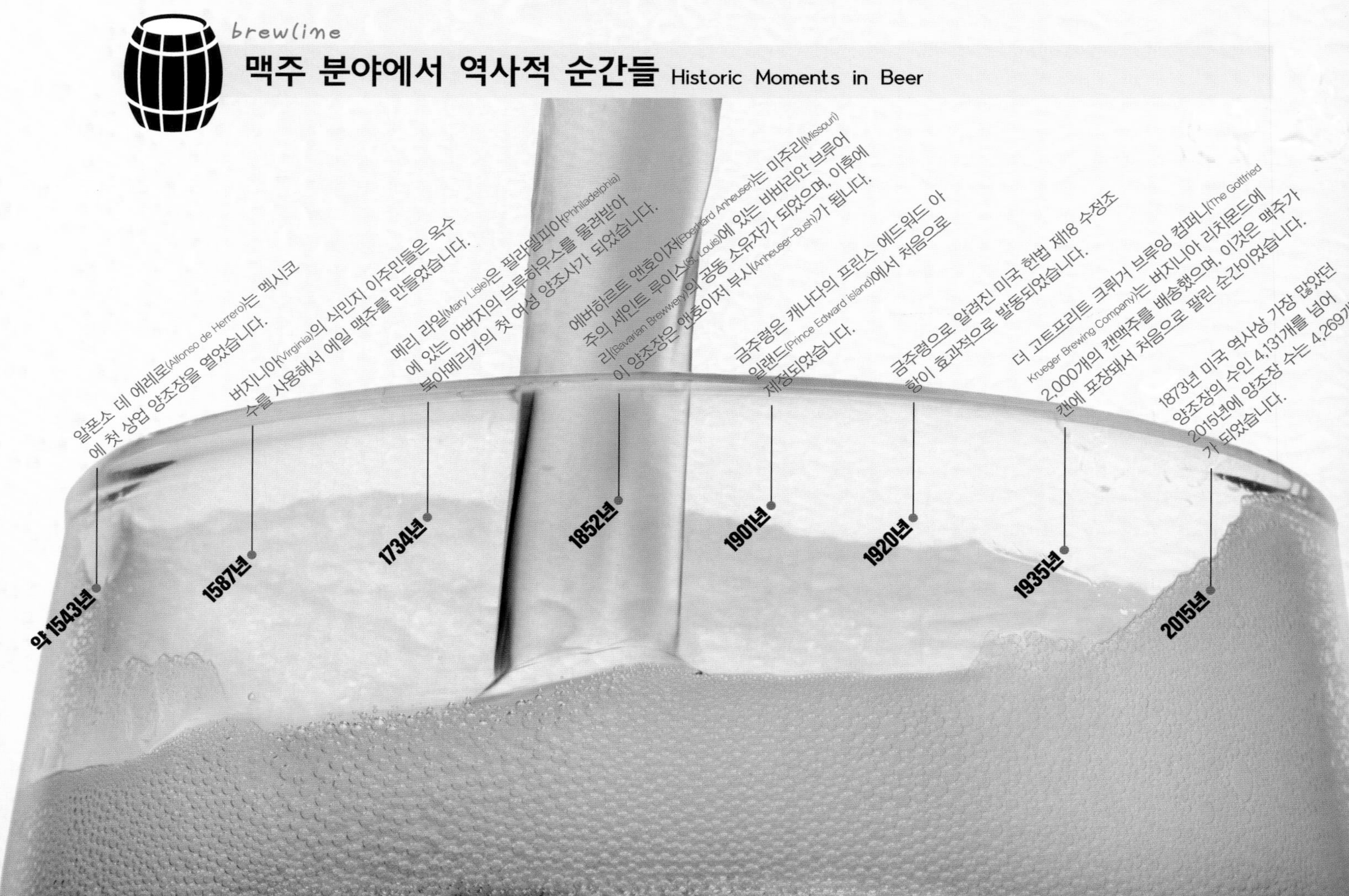

뉴욕은 북아메리카에서 가장 인기 있는 맥주 스타일인 라이트 라거와 함께 건배를 할 수 있는 멋진 배경을 제공해 줍니다.

드에만 이익이 가는 카르텔 같은 법안은 재고되어야만 합니다.

풍미의 혁명

맥주 회사의 통합은 금주령 시대가 지난 후에도 계속되었고, 점차 확장하는 대기업은 성공한 소형 양조장을 구매했습니다. 한때 북아메리카 소유였던 많은 맥주 브랜드를 현재는 맥주 대기업이 소유하고 있습니다. 미국-브라질-벨기에 합작 회사인 AB 인베브는 버드와이저Budweiser, 미국, 라바트Labatt, 캐나다, 모델로Modelo, 멕시코 등등 많은 브랜드를 소유하고 있습니다. 또한 매우 인기 있는 구스 아일랜드Goose Island, 엘리시안Elysian, 텐 배럴10 Barrel 등등 미국 크래프트 양조장 역시 AB 인베브 소유입니다. 이전에 모두 크래프트 양조장이었던 이러한 곳들은 더이상 브루어스 어소시에이션Brewer's Association이 정의한 크래프트 양조장의 기준에 부합하지 않습니다. 대기업의 인수는 이러한 회사들이 여전히 크래프트 맥주 회사인가에 대한 의문 역시 남기게 되었습니다.

이러한 합병에도 불구하고 지역 재료를 사용하는 독립 양조장은 북아메리카 전역에 크래프트 맥주 혁명을 촉진시켰습니다. 많은 양조사들은 북아메리카 맥주계를 다양화하기 위해 노력했으며, 지역의 물, 효모, 곡물을 사용해 지역적 특징을 녹이려고 하고 있습니다. 맥주 애호가들의 선택권이 한때는 주로 라이트 맥주와 라거로 제한되었을 곳에서, 사람들은 이제 홉이 강한 IPA, 풍부한 스타우트, 크리미한 에일, 신맛이 나고 펑키한 풍미를 가진 와일드 맥주를 만나볼 수 있습니다. 양조사들은 구세계의 스타일에서 과감한 변화를 주어 세계 최고의 맥주를 만듭니다.

워싱턴 D.C.(Washington D.C.)의 DC 브라우 브루잉 컴퍼니(DC Brau Brewing Company)는 양조장에서 100마일(160.9km) 이내에만 맥주를 유통해 양조가 주로 지역적이었던 시절을 떠올리게 합니다.

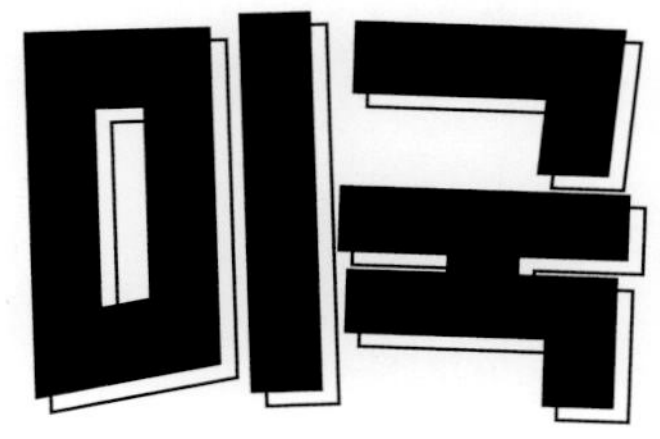

홉 아래에 하나의 국가

미국 양조사들은 독특한 맥주를 만들기 위해서 구세계의 맥주 스타일과 신세계의 풍미를 혼합하는 데 오랜 역사를 가지고 있습니다. 초기 유럽 정착민들은 전통적인 재료의 부족으로 가까운 곳에서 구할 수 있는 가문비나무 윗잎, 감자, 호박, 옥수수, 자작나무 수액birch sap 같은 재료를 사용해서 맥주를 만들었으며, 이러한 재료들은 맥주에 미국의 풍미를 드러나게 했습니다. 1776년에 미국이 독립을 했을 때, 제임슨 메디슨James Madison이나 조지 워싱턴George Washington 같은 지도자들은 집에서 양조한 맥주를 선호해 수입 맥주를 지양하였습니다. 1789년, 워싱턴은 '우리는 이미 오랫동안 영국의 편견에 시달려 왔습니다.'라고 기록했습니다. '우리 가족 중 저는 포터와 치즈를 소비하지 않지만, 이런 식품은 미국에서도 생산됩니다. 두 제품 모두 좋은 품질로 구매를 할 수 있습니다.'

1800년대 중반 독일 이민자들이 미국에 오면서 맥주 스타일과 기술이 유입되었고, 잉글리시 스타일 에일의 인기를 밀어내고 바바리안 스타일 라거의 길을 열었습니다. 그들은 미국 서부로 이동하고 환경에 어울리는 재료와 기술을 적용해 라거가 전국적인 사랑을 받게 하는 데 일조했습니다. 양조장의 수는 감소하고 있었지만, 전국적으로 양조장의 규모와 생산량이 증가하면서 양조는 주요 산업이 되었습니다. 1915년, 미국에는 1,300개 이상의 양조장이 있었습니다.

이러한 번성은 많은 지역 스타일과 미국 전역의 대부분의 양조장을 없애 버린 금주령1920-1933년에 의해 파괴되었습니다. 1970년대에는 89개의 양조장만 있었으며, 대부분은 거대 대기업으로 라이트 맥주와 페일 라거가 맥주 시장에 넘쳐났습니다. 1978년에 지미 카터Jimmy Carter 대통령이 홈브루잉을 합법화하는 H.R. 1337에 서명하면서 이러한 상황은 변하게 되었고, 결국엔 크래프트 맥주 혁명이 시작되었습니다. 양조사들은 지하실과 차고에서 재료와 기술을 연마하였고, 미국의 여러 맥주 스타일을 되살린 마이크로 브루어리가 뜨게 되었습니다.

Alaska

Hawai'i

한눈에 보는
미국의 기간별 양조장 분포

- 1612–1840년
- 1841–1865년
- 1866–1920년
- 1921–1932년
- 1933–1985년
- 1986–2011년

위 지도는 현재 각 주의 경계를 보여 주고 있습니다.

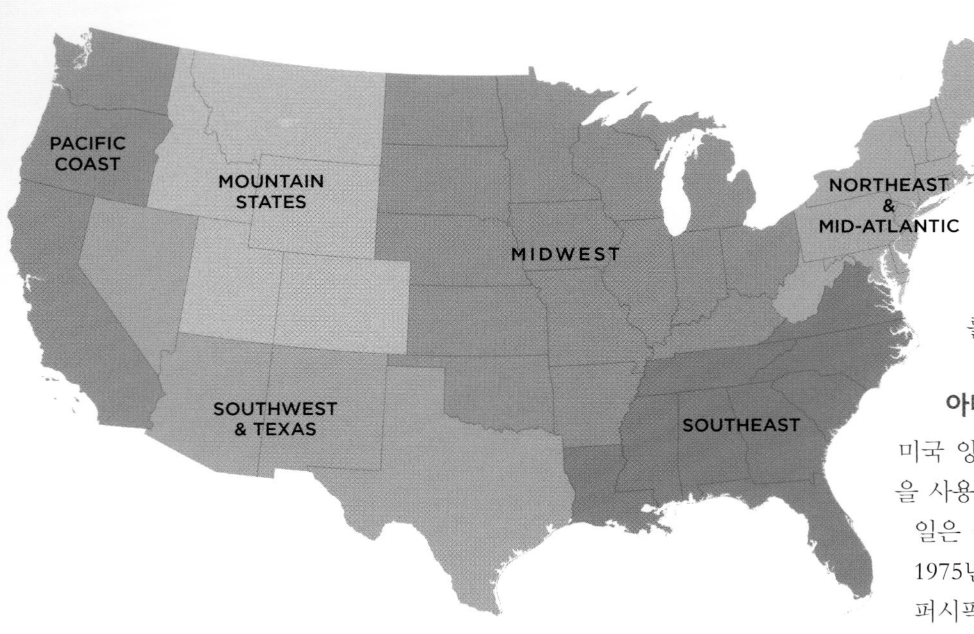

미국의 대표 맥주 스타일

대부분의 미국 맥주 스타일에서는 다음의 두 가지 특징이 나타납니다. 바로 홉과 실험입니다. 다음과 같은 맥주 스타일은 미국에서만 만드는 스타일은 아니지만, 이러한 스타일들은 미국 양조사들의 혁신 정신과 지역 맥주를 만들겠다는 그들의 열정을 잘 보여 줍니다.

아메리칸 홉드 에일(American Hopped Ale)

미국 양조사들은 구세계 레시피에 많은 양의 지역 홉을 사용하는 방법을 적용했습니다152쪽 참조. 호피한 에일은 금주령 이후에 인기가 줄었지만, 이 스타일은 1975년에 캘리포니아에서 다시 뜨기 시작했습니다. 퍼시픽 노스웨스트Pacific Northwest 홉들은 아메리칸 페일 에일American Pale Ale이나 비공식적으로 웨스트 코스트 IPAWest Coast IPA와 이스트 코스트 IPAEast Coast IPA로 나뉜 아메리칸 IPAAmerican IPA처럼 홉이 특징이 많이 부각되는 스타일에서 중추적인 역할을 합니다. 웨스트 코스트 IPA는 더 호피한 특징이 있으며, 반면에 이스트 코스트 IPA는 좀 더 복잡한 몰트의 풍미를 가지고 있습니다.

미국 지역별 가장 특징적인 맥주 스타일

- 아메리칸 IPA
- 아메리칸 페일 라거
- 이스트 코스트 IPA
- 세션 IPA
- 웨스트 코스트 IPA
- 와일드 에일

MIDWEST 지역

양조사들의 응답 결과를 기반으로 한 자료입니다.

아메리칸 애드정트 라거(American Adjunct Lager)

쉽게 마실 수 있는 스타일인 아메리칸 애드정트 라거는 미국에서 가장 인기 있는 맥주 스타일로 쓴맛이 적고, 라이트한 바디감으로 전 세계적인 사랑을 얻었습니다. 초기 미국 양조사들은 토착 재료인 여섯줄보리six-row barley, 옥수수와 같은 부가물, 통합적인 클러스터Cluster 홉 같은 토착 재료를 사용해 유럽 라거 레시피를 수정했습니다. 라이트한 버전의 아메리칸 애드정트 라거는 1967년쯤 뉴욕에서 유래되었으며, 1975년 밀러Miller로 대중화되었습니다.

아메리칸 스타우트(American Stout)와 포터(Porter)

아메리칸 스타우트와 포터는 드라이하고 로스티한 잉글리시와 아이리시 버전에서 영감을 받았지만, 종종 더 강한 스모크, 커피, 또는 초콜릿 풍미를 가지고 있습니다. 버번 배럴 에이지드 스타우트는 시카고에서 유래되었으며, 시카고의 구스 아일랜드 비어 컴퍼니Goose Island Beer Company의 양조사 그렉 홀Greg Hall이 스타우트를 처음으로 짐 빔Jim Beam 오크 배럴에 넣었습니다157쪽 참조.

아메리칸 스트롱 에일(American Strong Ale)

모든 종류의 아메리칸 스트롱 에일은 한 가지 공통적인 특징을 가지고 있습니다. 바로 도수가 7% 혹은 그 이상이라는 점입니다. 대표적인 예가 아메리칸 발리와인American Barleywine입니다. 아메리칸 발리와인은 샌프란시스코San Francisco의 앵커 브루잉 컴퍼니Anchor Brewing Company가 1975년에 부활시킨 스타일로 첫 번째 맥즙을 빼내서 사용하는 전통적인 파티가일parti-gyle 양조 기술을 사용합니다.

아메리칸 와일드 에일(American Wild Ale)

아메리칸 와일드 에일은 공기 중이나 나무 배럴에 있는 야생 효모나 다른 박테리아를 사용하거나 직접 넣어서 만듭니다. 아메리칸 와일드 에일의 풍미는 양조에 사용되는 미생물에 따라 독특하며, 잘 익은 과일에서부터 마구간 같은 맛까지 다양합니다. 와일드 에일은 펑키한 맛이 있는 진정한 아방가르드 스타일입니다.

크림 에일(Cream Ale)과 캘리포니아 커먼(California Common)

두 스타일 모두 1800년대에 유래한 스타일이며, 냉장 시설 없이 라거에 대한 수요를 채우려는 방법을 찾던 양조사들이 만든 스타일입니다. 펜실베니아Pennsylvania의 델라웨어 밸리Delaware Valley 지역에서 개발된 크림 에일은 라거 효모와 쌀과 옥수수 같은 부가물을 사용해 만들었습니다. 양조사들은 얕은 발효조에 라거 효모를 사용해 라거와 경쟁할 수 있는 라이트한 바디감을 가진 에일을 만들었습니다. 에일 같은 라거인 캘리포니아 커먼은 1800년대 골드 러시 때 처음 만들어졌습니다. 양조사들은 인근에 냉장 시설이 부족하자 라거 효모를 에일 발효 온도에서 발효해 라거의 크리스피함과 에일의 바디감을 가진 맥주를 만들었습니다.

자유의 땅

1978년 홈브루잉이 합법화된 후 미국 맥주계는 매우 빠르고 급진적으로 바뀌었습니다. 기업가와 작은 양조장들은 지역적인 맥주를 만들어 대중들에게 제공했습니다. 앵커 브루잉 컴퍼니Anchor Brewing Company와 뉴 알비온 브루어리New Albion Brewery 같은 크래프트 맥주 개척자들은 양조사들에게 작은 배치에 사용하는 재료를 찾는 데 도움을 주었고, 정부의 불필요한 절차를 처리했고, 소규모 양조를 할 때 무엇을 신경 써야 하는지 알아가는 데 도움을 주었습니다. 크래프트 양조사들은 새로운 스타일을 창조하고 잊혀진 스타일을

local flavor

스타일을 심사하다 Judging a Style

맥주 스타일을 토론하고 분류하기 시작한 것은 꽤 최근에 일어난 현상입니다. 아메리칸 홈브루어스 어소시에이션(American Homebrewers Association, AHA)의 설립자인 찰리 파파지안(Charlie Papazian)은 맥주 전문가인 마이클 잭슨(Michael Jackson)에게 1970년대에 홈브루 맥주를 평가하는 데 도움을 요청했습니다. 잭슨은 70여 가지 이상의 맥주 스타일을 구상하는 데 도움을 주었습니다.

더 비어 저지 서티피케이션 프로그램(The Beer Judge Certification Program, BJCP)은 1985년에 설립되었으며, 맥주 스타일을 분류하는 가장 큰 단체 중 하나입니다. 2015년에 BJCP는 34개의 분류에서 120가지의 이상의 맥주 스타일을 인정했습니다. 전 세계 어느 펍에서나 어떤 맥주 스타일이 최고인지에 대한 좋은 논쟁이 있지만, 우리는 여러분이 지금 마시고 있는 맥주가 가장 최고의 스타일이라고 생각합니다.

콜로라다(Colorado) 주 볼더(Boulder)에 있는 사무실에서, 찰리 파파지안

홉 식물은 다년생의 덩굴성 식물로 30피트(9m)까지 자랄 수 있습니다. 홉의 암그루만 홉 콘을 생산하기에 수꽃은 걸러 냅니다.

살려 내는 것을 두려워하지 않습니다. 그렇기는 하지만, 크래프트 산업은 초기에 지역 법의 규제로 크래프트 맥주를 대중들에게 전달하는 데 어려움을 겪었습니다. 다른 지역에서는 매크로 브루어리들이 크래프트 맥주 유통을 옥죄었습니다.

이러한 어려움에도 대기업 맥주 대신에 크래프트 맥주를 선택하는 소비자들의 성원에 힘입어 크래프트 맥주 생산량은 1990년대 초반에 30–50% 정도 증가했었습니다. 1990년대 중반에 이르자 너무나도 많은 양조장들이 크래프트 맥주 인기에 편승해 시장에 뛰어들면서 크래프트 맥주 시장은 성장통을 겪게 되었고, 그 결과 품질이 낮은 맥주들은 사라졌습니다. 이렇게 품질이 낮은 맥주를 한 번 솎아낸 덕분에 크래프트 맥주 산업은 품질 측면에서 다시 떠오를 수 있었습니다.

떠오르는 크래프트

몰슨 쿠어스Molson Coors나 AB 인베브와 같은 대기업은 여전히 미국 맥주 시장의 약 90%를 지배하고 있습니다. 그렇기는 하지만, 크래프트 맥주는 미국 맥주의 정의를 바꾸고 있습니다. 2015년 맥주 생산량은 전년도 대비 0.2% 감소했지만, 크래프트 맥주 생산량은 같은 시기에 미국에서 13%나 증가했습니다. 미국 크래프트 양조장은 전 세계 어느 곳보다도 더 다양한 스타일의 맥주를 생산하며, 대부분은 지역 재료와 부재료를 사용합니다. 미국은 5,000개 이상의 양조장과 브루펍 그리고 수많은 홈브루어들을 자랑하며, 사람들이 생각하는 맥주의 개념과 변화에 도전하는 스타일을 만듭니다.

local flavor

더블 IPA의 탄생 The Birth of the Double IPA

1990년대 애리조나(Arizona) 주의 피닉스(Phoenix)에 위치한 일렉트릭 브루잉 컴퍼니(Electric Brewing Company)의 양조사가 마리화나 소지 혐의로 체포되었을 때 모든 것이 시작되었습니다. 일렉트릭은 플라스틱 발효조를 캘리포니아 주의 테메큘라(Temecula)에 위치한 블라인드 피그 브루잉(Blind Pig Brewing) 브루펍에 팔게 되었습니다. 이곳의 브루마스터인 비니 실루조(Vinnie Cilurzo)는 이 플라스틱 발효조를 사용해 공식적인 첫 더블 IPA인 인아우구랄 에일(Inaugual Ale)를 만들었습니다. 플라스틱 장비를 사용하면 원하지 않는 풍미가 나올 수 있기 때문에, 이러한 풍미를 막기 위해 실루조는 홉 양을 두 배로 늘리고 더 많은 몰트를 사용했습니다. 이렇게 해서 만든 맥주를 양조장 1주년 행사에서 공개를 했으며, 맥주는 인기있었고 강렬했으며 큰 성공을 거두었습니다. 실루조는 러시안 리버 브루잉 컴퍼니(Russian River Brewing Company)로 이직을 한 후 홉과 도수를 더 높여서 실험을 거듭하였습니다. 그렇게 해서 나온 맥주는 홉에 대해 처음으로 글을 쓴 1세기 로마 철학자의 이름에서 따서 지은 플라이니 디 엘더(Pliny the Elder)였습니다. 이 맥주는 현재 미국에서 가장 인기 있는 맥주 중 하나입니다.

홉의 나라

홉과 사랑에 빠진 미국

맥주를 만들기 위해 필요한 4가지 재료 중에서 홉은 미국 맥주 스타일을 정의하는 재료이며 사람들이 집착하는 재료가 되었습니다.

미국은 IPA로 잘 알려져 있지만, 이 스타일은 실제로 1700년대 영국에서 유래된 스타일입니다72쪽 참조. 식민지 인도에 있던 영국 군인들과 해외 거주민들은 호피한 맥주의 맛을 알게 되었습니다. 왜냐하면 호피한 맥주는 당시 런던에서 유행하던 포터에 비해 열대 기후에 더 적합한 맥주였기 때문입니다. 신선한 홉의 추가는 영국에서 인도로 맥주를 배송하는 6개월의 기간 동안 맥주가 상하는 것을 방지했습니다. 잉글리시 IPA의 인기는 전 세계로 퍼져 나갔지만, 금주 운동, 금주령, 제1차와 제2차 세계대전으로 인해 오래갈 수 없었습니다. 이 스타일은 현대 미국 크래프트 맥주 운동 시기에 재발견되어서 오늘날 우리가 알고 있는 풀 바디감, 홉의 쓴맛, 상대적으로 높은 도수가 특징인 맥주가 되었습니다.

호피한 미국 에일은 두 가지 공통적인 특징이 있습니다. 바로 두드러지는 아로마와 강한 쓴맛입니다. 이 두 가지 특징은 마리화나 식물인 카나비스 사티바Cannabis sativa와 밀접하게 관련된 홉 식물인 휴물루스 루풀루스Humulus lupulus의 암꽃에서 얻을 수 있는 특징입니다. 홉 꽃은 맥주에 아로마를 주는 에센셜 오일essential oils이 있습니다. 홉 종류마다 다른 아로마를 지니고 있으며 아로마는 시트러시citrusy, 플로랄floral, 트로피칼tropical, 프루티fruity, 스파이시spicy, 파이니piney, 또는 얼씨earthy할 수 있습니다. 이러한 아로마에 감귤류의 껍질을 깨물었을 때와 비슷한 강하고 독특한 쓴맛이 덧붙여집니다. 맥주의 쓴맛은 International Bitterness UnitsIBUs로 측정합니다. IBU 범위는 0에서 무한대이지만, 대부분의 맥주는 IBU 수치가 5에서 120 사이 정도입니다. IBU는 체감되는 쓴맛이 아니라 실제 쓴맛의 정도를 측정합니다. 그래서 IBU 수치가 같은 두 맥주는 몰트 사용량과 알코올 수치 같은 요소에 따라 체감되는 쓴맛이 다를 수 있습니다. 대부분 아메리칸 페일 라거의 IBU는 8–12 정도이지만, 대부분의 IPA의 IBU는 40–70 정도입니다. 플라잉 몽키스 크래프트 브루어리Flying Monkeys Craft Brewery의 알파 포시네이션Alpha Fornication의 IBU는 2,500로 기록적인 수치라 입안이 둔해지는 느낌을 주기도 합니다. 하지만 인간은 IBU 수치를 120 이상은 감지하기 힘듭니다.

오늘날 홉은 맥주를 만들 때 중요한 재료이지만, 항상 그랬던 것은 아닙니다. 초기 양조사들은 맥주를 길게 보존하고 풍미를 주는 데 도움을 주었던 과일이나 헤더heather, 가문비나무, 생강, 들버드나무와 같은 향신료를 혼합한 그루트70쪽 참조를 선호했습니다. 수세기 동안 홉의 사용 유무는 에일과 맥주의 차이를 나타냈습니다. 에일은 홉을 사용하지 않고 양조했으며, 반면에 맥주는 홉을 사용해 양조했습니다. 그러고 나서, 1516년 바바리아 순수령53쪽 참조은 맥주를 양조할 때 사용 가능한 세 가지 재료 중 하나를 홉으로 선포합니다. 영국은 1710년까지 홉 이외의 쓴맛을 주는 재료의 사용을 법으로 금지하지 않았으며, 홉은 맥주에 쓴맛을 정

미국 홉의 대부분은 워싱턴(Washington) 주에서 재배하며, 야키마 밸리(Yakima Valley)에 있는 이와 같은 시설에서 홉을 수확합니다.

의하는 재료가 되었습니다.

주어진 곳의 토양과 기후에 따라 다른 아로마와 쓴맛을 지닌 홉을 생산하기 때문에 홉은 전 세계의 맥주 스타일이 어떻게 진화했는지 보여 주는 데 중요한 역할을 했습니다. 미국 홉은 강하고 뚜렷한 스타일로, 캘리포니아와 퍼시픽 노스웨스트 지역에서 홉의 특징이 잘 드러나는 아메리칸 페일 에일, 아메리칸 IPA, 더블 임페리얼 IPA, 트리플 IPA, 캐스캐디안 다크 에일인디아 블랙 에일, Cascadian dark ale, Indian black ale과 같은 스타일을 탄생시켰습니다.

홉 식물은 적도를 기준으로 북위와 남위 각각 35와 50도 사이에서 가장 잘 자라며, 이곳은 땅이 비옥하고, 기후가 온화하며, 강수량관개 시설에 의한이 풍부합니다. 이러한 구체적인 요건을 갖춘 퍼시픽 노스웨스트 지역은 홉을 경작하기에 완벽한 곳입니다. 야키마 밸리의 건조한 기후와 캐스케이드 레인지Cascade Range에서 나오는 물로 평지를 관개해 미국 홉 작물의 약 80%를 재배합니다. 알파벳 'C'로 시작하는 클래식한 홉 종류인 캐스케이드Cascade, 센테니얼Centennial, 콜롬버스Columbus부터 새롭고 실험적인 종류의 홉을 재배합니다. 선택할 수 있는 홉 종류가 많아서 호피한 맥주를 만들 수 있는 경우의 수는 거의 끝이 없습니다.

비어 가이드

맥주 애호가들의 필수 코스

미국에는 4,000개 이상의 양조장이 있습니다. 시간이 조금밖에 없다면, 어디를 갈지 어떻게 결정할까요? 미국 양조사들과 맥주 관계자들이 추천하는 다음과 같은 장소를 먼저 방문하는 것으로 시작해 보세요.

1 | 힐 팜스테드 브루어리 (Hill Farmstead Brewery)

그린스보로(Greensboro), **버몬트**(Vermont)

주요 관광지는 아니지만, 맥주 팬들은 힐 팜스테드의 리미티드 에디션 맥주를 손에 넣기 위해 몇 시간을 운전해 이곳으로 갑니다. 배럴 에이지드한 비에르 드 마르스(biére de Mars) 스타일인 비에르 드 노르마(Biere de Norma)를 구매해 보세요. 한 사람당 3병까지만 구매 가능하니 일찍 가세요.

2 | 쓰리 플로이즈 브루잉 컴퍼니 (Three Floyds Brewing Co.)

먼스터(Munster), **인디애나**(Indiana)

쓰리 플로이즈는 미드웨스트 지역에서 가장 인기 있는 크래프트 맥주 양조장 중 하나이며, 홉을 많이 사용하는 것으로도 유명합니다. 쓰리 플로이즈는 IBU 수치가 100이 넘어가는 맥주를 5개나 만듭니다. 홉을 좋아하지 않는다고요? 그렇다면 도수가 15%인 러시안 임페리얼 스타우트 스타일인 다크 로드(Dark Lord)는 어떤가요? 맥주병 윗부분에 밀랍 처리된 부분의 색깔은 맥주의 빈티지를 드러냅니다.

3 | 알라가쉬 (Allagash)

포틀랜드(Portland), **메인**(Maine)

이 양조장은 벨기에 외 지역 중 가장 최고의 벨기에 스타일 맥주를 만드는 곳입니다. 즉흥 발효에 사용되는 쿨쉽을 보기 위해 투어를 해 보세요. 이곳에 방문한다면, 상을 받은 벨기에 람빅 스타일 중 하나인 구즈 스타일의 쿨쉽 리설감(Coolship Resurgam)을 꼭 마셔 보세요. 조금 남아 있다면, 바로 그 맥주입니다.

4 | 러시안 리버 브루잉 컴퍼니 (Russian River Brewing Company)

산타 로사(Santa Rosa), **캘리포니아**(California)

플라이니(Pliny). 이 한 단어가 모든 것을 말해 줍니다. 러시안 리버의 플라이니 디 엘더(151쪽 참조)는 미국 최고의 더블 IPA로 선정되었습니다. 이 맥주를 찾기는 매우 어렵지만, 양조장에서 방문객들에게 최대 1인당 12병까지 판매합니다. 2월의 첫 2주간은 러시안 리버의 트리플 IPA인 플라이니 더 영거(Pliny the Younger)를 드래프트로 마실 수 있습니다. 일찍 가서 줄을 서세요.

5 | 크룩드 스타브 아티잔 비어 프로젝트(Crooked Stave Artisan Beer Project)

덴버(Denver), **콜로라도**(Colorado)

덴버의 새로운 브루잉 프로젝트 중 하나인 이곳은 상을 받은 맥주를 제공해 경쟁이 치열한 덴버 크래프트 맥주 시장에서 유명해졌습니다. 복숭아를 사용하고, 브레타노마이세스(Brettanomyces) 효모로 발효하고, 배럴 숙성한 아메리칸 와일드 에일인 페르시카 와일드 와일드 브렛(Persica Wild Wild Brett)을 마셔 보세요.

6 | 제스터 킹 브루어리 (Jester King Brewer)

오스틴(Austin), **텍사스**(Texas)

힐 컨트리(Hill Country) 지역의 오스틴 외곽에 있으며 아름다운 지역의 야생 미생물과 텍사스 최고의 맥주를 만드는 이

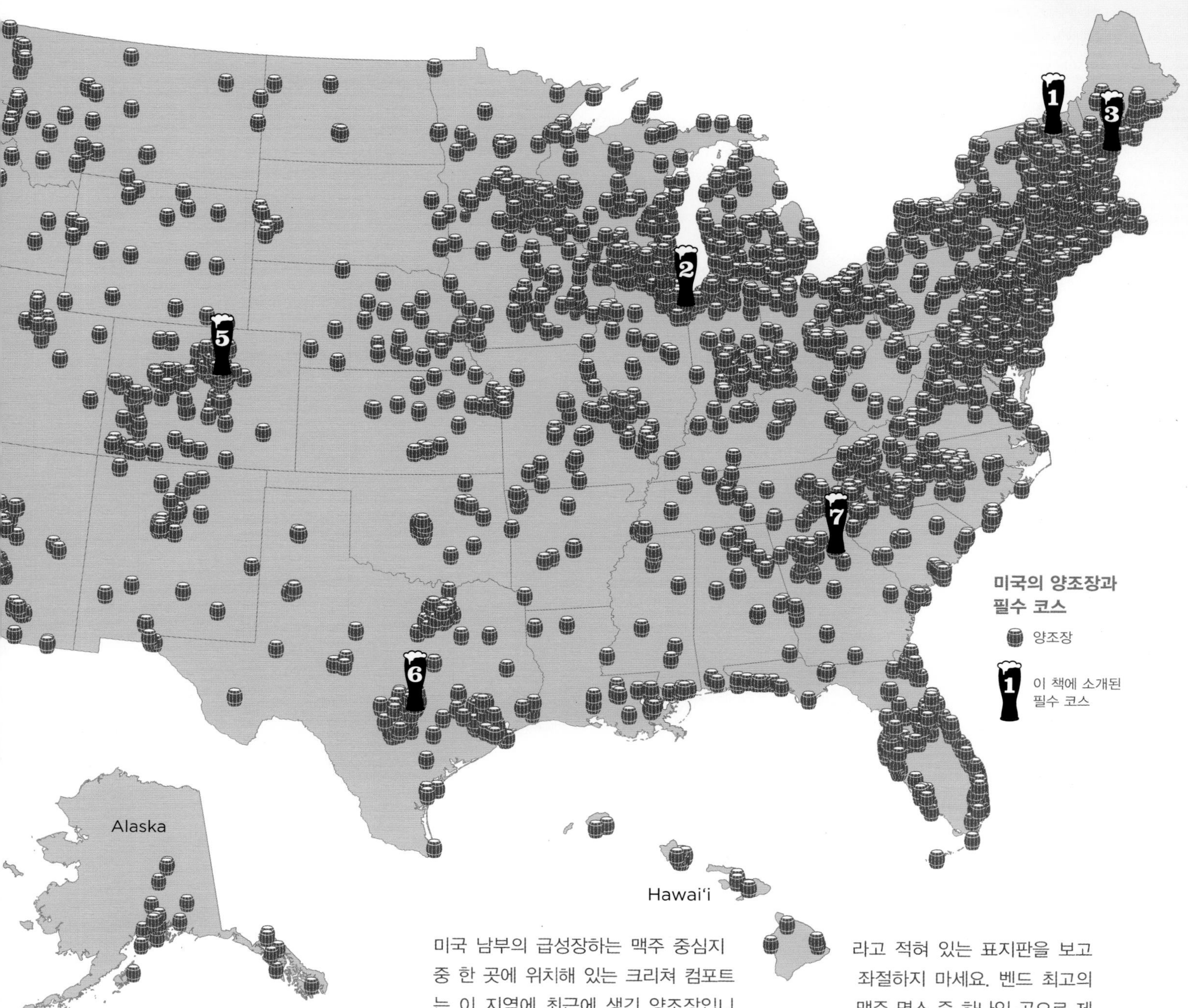

곳은 방문해 볼 가치가 있습니다. 이곳의 녹턴 크리살리스(Nocturn Chrysalis)는 이전 배치에서 숙성한 사워 맥주가 소량이 담긴 오크 배럴에 오리건의 블랙베리를 사용해 만든 사워 에이지드 맥주입니다.

7 | 크리쳐 컴포트 브루잉 컴퍼니 (Creature comforts Brewing Co.)

아덴스(Athens), **조지아**(Georgia)

미국 남부의 급성장하는 맥주 중심지 중 한 곳에 위치해 있는 크리쳐 컴포트는 이 지역에 최근에 생긴 양조장입니다. 하지만, 이 양조장은 빠르게 멋진 맥주를 출시했습니다. 구아바와 패션 프루츠를 사용해 만든 베를리너 바이세인 아띠나 파라디소(Athena Paradiso)를 마셔 보세요.

8 | 크럭스 퍼먼테이션 프로젝트 (Crux Fermentation Project)

벤드(Bend), **오리건**(Oregon)

'사설도로' 또는 '막다른 길(No Outlet)'이라고 적혀 있는 표지판을 보고 좌절하지 마세요. 벤드 최고의 맥주 명소 중 하나인 곳으로 제대로 가고 있는 중입니다. 양조장의 핵심인 테이스팅 룸은 이곳의 품질 좋은 맥주로만 채워져 있습니다. 대표 IPA는 훅 어 치눅(Hook a Chinook)이지만, 최소한 6개 이상의 다른 IPA 맥주들도 있습니다.

사진(Photos)

3 알라가쉬 식스틴 카운티스(Allagash Sixteen Counties)는 오로지 메인 주에서 재배한 곡물로만 양조합니다.

미드웨스트

재부상

대기업 맥주와 비교하면 크래프트 맥주는 평균적으로 4배 정도 많은 양의 보리를 사용합니다.

미드웨스트는 위스콘신Wisconsin 주와 미시간Michigan 주의 오대호Great Lakes부터 중부 평원의 대초원과 네브래스카Nebraska 주와 캔자스Kansas 주의 농지까지 있는 광활한 지역이지만, 대부분의 맥주 생산은 몇몇 주요 도시에 집중되어 있습니다. 1800년대 후반과 1900년대 초 위스콘신 주의 밀워키Milwaukee와 일리노이Illinois 주의 시카고Chicago는 대량 생산 라거를 만들었던 대기업들이 운영했던 미국 대규모 양조의 중심지였습니다.

1830년대의 초기 양조장들은 주로 라거 맥주를 선호하였고, 독일 양조 기술과 유럽의 하면 발효 효모를 가지고 온 독일 이민자들이 설립했습니다. 프레드릭 팹스트Frederick Pabst, 프레드릭 밀러Frederick Miller, 조셉 슐리츠Joseph Schlitz와 같은 미드웨스트의 맥주 부호들은 맥주를 대량 생산하고 더 멀리 유통하기 위해 새로운 기술과 사업적 감각을 활용했습니다. 1890년대, 위스콘신에는 300개 이상의 양조장이 있었고 연간 2백만 배럴230만 hL을 생산했습니다. 밀워키에서는 너무 많은 양의 맥주가 소비되었으며, 맥주를 많이 마셔서 배가 나온 남자를 '밀워키 고이터Milwaukee goiter'라고 불렀습니다. 1871년에 일어난 시카고 대화재Great Chicago Fire로 많은 양조장이 전소돼 시카고에는 약 60개의 양조장만 남았지만, 여전히 연간 3백만 배럴350만 hL 규모의 맥주를 생산했었습니다. 양조장은 사람들을 고용하고 특히 라거 맥주를 만드는 거대 기업이 되었고, 미드웨스트 지역 사람들의 삶의 기둥이 되었습니다.

사람들은 금주령의 시행을 미리 예상했지만, 그럼에도 불구하고 금주령은 미드웨스트 지역에 크게 타격을 주었습니다. 위스콘신 주 금주령 반대 협회Wisconsin State Anti-Prohibition Association와 같은 단체들은 맥주 금주령은 반기업적이고 미국 답지 않은 처사라는 내용이 담긴 팸플릿을 1880년대에 출판했으나 도움은 되지 않았습니다. 그 결과 맥주 대용품이나 몰트 추출물 제품을 생산했던 대규모 양조장만 살아남을 수 있었습니다.

금주령 이후 잘 알려진 대규모 양조장들은 규모와 경쟁 우위를 이용해 소형 양조장들을 시장에서 몰아냈습니다. 시카고의 마지막 양조장은 1978년도에 문을 닫았으며, 그 후 도시에는 10년 동안 단 한 곳의 양조장도 없었습니다.

수십 년 동안 비틀거린 후에야 미드웨스트 지역의 맥주는 크래프트 양조장의 형태로 다시 떠오르게 되었습니다. 미드웨스트의 크래프트 맥주 혁명은 1988년에 시카고의 구스 아일랜드 비어 컴퍼니Goose Island Beer Company가 설립되면서 시작되었고, 그 이후 1989년 캔자스 시티Kansas City의 불러바드 브루잉 컴퍼니Boulevard Brewing Company가 문을 열었습니다. 오늘날 미드웨스트 지역은 1,000개 이상의 마이크로 브루어리를 자랑합니다. 대형 맥주 대기업과 사모 투자 회사들은 이러한 성공을 인지하게 되었습니다. 실제로 금주령 시기에 살아남는 대형 양조장들은 모두 인수되었습니다. 많은 미국 브랜드의 소유권이 외국계 기업에 넘어가는 일이 비일비재했지만, 양조장들은 맥주의 역사적 그리고 지리적 근간을 유지하고 있습니다. 페일 에일부터 스타우트까지 모든 스타일을 양조하지만, 아메리칸 애드정트 라거는 이 지역의 대표 스타일로 남아 있습니다.

개릿 올리버와 함께하는 맥주 테이스팅

아메리칸 프리미엄 라거 (American Premium Lager)

20세기 중반 미국 최고의 양조장을 있게 했고, 오늘날 여전히 미국 맥주계를 지배하고 있는 아메리칸 프리미엄 라거는 독일 필스너의 특징이 한결 약해진 변형된 스타일로, 낮은 호피함이 특징입니다.

ABV 4.7–5% | IBU 10–15

향 곡물, 라이트한 사과와 꽃

외관 매우 옅은 지푸라기(straw) 색과 풍성한 하얀 거품

풍미 라이트, 곡물, 옥수수 같은, 살짝 단맛, 매우 절제된 쓴맛

마우스필 갈증을 날려 주는 상쾌한 느낌

잔 파인트, 머그

푸드 페어링 바비큐

추천 맥주 슐리츠 구스토(Schlitz Gusto)

local flavor

배럴 숙성 맥주 Barrel-Aged Beer

양조 역사의 대부분의 시기에서 양조사들은 맥주를 발효하고, 운송하고, 서빙하는 데 나무 배럴에 의존했습니다. 오늘날 나무 배럴은 금속 장비로 바뀌었지만, 현대 양조사들은 특히 증류주를 담았던 배럴에서 숙성을 하면 맥주에 흥미로운 풍미를 더할 수 있다는 것을 발견하게 되었습니다. 처음으로 버번 배럴에서 숙성한 맥주를 만든 공은 시카고의 구스 아일랜드 비어 컴퍼니의 브루마스터 그렉 홀에게 있습니다. 1992년에, 그는 여섯 개의 짐 빔(Jim Beam) 배럴에 스타우트를 숙성했으며, 숙성한 맥주는 더 그레이트 아메리칸 비어 페스티벌(Great American Beer Festival, 159쪽 참조)에서 탁월하고 열광적인 평가를 받았습니다. 어떤 맥주든지 배럴 숙성을 할 수 있지만, 어두운색 계통의 맥주가 나무의 풍미와 잘 어울립니다. 맥주가 배럴의 풍미를 흡수하는 데 2~12개월 정도 걸리기 때문에 양조장들은 이러한 맥주를 일 년에 한 번 출시합니다. 매년 구스 아일랜드에서 버번 카운티 브랜드 스타우트(Bourbon County Brand Stout)를 출시할 때마다 사람들은 줄을 섭니다.

와인과 위스키 배럴은 맥주에 풍미를 부여합니다.

지역 맥주

마운틴 스테이트

크리스피하고 깔끔한 맛

깨끗한 산봉우리와 조용한 산속의 개울은 콜로라도Colorado, 유타Utah, 몬타나Montana, 아이다호Idaho 주의 주요 특징이지만, 마운틴 스테이트Mountain State 지역의 역사는 결코 평온하지는 않습니다. 1850년대 콜로라도 주의 덴버는 바위가 많은 떠오르는 신흥도시였으며, 골드 러시로 이익을 챙기고 살룬에서 시간을 보냈던 개척자들과 광산업자들이 많았습니다.

광산업자들은 갈증을 많이 느꼈고 맥주는 도수가 높은 증류주의 인기 있는 대안이었기에 1880년대 양조장들은 번성했습니다. 1891년 유타 주의 솔트 레이크 브루잉 컴퍼니Salt Lake Brewing Company는 당시로서는 큰 생산량이었던 100,000 배럴 117,300 hL의 맥주를 연간 생산했습니다. 콜로라도 주의 첫 양조장인 로키 마운틴 브루어리Rocky Mountain Brewery는 1859년에 「로키 마운틴 뉴스Rocky Mountain News」의 편집장이 '마셔본 중 최고의 맥주'라고 평할 정도의 맥주를 만들었습니다. 14년 후, 제이콥 쉴러Jacob Schueler와 아돌프 쿠어스Adolph Coors도 콜로라도 주 골든Golden에 양조장을 시작했고, 후에 쿠어스 브루잉 컴퍼니Coors Brewing Company라고 이름을 붙였습니다. 회사의 소유권은 다국적 기업에 넘어가서 지역성을 잃었지만, 이곳의 험준한 산 모양의 로고는 아직도 맥주 상표에 남아 있습니다.

채굴이 줄어들고 금주령이 적용되면서 양조장들은 사라지게 되었고, 특히 유타 주에서 대량으로 자취를 감추었습니다. 피셔 브루잉 컴퍼니Fisher Brewing Company가 1967년에 문을 닫을 때, 유타 주에는 더 이상 상업 양조장이 남아 있지 않았습니다. 유타 주에 첫 마이크로 브루어리들이 다시 생기기까지는 수십 년이 걸렸지만, 새로 생긴 마이크로 브루어리들은 큰 인상을 주었습니다. 직원들이 회사를 소유한 콜로라도 주의 뉴 벨지엄 브루잉 컴퍼니New Belgium Brewing Company는 미국에서 4번째로 큰 크래프트 맥주 회사가 되었으며, 홉이 강한 IPA부터 다크 에일과 사워 맥주까지 모든 맥주를 만들며 연간 생산량은 945,000 배럴110만 hL입니다. 1인당 양조장의 개수를 고려하면 콜로라도는 미국 전역에서 3위이며, 크래프트 맥주 운동의 주요 중심지입니다. 수십 년 동안 양조장이 없었던 유타 지역에 1986년 셜프 브루잉Schirf Brewing, 지금의 워새치 브루어리Wasatch Brewery이 생겼습니다. 유타 주에는 현재 22개의 크래프트 양조장이 있습니다.

이 지역의 양조사들은 쉽게 마실 수 있는 세션 스타일 IPA가 지역을 대표하는 특징이라고 말합니다. 세션 IPA는 IPA의 강한 아로마와 맛이 특징이지만, 도수가 낮아서 눈 덮인 산의 풍경을 바라보면서 몇 시간 동안 쉽게 마실 수 있습니다.

개릿 올리버와 함께하는 맥주 테이스팅

세션 IPA(Session IPA)

현대 IPA의 풍미와 쓴맛과 낮은 도수 맥주(lawn mower beer)의 가벼움과 음용성을 합친 세션 IPA는 두 맥주의 최고로 좋은 점만 가진 맥주입니다.

ABV 4.5–5.0% | IBU 35–45

향 매우 아로마틱, 시트러스, 꽃, 그리고 때때로 미국 홉 종류의 마늘과 같은 눅눅한 향

외관 옅은–짙은 금색

풍미 가벼움, 플린티, 깔끔하고, 뚜렷한 쓴맛, 좋은 맥주는 톡 쏘는 듯한 쓴맛이 없음

마우스필 라이트, 상쾌한, 강렬한

잔 파인트 잔

푸드 페어링 튀긴 음식, 타코, 스테이크, 버거, 기름기 많은 생선류

추천 크래프트 맥주 오스카 블루스 브루어리 피너 스로우백 IPA(Oskar Blues Brewery Pinner Throwback IPA)

크래프트 맥주의 경제적인 영향력 면에서 미국 전역에서 가장 높은 순위에 있는 콜로라도는 크래프트 맥주 운동의 핵심입니다.

local flavor

더 그레이트 아메리칸 비어 페스티벌 The Great American Beer Festival

매년 9월 콜로라도 주의 덴버에서 열리는 더 그레이트 아메리칸 비어 페스티벌(the Great American Beer Festiva)은 한 장소에서 가장 많은 자국 맥주를 제공한다는 자부심이 있습니다. 찰리 파파지안이 1982년에 이 축제를 시작했을 때는 22개의 양조장만 참여했지만, 현재는 미국의 가장 큰 크래프트 맥주 축제로 성장해 매년 6만 명이 참여하는 축제가 되었습니다. 800개의 양조장이 3,800개의 맥주를 제공하기에 맥주가 모자라기 전에 방문객의 시간이 모자랄 정도입니다. 이 축제는 '양조사와의 만남(meet the brewer)' 세션과 맥주 대회도 진행합니다. 하지만 주의할 점은, 티켓이 몇 시간 안에 다 팔린다는 점입니다.

GABF에는 수천 가지의 드래프트 맥주가 있습니다.

지역 맥주

노스이스트 & 미드-애틀란틱

풍미의 온상

뉴잉글랜드New England의 바위가 많은 해안가부터 워싱턴 D.C.Washington D.C.의 위풍당당한 기념물까지 산업과 혁명의 중심지로서 오랫동안 맥주 양조 기술을 후원하는 역할을 했습니다. 이 지역은 맥주 분야에서 많은 것을 미국에서 처음으로 실행한 지역입니다. 1632년 네덜란드인이 첫 상업 양조장을 뉴암스테르담지금의 맨해튼에 설립했으며, 1634년 사무엘 코엘Samuel Cole은 주류 판매 허가를 받은 첫 술집을 열었으며, 1648년에 매사추세츠Massachusetts에서 첫 상업적인 홉을 재배했습니다.

개릿 올리버와 함께하는 맥주 테이스팅

아메리칸 앰버 라거(American Amber Lager)

1850년대에는 세계에서 세 번째로 큰 독일어권 커뮤니티가 뉴욕에 있었습니다. 비엔나 라거(Vienna Lager)가 유명해진 것은 그다지 놀랍지 않습니다. 1980년대 크래프트 맥주 운동이 일어나기 시작하면서, 미국 양조사들은 아메리칸 앰버 라거를 대표적인 스타일로 선택했습니다.

ABV 4.8–5.2% | IBU 26–30

향 몰트의 빵과 캐러멜 향, 캐틀 호핑과 드라이 호핑으로 꽃 같은 홉 향이 더해짐

외관 밝은 중간 정도 앰버색, 황백색 거품

풍미 강한 쓴맛이 앞에서 느껴지며, 그 후 살짝 단맛이 중간에 느껴지고, 호피하고 깔끔한 피니쉬

마우스필 미디엄-풀 바디감, 탄산감이 좋으며, 깔끔함

잔 필스너, 윌리 베허 잔

푸드 페어링 특히 햄, 스테이크, 피자, 바비큐, 튀긴 음식과 잘 어울림

추천 크래프트 맥주 브루클린 브루어리의 브루클린 라거 (Brooklyn Brewery Booklyn Lager)

짐 코흐(Jim Koch)는 미국에서 두 번째로 가장 큰 크래프트 브루어리로 성장한

local flavor

링우드 효모 Ringwood Yeast

뉴잉글랜드 양조는 링우드 효모로 정의할 수 있습니다. 이 효모는 잉글리시 스타일 에일을 만들 때 사용했으며, 잉글랜드의 요크셔(Yorkshire)에서 온 효모입니다. 알렌 퍽슬리(Alan Pugsley)는 이 효모를 1992년에 메인으로 가져와, 지역의 크래프트 맥주 혁명의 중심지에 링우드 효모를 놓았습니다.

어떠한 효모라도 당분을 섭취해 알코올, 이산화탄소, 페놀로 바꾸지만, 링우드는 대부분의 효모보다 더 공격적으로 이러한 과정을 진행합니다. 이 효모는 실제로 두 개의 효모 균주가 결합된 효모라 독특한 두 가지 특징을 가지고 있습니다. 하나는 빠른 발효력을 가진 균주로 순조롭게 당분을 알코올로 바꾸며, 다른 하나는 빠른 응집력을 가진 균주로 발효가 끝나면 서로 빠르게 응집합니다. 이 강력한 결합은 맑고, 버터리한 향, 드라이하고 몰티한 피니쉬가 있는 맥주를 만듭니다.

보스턴 비어 컴퍼니(Boston Beer Company)를 공동으로 설립했습니다.

도수가 높은 증류주보다 맥주를 더 선호하여, 1815년에 토머스 제퍼슨Thomas Jefferson은 도수가 높은 증류주보다 맥주가 더 나은 대안이라고 생각하여, 맥주를 국가 공인 술로 만들고자 편지를 쓰게 됩니다. 그는 '의심의 여지가 없습니다.'라고 썼으며, '맥주의 맛을 소개하는 바람직함…. 소비자의 수만 증가한다면 아무런 문제가 없을 것 같습니다.'라고 보냈습니다.

소비자의 수는 증가했습니다. 1800년대 초, 독일과 아일랜드에서 이주한 이민자들은 노스이스트의 산업 항구 도시를 양조의 온상으로 바꾸었습니다. 제이콥 루퍼트Jacob Ruppert는 맥주를 판매한 돈으로 1915년에 뉴욕 양키스New York Yankees 구단을 인수했으며, 1920년에 베이브 루스Babe Ruth를 영입했으며, 1923년에 양키 스타디움Yankee Stadium을 건설할 수 있었습니다.

이런 초기 양조장들은 순조롭게 운영되었지만, 가장 성공적인 양조장은 나중에 등장하였습니다. 1984년, 보스턴 비어 컴퍼니The Boston Beer Company가 대표 맥주인 사무엘 보스턴 라거Samuel Boston Lager를 출시하면서 문을 열었으며, 현재는 미국에서 두 번째로 큰 크래프트 브루어리입니다. 이 지역의 소규모 양조장들은 얼마 되지 않는 양의 맥주를 생산하지만, 이 지역 맥주계를 흥미롭게 합니다. 델라웨어Delware의 도그피시 헤드Dogfish Head 양조장의 사장인 샘 칼라기오니Sam Calagione는 고대 무덤에서 발견한 맥주를 분석하고 에인션트 에일Ancient Ales, 고대 에일 시리즈 맥주를 만들기 위해 생체 분자 고고학자와 함께 협업하고 있습니다.

이러한 성공에도 불구하고, 이 지역 양조장들의 대부분은 지역 내에서 머무르려고만 하고 있습니다. 워싱턴 D.C.Washington D.C.의 DC 브라우DC Brau는 멀리 떨어진 다른 주로 유통을 하지 않으며, 사람들은 몇 시간을 운전해 버몬트Vermont 주의 알케미스트Alchemist나 힐 팜스테드Hill Farmstead와 같은 양조장에 가서 리미티드 에디션 맥주를 구하려고 합니다. 맥주 애호가들이 이 지역의 최고의 맥주를 마시기를 원한다면 그 양조장까지 직접 방문해야 할 것입니다.

퍼시픽 코스트

미국 최고 맥주의 유입

워싱턴(Washington) 주의 시애틀(Seattle)은 크래프트 맥주 혁명의 중심지 중 한 곳이며, 일부 대표적인 스타일이 탄생한 곳입니다.

퍼시픽 코스트Pacific Coast 지역의 맥주 사랑을 오리건 주의 포틀랜드에 있는 스키드모어 분수Skidmore Fountain와 헨리 와인하드Henry Weinhard의 이야기보다 더 잘 보여 주는 것은 없습니다. 개척정신이 강했던 양조사인 헨리 와인하드는 1888년 맥주에 열광한 나머지 맥주를 화려하게 대공개하기 위해 분수의 관을 통해 맥주를 길어 올렸습니다. 이러한 일화에서 느낄 수 있는 맥주에 대한 열광과 홉을 재배하기에 완벽한 조건은 오리건, 워싱턴, 캘리포니아 주를 크래프트 맥주계의 중심지로 만들었습니다.

1840년대 골드 러시가 시작하면서 모든 게 시작되었습니다. 부자가 되는 희망을 품은 수천 명의 사람들이 갈증과 함께 서쪽으로 몰려왔습니다. 1860년대와 70년대 와인하드와 고틀리브 브레이클Gottlieb Brekle과 같은 정착민들은 양조장을 구매했습니다. 브레이클은 결국 캘리포니아의 오래된 술집을 오늘날의 앵커 브루잉 컴퍼니Anchor Brewing Company로 바꾸었고, 와인하드는 포틀랜드 리버티 브루잉Portland's Liberty Brewing을 인수했고 오리건 주의 가장 영향력 있는 양조사 중 한 명이 되었습니다. 워싱턴 주의 상징적인 레이니어 맥주Rainier beer는 워싱턴이 주state로 선포되기 11년 전인 1878년 시애틀에서 처음으로 양조되었습니다. 크래프트 맥주 혁명이 소용돌이치기 시작하기 오래 전부터 이 지역은 독특하고 특징적인 미국 맥주를 만들려고 했습니다.

번성하는 홉 농장과 지리적 근접성은 퍼시픽 코스트의 독특한 스타일을 개발하는 데 중요한 역할을 했습니다. 이 지역의 산에서 나오는 맑은 물, 화산지형의 토양, 온화한 기후, 충분한 강수는 홉을 재배하기에 이상적인 장소입니다. 미국 홉 농장의 총 면적인 45,000에이커acres 중 워싱턴 주는 71%를 차지하고 있고, 오리건 주는 15%를 차지하고 있습니다. 이처럼 풍부한 홉은 1965년에 앵커 브루잉을 인수한 프리츠 메이태그Fritz Maytag에게 지역 홉 종류와 영국의 드라이

호핑 방법을 접목해 그의 리버티 에일Liberty Ale을 만드는 데 영향을 주었을지도 모릅니다. 양조사 켄 그로스맨Ken Grossman이 새롭게 만든 매우 호피한 아메리칸 페일 에일을 출시한 시에라 네바다 브루잉 컴퍼니Sierra Nevada Brewing Company가 그 뒤를 따라 1980년도에 문을 엽니다. 이 지역에서 가장 유명한 스타일을 한 가지만 고른다면, 바로 아메리칸 IPA입니다. 노스웨스트의 첫 호피한 버전의 IPA를 만든 워싱턴 주의 야키마 밸리 브루잉 앤드 몰팅 컴퍼니Yakima Valley Brewing and Malting Company의 버트 그랜트Bert Grant에게 공이 있습니다. 그의 IPA 맥주는 비공식적인 맥주 스타일로 알려진 웨스트 코스트 IPA로 발전했습니다.

이 지역의 양조 문화는 단지 열정적일 뿐만 아니라 풍부하기까지 합니다. 크래프트 맥주 회사의 수량 측면에서 캘리포니아 주는 다른 모든 주들보다 앞서며, 워싱턴 주는 2위이며 오리건 주는 4위입니다. 오리건 주의 포틀랜드는 대도시 부근에 있는 70개 이상의 양조장과 브루펍을 자랑하며, 포틀랜드는 미국에서 1인당 양조장 비율이 가장 높은 지역입니다. 대형 양조장이 일부 크래프트 양조장을 매입하고 있지만, 이 지역의 크래프트 양조 르네상스는 사라지지 않고 여전히 남아 있습니다.

개릿 올리버와 함께하는 맥주 테이스팅

웨스트 코스트 IPA(West Coast IPA)

한때 미국과 유럽 양조사들이 모두 거절했던 미국 홉과 미국 홉의 거대하고 확실한 향은 현대 미국 크래프트 양조의 전형적인 특징입니다. 호피한 웨스트 코스트 IPA는 이 지역의 대표적인 맥주 스타일입니다.

ABV 6-7% | IBU 55-70

향 매우 풍부한 향, 시트러스, 꽃, 때로는 미국 홉 종류의 마늘 같은 눅눅한 향

외관 금색-옅은 앰버색

풍미 매우 드라이, 강하고, 쓰고, 절제된 몰트 캐릭터

마우스필 미디엄 바디감에서 좀 더 가벼운 바디감, 깔끔한 미네랄의 단단함

잔 파인트 잔

푸드 페어링 매운 음식, 숙성한 체다 치즈, 태국 음식, 튀긴 음식

추천 크래프트 맥주 러시안 리버 브루잉 컴퍼니 블라인드 피그 IPA(Russian River Brewing Company's Blind Pig IPA)

양조사와의 만남

찰스 핀켈 Charles Finkel

겸손한 찰스 핀켈(Charles Finkel)은 미국 크래프트 맥주의 역사에서 큰 부분을 차지하고 있습니다. 그는 커리어를 와인 분야에서 시작했지만, 지금은 현대 크래프트 맥주 혁명을 이끈 12명의 설립자 중 한 명으로 손꼽힙니다. 1969년, 그는 처음으로 부티크 웨스트 코스트 와인을 판매한 사람 중 한 명이며, 그 후 맥주 산업에 뛰어들어 많은 것을 처음으로 이룩한 개척자가 되었습니다. 그는 벨기에 맥주를 처음으로 수입한 사람이며, 프루트 맥주를 홍보했으며, 오트밀 스타우트 같은 스타일을 부활시켰습니다. 그와 그의 아내인 로즈 안(Rose Ann)은 시애틀의 유명한 파이크 플레이스 마켓(Pike Place Market)에 위치한 파이크 브루잉(Pike Brewing)을 소유하고 있습니다. 꼭 가봐야 할 브루펍인 이곳에는 다양한 맥주가 있으며, 이곳의 엄청나게 많은 맥주 수집품만 이곳의 맥주를 무색하게 만들 수 있습니다. 많은 맥주 수집품 중 대표적인 것은 그가 직접 제작한 린데만스(Lindemans)나 사무엘 스미스(Samuel Smith)와 같은 브랜드의 맥주 상표 아트입니다.

파이크 브루어리 컴퍼니(Pike Brewery Co.)의 벽면에 맥주 관련 수집품들이 전시돼 있습니다.

지역 맥주

사우스이스트

마지막 지역

전통적인 분위기로 인해 사우스이스트Southeast 지역은 양조계로 복귀하는 데 시간이 걸렸습니다. 습한 늪지대, 낮은 산지, 습지대가 있는 사우스이스트 지역은 주마다 법률이 다양합니다. 노스캐롤라이나North Carolina 주 같은 경우 크래프트 맥주 산업을 반기는 곳이지만, 사우스이스트의 다른 주들은 느리게 법을 채택하고 있습니다. 미시시피Mississippi와 앨라바마Alabama 주는 2013년에서야 홈브루잉을 합법화한 미국의 마지막 지역이었습니다.

사우스이스트 지역이 항상 이렇게 느리지는 않았습니다. 버지니아Virginia 주의 제임스타운 식민지Jamestown Colony는 북아메리카의 첫 유럽 스타일 맥주를 1600년대에 양조했습니다. 메이저 윌리엄 홀튼Major William Horton은 미국 최남동부 지역인 조지아Georgia 주의 지킬 아일랜드Jekyll Island에 첫 양조장을 건설했고, 남부 정치인 토머스 제퍼슨은 1800년대 초 그의 버지니아 농장에서 곡물을 맥아화하여 양조했습니다. 미국 남북전쟁The Civil War, 1861-1865년으로 남부에 있던 몇 안 남은 양조장들의 대부분이 파괴되었고, 전쟁이 끝난 후부터 금주령 시작 전까지는 양조장 중 몇 군데만 남았습니다.

일부 학자들은 사우스이스트의 느린 성장은 지역의 종교적 뿌리와 연관되어 있다고 생각합니다. 금주령 운동은 사우

맥주 애호가들은 '펍사이클(pubcycle)'을 타고 노스캐롤라이나의 에일 트레일인 애슈빌(Asheville)을 둘러볼 수 있습니다.

스이스트 지역에서 미국의 어떤 지역보다 더 강렬하게 음주와 양조계에 영향을 주었습니다. 장기화된 경기 침체와 더운 기후는 사태를 더 악화시켰습니다. 그러나, 맥주계는 다시 떠오르고 있으며, 흥미로운 방식으로 성장하고 있습니다.

1980년대와 90년대에 모험적인 사람들이 유입되면서 남부 양조계는 활기를 띠게 됩니다. 바이에른 이민자인 울리 베네비츠Uli Bennewtiz는 독일 라거를 너무 그리워했습니다. 그래서 자신만의 펍을 열 수 있도록 그는 노스캐롤라이나North Carolina에서 브루펍이 합법화되도록 힘을 보탭니다. 경제적 호황으로 지역에 돈이 유입되었고, 전에 없던 곳에 마이크로 펍이나 양조장들이 나타나기 시작했습니다.

사우스이스트 지역의 양조 성공 사례 중 일부는 작은 도시에서 일어났습니다. 노스캐롤라이나 주의 애슈빌Asheville은 미국에서 인구당 양조장 숫자가 두 번째로 높은 지역이며, 번성하고 있는 맥주계의 안식처가 되었습니다. 이곳은 시에라 네바다Sierra Nevada와 뉴 벨지움New Belgium과 같은 다른 지역의 대형 브랜드의 이스트 코스트 아웃포스트East Coast outpost를 포함해 14개의 양조장이 있습니다. 이 지역이 꽃을 피우기까지는 오랜 시간이 걸렸지만, 미국 맥주 지도에서 점차 영역을 확보해 나가고 있습니다.

개릿 올리버와 함께하는 맥주 테이스팅

플로리다 바이세(Florida Weisse)

독일 지역적 사워 맥주인 베를리너 바이세(Berliner Weisse)를 기반으로 한 떠오르는 맥주 스타일인 플로리다 바이세(Florida Weisse)는 상쾌한 신맛을 기본으로 하며, 여기에 여러 시트러스나 열대과일 풍미가 더해집니다.

ABV 3-5% | IBU 4-8

향 밝은 프루티함, 종종 라임 제스트와 다른 과일의 풍부한 향

외관 금색에서 밝은 핑크, 오렌지색, 또는 붉은색. 사용하는 과일에 따라 색깔이 달라짐

풍미 라이트, 드라이, 과일의 풍미와 상쾌한 산미

마우스필 좋은 탄산감, 시큼함, 강렬함, 갈증이 해소되는 느낌

잔 튤립 잔

푸드 페어링 고트 치즈, 판나코타(panna cotta), 새우 요리, 피시 타코

추천 크래프트 맥주 쿠퍼테일 브루잉 컴퍼니 구아바 패션 (Coppertail Brewing Company Guava Passion)

local flavor

최초의 캔맥주 The First Canned Beer

그릴에서는 햄버거를 굽고 아이들은 풀장에서 노는 모습과 함께 미국 여름 모임에서 캔맥주가 친숙하게 등장하지만, 항상 그래 왔던 것은 아닙니다. 캔음식은 1800년대 초기에 발명되었지만, 여러 가지 사정으로 캔맥주는 시장에 늦게 나오게 되었습니다. 초기 캔은 탄산에 의해 형성된 내부 압력을 견딜 정도로 강하지 않았으며, 금속(metallic) 맛이 나기도 했습니다. 세계 최초로 탄생한 첫 캔맥주는 1935년도에 판매되었으며, 버지니아(Virginia) 주의 리치몬드(Richmond)에서 캔맥주 시음을 해 보았던 운이 좋았던 사람들은 병맥주보다는 거의 드래프트 맥주 같았다고 합니다. 이후에 캔맥주는 병맥주와 케그에 포장된 맥주보다 품질이 떨어지는 맥주라는 평판을 얻었지만, 크래프트 양조장들은 이런 평판을 바꾸고 있습니다. 더 많은 품질 좋은 맥주가 캔에 병입되면서, 피크닉에 더 많은 종류의 맥주를 가지고 갈 수 있게 되었습니다.

크래프트 양조장들은 점차 캔맥주 생산을 늘리고 있습니다.

지역 맥주

사우스웨스트 & 텍사스

피어나는 목마름

뉴멕시코의 타오스 스키 밸리(Taos Ski Valley)의 바바리안 로지(Bavarian Lodge)에서 스키 타는 사람들이 햇빛 아래에서 아프레 스키(apres-ski) 맥주를 즐기고 있습니다.

사우스웨스트Southwest의 붉은 암석 언덕과 텍사스의 마른 골짜기는 맥주가 떠오르는 지역은 아닙니다. 이곳은 건조하고 햇볕이 강한 땅이라 양조하는 데 어려움이 있었지만 1850년대 충실한 개척자들이 형성한 오랜 맥주의 역사가 있습니다. 이 지역의 더운 열은 맥주를 빨리 상하게 했기 때문에 열은 맥주 양조에 있어서 주요 문제였습니다. 그래서 맥주를 발효하고 보관하기에 충분히 낮은 온도인 겨울에 주로 맥주를 양조했습니다. 1800년대에 독일 이민자들의 사우스웨스트 지역에 유입되었지만, 그들이 좋아했던 라거를 숙성하기 위해서는 지속적으로 낮은 온도가 필요했습니다. 그러나 냉장 시설이 없었기에 어려운 일이었습니다. 소량의 맥주만 생산할 수 있었지만, 이러한 어려움도 진취적인 양조사들의 끊임없는 시도를 멈출 수는 없었습니다.

윌리엄 A. 멩거William A. Menger의 웨스턴 브루어리Western Brewery가 텍사스 주의 샌안토니오San Antonio에 문을 연 이래 1855년부터 상업 양조장들이 속속 나타나기 시작했습니다. 이 당시의 다른 양조장들처럼, 이 양조장의 성공은 매우 짧았습니다. 철도가 생기면서 다른 주에서 만든 맥주가 사우스웨스트 지역으로 유입되어 지역 양조장들을 압박하였기 때문입니다. 그러고 나서 지역 양조장에게 종말을 알리는 금주령이 시작되었습니다. 1883년에 아돌프 부시Adolphus Busch가 공동 설립한 론 스타 브루어리Lone Star Brewery는 최신식 기술과 매우 많은 자본을 가지고 있었지만 이 당시에는 강제로 문을 닫을 수밖에 없었습니다.

금주령 시기 이후에 사우스웨스트 지역의 양조장 수는 다시 증가했지만, 양조장들은 합병이라는 다른 위협에 직면했었습니다. 금주령 이후에 많은 우여곡절을 겪고도 살아남아 존경받는 애리조나 브루잉 컴퍼니Arizona Brewing Company는 1985년에 캐나디안 브루어리스Canadian Breweries가 최종적으로 인수했습니다. 그러나, 사우스웨스트 지역의 양조장들은 아직 희망이 많이 남아 있습니다. 텍사스, 애리조나, 뉴멕시코New Mexico 주는 법을 바꿔서 마이크로 브루어리가 상당히 많이 증가하고 있으며, 그중 일부는 미국에서 가장 혁신적인 양조장이라는 평을 받고 있습니다. 사우스웨스트 지역은 미국의 대표 스타일인 와일드즉흥 발효 에일과 배럴 숙성 맥주가 특화된 지역입니다. 2016년 기준으로 텍사스에는 189개의 양조장이 있으며, 애리조나에는 78개, 뉴멕시코에는 45개가 있으며, 사우스웨스트 지역의 어려운 환경 속에서 피어나고 있는 크래프트 맥주는 마치 가뭄 끝 단비에 피어나는 사막의 꽃 같습니다.

개릿 올리버와 함께하는 맥주 테이스팅

아메리칸 와일드 에일(American Wild Ale)

야생 효모와 박테리아 균주를 사용해 발효한 아메리칸 와일드 에일은 최고의 복잡성과 펑키함이 있습니다.

ABV 다양함 | IBU 다양함(하지만, 보통 상대적으로 낮으며, 5–20 정도)

향 다양한 향, 종종 열대과일의 푸르티함과 얼씨한 마구간 같은 펑키함이 혼합된 향

외관 옅은색–검은색

풍미 주로 산미가 있고, 얼씨하고, 프루티하고(하지만 달지는 않음), 다소 펑키한 풍미

마우스필 전반적으로 탄산감과 꽉 차는 풍부함이 느껴지지만, 그러나 균형감, 구조감, 복잡성이 느껴짐

잔 튤립, 스템드 화이트 와인 잔

푸드 페어링 치즈와 디저트 종류

추천 크래프트 맥주 제스터 킹 브루어리 에이트리얼 루비사이트(Jester King Brewery's Atrial Rubicite)

local flavor

지역 재료를 사용해 와일드 맥주를 만들다 Going Wild With Local Ingredients

맥주를 만들 때 필요한 4가지 재료 중에 보통 물만 지역에서 나오는 유일한 재료입니다. 알맞은 기후와 토양의 조건이 필요하기에 보리와 홉을 재배하기는 어렵고, 대부분의 효모는 연구소에서 배양됩니다. 그러나, 텍사스의 힐 컨트리(Hill Country) 지역 양조사들은 맥주 세계에서 흔하지 않은 시도를 합니다. 바로 4가지 필수 재료 모두 자신의 뒤뜰에서 구해 사용합니다. 이 지역의 환경에서 보리와 홉을 재배할 수 있으며, 제스터 킹(Jester King)과 라이브 오크(Live Oak) 같은 양조장들은 주변 식물에서 지역 효모와 미생물을 채취합니다. 즉흥(오픈 또는 와일드) 발효 과정은 맥즙을 공기에 노출시켜 자연스럽게 효모 균주가 맥즙에 들어가 발효라는 마법을 부리는 과정입니다. 이러한 자연에서 얻은 미생물과 알고 있는 효모 균주와 박테리아를 함께 사용해서 힐 컨트리 양조장들은 센트럴 텍사스의 목초지와 농장의 특징을 잘 반영하는 펑키하고 풍미가 가득한 팜하우스 에일(farmhouse ale)을 만듭니다.

와일드 에일에 독특한 풍미를 더하는 데 도움을 주는 공기 중에 떠다니는 미생물들은 야생꽃에서 번식합니다.

뛰어난 벨기에 스타일 맥주를 만드는 지역으로 알려진 캐나다 퀘벡(Quebec)의 호텔 프롱트낙(The Hotel Frontenac)은 지역의 랜드마크입니다.

캐나다

라거의 땅

여성 정착민인 마리 롤레Marie Rollet, 예수회 성직자인 프레아 앙부르아즈Frere Ambroise, 그리고 민병대 대위인 루이스 프뤼돔Louis Prudhomme 같은 개인들이 처음으로 대중을 위해 맥주를 만든 곳은 어디일까요? 바로 캐나다의 초기 신세계 정착지입니다. 캐나다의 양조 역사는 프랑스 정착민들이 유럽 맥주를 지금의 퀘벡Quebec인 뉴프랑스New France로 가져왔던 1600년대로 거슬러 올라갑니다. 풍부한 곡물과 시원한 기후는 이곳에 정착한 초기 양조사들이 유러피안 스타일의 맥주를 만드는 데 도움이 되었습니다.

통계를 기준으로 판단한다면, 캐나다 사람들은 맥주를 사랑합니다. 국민의 57%가 맥주를 다른 주류보다, 특히 자국에서 생산되는 맥주를 선호합니다. 2015년에 캐나다에서 소비된 19,350,290배럴22,707,133hL의 맥주 중 84%는 캐나다에서 양조된 맥주였습니다. 뉴펀들랜드Newfoundland의 바위 해안부터 브리티시 콜롬비아British Columbia의 산맥들까지, 캐나다는 양조사에게 많은 장소와 새롭게 도전할 많은 재료를 제공하는 나라입니다.

프랑스인들은 뉴프랑스지금의 퀘벡에 맥주를 가져왔지만, 맥주는 영국군과 영국 식민지 개척자들과의 관계를 증진시키는 데 아무런 도움이 되지 않았습니다. 7년 전쟁Seven Years' War이 끝난 1763년, 프랑스는 영국에 항복을 했습니다. 그 후 영국의 통치로 상업 양조 산업이 출현하게 되었고, 영국 양조 기술들이 도입되면서 캐나다 양조 방식을 형성했습니다. 제1차 세계대전이 발발하기 전, 캐나다 맥주계는 양조장이 117개까지 늘어날 정도로 성장했습니다.

20세기가 되면서 시작된 금주령의 여파로 모든 것이 복잡해졌습니다. 연방법은 알코올 생산을 규제했고, 여러 지역의 금주법은 알코올 판매와 소비를 규제했습니다. 이러한

한눈에 보는 캐나다 행정구역의 금주 역사

1927년 캐나다의 규모
Alberta 주 또는 영토
(1916-1923) 금주법 연도

위 지도는 1927년 캐나다의 주 경계를 보여 줍니다.

연방법과 주법의 차이로 캐나다 양조장들은 미국 금주령 시기에 캐나다에서 생산한 맥주의 80%를 합법적으로 미국에 수출하면서수입은 불법이지만 큰 이득을 보았습니다. 1931년, 프린스 에드워드 아일랜드Prince Edward Island 주를 제외한 모든 지역은 정부 규제 체제에 우호적인 금주령으로 바꾸었고, 대부분의 지역에 여전히 남아 있습니다.

변화의 바람

제2차 세계대전 이후 합병으로 캐나다 양조장 수는 감소했습니다. 1980년대에는 단, 10개의 양조장만 남게 되었고, 이들 중 3곳인 라바트Labatt, 몰슨Molson, 칼링 오키프Carling O'Keefe가 맥주 시장의 95% 이상을 독점했습니다. 캐나다 맥주 스타일은 아메리칸 페일 라거 한 가지로 줄어들었습니다. 라거는 여전히 캐나다 사람들이 선호하는 맥주 종류이지만, 맥주 스타일의 다양성 역시 증가하고 있습니다.

1980년대 캐나다 맥주 시장은 매우 균일했지만, 이 시기는 캐나다에서 크래프트 맥주계가 출현할 수 있는 여지를 만드는 변화를 가지고 왔습니다. 여러 곳의 주 정부는 여러 마이크로 브루어리에 주류 생산 면허를 발급해줘야 하는 압박에 부딪혔지만, 캐나다에서 새롭게 만들어진 맥주 관련 단체들은 다양한 맥주 스타일이 나오도록 촉진시켰습니다.

캐나다의 초기 마이크로 브루어리들은 1980년대와 1990년대 초에 설립됐지만, 모두가 다 성공하지는 못했습니다. 살아남은 마이크로 브루어리는 크래프트 산업의 주요 근간이 되었고 캐나다의 수백 곳의 브루어리와 함께 현재 캐나다의 크래프트 맥주 부흥의 길을 만들어 가고 있습니다. 대부분의 캐나다 크래프트 브루어리는 마이크로 브루어리입니다. 이러한 마이크로 브루어리는 소규모에, 수가 많았고, 지역 풍미로 가득한 스타일을 만들었던 시기를 떠오르게 합니다.

local flavor

캐나다 아이스 비어 Canadian Ice Beer

아이스 비어(ice beer)가 마케팅 용어가 아니라면 무엇을 의미할까요? 아이스 비어의 핵심은 분별동결(fractional freezing)이라고 불리는 과정입니다. 맥주를 빙점 이하의 온도로 낮추면, 맥주가 함유하고 있는 물의 일부는 얼게 되는 반면에 알코올은 액체 상태로 남아 있게 됩니다. 캐나다 스타일의 아이스 비어는 아메리칸 스타일 페일 라거를 분별동결(fractional freezing) 과정을 통해 얼음 결정체, 탄닌, 홉과 곡물 껍질에서 나오는 쓴 요소들을 제거하고 신선한 물을 다시 넣어서 만듭니다. 이렇게 해서 만들어진 아이스 비어는 알코올이 약간 느껴지고, 순하고, 쓴맛이 적습니다.

1990년대 아이스 비어는 캐나다에서 무척 유행했습니다. 몰슨과 라바트의 경쟁적인 브랜드 홍보 역시 인기에 한몫을 했고, 아이스 비어는 매우 빠르게 성장해 캐나다 전체 맥주 시장에서 10%를 차지하게 되었습니다.

아이스 비어는 캐나다의 상징적인 맥주이지만, 분별동결 기술은 캐나다에서 발명된 기술이 아닙니다. 이 기술은 1980년대 독일에서 실수로 우연히 발명되었습니다. 전설에 따르면 일에 지친 젊은 양조장 직원이 다음 날 출근해서 다시 셀러로 옮길 계획으로 도펠복(doppelbock) 케그 몇 개를 독일 쿨름바흐(Kulmabach)의 라이헬브로이(Reichelbrau) 밖에 두고 갔습니다. 도펠복이 담겨 있던 맥주통이 밤 사이 추운 기온 때문에 얼게 되었고, 맥주 역시 일부가 얼었습니다. 화가 많이 난 상사는 젊은 양조사에게 그에게 모든 맥주를 마시라고 벌을 주었지만, 이 벌은 매우 행복한 벌이 되었습니다. 이 알코올이 느껴지고 단맛이 있는 맥주는 아이스복(eisbock) 스타일의 기반이 되었고 캐나다 아이스 비어의 원조격이라 할 수 있습니다.

밴쿠버(Vancouver)의 크래프트 비어 마켓(Craft Beer Market)과 같은 탭룸은 많은 맥주 종류를 보유하고 있어서 주민들이 맥주 맛을 다양하게 경험하도록 도와줍니다.

Speak easy

캐나다에서 건배를 말하는 법

캐나다 대부분의 지역에서 건배를 하는 방법은 꽤 간단합니다. 영어권 지역에서는 테이블 위로 잔을 올리고 '건배(Cheers!)'라고 외치면 됩니다. 그 외의 지역에서는 지역의 언어로 말하면 됩니다.

프랑스어권인 퀘벡에서는, **레스토랑**(brasserie / BRA-sir-REE)이나 펍에서 **맥주**(bière / bee-YAIR) 잔을 들어 올리거나, 또는 **편의점**(dep, depanneur의 줄임말이며, 맥주나 저렴한 와인을 파는 편의점)에서 구매한 후, 높게 들어올리고, '**건배**(Santé! / soun-TAY)'라고 말하면 됩니다.

그리고 더 이상 쓰지 않는 '**치모**(Chimo / CHEE-mo)'도 있습니다. 퀘벡 북쪽 언개버(Unga-va) 지역의 이누이트의 인사말을 영어식으로 적용한 '치모'는 '안녕하세요.' '안녕히 가세요.' 또는 '무사하기를 바랍니다'와 같은 여러 가지 뜻일 수 있습니다. 정치인들은 연방 정부의 법으로 공식적으로 이 단어를 캐나다 단어로 채택했지만, 이 단어는 결코 캐나다 어휘 목록에 등재되지 않았습니다.

캐나다의 여왕(그리고 영국)이나 다른 국가 원수를 만나는 일이 생길 수 있다면, **로열 토스트**(loyal toast)를 알아두면 좋습니다. 건배를 제의하는 사람이 일어나면 함께 일어서세요. 병을 들어 올린다면 무례한 행동이기에 잔을 눈높이까지 들어 올리세요. 주최자나 건배를 제의하는 사람의 말(예를 들어, '여왕 폐하를 위하여(TheQueen)!')을 따라 한 후, 마시세요. 단, **잔을 쨍그랑하듯이 부딪히는 소리를 내지 마세요.**

비어 가이드

맥주 애호가들의 필수 코스

캐나다는 다른 맥주 스타일이 혼합된 곳이며 이러한 맥주들을 마시기에 아름다운 장소입니다. 캐나다 양조사들이 추천하는 다음과 같은 멋진 장소에 가 보세요.

1 | 스피나커 개스트로 브루펍 (Spinnakers Gastro Brewpub)

빅토리아(Victoria),
브리티시 컬럼비아(British Columbia)

빅토리아는 지역 재료와 계절 재료를 사용하는 혁신적인 양조장을 방문하기에 아름다운 곳입니다. 캐나다의 오리지널 브루펍 중 하나인 스피나커 개스트로 브루펍은 빅토리아의 내항이 보이는 역사가 있는 건물에서 소규모 배치로 생산한 맥주와 '팜투포크(farm to fork)'형 음식과 페어링을 제공합니다.

2 | 나이아가라 칼리지 티칭 브루어리 (Niagara College Teaching Brewery)

나이아가라 온 더 레이크(Niagara-on-the-Lake), **온타리오**

비어 가이드에 대학교 이름 실린 것이 이상해 보일 수도 있지만, 특히 맥주 분야에

특화된 대학교는 주목할만한 가치가 있습니다. 나이아가라는 학생들에게 어떻게 맥주를 만들고 양조장에서 어떻게 커리어를 준비해야 하는지에 초점을 맞추어 교육하며, 수업 중 프로젝트의 일환으로 만든 맥주를 마시는 것을 권장합니다. 학생들이 만든 라거와 에일을 마시러 가 보세요.

3 | 인디 에일 하우스(Indie Ale House)

토론토(Toronto), **온타리오**(Ontario)

토론토 근처의 정션(Junction)에 위치한 작은 브루펍으로 매우 많은 종류의 맥주가 있습니다. 이곳의 대표 맥주는 4개이며, 최소 50여 개 이상의 희귀한 맥주, 일회성으로 출시한 맥주, 다른 양조장과 콜라보레이션한 맥주를 만들었습니다. 이곳을 방문했을 때 어떤 맥주가 있을지는 알 수 없습니다. 도수가 11%이고 IBU가 100인 임페리얼 IPA 맥주인 코크펀처(Cockpuncher)가 있다면 마셔 보세요.

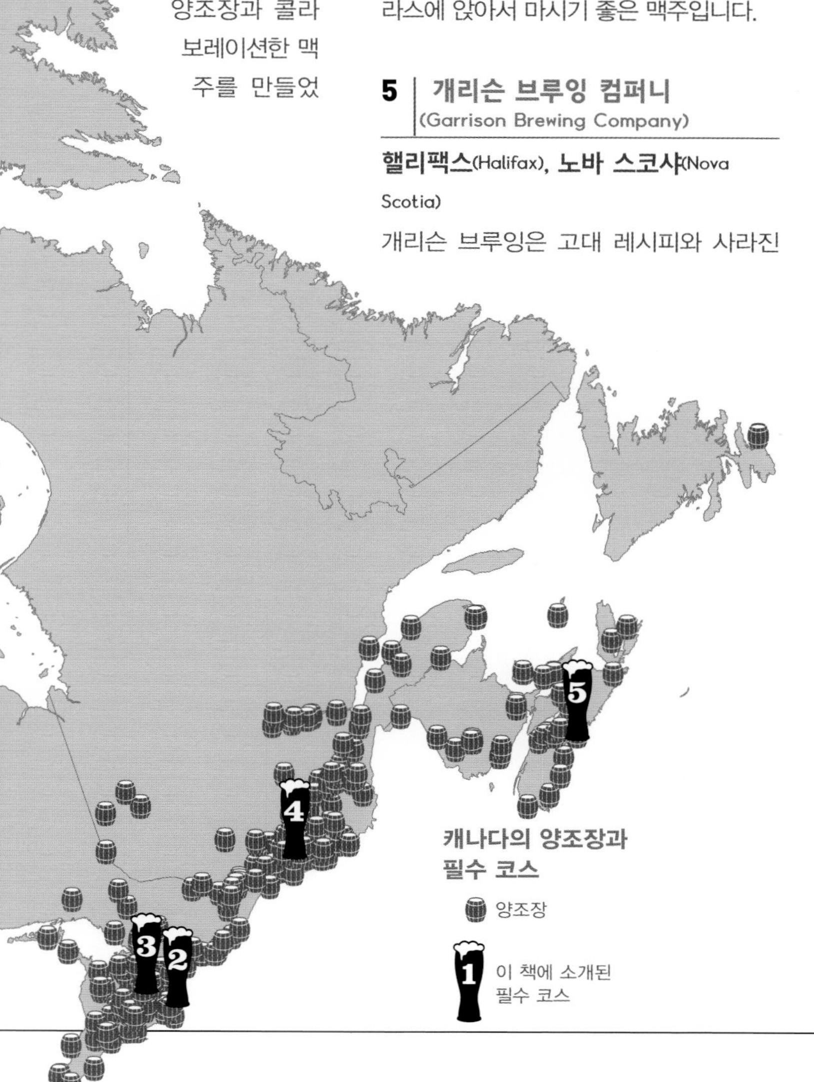

4 | 듀 두 시엘!(Dieu du Ciel!)

몬트리올(Montreal), **퀘벡**(Quebec)

양조장 이름의 뜻이 '세상에!' 라면, 이곳의 맥주가 아주 맛있다는 것을 알 수 있습니다. 듀 두 시엘은 클래식한 스타일을 뛰어넘는 맥주를 만듭니다. 히비스커스(hibiscus) 꽃, 벨기에 맥주, 헤페바이젠을 좋아한다면, 로제 드히비스커스 벨지안 히비스커스 위트 비어(Rosee d'Hibiscus Belgian hibiscus wheat beer)가 좋아할 만한 맥주입니다. 이 맥주는 여름 저녁에 브루펍의 테라스에 앉아서 마시기 좋은 맥주입니다.

5 | 개리슨 브루잉 컴퍼니 (Garrison Brewing Company)

핼리팩스(Halifax), **노바 스코샤**(Nova Scotia)

개리슨 브루잉은 고대 레시피와 사라진 맥주 스타일을 부활시켰습니다. 스프러스 맥주(Spruce Beer)는 지역의 가문비나무와 전나무 윗잎, 검은 당밀(molasses), 대추를 사용해 만든 최신 버전의 스트롱 에일이지만, 북아메리카의 가장 오래된 맥주 스타일 중 하나를 알맞게 해석해서 만든 맥주입니다.

6 | 유콘 브루잉 (Yukon Brewing)

화이트호스(Whitehorse), **유콘**(Yukon)

캐나다 최북단에 위치한 이 양조장은 '얼릴 가치가 있는 맥주'를 만듭니다. 캐나다 북쪽으로 가서 상을 받은 앰버 에일과 나무 1,500그루에서 추출한 수액으로 만든 독특한 업 더 크릭 버치 삽 에일(Up the Creek Birch Sap Ale)을 마셔 보세요.

7 | 밴쿠버 브루잉 디스트릭트 (Vancouver's Brewing Districts)

밴쿠버(Vancouver), **브리티시 콜롬비아**(British Columbia)

이 해안가 도시 지역은 여러 양조장들을 자랑스럽게 여기고 있습니다. 이스트 밴쿠버(East Vancouver)의 많은 양조장들을 살펴보거나 100년 이상의 양조 역사를 가진 브루어리 크릭(Brewery Creek) 구역을 다녀 보세요.

사진(Photos)

1 스피나커는 캐나다 크래프트 맥주계의 초기 개척자입니다. **6** 유콘의 화이트호스 다운타운은 도시의 개척 정신을 보여줍니다.

지역 맥주

웨스트코스트 & 퀘벡

신선한 홉과 구세계의 떼루아

장엄한 산 소나무 숲과 높은 산맥이 있는 브리티시 컬럼비아British Columbia는 캐나다의 크래프트 맥주 운동에 뿌리가 깊은 곳입니다. 1979년 캐나다의 가장 큰 양조장이 노동자들의 파업으로 맥주가 떨어지자, 캐나다 최서단 지방 정부는 이러한 맥주 가뭄 문제를 해결하고자 임시로 미국 맥주 수입을 허락했습니다. 그러나, 맥주 수입은 늦어졌고, 사람들은 이에 매우 분개했습니다. 이러한 대중의 분노는 정책의 변화와 개혁의 증가를 부추겼고, 곧 브리티시 컬럼비아의 양조장들은 다시 맥주를 생산하게 되었습니다. 크래프트 맥주 운동의 개척자 중 한 명이 바로 존 미첼John Mitchell입니다. 존 미첼은 영국인으로 캐나다의 첫 번째 마이크로 브루어리인 홀스슈 베이 브루어리Horeshoe Bay Brewery를 1982년에 설립했고, 첫 브루펍인 스피나커Spinnakers, 172쪽 참조를 1984년에 열었습니다. 시간이 흘러 30년 후, 브리티시 컬럼비아에는 100개 이상의 크래프트 양조장이 있으며, 메트로 밴쿠버Metro Vancouver 지역에는 수십 개의 양조장이 있어 캐나다 크래프트 맥주 수도라는 타이틀을 얻게 되었습니다.

양조를 넘어서서는, 브리티시 컬럼비아는 홉 생산 역시 부흥했습니다. 1892년에 홉을 처음으로 심었고 1940년대에는 캐나다의 가장 큰 홉 재배 지역이 되었습니다. 산업의 통합과 다른 지역의 낮은 농업 비용은 결국 브리티시 컬럼비아의 홉 생산 산업을 무너뜨렸지만, 2006년 전 세계적인 홉 부족 현상으로 이곳의 홉 농사는 부활하게 되었습니다. 홉을 재배하기에 알맞은 기후를 가진 캠프루스Kamloops 도시 외곽은 홉 농사의 신흥 지역입니다.

프랑스인의 감각

퀘벡 지역은 전형적인 캐나다의 황무지와 영광스런 유럽의 유산이 잘 섞인 곳으로, 좋은 음식과 술을 즐기는 것을 삶의 환희라고 여기는 곳입니다. 와인을 좋아하던 첫 정착민들이 프랑스에서 뉴프랑스의 동쪽 지방에 도착했을 때, 그들은 포도를 재배할 수 없다는 것을 알게 되었습니다. 그리하여 자연스럽게 이들이 선택한 술은 맥주가 되었습니다. 뉴프랑스 지역 예수회 선교회의 수도원장인 프레레 르죈Frère LeJeune은 선교를 하는 동안 마실 맥주를 만들기 위해 1647년에 맥주 양조를 시작했습니다. 4년 후, 루이스 프뤼돔Louis Prud'homme은 몬트리올에 오늘날의 첫 상업 양조장을 설립하기 위해 칙령을 받았습니다. 뉴프랑스의 첫 대외적인 수상인 장 밥티스트 탈롱Jean-Baptiste Talon은 1667년 루이 16세Louis XVI에게 양

local flavor

풀어진 관련법 Looser Laws

프랑스어권인 퀘벡의 맥주 규제는 캐나다 다른 지방들의 법과 유사한 것 이상으로 프랑스 법을 반영하고 있습니다. 퀘벡 지역은 앨버타(Alberta)와 매니토바(Manitoba)와 함께 법적으로 음주 가능 나이가 18살로 캐나다에서 가장 어립니다. 또한, 퀘벡은 가장 낮은 맥주 세금을 부과하며, '2–4'(24개의 맥주를 뜻하는 캐나다 용어)의 평균 세금은 이웃 지역인 온타리오(Ontario)보다 35%가 낮습니다. 퀘벡의 양조장들은 소매업자에게 바로 맥주를 팔 수 있지만, 다른 지역 정부들은(앨버타를 제외하고) 맥주 유통을 통제합니다. 많은 지역에서도 맥주를 개인 사업장에도 팔 수 있도록 허락하기 시작했지만, 퀘벡의 여러 지역 편의점에서는 수년 동안 맥주를 팔아왔습니다. 편의점에서 낱개로도 구매할 수 있기 때문에 '2–4' 대신에 맥주 한 잔을 마시고 싶은 분들은 두려워할 필요가 없습니다. 건배(Santé!)!

브리티시 컬럼비아의 로키 산맥(Rocky Mountain)의 경치는 많은 양조장들에게 멋진 배경을 제공해 줍니다.

조장 설립 허가를 받았습니다. 와인과 증류주 생산이 증가했고, 알코올 남용이 큰 문제로 떠올랐습니다. 영국이 뉴프랑스를 점령한 지 3년 후인 1762년에 알코올의 남용을 막기 위해 알코올 판매에 규제를 부과했습니다.

1780년대 영국 왕당파 사람들British loyalists은 새롭게 건설된 미국을 떠나 뉴프랑스로 오게 됩니다. 새로운 시장을 활용하겠다는 열망을 가진 존 몰슨John Molson은 그의 첫 양조장을 1786년에 개장합니다. 문을 연 첫 해에 생산한 4,000임페리얼갤런4,800 U.S. 갤런은 빠르게 다 팔렸습니다. 2세기가 지난 후, 퀘벡에는 총 6개의 대형 양조장이 있습니다. 그러나, 퀘벡 사람들은 많은 애드정트 라거에서 독특한 무언가를 갈망하는 것처럼, 원래 기호에서 벗어난 것을 마셔 보고 싶은 문화적 성향이 있습니다. 이러한 갈망은 1990년대 유니브로Unibroue의 성공에 견인차 역할을 했습니다. 이 양조장은 북아메리카에서 처음으로 애비 스타일abbey style 맥주를 생산해 소비자들에게 벨기에 스타일 에일을 소개한 곳입니다. 퀘벡에 2000년 기준으로 90개의 양조장이 있었지만, 그 수가 점점 증가해 2015년에는 160개가 되었습니다.

웨스트 코스트(West Coast)

프루트 비어(Fruit Beer)

캐나다 웨스트코스트 지역의 양조사들은 오랫동안 과일을 사용해 맥주를 생산하고 있습니다. 이러한 모든 맥주가 뚜렷한 산미를 가지고 있지는 않지만, 최고의 프루트 비어는 과일과 곡물의 풍미를 잘 통합한 맥주입니다.

ABV 다양함, 보통 4–7% | IBU 5–12

향 맥주에 사용한 과일의 생기 있고 프루티한 향, 얼씨(earthy)하고 펑키(funky)한 향을 주기 위해 때로는 야생 효모가 사용됨

외관 사용하는 과일에 따라 색깔이 다름

풍미 한때 많은 프루트 비어가 주로 달았지만, 요즘은 드라이하고 더 산미가 느껴짐

마우스필 드라이, 시큼함, 리프레싱

잔 튤립, 화이트 와인 잔, 또는 샴페인 플루트 잔

푸드 페어링 돼지고기 요리, 카리브해 지역 해산물 요리, 고트 치즈, 초콜릿 디저트

추천 크래프트 맥주 포스트마크 브루잉 라즈베리(Postmark Brewing Raspberry)

퀘벡(Quebec)

트리펠 스타일 골든 에일 (Tripel-Style Golden Ale)

프랑스 문화의 영향으로 애비 에일에 대한 선호가 있습니다. 이러한 스타일의 맥주는 프랑스인이 중요하게 생각하는 음식과의 조화가 좋아 높게 평가됩니다.

ABV 9–10% | IBU 22–25

향 프루티함, 스파이시, 복합적, 정향, 오렌지, 바나나 향

외관 고풍스러운 금색과 촘촘하고 지속력 있는 하얀 거품

풍미 매우 드라이하며, 프루티한 아로마와 알코올 도수로 인해 단맛처럼 느껴짐

마우스필 거품이 많이 느껴지며, 샴페인 같은 탄산감은 무스 같은 질감으로 이어짐

잔 튤립, 챌리스

푸드 페어링 구운 가금류부터 사냥 고기, 돼지고기 요리, 그릴에 구운 채소, 그리고 치즈까지 매우 다양한 음식과 페어링

추천 맥주 유니브르 라 팡 뒤 몽드(Unibroue La Fin Du Monde)

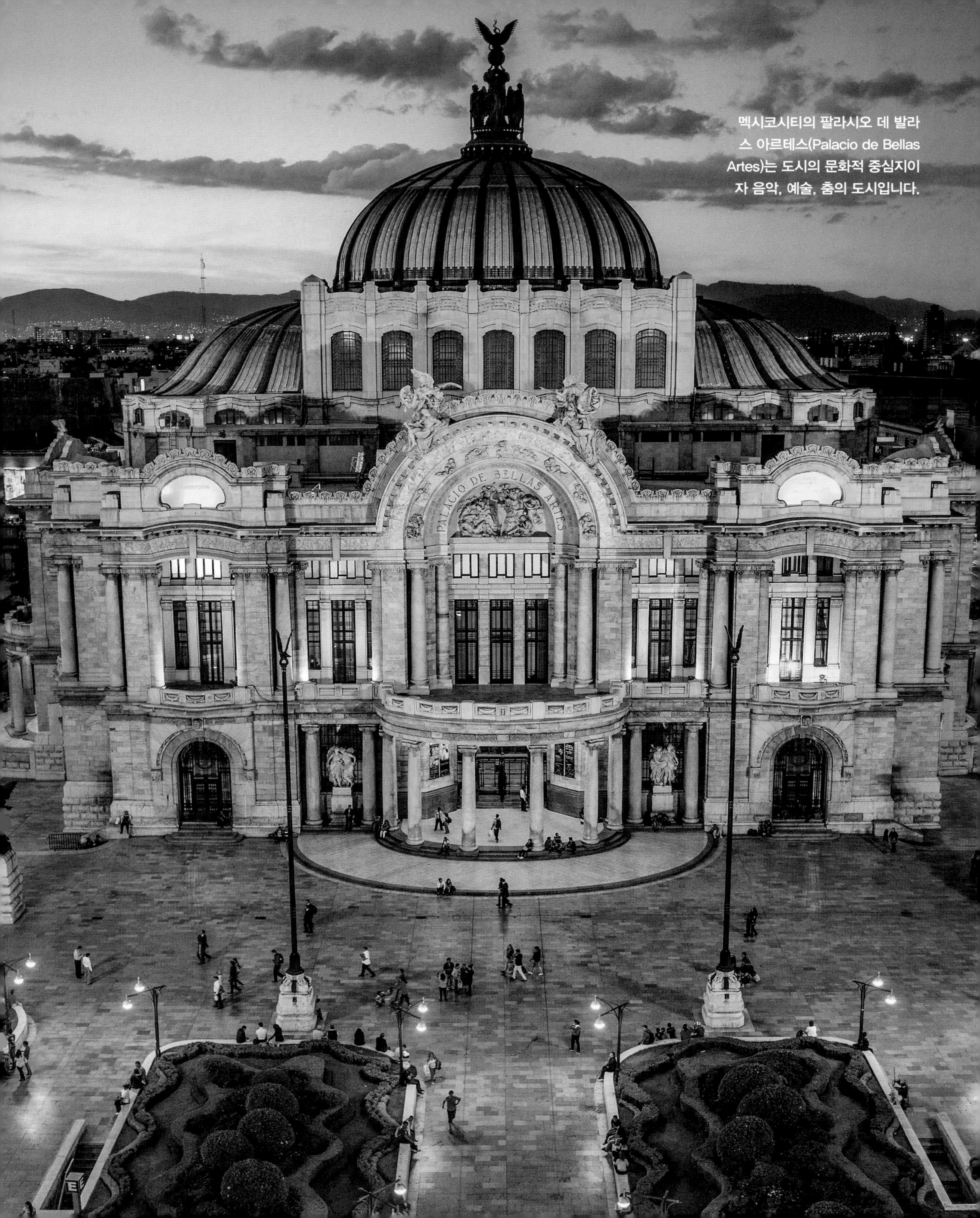

멕시코시티의 팔라시오 데 발라스 아르테스(Palacio de Bellas Artes)는 도시의 문화적 중심지이자 음악, 예술, 춤의 도시입니다.

멕시코

혁명 만세

한눈에 보는 멕시코의 주요 양조장 위치와 설립 년도

● FEMSA 양조장

● 모델로 양조장

Orizaba 도시

(1985) 설립 년도

대기업인 FEMSA와 모델로(Modelo)는 멕시코 맥주 시장의 대부분을 통제합니다.

멕시코 맥주는 해변가의 흔들리는 야자수 아래에서 마시는 페일 라거의 이미지를 연상시킵니다. 하지만, 라거는 멕시코가 제일 처음 선택한 맥주는 아니었습니다. 1500년대 스페인이 멕시코를 지배하기 훨씬 이전부터 멕시코에서는 지역 재료인 옥수수나 카카오 빈을 사용해 맥주를 만들었습니다. 마야Maya와 아즈텍Aztec 인들은 아가베agave 수액(아쿠아미엘acuamiel 또는 꿀물이라 불리는)을 발효시켜 저도수 술인 풀케pulque를 만들었고, 이 술은 당뇨병부터 불면증까지 모든 병을 고치던 만병통치약이었습니다. 그렇기는 하지만, 스페인 침략자들은 그들이 가져온 유럽 맥주를 마시는 걸 선호했고, 그들 스스로 맥주 만드는 것을 두려워하지 않았습니다. 알폰소 데 에레로Alfonso de Herrero는 1540년대에 스페인 왕으로부터 맥주를 양조할 수 있는 면허를 받았습니다. 그의 유럽 스타일 맥주 사업은 험난했지만, 몇몇 학자들이 북아메리카의 첫 양조장이라고 믿는 양조장을 설립한 공을 인정받았습니다.

막시밀리안 1세Maximillian I가 멕시코의 황제가 되었던 1800년대 중반 이전까지 맥주 산업은 멕시코에 뿌리를 내리지 못했습니다. 막시밀리안은 다크 비엔나 스타일 라거를 선호했고, 이러한 영향은 오늘날 빅토리아Victoria나 네그라 모델로Negra Modelo 같은 브랜드에서 뚜렷하게 나타납니다. 그의 재임 기간에 유럽인은 멕시코로 밀려들어왔고, 그들의 대부분은 멕시코의 가장 인기 있는 라거 스타일을 생산하던 독일인이나 오스트리아인이었습니다.

멕시코 양조장들은 1890년대 후반부터 1950년대까지 본격적으로 성장했습니다. 대형 양조장들이 장비를 현대화했고, 기술적인 측면을 발전시켰고, 크게는 교육기관을 설립해 멕시코 학생들을 교육시켜 외국 양조사들에 대한 의존도를 줄였습니다. 하지만, 풀케는 도시 중심지 이외 지역에서 사람들이 선호하는 술입니다. 그래서 양조장들은 시골 사람들이 맥주를 마시도록 유도하는 거대한 캠페인을 시작했습니다. 지역 사람들의 맥주에

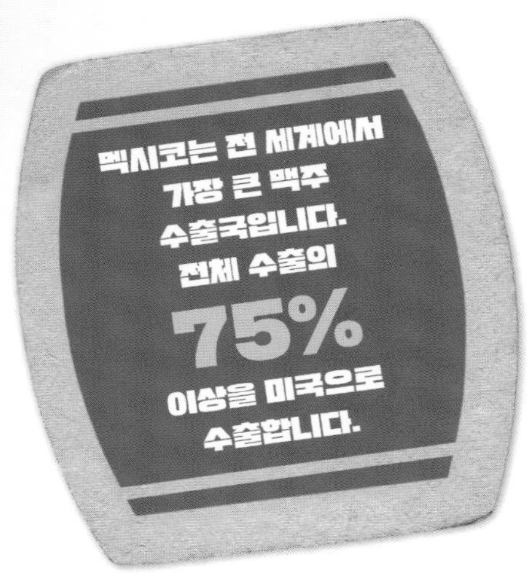

대한 관심이 증가하자, 멕시코 맥주는 또한 다른 나라에서 주목을 받기 시작했습니다.

전 세계적인 인정

1893년에 미국 시카고에서 개최된 만국박람회the World's Columbian Exposition와 미국의 금주법, 이 2가지 주요 사건이 멕시코 맥주의 세계화를 시작하게 만들었습니다. 세르베세리아 꾸아떼목Cerveceria Cuauhtemoc이 만국박람회의 맥주 대회에서 입상해 멕시코 양조장이 좋은 맥주를 만든다는 것을 증명했습니다. 금주령1920-1933년으로 미국인들은 국경 너머 멕시코에서 독일 스타일 맥주를 찾기 시작했고, 그로 인해 거래가 활발해지고 높은 이익이 생겼습니다. 이러한 점들은 외국 기업들을 끌어들여 시장에 진입하게 하였고, 이러한 외국계 기업들은 오늘날 멕시코 시장의 98%를 지배하고 있습니다. 2011년 멕시코는 네덜란드를 제치고 세계 최고의 맥주 수출국이 되었습니다. 멕시코가 맥주를 가장 많이 수출하는 나라는 여전히 미국입니다.

아티자날(크래프트)을 위한 투쟁

외국 기업이 소유한 대형 양조장이 계속해서 멕시코 국내 맥주 시장을 지배하고 있는 상황에서, 아티자날크래프트 맥주는 대중을 사로잡지는 못했습니다. 마찬가지로, 다른 곳에서 번영하는 여러 맥주 트렌드 또한 대중을 사로잡지는 못했습니다. 크래프트 브루어리는 멕시코 국내 시장에서 전체적인 판매량의 단지 1% 정도를 차지하지만미국은 12%입니다, 크래프트 맥주 산업은 2005년 이후 50%나 증가했습니다.

크래프트 맥주 산업의 상승은 구스타보 곤잘레스Gustavo Gonzalez가 멕시코시티에서 세르베사 코사코Cerveza Cosaco 마이크로 브루어리를 시작했던 1995년으로 거슬러 올라갑니다. 그 이후, 마이크로 브루어리의 수는 맥주 품질과 함께 계속해서 증가하고 있습니다.

local flavor

미첼라다 : 혼합된 맥주 칵테일 Michelada : Beer with a twist

칵테일을 좋아하는 대부분의 사람들은 마가리타(margarita)를 마셔봤을 것입니다. 그렇다면 미첼라다(michelada)는 무엇일까요? 미첼라다는 맥주, 토마토 또는 클라마토(Clamato, 조개와 토마토) 주스, 라임 주스, 우스터 소스, 테리야끼 or 핫소스, 그리고 향신료로 혼합해 만든 칵테일이며, 잔의 림 부분에 소금을 묻힌 잔에 주로 서빙합니다. 이 칵테일의 이름은 스페인어로 '나의 차가운 맥주'라는 뜻을 지닌 'mi chela helada'에서 유래했습니다. 바텐더는 미첼라다를 주조하기 전에, 바텐더는 종종 손님에게 어떤 라거를 원하는지 물어봅니다. 하지만 소스, 향신료, 라임 주스가 라거의 풍미를 거의 대부분 무력화하기 때문에 칵테일 맛에 크게 영향을 주지 않습니다. 이 칵테일의 인기를 자본화하기 위해 밀러 브루잉 컴퍼니(Miller Brewing Company)와 앤호이저 부시(Anheuser-Busch)는 각각 밀러 칠(Miller Chill)과 버드 첼라다(Bud Chelda)를 출시했습니다.

미첼라다 레시피는 멕시코 내에서도 매우 다양합니다.

멕시코의 크래프트 맥주 분야는 여러 이유로 미국과 같은 인기를 얻는 데 고전하고 있습니다. 첫 번째는 AB 인베브와 하이네켄 인터내셔널Heineken International이 멕시코에서 맥주 유통을 꽉 쥐고 있기 때문입니다. 멕시코에서 맥주를 흔히 파는 가장 큰 편의점 체인 중 하나는 FEMSA라고 불리는 음료 대기업 소유이며, 이 기업의 맥주 부서는 하이네켄이 소유하고 있습니다. 두 번째 이유는 소비자의 인구수와 인구 대비 비율 둘 다 작기 때문입니다. 세 번째 이유는 잠재 소비자들이 크래프트 맥주에 대해 교육을 받은 적이 없어 크래프트 맥주는 종종 알려지지 않은 상품이나 사치품으로 여겨집니다. 이러한 마이크로 브루어리가 처한 어려움에도 불구하고 멕시코의 크래프트 맥주계는 더 활기차고 다양하게 성장하고 있습니다. 양조사들은 높은 품질의 유러피안 라거, IPA, 스타우트, 포터 같은 스타일의 맥주를 생산하고 있습니다. 또한 다른 곳과는 다른 풍미를 가진 초콜릿이나 칠리와 같은 부재료를 넣어서 지역적인 풍미가 잘 드러나는 맥주를 소개하고 있습니다.

급속히 발전하는 멕시코 크래프트 맥주계는 할리스코(Jalisco)의 코스타 카레이에스(Costa Careyes) 같은 인기 있는 관광지에서 지역 주민과 방문객들을 사로잡고 있습니다.

비어 가이드

맥주 애호가들의 필수 코스

흔한 페일 라거의 시대 이후, 크래프트 맥주는 더디지만 확실히 멕시코 맥주 문화를 변화시키고 있습니다. 멕시코는 투명한 병에 포장된 맥주보다 더 많은 것을 가지고 있습니다.

1 노떼 브루잉 컴퍼니 (Norte Brewing Company)

티후아나(Tijuana),
바하칼리포르니아(Baja California)

해적이 묻어 둔 보물처럼 이 양조장은 찾기가 무척 힘듭니다. 그러나, 이 보물 같은 양조장은 티후아나 다운타운의 주차장 5층을 찾는 모험심 강한 사람을 기다리고 있습니다. 도시의 멋진 배경과 함께 좋은 크래프트 맥주인 펜트하우스 IPA(Penthouse IPA)를 마셔 보세요. 멕시코 국경의 북쪽에 있지만 펜트하우스 IPA는 잘 만든 웨스트코스트 IPA(West Coast IPA) 스타일 맥주입니다.

2 베라쿠르스 브루잉 컴퍼니 (Veracruz Brewing Company)

테헤리아(Tejeria), **베라쿠르스**(Veracruz)

성장하고 있는 멕시코 크래프트 맥주계는 안목 있는 음주가들을 위한 많은 훌륭한 에일을 보유하고 있습니다. 이 양조장은 매우 뜨겁고, 습한 테헤리아에 있으며, 열을 식히기 위해 차갑고 크리스피한 라거를 제공합니다. 이곳의 라거 라인업은 필스너와 비엔나 라거를 포함하고 있습니다. 이곳의 끄리오야 플젠(Criolla Pilsen) 필스너는 멕시코 최고의 필스너 중 하나입니다.

3 바하 브루잉 컴퍼니 (Baja Brewing Company)

산호세 델 카보(San José del Cabo), **바하 칼리포르니아 수르**(Baja California Sur)

바하칼리포르니아 반도의 남쪽 끝은 덥고, 바람이 많이 불고, 흙먼지가 많아 차가운 맥주를 마시기에 좋은 장소입니다. 이 지역의 첫 크래프트 양조장으로, 2006년에 설립되었습니다. 오늘날에는 이곳에서 가장 큰 양조장이 되었습니다. 이곳의 맥주는 지역 사람들과 관광객에게 매우 인기가 있습니다. 이곳의 대표 맥주인 카보텔로(Cabotella)와 호피한 멕시칸 IPA를 마셔 보세요. 카보텔로 맥주는 블론드 에일(blond ale) 스타일로 이곳의 양조사들이 '멕시코의 에일'이라 별명을 붙였습니다. 카보 빌라스 비치 리조트(Cabo Villas Beach Resort)의 루프탑 바에 가서 좋은 맥주와 아름다운 뷰를 감상해 보세요. 건배!(Salud!)

4 세르베세리아 칼라베라 (Cerveceria Calavera)

틀라넬판틀라(Tlalnepantla), **멕시코시티**(Mexico City)

도시의 서쪽에 위치한 이 크래프트 양조장은 기본적인 페일 에일과 스타우트를 생산한다는 점에서 멕시코의 대부분의 크래프트 양조장과 같습니다. 그러나 멕시코 대부분의 크래프트 양조장과는 다르게, 이곳의 설립자와 양조사는 덴마크 출신이며 벨지안 두벨과 트리펠을 생산합니다. 커피와 말린 칠리를 사용해 만든 뛰어난 블랙 IPA인 마쿠아후이틀(Maquahuitl)을 마셔 보세요.

5 세르베세리아 토이펠 (Cerveceria Teufel)

오악사카(Oaxaca), **오악사카**(Oaxaca)

크래프트 맥주계에서 매우 인기 있는 질문 중 하나는 '어떤 음식과 어떤 맥주를 페어링해야 하나요?'입니다. 이곳에서는 아가베(agave) 식물을 사용해 만든 증류주인 메즈칼(mescal)과 페어링합니다. 알코올을 섞는 게 내키지 않나요? 그렇다면, 아가베 시럽을 사용해 만든 구리색의 호피한 토이펠 77 아가베 허니 에일(Teufel's 77 Agave Honey Ale)을 마셔 보세요.

6 세르베세리아 미네르바 (Cerveceria Minera)

과달라하라(Guadalajara), **할리스코**(Jalisco)

과달라하라에 간다면 미네르바(Minerva)는 꼭 가야 합니다. 멕시코의 큰 맥주 대기업 2곳과 경쟁하지만, 오래된 테킬라 배럴에 숙성시킨 에일을 만드는 것처럼 위험을 감수할 수 있는 시도를 하는 진취성이 여전히 있습니다. 이 임페리얼 테킬라 에일(The Imperial Tequila Ale)은 멕시코에서 볼 수 있는 매우 독특한 맥주입니다. 실제로는 꽤 부드럽고 오크와 몰트의 향이 느껴집니다. 이 맥주를 마실 때 소금과 라임은 필요하지 않습니다.

사진(Photos)

1 죽은 자들의 날(Dia de los Muertos)은 술과 함께 죽은 자들을 기리는 축제입니다. **4** 노천 카페는 시원한 맥주를 즐기기에 제격입니다. **5** 오악사카 문화에서 음악은 매우 중요한 일부입니다. **6** 과달라하라(Guadalajara)에서 전통 춤은 고유한 특징입니다.

지역 맥주

바하 & 과달라하라

증가하는 갈증

해변가에서 마시는 맥주 멕시코의 다른 지역과 코르테즈 해the Sea of Cortez를 두고 떨어진 바하칼리포르니아는 쓸쓸한 사막, 바다 배경, 수영을 하고 맥주 마시기 좋은 해변이 760마일1,200km 정도 길게 뻗어 있는 지역입니다. 이 반도의 지리는 바하칼리포르니아가 멕시코 크래프트 맥주의 인기 장소 중 하나가 된 연유와 연관되어 있습니다. 맥주 천국인 캘리포니아 샌디에고와 지리적 근접성은 샌디에고의 양조 지식을 접할 수 있게 하고 콜라보레이션을 할 수 있는 가능성을 높여 줍니다. 이러한 접근성으로 인해 크래프트 맥주에 갈증을 느끼는 미국 관광객들에게 인기 있는 지역이 되었습니다. 카보Cabo의 해변가에서 맥주를 주문하거나, 멕시칼리Mexicali에서 브루어리 투어를 신청하던 미국 관광객들은 멕시코 맥주를 즐기고 싶어 합니다.

바하칼리포르니아의 양조사들은 다음과 같은 두 분류 중 하나에 속합니다. 한가로운 생활을 추구하러 멕시코에 온 외국인들이 양조장을 시작한 경우와 미국으로 가서 양조 지식과 사업을 배우고 멕시코에 돌아와 양조장을 시작하는 멕시코인들의 경우입니다. 이러한 국경을 뛰어넘는 어우러짐은 라거 이외에 블랙 IPABlack IPA, 스모크드 세종Smoked Saison, 잉글리시 스타일 에일 등등 다양한 맥주가 존재하게 만들었습니다. 바하칼리포르니아의 어느 지역을 탐험을 하든지, 멕시코 맥주의 깊이와 다양성으로 방문객들의 마음을 열 것입니다.

기대치를 높이다 4백만 명 이상의 인구가 있는 과달라하

해가 지고 있는 산호세 델 카보에 있는 바하 브루잉 컴퍼니 바에서 시민들이 모여 맥주를 마시고 있습니다.

라Guadalajara는 멕시코에서 두 번째로 큰 도시로 활기찬 레스토랑과 바쁜 갤러리가 북적이는 문화적 중심지이며, 신흥 중산층들은 이곳을 크래프트 맥주계가 성장하는 주요 장소로 만듭니다. 상점, 레스토랑, 바를 대상으로 하는 대형 양조장의 독점적인 거래를 제한한다는 연방 공정거래위원회의 최근 판결은 과달라하라의 소규모 양조장들에게 좋은 소식입니다. 왜냐하면 이러한 판결은 대중들에게 그들의 맥주를 알릴 기회를 주기 때문입니다. 과달라하라에 위치한 세르베세리아 미네르바Cerveceria Minerva는 독점 거래권에 이의를 제기하기 위해 대형 맥주 기업인 SAB 밀러SAB Miller와 협력했습니다. 이러한 소송에서 피고 중 하나인 그루포 모델로Grupo Modelo는 AB 인베브가 소유하고 있으며, 현재 AB 인베브는 SAB 밀러도 소유하고 있습니다. 멕시코 전역이 아니라면, 아마도 세르베세리아 미네르바는 과달라하라에서 가장 잘 알려진 크래프트 맥주 회사입니다. 이곳은 2010년에 열린 월드 비어 컵World Beer Cup의 페일 에일 부분에서 금메달을 수상하여 멕시코 양조사들도 다른 나라의 양조사들과 경쟁할 수 있다는 것을 보여 줬습니다. 미네르바는 과달라하라 맥주 축제The Guadalajara Beer Festival를 공동으로 설립했으며, 이 축제는 멕시코 맥주를 맛보기에 좋은 곳입니다.

양조사와의 만남

로페즈 자매 The Lopez Sisters

티후아나에서 아즈테카 크래프트 브루잉(Azteca Craft Brewing)을 시작한 히메나(Ximena)와 칼라 로페즈(Karla Lopez) 두 자매와 그들의 아버지인 조엘(Joel)은 사업 성공의 핵심은 가게의 목, 즉 가시성이라는 믿음을 따르지 않았습니다. 이렇게 찾기 어려운 양조장이 손님들에게 양조장 위치를 알려 주는 표지판 하나 없이 야외 쇼핑센터의 지하에 있습니다. 두 자매는 여러 개의 광고판보다 더 좋은 형태의 홍보 방법을 찾았습니다. 그들은 이웃 캘리포니아 샌디에고에서 최신 양조 장비를 수입했고, 양조 과정 중 나오는 냄새로 손님들을 유혹했습니다. 두 자매가 처음으로 맥즙에 홉을 넣었을 때, 이 냄새는 쇼핑센터를 가득 채웠고 이내 냄새가 밖으로 퍼져나갔습니다. 수백 명의 사람들은 쇼핑센터 어딘가에서 풍기는 좋은 냄새에 이끌려 지하로 내려가게 되었습니다. 입소문이 퍼져 지금도 이 양조장은 맥주를 사랑하는 시민들의 발걸음이 끊이지 않습니다.

개릿 올리버와 함께하는 맥주 테이스팅

과달라하라(Guadalajara)

비엔나 라거(Vienna Lager)

멕시코는 3년간 오스트리아-헝가리 제국(Austro-Hungarian Empire)의 일부였으며 비엔나 라거가 등장해 멕시코의 양조 문화에 확실히 자리 잡게 되었습니다. 멕시코의 비엔나 라거는 오리지널 비엔나 라거에 비해 풍부한 풍미가 덜하지만, 대부분의 비엔나 라거는 괜찮은 품질이며 음식과 잘 어울립니다.

ABV 4.8-5.5% | IBU 12-18

향 캐러멜, 탄 설탕, 빵, 사과

외관 앰버

풍미 가볍게 캐러멜라이즈드 된 풍미, 탄 설탕의 향과 약간의 단맛은 크래커 잭(Cracker Jack)의 캐러멜 팝콘이나 크림 브륄레(crème brûlée)의 위쪽 표면을 떠올리게 함

마우스필 거칠지 않고, 부드럽고 깔끔한 피니쉬

잔 텀블러

푸드 페어링 몰레(Mole) 요리, 콩 요리, 구운 고기류

추천 크래프트 맥주 세르베세리아 미네르바 비에나(Cerveceria Minerva Viena)

바하칼리포르니아(Baja California)

쿠카파 츄파카브라스 페일 에일 (Cucapa Chupacabras Pale Ale)

2002년 멕시칼리(Mexicali)에 설립된 쿠카파(Cucapa)는 멕시코 초기 크래프트 맥주 혁명을 이끌었던 양조장 중 하나입니다. 북아메리카와 유럽에서 영감을 얻으며 이 양조장만의 균형감을 부여합니다.

ABV 5.8% | IBU 45

향 파이니, 약간 눅눅한, 강한 오렌지 향

외관 붉은 빛이 강조된 앰버색

풍미 빵, 캐러멜, 과일, 홉, 풍부한 몰트의 풍미가 중심에서 느껴짐

마우스필 아메리칸 버전에 비해 상대적으로 풀 바디감이며 크리미함

잔 윌리 베허 잔(Willi Becher glass)

푸드 페어링 소젖을 사용한 경질 치즈, 까르니타스(carnitas), 타코, 피자, 매운 태국 음식

북아메리카의

다른 나라 현황

벨리즈Belize

동쪽으로 카리브해 지역과 인접하고 서쪽으로 울창한 정글에 마야 유적이 흩어져 있는 벨리즈에서 맥주는 인기가 많습니다. 이 열대 국가는 아메리카 전 지역에서 1인당 맥주 소비량이 가장 높다고 발표되었고 가장 오래된 브랜드인 벨리킨(Belikin)을 '벨리즈의 맥주'라고 홍보하며 자랑합니다.

263개
12-oz 병맥주(93.3L)
1인당 맥주 소비량

255,700
U.S. 배럴(300,000 hL)
연간 생산량

3.50
벨리즈 달러(U.S. $1.74)
12-oz 병맥주 평균 가격

카리브해 지역Caribbean

이 지역은 잘 알려진 브랜드인 자메이카의 레드 스트라이프(Red Stripe)와 트리니다드의 카리브(Carib) 같은 브랜드를 가지고 있지만, 크래프트 맥주가 점점 인기를 얻고 있습니다. 이 지역의 지리적 이유로 한 섬에서 다른 섬으로 크래프트 맥주를 운송하는 것은 비용이 많이 들어 비경제적입니다. 그래서 크래프트 맥주 시장의 성향은 매우 지역적입니다. 지역 섬의 맥주를 마셔보고 싶다면, 맥주를 마시기 위해 그 섬을 방문해야 합니다.

8개-175개
12-oz 병맥주(3L-62L)
1인당 맥주 소비량

200만
U.S. 배럴(240만 hL)
연간 생산량

5.42
유로(euros)(U.S. $5.75) 또는
68.02 아이티 구르드(Haitian gourds)(US $1.02)
12-oz 병맥주 평균 가격

코스타리카 Costa Rica

코스타리카의 첫 양조장은 1908년에 열었지만, 크래프트 브루어리를 시작하거나 그 수가 12개 이상되는데 거의 한 세기 이상이 걸렸습니다. 몇몇 맥주 스타일을 찾아볼 수 있지만, 라거가 맥주 시장을 지배하고 있습니다. 매년 3월에 열리는 페스티벌 세르베사 아티자날(The Festival Cerveza Artesanal)은 크래프트 맥주를 선보입니다.

15개
12-oz 병맥주(5.4L)
1인당 맥주 소비량

140만
U.S. 배럴(170만 hL)
연간 생산량

777.54
코스타리카 콜론(Costa rican colones)
(U.S. $1.39)
12-oz 병맥주 평균 가격

파나마 Panama

파나마는 중앙아메리카 국가로, 파나마 맥주계는 여러 곳에서 쉽게 구매할 수 있는 라거로 구성되어 있습니다. 크래프트 맥주는 파나마 시장에 최근에 들어왔으며, 이곳의 3개의 크래프트 브루어리들은 주로 에일을 생산하며 색다른 맥주를 소비자에게 제공합니다.

216개
12-oz 병맥주(76.6L)
1인당 맥주 소비량

190만
U.S. 배럴(220만 hL)
연간 생산량

0.67
파나마 발보아(Panamanian balboa)(U.S. $0.67)
12-oz 병맥주 평균 가격

이 책이 출판될 당시에는 모든 수치가 정확했습니다.
수치는 평균값이며 시간이 지나면서 바뀔 수 있습니다.

리우데자네이루(Rio de Janeiro)는 유명한 슈거로프 산(Sugar Loaf Mountain)과 브라질 최고의 크래프트 맥주를 제공하는 여러 탭룸과 양조장이 있습니다.

CHAPTER 3

남아메리카

트럭으로 맥주를 운송하기 전까지 칠레의 발파라이소(Valparaíso)에 있는 양조장들은 말을 사용해 맥주를 운송했습니다. 1922년에 말을 사용해 맥주를 배송하고 있는 남자의 모습이 담긴 사진입니다.

전통의 재개발

맥주를 만들기 위해서는 약간의 침이 필요합니다. 적어도 이 얘기는 유럽인들이 남아메리카에 도착하기 이전부터 존재했던 남아메리카의 토착 맥주 스타일인 치차(Chicha)에 해당되는 사실입니다. 잉카 문명은 양조 시 유카(yucca)나 옥수수 같은 전분 물질을 씹고 뱉은 후 발효가 되도록 놔두었습니다. 이렇게 만들어진 술은 축제 때 마시거나 신에게 바치는 제물로 사용했습니다. 칠레 사람들은 기원전 13000년경에 감자를 사용해 치차를 만들었습니다. 마푸체(Mapuche)족은 오늘날에도 여전히 이러한 맥주를 만들며, 토착 맥주 스타일이 어떻게 남아메리카의 다양한 풍경과 문화를 계속해서 반영하는지 보여 주는 증거입니다.

대이동

15세기 후반에 유럽 탐험가들은 보리나 밀 같은 곡물로 만든 맥주를 남아메리카에 가지고 왔습니다. 1494년에 체결된 토르데시야스 조약Treaty of Tordesillas에 따라 포르투갈은 동쪽을 점령하고 스페인은 서쪽을 점령했지만, 정작 남아메리카 대륙의 맥주에 크게 영향을 준 것은 영국과 독일이었습니다.

가이아나Guyana, 과거에 브리티시 가이아나로 알려진를 제외하면 영국은 남아메리카를 식민지화하지 않았지만, 여전히 남아메리카 대륙에 영국 문화와 영국 스타일 맥주에 대한 사랑을 퍼트릴 수 있었습니다. 식민 시기약 1500-1800년대에 영국인들이 설립한 양조장들은 칠레, 아르헨티나, 브라질 지역에 포터와 에일 맥주를 전파했고 남아메리카에 거주하는 영국인들에게 고향을 맛을 느끼게 해 주었습니다. 1800년대 후반에 독일인의 대이동이 시작되었습니다. 독일인들은 라거를 가지고 왔고, 남부 파타고니아의 추운 기후에서 양조하기를 선호했습니다. 현재 남부 파타고니아 인구의 대부분은 조상이 독일인이라고 합니다. 당시에는 남아메리카 재료가 독일인들이 사랑했던 라거에 잘 어울리는 재료라는 것을 알지 못했습니다.

남아메리카

■ 챕터3에서 소개하는 국가

장대한 여정

독일인들이 남아메리카로 라거를 가져오기 오래 전에 남아메리카 남부 지역은 유럽인들에게 뜻밖의 선물을 주었습니다. 1500년대에 파타고니아의 아르헨티나 효모는 유럽으로 가는 배에 오르게 됩니다. 아마도 나무 배럴에 붙어 있던 것 같습니다. 이런 우연한 유입은 유해하지는 않지만, 이 효모는 유럽 효모 균주와 교배해 낮은 온도에서 맥주를 발효하는 새로운 효모를 만들었습니다. 이 새로운 효모는 궁극적으로 전 세계 맥주 시장의

2010년 이후로 남아메리카의 크래프트 맥주 시장은 매년 25% 씩 성장했습니다.

90% 이상을 차지하는 맥주 종류인 라거의 발명을 이끌어 냈습니다. 차가운 온도에서 잘 견디고 맥주 시장을 바꾼 라거 효모는 1800년대에 독일인의 대이동으로 남아메리카 땅에 새롭게 소개된 것이 아니라 오히려 오랜만에 고향 땅으로 돌아온 것이라고 할 수 있습니다.

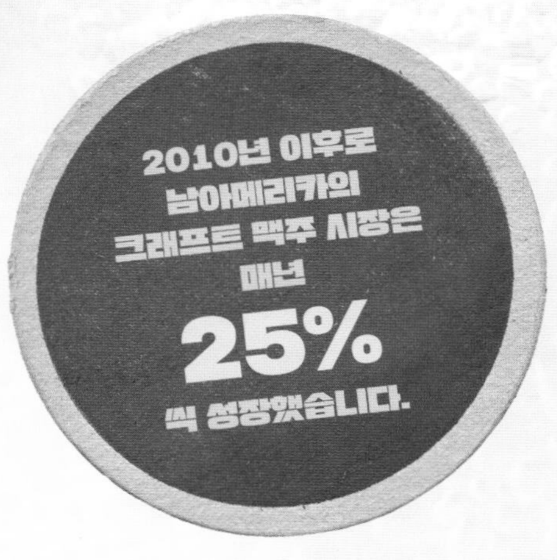

전 세계 무대로, 지역 맥주를 마시다

AB 인베브나 하이네켄 인터내셔널 같은 세계적인 대형 맥주 회사와 이들의 페일 라거는 오늘날 남아메리카의 맥주 업계를 지배하고 있습니다. 수입 크래프트 맥주는 점점 더 많아지지만, 이러한 수입 크래프트 맥주에 부과되는 높은 세금이 남아메리카 크래프트 맥주에 비해 덜 매력적인 상품으로 만들었습니다. 즉, 남아메리카의 지역 크래프트 맥주는 점점 성장하고 있습니다. 아르헨티나의 우수아이아Ushuaia에 있는 세계 최남단의 양조장부터 칠레 해안에서 2,300마일3,700km 떨어진 강한 바람이 부는 라파 누이Rapa Nui, 이스터 섬Easter Island의 여지없이 세계에서 가장 고립된 양조장까지, 매우 신비한 장소에서 양조장들이 생겨나고 있습니다. 많은 크래프트 브루어리들은 세계적인 수준의 맥주를 만들고 있습니다.

남아메리카 양조사들은 많은 과일, 곡물, 박테리아, 대륙의 고유한 효모 균주를 사용해 유럽과 미국 맥주 스타일에 변형을 주고 있습니다. 칠레의 세르베세리아 크루자나Cerveceria Cruzana는 안데스Andes의 퀴노아quinoa, 실제로 곡물이 아니라 씨앗를 사용해 맥주를 만듭니다. 산티아고Santiago 근처에 있는 마이크로 브루어리인 스조트Szot는 스팀 비어를 만들

brewline

맥주 분야에서 역사적 순간들 Historic Moments in Beer

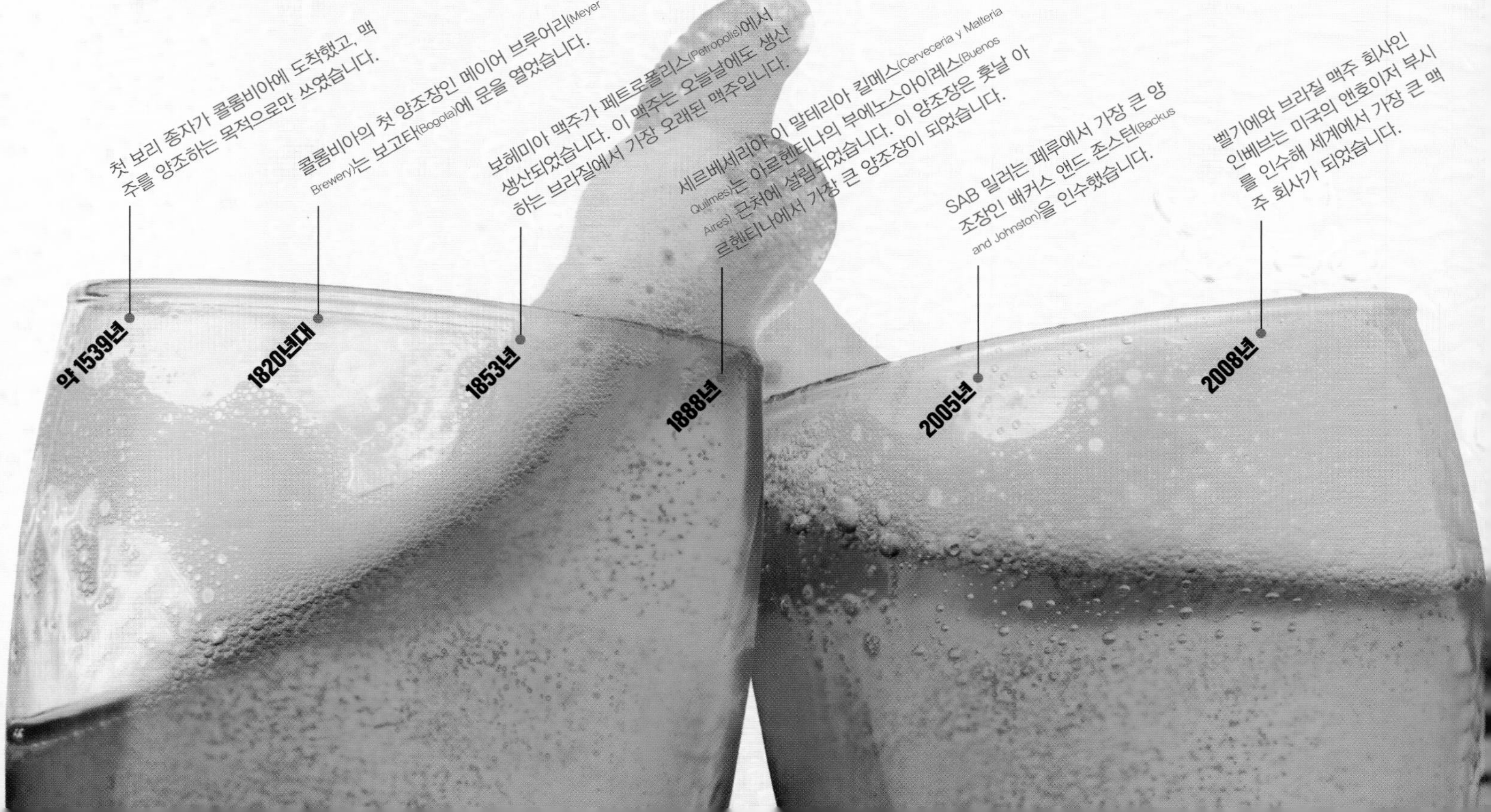
첫 보리 종자가 콜롬비아에 도착했고, 맥주를 양조하는 목적으로만 쓰였습니다.
약 1539년
콜롬비아의 첫 양조장인 메이어 브루어리(Meyer Brewery)는 보고타(Bogota)에 문을 열었습니다.
1820년대
보헤미아 맥주가 페트로폴리스(Petropolis)에서 생산되었습니다. 이 맥주는 오늘날에도 생산하는 브라질에서 가장 오래된 맥주입니다.
1853년
세르베세리아 이 말테리아 킬메스(Cerveceria y Malteria Quilmes)는 아르헨티나의 부에노스아이레스(Buenos Aires) 근처에 설립되었습니다. 이 양조장은 훗날 아르헨티나에서 가장 큰 양조장이 되었습니다.
1888년
SAB 밀러는 페루에서 가장 큰 양조장인 배커스 앤드 존스턴(Backus and Johnston)을 인수했습니다.
2005년
벨기에와 브라질 맥주 회사인 인베브는 미국의 앤호이저 부시를 인수해 세계에서 가장 큰 맥주 회사가 되었습니다.
2008년

celebrations

남아메리카 최고의 맥주 축제 South America's Best Beer Festivals

비어 위크 Beer Week **| 파이산뒤 | 우루과이 | 3, 4월 |** 부활절 주간에 열리며, 50년 이상 동안 지역 주민과 관광객들이 참여해 즐긴 세마나 데 라 세르베사(비어위크, Semana de la Cerveza, Beer Week)에는 맥주 텐트, 음악, 음식이 있으며 지역과 수입 맥주를 마셔 볼 수 있습니다. 축제 기간 동안 이 도시의 인구는 거의 두 배가 됩니다.

비어 데이 페스티벌 Beer Day Festival **| 부에노스아이레스 | 아르헨티나 | 5월 |** 지역 사람들에게 인기 있는 이 축제는 현재는 약 2일간 열립니다. 아르헨티나의 25개 양조장이 참여하며 80개 이상의 맥주를 제공합니다.

페스티벌 인터나시오날 데 라 세르베사 쿠스퀘냐 Festival Internacional de la Cerveza Cusqueña **| 쿠스코 | 페루 | 5, 6월 |** 지역 양조장인 쿠스퀘냐(Cusquena)가 후원하는 축제로 참가하는 누구라도 한때 잉카의 수도였던 이곳의 문화에 스며들게 됩니다. 치차(199쪽 참조)도 마시고 축제의 라틴 음악을 즐겨 보세요.

옥토버페스트Oktoberfest **| 산타 크루즈 두 술 | 브라질 | 10월 |** 가을에 열리던 담배 축제가 도시의 많은 독일인 덕분에 옥토버페스트(54쪽 참조) 축제로 변했습니다. 현재 전 세계에서 가장 큰 옥토버페스트 중 하나입니다.

아르헨티나에서 열린 옥토버페스트에서 축제 의식인 케그 탭핑을 하고 있습니다.

던 중 근처 장미 정원의 장미에서 나온 야생 박테리아에 오염되어 와일드 라거wild lager가 생겨나게 되었습니다. 크로스 브루어리Kross Brewery는 칠레의 발전하는 와인 산업을 자랑스럽게 여겨 지역 와인 효모를 사용해 그랑 크뤼grand cru 맥주를 만들었습니다.

아르헨티나의 혁신적인 호게데스 페르디도스 세르베사 아티자날Juguetes Perdidos Cerveza Artesanal, 로스트 토이스 크래프트비어Lost Toys Craft Beer은 맥주를 와인과 위스키 배럴에 숙성하며 절대로 같은 맥주를 두 번 이상 만들지 않습니다. 아르헨티나의 양조 혁신은 아르헨티나 재료만을 사용해 만든 IPA 아르젠타IPA Argenta | 194쪽 참조 같은 새로운 스타일의 맥주를 이끌어 냈습니다. 브라질의 세르베자리아 카카도렌스Cervejaria Cacadorense는 옥수수와 카사바를 사용해 만든 흑맥주인 징구Xingu를 만들었으며, 이 맥주는 명성이 높은 베버리지 테스팅 인스티튜드 오브 시카고Beverage Testing Institute of Chicago에서 두 번이나 금메달을 받았습니다. 오파 비어Opa Bier는 브라질 아마존 지역에서 재배하며 커피 원두보다 두 배나 많은 카페인을 함유한 씨를 가진 과일인 과라나guarana를 추가해 만든 독일 스타일의 바이스비어를 만듭니다.

이러한 맥주들을 계속해서 말할 수 있으나, 요점은 남아메리카 양조사들이 유럽과 미국 맥주 스타일을 완전히 익히기 시작했고 이러한 맥주 스타일의 진화에 기여했다는 것입니다. 라거는 여전히 인기 있지만, 늘어나고 있는 남아메리카 맥주 종류는 남아메리카만의 특징, 그리고 어디에서도 찾아볼 수 없는 풍미를 다시 잘 반영하고 있습니다.

부에노스아이레스의 라 보카(La Boca) 지역은 탱고 무용수가 종종 길거리 공연을 합니다.

아르헨티나

늘어나는 맥주 스타일

아르헨티나의 아름다운 자연은 농작물을 생산하는 중심부의 팜파스pampas부터 남쪽 끝부분의 높은 산봉우리와 빙하까지 다양합니다. 이러한 환경의 다양성은 아르헨티나 맥주에 잘 반영되며, 일부 맥주는 아르헨티나의 역사와 지리의 특징을 잘 드러냅니다. 아르헨티나는 맥주 산업에 알맞은 국가입니다. 그 이유는 파타고니아의 엘 볼손El Bolsón 지역 농장에서 아르헨티나 홉의 거의 75%를 생산하기 때문입니다.

아르헨티나의 첫 상업 양조장은 1860년에 부에노스아이레스에 설립된 꼼빠니아 세르베세리아 비에게트Compañía Cervecería Bieckert입니다. 독일 남작, 이민자, 기업가인 에밀 비에게트Emil Bieckert가 열었으며, 그는 얼음 공장을 처음으로 아르헨티나에 도입했습니다. 비에게트의 독일 스타일 라거는 지역에서 성공했으며, 다른 회사들도 이러한 성공을 알아차리게 되었습니다. 1889년 영국 회사가 비에게트의 양조장을 구매하는 조건으로 1백만 파운드를 제시하자, 그는 빠르게 그 제안을 수용했습니다. 독일 태생으로 섬유를 수입하고 아르헨티나의 곡물을 유럽으로 수출하는 일을 하던 사업가인 오토 밤베르크Otto Bemberg는 증가하는 맥주의 수요에서 기회를 엿보았습니다. 밤베르크 가족은 1890년대 부에노스아이레스 외곽 지역에서 킬메스Quilmes를 시작했습니다. 수입 관세가 수입 맥주에 부과되어 지역 맥주에 유리하게 작용했고 다크 비어로 잘 알려진 킬메스 같은 양조장들이 성장할 수 있는 보호 환경을 만들어 주었습니다케그 맥주의 수입 관세는 리터당 35아르헨티나 센트이며, 병맥주는 25아르헨티나 센트가 부과되었습니다. 이렇게 양조장들은 성장을 했으며, 20세기가 되면서 킬메스 같은 양조장은 거대한 맥주 기업이 되어서 연간 4백만 갤런1,510만 L의 맥주를 생산했으며 아르헨티나 맥주 시장의 거의 2/3을 점유했습니다. 1920년 킬메스는 맥아 사업에 뛰어들었고 곧 아르헨티나의 모든 양조장에 맥아를 공급하기 시작했습니다. 1984년에 킬메스는 운영을 확장하기 위해 필요한 자본을 마련하고자 회사 지분의 15%를 하이네켄 인터내셔널Heineken International에 팔았습니다. 오늘날, AB 인베브는 킬메스 지분의 91%를 소유하고 있으며, 킬메스는 아르헨티나에서 여전히 가장 큰 양조장입니다.

한눈에 보는 아르헨티나

위 지도에 표기된 장소

- 양조장
- ★ 수도
- ● 도시

Pampas 지리적 특징

성장해 가다

아르헨티나에서 가장 잘 알려진 맥주 브랜드는 킬메스이지만, 다른 큰 양조장들도 존재합니다. 이러한 큰 양조장들이 가진 공통적인 특징 한 가지는 독일 기원이라는 점입니다. 1906년 아르헨티나에 도착한 독일 이민자인 오토 슈나이더Otto Schneider는 꼼빠니아 세르베세리아 비에게트에 어시스턴트 양조사로 일을 했습니다. 그를 헤드 브루어로 고용하고 싶어 한 다른 양조장들이 많았기에 비에게트 양조장에서 그의 근속기간은 짧았습니다. 세르베시리아 산 카를로스Cerveceria San Carlos와 세르베세리아 산타 페Cerveceria Sante Fe에서 25년간 헤드 브루어로 일한 후, 슈나이더는 자신의 양조장인 세르베세리아 슈나이더Cerveceria Schneider를 1932년에 설립했습니다. 이 양조장은 당시 아르헨티나에서 가장 기술적으로 진보된 양조장이었습니다. 그의 맥주 중 바바리안 필스너 스타일인 슈나이더Schneider와 뮌헨 둔켈인 뮌헨Munich, 이 두 가지 맥주가 매우 인기가 많았습니다.

2000년대가 되자 칠레의 거대 맥주 회사인 꼼빠니아 세르베세리아 우니다스 S.A.Compania Cervecerias Unidas S.A, CCU가 세르베세리아 슈나이더를 인수했습니다. 10년 사이에 두 외국계 맥주 회사인 AB 인베브와 CCU가 아르헨티나 맥주 시장의 90% 이상을 지배하게 되었습니다. 그에 따라, 아르헨티나 맥주 시장은 라거 스타일의 맥주가 지배하게 되었고, 맥주 소비자의 선택의 폭은 좁아졌습니다. 이러한 상황은 새로운 스타일을 생산하고 아르헨티나 맥주의 변화에 대한 지역 기대감을 높이는 다양한 크래프트 맥주 문화가 떠오르는 계기가 되었습니다.

local flavor

IPA 아르젠타의 탄생 The Birth of IPA Argenta

2015년에 아르헨티나 홈브루어 협회(Argentine Homebrewers Association)는 BJCP(Beer Judge Certification Program)에 두 개의 새로운 맥주 스타일을 심의해 달라고 제출했습니다. 하나는 팜파스 골든 에일(Pampas Golden Ale) 스타일로 오직 필스 몰트만 사용해 만든 블론드 에일로 여전히 흔하지 않은 스타일입니다. 다른 하나는 IPA 아르젠타(IPA Argenta)로 맥주 애호가들이 주목하는 스타일입니다. 호피하고 쓴 잉글리시 IPA를 아르헨티나만의 방식으로 해석한 스타일로, 이 맥주는 밀과 파타고니아에서 재배한 캐스케이드, 마푸체(mapuche), 너겟(nugget) 세 가지 종류의 홉을 사용하기에 재료 부분에서 독특한 특징을 가지고 있습니다. 아르헨티나 캐스케이드 홉은 미국 캐스케이드 홉에 비해 낮은 알파산(3.2%) 수치와 더 부드러운 특징을 가지고 있기에 꽤 다릅니다. 이렇게 해서 만든 IPA 아르젠타 맥주는 상대적으로 적은 쓴맛과 풍부한 홉 아로마가 있으며, 페퍼, 향신료, 레몬그라스 향을 느낄 수 있습니다.

IPA 아르젠타(IPA Argenta)는 특유의 앰버 색을 띠고 있습니다.

부에노스아이레스의 팔레르모 비에호(Palermo Viejo) 지역의 온 탭(On Tap) 같은 탭룸은 사람들에게 양조장을 더 많이 알리는 중요한 역할을 합니다.

탭을 바꾸다

아르헨티나의 현대 크래프트 맥주 혁명은 1998년 부에노스아이레스에서 남쪽으로 260마일420km 떨어진 해안가 지역인 마르델 플라타Mar del Plata에서 시작했습니다. 이곳에서 레오 페라리Leo Ferrari와 그의 아내인 마리아나Mariana는 그의 어머니 주방에서 맥주를 만드는 방법을 배웠습니다. 상태가 좋지 않은 효모와 탄 몰트 같은 여러 난관을 겪은 후 그들은 결국 소비자에게 판매하기에 충분한 품질의 맥주를 생산했습니다. 그들의 양조장인 안타레스Antares는 아르헨티나의 첫 크래프트 양조장입니다. 레오 페라리는 성공적으로 성장해 국제대회에서 상을 받았고, 서티파이드 비어 저지Certified Beer Judge가 되었습니다. 오늘날, 안타레스는 지역에서 생산한 안타레스 맥주를 아르헨티나 전역에 퍼져 있는 안타레스 소유의 20개 이상의 펍에서 판매하고 있습니다.

부에노스아이레스의 첫 브루펍인 불러 브루잉 컴퍼니Buller Brewing Company는 1999년에 문을 열었습니다. 이곳은 레콜레타 묘지Recoleta Cemetery, 카를로스 사베드라 라마스Carlos Saavedra Lamas와 전 아르헨티나 영부인인 에바 페론Eva Peron이 안장된 곳를 보러 온 관광객들이나 대량 생산 라거 맥주와는 다른 맥주를 마시고 싶어 하는 지역 주민들에게 맥주를 판매했습니다. 불러의 성공은 부에노스아이레스에 다른 크래프트 양조장들이 크래프트 맥주 시장의 새로운 길을 개척하는 것을 도와주었고, 부에노스아이레스를 크래프트 맥주가 성장하는 시장으로 만들었습니다.

레콜레타에서 멀리 떨어지지 않고, 탱고 추는 사람으로 가득한 산 텔모San Telmo와 부유하고 공원이 많은 팔레르모Palermo 지역에 있는 양조장과 브루펍은 아르헨티나다운 크래프트 맥주를 제공합니다. 와인과 위스키 배럴에서 맥주를 숙성하고 새로운 스타일을 창조하는 양조사들 덕에 아르헨티나 어느 곳보다도 더 다양한 스타일의 맥주가 있습니다.

비어 가이드

맥주 애호가들의 필수 코스

아르헨티나에서 크래프트 맥주계는 발전하고 있어서 어디를 방문해야 할지 선택하기가 어렵습니다. 지역 양조사들로부터 추천 받은 다음과 같은 장소들은 맥주 애호가들이 맥주를 마시면서 좋은 휴가를 보내는 데 도움을 줄 것입니다.

1 세르베사 베르리나 (Cerveza Berlina)

산 카를로스 데 바리로체 (San Carlos de Bariloche)

빙하 호수와 높은 산봉우리가 근처에 있는 바리로체는 아르헨티나에서 손꼽히는 가장 아름다운 도시 중 하나입니다. 가족이 소유하고 운영하는 세르베사 베르리나는 크래프트 맥주계의 보석입니다. 파타고니아에서 가장 큰 크래프트 양조장이지만, 페라리(Ferrari) 형제들은 가장 유명한 파타고니아 IPA(Patagonia IPA)를 포함한 대회에서 수상한 맥주의 생산을 여전히 관리 감독합니다(안타레스의 레오 페라리와 아무런 관련이 없습니다).

2 세르베세리아 엘 볼손 (Cerveceria El Bolson)

엘 볼손(El Bolsón)

아르헨티나의 첫 홉 농장은 엘 볼손에 처음 설립되었습니다. 바리로체에서 남쪽으로 75마일(122km) 정도 떨어진 곳에 도시의 이름을 가진 양조장 엘 볼손이 있습니다. 세르베세리아 엘 볼손은 일반적인 스타일의 맥주와 칠리 페퍼 맥주(이 맥주와 같이 마시기 위해 체이서를 주문하세요), 스모키 윈터 트리플 복(smoky winter triple bock), 지역에서 재배한 라즈베리와 체리를 사용한 프루트 맥주를 만듭니다. 또한, 글루텐 프리(gluten-free) 맥주도 유명합니다.

3 불러 브루잉 컴퍼니 (Buller Brewing Company)

부에노스아이레스(Buenos Aires)

레콜레타의 중심지에 있는 불러 브루잉 컴퍼니는 부에노스아이레스의 첫 브루펍입니다. 바에 들어가면 발효조 탱크가 보이며 양조사들이 일하는 모습을 볼 수 있습니다. 친밀한 대화를 할 수 있게 조명을 어둡게 한 자리는 탭에 있는 맥주를 즐기기에 좋습니다. 브루펍 밖에 있는 작은 파티오는 지나가는 사람들을 보기에 좋은 장소입니다. 리프레싱한 블론드 에일인 루비아 인비타다(Rubia Invitada)를 마셔 보세요.

4 부에노스아이레스 크래프트 비어 워크 (Buenos Aires Craft Beer Walk)

부에노스아이레스(Buenos Aires)

부에노스아이레스는 남미의 파리라고 불립니다. 유럽의 디자인과 라틴의 감각이 함께 녹아 있는 건물, 음식, 문화로 가득 차 있습니다. 한가롭게 도시를 걷는 것보다 역사적인 팔레르모(Palermo)와 산 텔모(San Telmo) 지역을 탐험하는 더 좋은 방법은 무엇일까요? 바로 크래프트 양조장 4곳을 둘러보는 크래프트 비어 워크(The Craft Beer Walk)입니다. 각각의 양조장에 들려서 지역에서 생산한 맥주와 아르헨티나 전통 음식을 맛보세요.

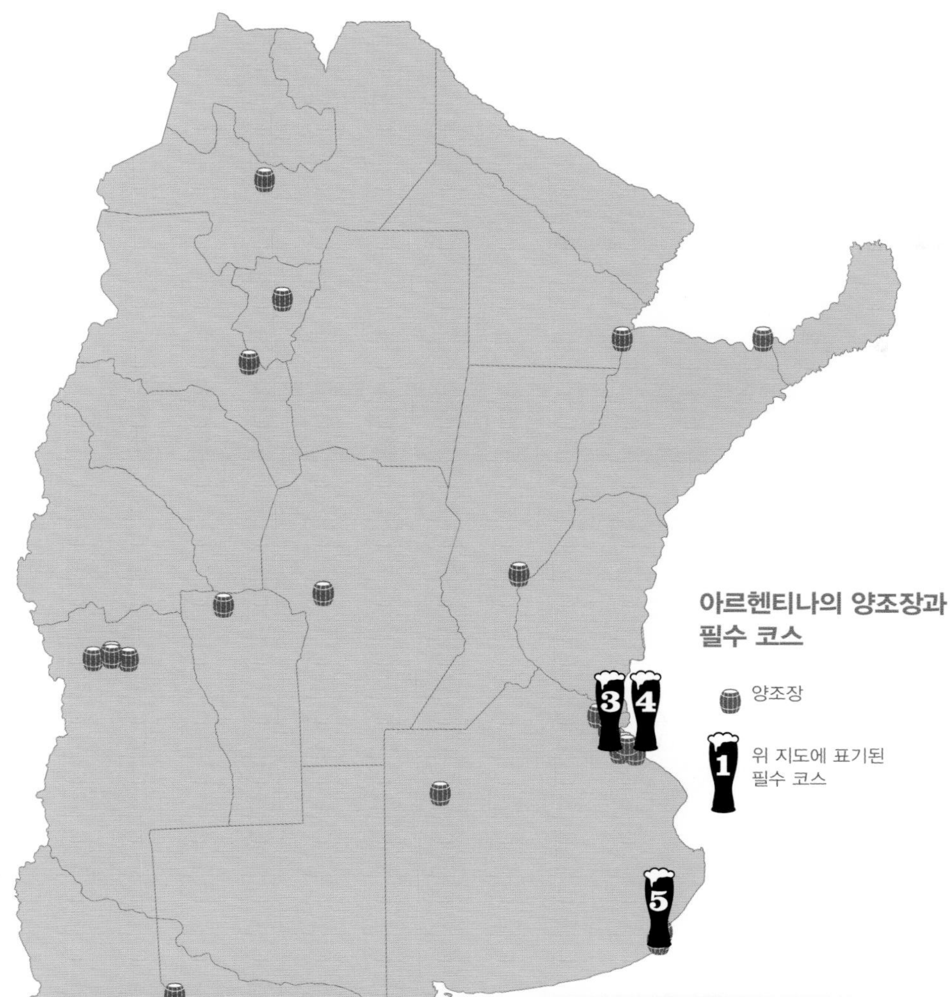

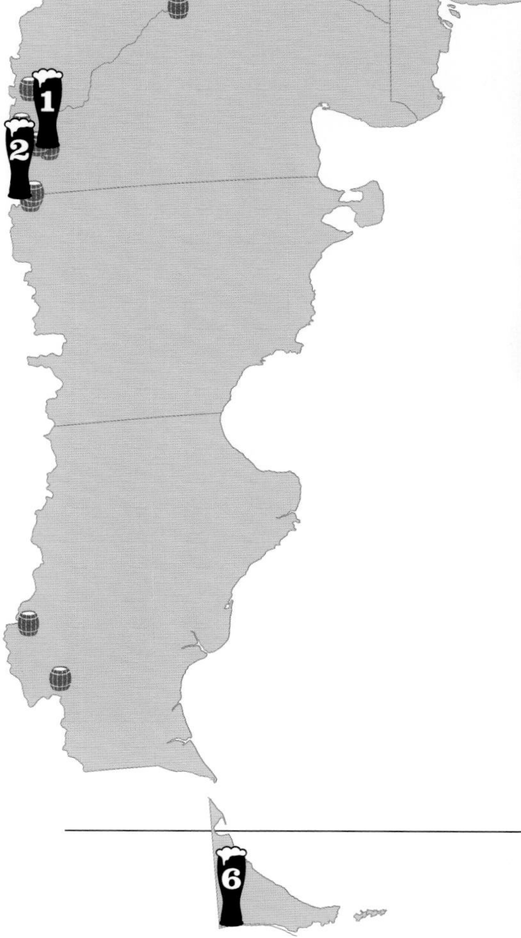

아르헨티나의 양조장과 필수 코스

양조장

위 지도에 표기된 필수 코스

5 | 안타레스 (Antares)

마르델 플라타(Mar del Plata)

해안가 지방인 마르델 플라타는 아르헨티나 크래프트 맥주 혁명이 시작된 지역입니다. 그래서 지역의 별명이 행복한 도시(Happy City)인 것은 놀랍지 않습니다. 안타레스는 여전히 지역 맥주계의 시초이며, 1990년대 아르헨티나 맥주 업계의 대부이자 헤드 브루어인 레오 페라리가 시작한 곳입니다. 아르헨티나의 많은 브루펍과 양조장의 다양한 맥주를 마셔 볼 수 있는 바 팩토리(Bar Factory)가 있습니다.

6 | 티에라 델 푸에고 브루어리스 (Tierra del Fuego's Breweries)

우수아이아(Ushuaia)

불의 땅이자 안데스 산맥이 빙하와 접한 티에라 델 푸에고(Tierra del Fuego)에 가서 세계에서 가장 남단에 있는 여러 양조장들을 찾아 보세요. 비글(Beagle), 케이프 혼(Cape Horn), 하인(Hain) 같은 양조장들은 그들의 맥주에 지역의 지리와 역사에서 이름을 따서 붙였습니다. 비글 푸에고 에일(Beagle's Fuegian Ale), 케이프 혼 스타우트(Cape Horn's Stout), 하인 쿨란 코코아 에일(Hain's Kulan Cocoa Ale)이 있습니다. 하인 쿨란 코코아 에일은 유목민족인 셀크남(Selk'nam)의 남성 성인식 문화인 하인(Hain)과 남성의 성인식을 방해하려는 쿨란(Kulan, 여자 정령)에서 이름을 붙여 만든 맥주입니다.

사진(Photos)

1 산 카를로스 델 바리로체의 대성당은 도시의 상징적인 관광 명소 중 하나입니다. **3** 불러 브루잉 컴퍼니의 맛있는 맥주를 시음할 수 있게 여러 개의 맥주가 샘플러로 나옵니다. **5** 안타레스는 아르헨티나 크래프트 맥주 운동의 선구자입니다. **6** 이전에 잡화점이었던 우수아이아의 라모스 헤네랄레스(Ramos Generales)는 이 지역의 맥주를 마셔 보기에 좋은 곳입니다.

지역 맥주

부에노스아이레스&파타고니아

도시의 맥주와 시원한 기후

활기찬 맥주계 부에노스아이레스의 화려한 대도시의 매력은 아르헨티나의 첫 양조장과 현재는 크래프트 맥주 혁명이 일어나기에 완벽한 배경입니다. 홈브루잉 커뮤니티에 도움을 주는 소모스 세르베사Somos Cerveceros 같은 단체들과 맥주 컨설턴트나 비어라이프Bierlife를 운영하는 마틴 보안Martín Boán과 같은 개인들은 양조 강의와 양조장 디자인부터 정부가 크래프트 맥주에 우호적인 정책을 펼칠 수 있게 하는 지원 활동까지 크래프트 맥주 산업을 양성하고 개발하는 데 중요한 역할을 해 왔습니다. 그래서, 세계적인 맥주를 생산하는 많은 양조장들이 부에노스아이레스에 흩어져 있는 것은 놀랍지 않습니다. 도시 주변에 탭룸이 많이 생기며, 2014년과 2016년 사이에 열댓 개 이상이 새로 문을 열었습니다. 이러한 탭룸은 맥주의 유통과 더불어 소비자들이 여러 양조장의 맥주를 마셔볼 수 있는 장소로서 중요한 역할을 합니다. 도시에 많은 빠리자parrillas, 스테이크 하우스에 가서 지역 맥주 한 잔 마셔 보세요.

상을 받은 오스트레일리스 마이크로 브루어리(Australis microbrewery)는 월드 비어 컵(World Beer Cup)에 초대받은 파타고니아의 첫 양조장입니다.

높은 고도에서 만든 맥주 남아메리카에서 맥주를 양조하기에 최적의 장소 중 하나인 파타고니아보다 맥주를 마시기에 더 아름다운 장소를 찾기는 어려울 것입니다. 1800년대 후반에 아르헨티나에 온 많은 독일 이민자들은 냉장 시설이 없었지만, 파타고니아의 시원한 기후 덕분에 독일 라거를 만들기에 이상적이었습니다. 또한, 파타고니아는 보리와 홉을 재배하기에 이상적인 장소였습니다.

파타고니아의 맥주 생산량은 1997년 이후로 매년 증가하고 있으며, 이러한 상승세는 끝이 보이지 않습니다. 많은 크래프트 양조장이 산 카를로스 데 바리로체와 엘 볼손 같은 도시에 있으며, 여러 양조장은 독일 스타일의 맥주를 생산합니다. 아르헨티나의 첫 브루펍인 세르베세리아 블레스트Cerveceria Blest, 세르베샤 베르리나, 라 크루즈La Cruz 같은 양조장들의 생산량과 판매량은 지속적으로 증가하고 있습니다.

지역 맥주의 인기가 증가해도 소수의 양조장만 맥주를 해외로 수출하고 있습니다. 더 많은 양조장이 맥주를 해외로 보내기 이전까지는 맥주 애호가들은 맥주를 맛보러 아르헨티나 남부로 휴가를 예약해야 할 것입니다.

local flavor

치차 만들기 Making Chicha

치차는 남아메리카 전역에서 찾아볼 수 있으며 양조 과정이 꽤 간단합니다. 바로 씹기, 뱉기, 발효하기입니다. 초기 남아메리카 양조사들은 침에 있는 프티알린(ptyalin) 효소가 전분을 당분으로 분해한다는 것을 발견했으며, 이것은 발효 과정을 통해 맥주가 됩니다. 치차는 안데스에 있는 크고 깊은 티티카카(Titicaca, 호수 주변에서 자라는 감자) 같은 다양한 식물을 씹어 만들었습니다. 현재 대부분은 치차를 만들 때 페루의 거대한 옥수수인 초클로(choclo) 같은 옥수수를 사용합니다. 유카(yucca)를 씹고 끓여서 만든 아마존 사람들의 마사토(masato)는 전통적으로 음식의 공급원으로 쓰였습니다(액체 형태의 포리지라고 생각하면 됩니다). 침을 사용한 치차는 만드는 데 상당히 긴 시간이 걸리기에 양조사들 사이에 강한 유대감을 형성하는 데 도움이 되었습니다. 이러한 치차를 마셔 보고 싶은 모험적인 사람들은 남아메리카를 방문하고 치차를 판매한다는 표시인 빨간색 깃발을 찾으면 됩니다.

개릿 올리버와 함께하는 맥주 테이스팅

부에노스아이레스(Buenos Aires)

IPA 아르젠타(IPA Argenta)

아메리칸 IPA를 기반으로 떠오르는 새로운 스타일인 IPA 아르젠타는 당화할 때 밀이 상당 부분 사용되며, 강한 시트러스한 향을 주는 아르헨티나산 홉이 강조된 맥주 스타일입니다.

ABV 4.8–6.0% | IBU 40–60

향 아르헨티나 홉에서 나오는 강한 자몽과 귤의 풍부한 향

외관 꿀 색깔, 견고한 흰색 거품

풍미 상쾌함, 드라이, 확실히 호피함, 부드러운 과일 풍미가 중심에서 느껴짐

마우스필 날카롭고, 생기 넘치는, 톡 쏘는 듯한 미네랄

잔 윌리 베허 잔

푸드 페어링 쵸리판(choripan, 초리조 샌드위치), 엠파나다(empandadas), 그릴에 구운 고기와 치미추리 소스(chimichurri), 세비체(ceviche)

추천 크래프트 맥주 안트레스 IPA 아르젠타(Antares IPA Argenta)

파타고니아(Patagonia)

세르베샤 베르리나 파타고니아 골든 에일(Cerveza Berlina Patagonia Golden Ale)

미국의 영향을 받은 골든 에일 스타일로 널리 양조되며, 주로 시트러스한 아르헨티나 홉의 특징입니다. 파타고니아 골든 에일은 산 카를로스 데 바리로체에 있는 세르베샤 베르리나가 이 스타일을 이끌었습니다.

ABV 4.5% | IBU 23

향 은은한 몰티함과 오렌지 같은 홉의 향

외관 밝고, 금색, 바위 같은 모양의 흰색 거품

풍미 드라이, 생기있는, 리프레싱, 살짝 프루티함, 빵의 풍미가 중심에서 느껴짐

마우스필 상쾌함, 부드러움

잔 파인트 잔

푸드 페어링 매우 다양한 종류의 음식과 페어링, 튀긴 음식, 엠파나다(empanadas), 해산물과 잘 어울림

리우 데 자네이루의 역사적인 트레베사 두 코메르시오(Travessa do Comercio)에서 아치 골목인 아르코 두 텔레스(Arco de Teles)가 열립니다.

브라질

햇살이 눈부신 나라의 맥주

울창한 열대우림, 맑은 해변가, 에너지가 넘치는 도시가 있는 브라질은 차가운 지역 맥주를 즐기기에 좋은 장소가 많은 나라입니다. 브라질은 오랫동안 삼바 댄스와 카니발 축제를 즐겨 왔으며, 2014년 월드컵과 2016년 하계 올림픽의 개최지였습니다. 그러나 맥주 세계에서 브라질의 위상은 명확했습니다. 바로 브라질은 인터브루Interbrew와 앤호이저 부시를 합병한 암베브AmBev가 있던 나라이며, 이렇게 합병해 세계에서 가장 큰 맥주 회사인 AB 인베브가 되었습니다.

맥주는 브라질 어디든지 있으며, 브라질 맥주 역사의 시작부터 존재해 왔습니다. 1500년대 초 브라질을 식민지화했던 포르투갈이 브라질에 맥주를 가져오지 않은 것은 안타까운 일입니다. 맥주는 포르투갈의 가장 큰 식민지역과 무역 거래를 시작하려던 네덜란드가 감사의 표시로 맥주를 주면서 1634년에야 소개되었습니다. 네덜란드는 20년 후에 물러갔기에 네덜란드와의 거래는 짧았습니다. 그리하여 브라질에는 유럽 맥주의 원천이 150년 동안 없었습니다. 유럽에서 나폴레옹 보나파르트Napoleon Bonaparte가 반도 전쟁Peninsular War을 일으키면서 맥주가 브라질에 다시 소개되었습니다.

1808년 포르투갈의 수도 리스본Lisbon을 프랑스 제국이 침공하기 며칠 전에 포르투갈 왕실은 브라질로 도망쳤습니다. 후에 이베리아 반도를 통제하기 위해 영국은 포르투갈과 스페인을 지원했습니다. 영국과 포르투갈의 우호적인 관계로 브라질의 주요 도시에서 물건을 판매하던 영국 상인들로 인해 다시 맥주가 판매되었습니다. 1800년대 독일인이 이주하면서 독일 스타일 라거를 가져오기 전까지는 사람들이 마시던 맥주는 잉글리시 스타일 에일이었습니다. 1853년에 보헤미아 브루어리Bohemia Brewery는 브라질의 첫 맥주를 만들기 시작했으며, 지금도 여전히 맥주를 생산하고 있습니다. 따뜻한 기후는 맥주를 더욱더 즐겁게 마실 수 있게 만들지만, 냉장 시설의 부족은 맥주 양조에 어려움을 주었습니다.

한눈에 보는 브라질
위 지도에 표기된 장소

- 양조장
- ★ 수도
- ● 도시

열대기후는 라거의 생산과 보관에만 문제를 일으킨 게 아니라 보리와 홉의 재배 또한 불가능하게 만들었습니다. 이에 따라 맥주를 만들기 위해서 재료의 수입은 필수적이었으며 가격은 비싸졌습니다. 맥주에 안 좋은 영향을 주는 3가지 요인인 열, 빛, 시간은 맥주의 품질과 판매량에 부정적인 영향을 주었습니다. 그에 따라 브라질의 상류층은 수입산 와인을 애호하게 되었고 하층 계급은 사탕수수를 사용해 만든 증류주인 카샤사cachaca를 선호하게 되었습니다.

1880년대 후반 냉장 시설의 개발으로 맥주의 품질은 높아지고, 가격은 낮아지고, 수입 관세의 증가로 수입 맥주가 제한되어 지역 양조장들이 큰 맥주 시장을 형성하는 데 박차를 가하게 했습니다. 브라질의 가장 큰 두 개의 양조장인 리우데자네이루의 세르베자리아 브라마Cervejaria Brahma와 상파울루San Paulo의 꼼빠니아 안타티카Companhia Antarctica는 이 시기에 설립되었고, 이후 100년간 브라질에서 가장 인기 있는 브랜드로 자리를 지켰습니다.

토착적인 변형

1990년대에 초기 독일 이민자의 영향으로 독일 스타일의 맥주를 선호하는 양조사들과 함께 크래프트 양조장이 나타나기 시작했습니다. 하지만, 대량 생산한 라거와 경쟁하기에는 어려웠습니다. 상파울루의 바덴 바덴Baden Baden과 포르투알레그리Porto Alegre의 다두DaDo 같은 개척 정신이 강한 양조장들은 크래프트 맥주계가 나아가기 위한 길을 만들기 위해 에일 맥주에 중점을 두었습니다.

오늘날 브라질에는 300개 이상의 양조장이 있으며, 비싼 초기 비용 때문에 미리 설립된 양조장의 공간과 장비를 이용하여 양조사가 장비를 사지 않아도 되는 '집시 양조gypsy brewing'가 매우 인기 있어졌습니다. 양조사들은 활기찬 맥주계를 만들었고 브라질만의 독특한 토대를 바탕으로 와일드하고 독특한 맥주를 만드는 것을 선호하였습니다. 브라질에서 비싼 홉의 가격은 양조사들이 다양한 옵션을 찾는 데 중요한 역할을 했습니다. 브라질에는 흥미로운 부재료가 될 수 있는 토착 재료가 풍부합니다. 이러한 부재료는 브라질산 커피, 브라질 견과류, 카사바, 구아바, 패션 프루츠 같은 타페레바tapereba, 아사이acai, 배럴 에이징에 사용하는 암부라나amburana 같은 열대 나무들이 있으며, 급진적인 성향을 가진 맥주들이 더 흔하게 되었습니다. 일부 양조사들은 야생 효모 균주를 가지고 실험해 세

Speak easy

맥주를 위한 브라질어

브라질의 포르투갈어는 포르투갈의 포르투갈어와 같지는 않지만, 다음과 같은 말을 잘 안다면 괜찮을 것입니다.

크래프트 맥주를 찾는다면, 마이크로 브루어리(microcervejaria / ME-crow ser-VEH-ja-ree-AH)를 가고 싶어 할 것이고, '맥주 하나 주세요(uma cerveja, por favor / OO-mah ser-VEH-ja, pohr faw-VOHR)' 라고 하세요.

브라질의 뜨거운 열기를 생각한다면, '엄청 차가운 맥주 하나 주세요(uma cerveja estupidamente gelada por favor / OO-mah ser-VEH-ja e-STU-pid-a-ment-e he-LA-da, pohr faw-VOHR)'는 자주 사용하고 유용한 말입니다.

특정 종류의 맥주를 원한다면, 어떻게 물어봐야 할지 알아야 합니다. 드래프트 맥주를 원한다면, '(chope, SHOW-pea)' 라고 말하고, 드래프트 맥주는 브라질의 많은 '드래프트 맥주 바(chopperias / SHOW-pear-ee-ahs)'에서 마실 수 있습니다.

어디서 맥주를 마시든 '건배(saude / SOW-udge)'라고 말하는 것을 잊지 마세요.

리우데자네이루(Rio de Janeiro)의 산타 테레사(Santa Teresa) 지역은 보헤미안 카페와 바가 가득하며, 이 중 대다수는 카니발 기간 동안 다양한 활동의 중심지 역할을 합니다.

종이나 와일드 에일 같은 스타일을 연상시키는 맥주를 만듭니다.

작지만 뚜렷하게 증가하고 있는 크래프트 맥주계가 있지만, 브라질 시장은 여전히 대형 맥주 브랜드가 지배하고 있습니다. AB 인베브의 브랜드인 브라마Brahma, 안타티카Antarctica, 보헤미아Bohemia, 스콜Skol 같은 브랜드들은 브라질에서 존재감이 큽니다. 맥주를 누가 만들고 어떻게 만드는지 상관없이 맥주는 브라질 사람들의 어떠한 모임에서도 필수적인 부분입니다.

차가운 맥주와 파티

맥주는 브라질의 가장 인기 있는 주류이며, 특히 페일 라거가 매우 차갑게 제공됩니다. 기독교 사순절의 단식 기간 이전에 열리는 종교적인 축제가 세속화된 축제로 변한 카니발 축제 기간 동안 주력 주종은 대량 생산 라거가 지배적입니다. 6일 동안 진행되는 카니발 축제 기간 외에도 맥주는 완화된 규제와 상대적으로 낮은 법적 음주 나이인 18세 때문에 흔히 소비하는 술입니다. 지역 드래프트 맥주 바인 쑈뻬리아chopperia에서 맥주 한 잔을 마시거나 수퍼마켓이나 베이커리 주변에서 병맥주를 마시든지, 맥주 소비자들에게 브라질은 맥주가 풍요한 나라입니다.

비어 가이드

맥주 애호가들의 필수 코스

브라질 문화에 맥주가 자리 잡았지만, 브라질의 음주 기반이 모두 똑같이 형성된 것은 아닙니다. 그래서 지역 양조사들이 추천한 다음과 같은 장소들이 도움이 될 것입니다.

1 씨브루 (CiBrew)

헤시피(Recife)

비교적 새로 생긴 씨브루 크래프트 양조장은 뛰어난 맥주를 생산하지만, 씨브루를 돋보이게 하는 것은 이곳의 그라울러 데이(Growler Days)입니다. 씨브루의 희귀한 맥주를 그라울러에 채워 집에 가져가거나 휴가 동안 즐겨 보세요. 많은 맥주가 매우 빨리 팔리기 때문에 아쉬움을 피하려면 일찍 가세요.

2 세르베자리아 나시오날 (Cervejaria Nacional)

상파울루(San Paulo)

브라질에서 탱크와 탭의 길이가 가장 짧기 때문에 인근에서 가장 신선한 맥주를 제공한다고 합니다. 큰 도시 특유의 다양성을 가진 상파울루의 특징이 담긴 세르베자리아 나시오날의 잉글리시 스타일 포터, 아메리칸 IPA, 독일 바이세 맥주가 있습니다. 브라질의 전설에서 맥주의 이름을 따서 붙이며, 스타우트는 다리가 한 쪽밖에 없고, 파이프 담배를 피우고, 장난치는 것을 좋아하는 사씨(saci)에서 이름을 따서 붙였습니다. 사씨는 그의 마법의 빨간 모자를 훔치는 이라면 누구라도 소원을 들어 줍니다.

3 세르베자리아 왈스 (Cervejaria Wals)

벨루오리존치(Belo Horizonte)

산맥에 둘러싸여 도시 이름의 뜻이 '아름다운 수평선'인 벨루오리존치 지역의 세브베자리아 왈스는 주로 브라질 최고의 크래프트 양조장으로 뽑힙니다. 왈스는 처음 8년 동안 필스너만 생산했지만, 주인이 확장을 결심하고 수상작인 두벨과 같은 스타일을 양조한 후 인기를 얻었습니다. 왈스는 벨기에 밖에서 생산되는 최고의 벨기에 맥주를 제공하고 있습니다. 브라질의 잘 설립된 여러 크래프트 양조장처럼, 왈스는 지금 맥주 대기업인 AB 인베브가 소유하고 있습니다.

4 브루샤 세르베자 아티자날 (Bruxa Cerveja Artesanal)

플로리아노폴리스(Florianopolis)

산타 카타리나(Santa Catarina) 주의 주도에 위치해 있는 브루샤(포르투갈어로 '마녀'라는 뜻)는 많은 스타일을 양조합니다. 저명한 학자인 프랭클린 조아킴 케스케이(Franklin Joaquim Cascaes)의 이 섬의 마녀 관련 민속 연구를 기념하기 위해 이름을 붙인 비어랜드 브루샤 블론드 에일(Bierland Bruxa Blond Ale)을 마셔 보세요.

5 아이손반 (Eisenbahn)

블루메나우(Blumenau)

아이손반보다 더 독일스러운 양조장을 브라질에서 찾기는 매우 어렵습니다. 아이손반의 맥주는 브라질 어떤 양조장보다 더 많은 상을 받았으며, 둔켈과 퀼쉬는 가장 상을 많이 받은 맥주입니다. 독일인의 영향을 많이 받은 블루메나우(Blumenau) 지역에 설립되었고, 이곳은 전 세계에서 두 번째로 큰 옥토버페스트가 열리는 곳이며(54쪽 참조), 아이손반은 지역과 브라질 전역에서 가장 잘 알려진 맥주를 생산합니다.

6 다두 비어 (DaDo Bier)

포르투알레그리(Porte Alegre)

맥주 양조 과정을 보기 위해 독일로 짧은 여행을 다녀온 후, 에두아르도 비어(Eduardo Bier)는 브라질에서 가장 오래된 현대적인 크래프트 브루어리를 1995년에 열었습니다. 다두는 독일의 영향을 많이 받은 맥주 스타일과 다양한 맥주 스타일을 생산합니다. 다두 일렉스(DaDo Ilex)는 허브를 사용해 만든 독특한 맥주이고 남아메리카의 전통적인 마테(yerba mate) 음료의 특징인 얼씨한 아로마와 쓴맛을 지니고 있어 마셔 볼만한 가치가 있습니다.

브라질의 양조장과 필수 코스

양조장

이 책에 소개된 필수 코스

사진(Photos)

1 해안가 도시인 헤시피는 브라질의 인기 있는 크래프트 맥주 지역이 되었습니다. **4** 댄서가 매년 플로리아노폴리스에서 열리는 삼바 카니발을 즐기고 있습니다.

지역 맥주

리우데자네이루 & 쿠리치바

해변가에서 마시는 맥주

밝은 전망의 맥주계 브라질의 예수상이 내려다보며 아래로는 맑은 바다가 널리 펴져 있는 리우데자네이루에서 일반적인 라거를 파는 가게 너머 숨겨진 흥미진진한 맥주계가 기다리고 있습니다. 전면 베이사이드의 배경이 있는 보타포구Botafogo와 한때 브라질의 식민지 본부였던 카테테Catete 지역에는 멋진 탭룸이 있습니다. 보타포구의 비레이라 에스콘디도Birreria Escondido는 주인이 좋아하는 크래프트 브랜드인 스톤 브루잉Stone Brewing의 본사가 있는 캘리포니아 도시에서 이름을 따서 붙였습니다. 크래프트 맥주를 판매하며, 또한 이곳은 주인은 가끔씩 홈브루 맥주도 탭핑합니다.

크래프트 맥주가 상승세지만, 대형 맥주 회사가 여전히 지배적입니다. 안타티카, 브라마, 스콜 필스너 맥주를 지역에서 성장하고 있는 크래프트 맥주와 함께 해변가에서 볼 수 있을 것입니다. 대형 맥주 기업의 그림자에 가려져 있지만, 리우의 홈브루어 협회는 성장하고 있습니다. 아마추어 양조사들은 정보, 레시피, 재료를 공유하며, 홈브루잉 대회를 개최하고, 병맥주 교환 행사를 주최합니다. 이곳의 대부분의 회원들은 일반 직장을 다니면서 취미로 양조를 합니다. 하지만 대부분 자신들만의 양조장을 여는 것은 허황된 꿈입니다. 브라질에서 크래프트 맥주 산업은 부유한 사람의 사업입니다. 그럼에도 불구하고, 리우의 홈브루어들은 전국 홈브루잉 대회에서 좋은 성적을 거두고 있으며 새로운 스타일과 풍미를 소개하는 데 있어서 가능성을 계속 보여 줍니다.

자국 맥주 브라질에서 8번째로 가장 큰 도시인 쿠리치바Curitiba는 파라나Parana 주의 남부에 위치해 있으며, 세르베자리아 웨이Cervejaria Way, 마이크로 세르베자리아 비어 호프Micro Cervejaria Bier Hoff, DUM 세르베자리아DUM Cervejaria를 포함한 여러 양조장이 있습니다. 쿠리치바는 강한 홈브루잉계를 자랑합니다. DUM 세르베자리아는 뒷마당에서 홈브루잉을 시작한 세 명의 친구가 설립한 곳입니다. 이러한 작은

local flavor

카니발 준비 Carnival Warm-up

리우(Rio)에서 카니발 이전에 열리는 파티의 경우 종종 대규모 맥주 회사들이 후원합니다.

출발에서 시작한 쿠리치바Curitiba의 크래프트 맥주계는 계속 해서 성장해 국제적으로 인정받고 있었습니다. 쿠리치바 위키비어 페스티벌Curitiba's WikiBier Festival은 매년 11월에 열리며, 홈브루어들의 경쟁 부분을 실제 포함하는 몇 안 되는 맥주 축제 중 하나입니다. 쿠리치바는 2016년에 남아메리카에서 가장 크고 가장 중요한 크래프트 맥주 대회인 사우스 비어 컵South Beer Cup을 유치했습니다.

심지어 미국의 크래프트 양조장들도 쿠리치바를 브라질 크래프트 맥주 시장의 잠재적인 관문으로 보고 있습니다. 예를 들어, 브루클린 브루어리의 라거는 합리적인 가격과 높은 품질 덕분에 이 지역에서 가장 잘 팔리는 맥주 중 하나입니다. 이 지역의 증가하는 크래프트 맥주에 대한 열정은 쿠리치바를 다른 나라의 양조장들에게 유혹적인 도시로 느껴지게 합니다. 머지않아서, 많은 수입 맥주들이 쿠리치바 사람들의 주목을 얻기 위해 경쟁할 것입니다.

리우데자네이루는 사순절의 시작인 재의 수요일 전 6일 동안 열리는 카니발 축제로 매우 유명한 지역입니다. 카니발 축제에서 맥주 소비는 매우 중요한 사업입니다. 브라질의 연 맥주 소비량의 4%가 카니발 축제 기간 동안 이루어집니다. 브라질은 카니발 축제 개막 몇 주 전부터 종종 특정 의상을 테마로 하는 블로코(bloco) 파티를 합니다. 맥주 대기업들은 이러한 파티를 후원하며, 공식 맥주로 선정되기 위해 도시에 돈을 지불합니다. AB 인베브의 브랜드인 안타티카는 과거 몇 년 동안 후원사였으며, 안타티카의 맥주 캔과 매칭하기 위해서 맥주를 판매하는 직원들에게 파란 모자를 쓰게 했습니다. 이러한 파란색 바다로 물든 축제에서 다른 색깔을 가진 맥주 브랜드는 쉽게 찾아 낼 수 있습니다.

개릿 올리버와 함께하는 맥주 테이스팅

리우데자네이루(Rio de Janeiro)

트로피컬 프루트 비어(Tropical Fruit beer)

브라질 시장은 열대과일이 많습니다. 몇몇은 익숙하지만 대부분은 익숙하지 않은 열대과일입니다. 브라질 양조사들은 이러한 열대과일을 사용해 새롭고 맛있는 맥주 스타일을 만들며, 대부분은 아메리칸 위트 비어(American Wheat Beer) 베이스입니다.

ABV 4.5–5.5% | IBU 16–24

향 신선한 열대과일, 종종 토착 망고

외관 금색–허니 오렌지색(honey Orange)

풍미 프루티함, 오프 드라이, 보조적인 역할을 하는 홉과 가볍게 톡 쏘는 풍미

마우스필 가벼움, 리프레싱

잔 튤립 잔

푸드 페어링 페이조아다(Feijoada, 고기와 콩 스튜), 아카라제(acaraje, 콩 튀김), 피시 타코, 고트 치즈

추천 크래프트 맥주 노브리가 브루잉 컴퍼니 바이스 데 망가(Nobrega Brewing Company Vais de Manga)

보데브라운 위 헤비(Bodebrown Wee Heavy)

쿠리치바(Curitiba)

쿠리치바에서 스코틀랜드까지는 아주 멀지만, 브라질 양조사는 국제적인 맥주 스타일에 끌렸습니다. 세르베자리아 보데브라운은 라틴아메리카의 최고의 양조장 중 하나로 알려졌으며, 독일, 벨기에, 영국의 양조 전통을 쉽게 접근하면서 이와 같은 스카티시 스트롱 에일을 제공합니다.

ABV 8% | IBU 20

향 캐러멜, 흑빵, 당밀, 구운 고기, 말린 자두

외관 짙은 적갈색, 바위 모양의 황갈색 거품

풍미 단맛, 풍부함, 은은한 균형감, 캐러멜, 초콜릿, 어두운 과일, 나무 향

마우스필 거칠지 않은, 부드러움, 실키한(Silky)

잔 브리티시 하프 파인트 잔

푸드 페어링 페이조아다(Feijoada), 숙성한 하우다 치즈와 그뤼에르(Gruyere) 치즈

산티아고(Santiago)의 트렌디한 바리오 벨라비스타(Barrio Bellavista) 지역에는 많은 바와 탭룸이 있습니다.

칠레

안개와 꿀

칠레 음료 역사에서 가장 유명한 부분은 포도의 소개와 그 결과로 인한 와인 산업의 발달입니다. 그렇기는 하지만, 국토가 길고 좁은 칠레에서 맥주는 항상 매우 중요했습니다. 스페인 정복자들과 탐험가들그 후에는 선교사들과 정착민들이 탄 유럽 배들이 칠레 해안에 도착해, 씹은 곡물을 발효시켜 만든 저도수의 맥주를 발견했을 때 놀랐을 것입니다. 칠레 남중부의 마푸체족의 여성들은 사회적 모임, 의식, 심지어 장례식 때 중요하게 사용된 탁한 맥주인 무데이muday는 곡물을 씹어 만들었습니다. 하지만 유럽 사람들은 수입된 맥주 스타일을 선호했습니다.

초기에는 영국인과 그들의 포터 맥주가 많았지만, 1850년대 중반에 유입된 독일 이민자의 영향으로 바바리안 스타일 양조장이 칠레 남부 지역에 설립되었습니다. 독일 맥주 스타일은 빠르게 대중에게 어필했으며, 20세기가 되어서 라거는 멀리 북쪽에 있는 항구도시인 코킴보Coquimbo와 남쪽의 푼타 아레나스Punta Arenas까지 지배했습니다.

이 당시 맥주 산업은 한꺼번에 너무 많이 늘어났고 시장을 장악하기 위해 통합이 시작되었습니다. 경쟁사들을 인수하기 시작하면서 안완드테르Anwandter와 꼼빠니아 세르베세리아 우니다스 S.A.Compania Cervecerias Unidas S.A., 이렇게 두 양조장은 칠레에서 가장 큰 양조장이 되었습니다. 하지만, 안완드테르는 1960년대 발생한 지금까지 측정된 지구상에서 가장 강력한 지진 중 하나인 규모 9.5의 발디비아Valdivia 지진에서 살아남지 못했습니다. 이 양조장은 공장이 폐허가 되어 문을 닫았습니다. 그러나, 이것이 칠레 맥주 이야기의 끝이 아닙니다. 현대 크래프트 맥주계는 과거 몇 년 사이에 떠오르게 되었고, 꿀을 사용한 맥주 같은 혁신적인 스타일과 독특한 칠레의 풍미가 잘 드러나는 기술을 선보이면서 천천히 와인 국가에서 맥주 애호가들의 나라로 변해가고 있습니다.

산티아고에 위치한 세르베세리아 HBH(Cerverceria HBH)의 양조사는 지역 농장의 가축 사료로 재사용되는 스펜트 그레인(spent grain)을 치우고 있습니다.

지역화

칠레의 크래프트 맥주계는 상대적으로 규모가 작으며, 풍부한 와인 산업과 맥주 대기업의 그늘에 가려 빛을 보지 못했습니다. 그러나 마이크로 브루어리가 증가하고 있으며 혁신적인 기술과 양조 과정을 사용해 높은 품질의 크래프트 맥주를 생산하고, 특히 물이 부족한 지역이나 부족한 시기에 칠레의 이런 혁신적인 기술과 양조 과정 특징이 잘 나타납니다. 본토에서 약 2,300마일3,700km 정도 떨어진 라파 누이에 위치한 양조장을 포함해 물이 부족한 칠레 양조장은 빗물을 사용해서 맥주를 만들고 있습니다.

칠레에서 거의 모든 종류의 맥주가 만들어지지만, 매우 호피한 맥주는 흔하지 않습니다. 칠레 사람들은 라거와 단맛이 나는 맥주를 더 마시는 경향이 있습니다. 크래프트 맥주계에서 인기 있는 맥주는 꿀을 사용해 만든 맥주입니다. 칠레에서 대부분의 맥주 재료는 여전히 수입하지만, 양조장은 칠레 맥주에 떼루아라는 개념을 주기 위해 지역 재료를 사용하기 시작했습니다. 칠레에서 가장 오래되고 가장 남쪽에 위치한 오스트랄Austral 양조장은 지역적인 풍미를 주기 위해 파타고니아 열매인 칼라파테calafate를 사용해 에일을 만들었습니다. 칼라파테를 맛본 모든 사람들은 지역에 매료된다는 속설이 있습니다.

축제 분위기

지역 맥주를 맛보려면 맥주 축제를 가면 됩니다. 많은 소형 양조장은 대중을 주대상으로 맥주를 판매하지 않기 때문에 맥주 축제는 사람들의 의견을 들을 수 있는 기회입니다. 소셜미디어, 흥미로운 이야기, 독특한 재료가 특징인 이러한 양조장의 대부분은 마리화나 맥주, 달콤한 허니 에일, 몰티한 IPA 같은 맥주를 포함한 그들만의 전통적인 스타일의 맥주를 제공합니다. 대형 양조장을 제외한다면, 칠레의 가장 잘 설립된 양조장들은 여전히 독일 양조 문화가 강하게 남아 있는 칠레의 남부 맥주계에 위치해 있습니다.

local flavor

안개 맥주 만들기 Making Fog Beer

파타고니아 남부는 높은 산맥, 깊은 피오르(fjord), 평화로운 호수로 둘러싸여 있습니다(페르디난도 마젤란(Ferdinand Magellan)이 발견한 키가 큰 거인 같은 토착 원주민 때문에 '빅풋의 땅(Land of the Bigfeet)'이라 불렸고, 일부 역사학자들은 이 '빅풋의 땅'이라는 의미를 두고 논쟁을 하기도 합니다). 칠레 북부에는 아타카마 사막(Atacama desert)이 있으며, 사막의 일부 지역에는 수백 년 동안 비가 오지 않았습니다. 사막의 식물들은 태평양에서 육지로 바람이 불어올 때, 이른 아침에 낀 안개를 통해 수분을 공급받습니다. 카만차카(camanchaca)라고 알려진 이 안개는 0.001–0.004인치(3–102마이크로미터) 정도 되는 매우 미세한 물방울을 가지고 있으며, 너무 작기 때문에 비로 변하지 않을 수도 있습니다.

세르베세리아 아트라파나블라(Cerveceria Atrapaniebla)에 가면 맥주를 만들 때 사용하는 물을 얻기 위해 카만차카 안개를 물로 농축하는 안개 그물망이 있습니다. 이곳 양조사들이 카만차카를 처음으로 사용한 사람들은 아닙니다. 이 지역의 많은 마을에서 안개 그물망에 의존해 귀중한 식수를 공급받습니다. 이 양조장은 이러한 물을 사용해서 처음으로 맥주를 만든 곳입니다. 이들은 매년 200 U.S. 배럴(240hL) 정도를 생산하며, 이러한 맥주를 '하늘의 맥주'라고 묘사합니다. 양조에 사용하는 물이 안개에서 나온 것을 생각해 본다면, 이 묘사는 적절한 것 같습니다.

비어 가이드

맥주 애호가들의 필수 코스

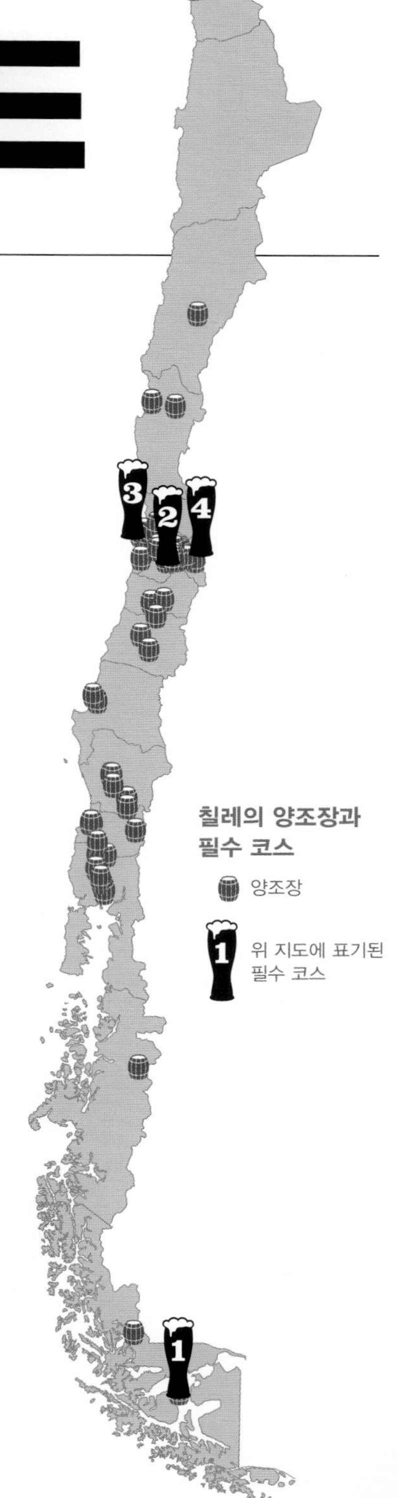

와인으로 잘 알려진 칠레에서 칠레 양조사들은 다음과 같은 인기 있는 장소에 방문해서 최고의 맥주를 맛보기를 추천합니다.

1 세르베세리아 에르난도 드 마가야네스 (Cerveceria Hernando de Magallanes)

푼타 아레나스(Punta Arenas)

마젤란 해협에서 100마일(160km) 정도 떨어진 곳에 위치한 이 양조장은 칠레 최남단 지역의 주도에 가장 최근에 생긴 양조장 중 하나입니다. 현대적인 양조장은 유럽인들의 탐험의 시대에 경의를 표하는 독특한 레이블과 특징을 가진 크래프트 맥주를 제공합니다. 생산량은 적지만, 강한 맛을 가진 홉의 성향이 드러나는 스타일에 중점을 둡니다.

2 스조트 (Szot)

탈라간테(Talagante)

칠레 수도 도시의 변두리에 위치한 스조트는 벨기에 사람이 중고 장비를 사용해 건설한 양조장으로 칠레 최고의 크래프트 맥주를 생산합니다. 이 양조장에 방문하면 스타우트와 발리와인부터 필스너와 와일드 에일까지 여러 스타일의 맥주를 경험할 수 있습니다.

3 카사 세르베세리아 알타미라 (Casa Cervecera Altamira)

발파라이소(Valparaiso)

산티아고에서 90분 정도 차로 떨어진 발파라이소의 아름다운 해안가 마을에 훌륭한 맥주를 만드는 작은 보석 같은 카사 세르베세리아 알타미라(Cervecera Altamira)가 있습니다. 콘셉시온 언덕(Cerro Concepcion) 주변을 오를 수 있는 퀸 빅토리아 푸니쿨라(Queen Victoria Funicular)의 아래쪽에 위치해 있습니다. 알타미라의 박물관은 초기 칠레 양조에 대해 전시하고 있어 맥주 역사를 좋아하는 사람들에게 걸어 올라갈만한 충분한 이유를 마련해 줍니다.

4 세르베세리아 HBH (Cerveceria HBH)

산티아고(Santiago)

밖에 간판이 없고 뉴노아 광장(Plaza Nu-noa) 바로 옆에 있는 이 양조장은 산티아고의 첫 마이크로 브루어리 중 하나이기 때문에 방문할 가치가 있습니다. 이 양조장의 이름은 독일 호프브로이하우스(hof-brauhaus)에 대한 경의를 보여줍니다. 맥주 스타일은 블론드 필스너, 앰버 메르젠, 검은색의 복을 포함한 바바리아에서 찾을 수 있는 맥주를 제공합니다.

남아메리카의

다른 나라 현황

콜롬비아 Colombia

1910년 콜롬비아의 치차리아스(Chicherias, 치차 바)들은 하루에 9,250갤런(32,500L)의 치차를 생산했습니다. 그렇다면 대형 맥주 회사가 어떻게 사람들이 토착 맥주 스타일인 치차 대신에 유럽 스타일 맥주를 마시게 바꾸었을까요? 바로 위생입니다. 대형 맥주 회사들은 맥주의 순수성을 홍보하는 상표를 만들었고 시장은 이 흐름을 따라가게 되었습니다. AB 인베브는 오늘날 콜롬비아의 맥주 시장을 지배하지만, 상을 받은 여러 마이크로 브루어리가 보고타(Bogota) 지역에 나타나고 있습니다.

116개
12oz 병맥주(41L)
1인당 맥주 소비량

76만7천
U.S. 배럴(90만hL)
연간 생산량

2,668.57
콜롬비아 페소(Colombian pesos)(U.S. $0.93)
12oz 병맥주 평균 가격

에콰도르 Ecuador

필스너는 에콰도르 시장을 장악하고 있으며, 특히 AB 인베브가 소유한 대형 맥주 양조장인 세르베세리아 나시오날 에콰도르(Cerveceria Nacional Ecuador)에서 만드는 필스너가 시장을 장악하고 있습니다. 주로 키토(Quito)와 과야킬(Guayaquil)에 생기는 크래프트 양조장의 증가로 에콰도르의 맥주 스타일에 다양성이 증가하고 있습니다. 2015년과 2016년 사이에 20개의 새로운 마이크로 브루어리가 키토에 문을 열었으며, 지역 사람들에게 다양한 맥주를 제공할 것입니다.

56개
12oz 병맥주(20L)
1인당 맥주 소비량

490만
U.S. 배럴(580만hL)
연간 생산량

$0.93
미국달러
12oz 병맥주 평균 가격

페루 Peru

페루의 양조는 잉카보다 앞선 페루의 와리족(Wari)이 보라색 옥수수와 페퍼베리를 사용해 치차를 만들었던 서기 600년대로 거슬러 올라갑니다. AB 인베브는 페루의 현대 맥주 시장을 대부분 지배하고 있습니다. 체루스컬 세르베세리아 알레마나(Cherusker Cerveceria Alemana)와 로슈스 브루잉 컴퍼니(Roche's Brewing Company) 같은 지역 크래프트 양조장이 리마(Lima)와 쿠스코(Cusco)의 인기 있는 지역에 더 많이 생겨나고 있습니다.

79개
12oz 병맥주(28L)
1인당 맥주 소비량

1,120만
U.S. 배럴(1,310만hL)
연간 생산량

4.45
페루 누에보 솔(Peruvian nuevos soles)(U.S. $1.37)
12oz 병맥주 평균 가격

베네수엘라 Venezuela

베네수엘라의 길어진 경제 위기로 베네수엘라 전역에 구매할 수 있는 맥주가 제한될 수도 있지만 베네수엘라는 남아메리카 대륙에서 가장 높은 1인당 맥주 소비량을 자랑합니다. 필스너 맥주로 베네수엘라 맥주 시장을 지배하는 세르베세리아 폴라(Cerveceria Polar)는 보리, 홉, 캔을 구매하기 위해 2016년 국제 투자자에게 돈을 빌렸습니다.

248개
12oz 병맥주(88L)
1인당 맥주 소비량

1,550만
U.S. 배럴(1,820만hL)
연간 생산량

8.68
베네수엘라 볼리바(U.S. $0.86)
12oz 병맥주 평균 가격

이 책이 출판될 당시에는 모든 수치가 정확했습니다.
수치는 평균값이며 시간이 지나면서 바뀔 수 있습니다.

중국 윈난성(Yunnan) 뤄핑(Luoping)의 유채밭은 산들에 둘러싸여 있습니다.

CHAPTER 4

아시아

일본 문화의 상징인 게이샤(Geishas)들이 1920년대 기린 맥주 광고를 위해 산악지역인 도시 닛코(Nikko)에서 포즈를 취하고 있습니다.

맥주 생산에 알맞은 비옥한 땅

아시아의 거대한 대륙은 지구 표면의 9%를 차지하며, 전 세계 인구의 약 60%가 거주하는 곳입니다. 아시아는 시베리아의 매서운 추위를 자랑하는 냉대기후, 인도네시아의 습한 열대우림, 중국 북쪽과 몽골 남쪽에 있는 고비 사막의 뜨거운 열기, 눈이 덮인 히말라야 산맥 등등 모든 종류의 환경이 있는 대륙입니다. 아시아 대륙의 오직 20%만 경작을 할 수 있는 땅이며, 주로 곡물을 재배합니다. 대부분의 맥주 재료는 아시아에서 재배되기 때문에 맥주 역사에 있어서 아시아는 매우 중요한 대륙입니다.

기원지

보리, 기장, 율무, 뱀오이 뿌리, 백합, 마를 사용해 만든 맥주를 상상해 보세요. 맥주를 만들 때 사용하는 재료치고 독특하게 들리나요? 그 이유는 바로 5000년 전에 맥주를 만들 때 사용한 재료이기 때문입니다. 학자들은 중국 산시성 찬강Chan River 주변에서 이 맥주의 흔적을 발견했습니다. 이 발견은 당시 이곳에 살았던 사람들이 맥주를 만드는 방법을 이해했다는 것을 보여 줍니다. 하지만, 아시아 양조의 인류학적인 증거는 이것보다 더 오래되었습니다. 중국 북쪽의 고대 정착지였던 지아후Jiahu에서 출토된 도자기 일부를 통해 세계에서 가장 오래된 발효주를 9000년 전에 아시아에서 만들었다는 것을 알 수 있습니다. 이 술은 포도, 산사나무, 쌀, 꿀을 함유한 신석기 시대의 술인 쿠이kui로 알려져있습니다. 같은 시기에 보리와 밀은 지금의 이라크 영토인 티그리스 강Tigris River과 유프라테스 강Euphrates River 사이에 있는 비옥한 메소포타미아 땅에서 경작되었습니다. 맥주는 메소포타미아의 인류학적인 기록에서 약 기원전 5000년경에 등장했습니다. 이란의 자그로스 산맥Zagros Mountains에서 발견된 입구가 넓은 통의 침전물, 지금의 이라크 남부지역인 수메르Sumer에서 출토된 점토에 새겨진 고대 맥주를 찬양한 시인 '닌카시 찬가Hymn to Ninkasi', 몰트를 만들고, 당화하고, 곡물을 발효했던 여러 고대 용기를 통해 다양한 형태로 발견되었습니다. 이러한 증거를 통해 맥주는 아시아에서 탄생한 술이며, 아시아의 다양한 자연 환경과 재료를 통해 맥주라는 술을 만들었다는 것을 알 수 있습니다.

아시아

챕터4에서 소개하는 국가들

맥주를 만들 때 사용하는 주요 곡물인 보리는 지금의 이스라엘과 요르단 지역인 서아시아 쪽에서 약 기원전 8000년에 기원했다고 여겨집니다. 일부 역사학자들은 사람들이 보리를 가지고 이동했기 때문에 보리가 매우 광범위하게 확산되었고, 그렇기 때문에 맥주를 양조할 수 있었다고 합니다.

쌀 또한 아시아에서 유래되었으며 중국과 일본에서는 쌀을 사용해 맥주를 만들었습니다. 쌀은 가장 흔한 부가물이고, 풍미에 주는 영향이 적기 때문에, 라거를 만들 때 주로 사용합니다. 맥주를 만들 때 사용하는 인기 있는 작물인 수수와 기장도 아시아에서 잘 재배됩니다. 일부 학자들은 홉이 아시아에서 유래했을지도 모른다고 생각합니다. 중국은 맥주를 만들 때 사용하는 휴물루스 루풀루스Humulus lupulus 종을 포함한 홉의 세 가지 모든 종이 발견되는 유일한 나라이기 때문에 홉이 중국에서 유래되었을 가능성도 있습니다. 중국과 일본은 전 세계 홉 재배 면적의 약 7%를 차지하고 있습니다.

아시아의 떼루아와 문화적인 취향은 맥주를 만들 때 사용하는 생강, 레몬그라스, 말린 후추, 넛멕, 계피와 같은 토착 향신료를 통해 주로 드러납니다. 또한, 차를 사용해 만든 맥주를 찾기 쉽습니다. 차를 사용해 맥주를 만드는 방법은 아마도 일본에서 시작했겠지만, 그 이후 아시아 전역과 그 이외의 지역에 퍼졌습니다. 특히 호피한 에일 스타일은 차를 사용해 가장 흔하게 양조하는 스타일로 홉의 쓴맛과 상반되는 은은한 떫은맛을 더해 줍니다.

한계가 없는 시장

오늘날 아시아 맥주 시장은 여러 식민지배국들이 소개한 후 자신들만의 스타일로 대중화한 유럽식 페일 라거로 가득합니다. 영국인들은 인도와 말레이시아에 포터 같은 에일을 가져왔으며, 네덜란드인들은 인도네시아에 맥주를 가지고 왔으며, 프랑스인들은 라오스, 캄보디아, 베트남에 맥주를 소개했으며, 스페인인들은 필리핀에 맥주를 가지고 왔습니다. 여러 식민지배국들이 아시아 국가에 맥주를 소개하면서 아시아의 첫 상업 양조장인 인도의 다이어 브루어리스Dyer Breweries 같은 지역 양조장들이 생기는 데 영향을 주었습니다. 그들은 또한 중국의 스노우Snow, 일본의 기린Kirin, 필리핀의 산 미구엘San Miguel, 태국의 싱하Singha, 베트남의 타이거Tiger와 같은 애드정트 라거가 맥주 시장을 지배하도록 만들었습니다.

local flavor

라거 효모가 아시아에서 유래되었다고요? Did Lager Yeast Come From Asia?

중국 과학자들은 라거의 역사에서 사람의 눈으로 볼 수 없는 미세하고 흥미로운 무언가를 포착했습니다. 라거 효모 또는 사카로마이세스 파스토리아누스(Saccharomyce Pastorianus)는 에일 효모인 사카로마이세스 세레비지애(Saccharomyces cerevisiae)와 추운 온도에서 잘 견디는 사카로마이세스 유바야누스(Saccharomyces eubayanus)의 교배종으로 알려져 있습니다. 미생물학계에서 우세한 이론은 사카로마이세스 유바야누스는 파타고니아에서 유래되었으며, 일부 전문가들은 1400년대 후반이나 1500년대 초기에 유럽으로 가는 화물선에 우연히 실려 운송되었고 라거의 혁명이 유럽 대륙에서 시작되었다고 생각합니다.

그러나 사카로마이세스 유바야누스(S. eubayanus)의 유전자를 분석한 중국 과학자들은 다른 유전적 특징을 가지고 있는 티베트(Tibetan), 웨스트 차이나(West China), 쓰촨(Sichuan) 균주 3가지를 발견했습니다. 과학자들은 유럽에 큰 영향을 준 파타고니아 균주는 실제로 라거 효모와 매우 유사한 티베트의 일부라고 믿습니다. 중국은 전 세계에서 유일하게 사카로마이세스의 3가지 종이 모두 발견되는 곳으로, 이 사실은 실제로 라거 효모가 중국에서 기원되었을 수 있다는 점을 보여 줍니다. 그래서, 남아메리카 덕분에 전 세계에 유러피안 라거가 소개됐지만, 정작 감사를 표해야 하는 곳은 중국일 수도 있습니다.

젊은 직장인들이 베이징에 있는 징에이 브루잉 컴퍼니(Jing-A Brewing Company)의 탭하우스에서 건배를 하며 즐기고 있습니다.

이러한 라거 맥주들은 대부분 유럽이나 일본에 본사가 있는 다국적 맥주 대기업의 제품입니다. 세계에서 가장 큰 맥주 회사 40개 중 17개는 아시아 지역에 본사가 있으며, 매크로 브루어리들은 아시아의 많은 나라에서 90% 이상의 시장 점유율을 차지하고 있습니다.

아시아의 많은 인구를 생각한다면, 아시아 대륙에서 어마어마한 양의 맥주를 생산한다는 사실은 놀랍지 않습니다. 2014년에 아시아는 6억 3백만 U.S. 배럴7억 8백만 hL 이상의 맥주를 생산했고, 유럽은 4억 7천 4백만 U.S. 배럴5억 5천 6백만 hL를 생산했으며, 북아메리카는 2억 7천만 U.S. 배럴3억 1천 7백만 hL를 생산했습니다. 아시아의 생산량 수치는 매우 인상적이지만, 전년도 대비 2.3% 감소한 수치입니다.

아시아의 전체 맥주 생산량은 감소하고 있지만, 크래프트 맥주 생산량은 꾸준히 증가하고 있습니다. 여러 아시아 국가의 정부는 알코올 소비를 줄이는 정책을 세웠지만, 맥주 판매는 계속해서 증가하고 있습니다. 예를 들어 베트남의 경우 크래프트 맥주 판매량은 국내 총생산보다 2배 빠르게 증가하고 있습니다. 그렇기는 하지만, 전 세계 국가별 1인당 맥주 소비량 순위를 살펴보면 12갤런46L를 소비하는 한국이 45위에 나오기 전까지는 아시아 국가는 나오지 않습니다. 아시아의 1인당 맥주 소비량은 8갤런29L입니다. 유럽의 16갤런59L에 비하면 낮은 수치처럼 보입니다. 하지만, 이러한 수치는 아시아 대륙에서 대기업 양조장과 소규모 크래프트 양조장 모두 성장할 수 있는 여지가 있다는 것을 보여 줍니다.

대형 양조장들은 베트남과 미얀마로 시장을 확장해 나가고 있으며, AB 인베브는 홍콩에서 양조장과 탭룸을 인수하기 시작했습니다. 마이크로 브루어리의 경우, 아시아 지역의 인구 증가는 시장의 확대를 의미합니다. 맥주 업계는 전 세계 맥주 시장 성장의 70%는 아시아에서 일어날 것이며, 아시아 맥주 시장은 2020년에는 2,200억 달러 이상의 가치를 가질 것이라고 예측하고 있습니다.

급증하는 아시아 맥주 시장의 매력은 다른 대륙의 양조장들의 주목을 이끌었습니다. 양조사 협회Brewers Association에 따르면 아시아로 수출하는 미국 크래프트 맥주 양이 2013년 이후로 거의 40% 증가했다고 합니다. 아시아 시장은 크래프트 맥주를 잘 받아들이고 있지만, 아직 아시아 크래프트 양조장들은 지역 시장에서 자리를 잡는 데 곤란을 겪고 있습니다.

정책적 난관을 넘어서

아시아 크래프트 맥주 분야의 진전은 일부 장애물에 부딪혔습니다. 크래프트 맥주의 성장은 몇 가지 주요 요인으로 억제되었는데, 그중 가장 큰 요인은 정부의 정책입니다. 필리핀처럼 주류에 부과되는 세금 부분에서 진보적으로 접근한 국가의 크래프트 맥주계는 번창하고 있지만, 높은 세금과 1년 최소 생산량과 같은 규제는 크래프트 맥주 사업을 힘들게 하고 있습니다. 2014년에 대한민국 정부는 소규모 양조장도 외부로 맥주를 유통할 수 있게 주세법을 개정했습니다.

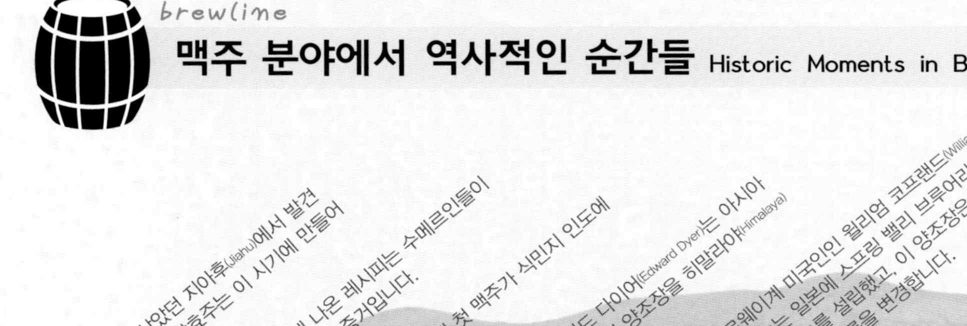

brewlime

맥주 분야에서 역사적인 순간들 Historic Moments in Beer

기원전 7000년 중국 고대 정착민들이 살았던 지아후(Jiahu)에서 발견된 세계에서 가장 오래된 발효주는 이 시기에 만들어진 것으로 추정됩니다.

기원전 5000-4000년 수메르인의 시에 나온 레시피는 수메르인들이 맥주를 양조했다는 증거입니다.

1711년 영국에서 보낸 첫 맥주가 식민지 인도에서 도착했습니다.

1830년 에드워드 다이어(Edward Dyer)는 아시아의 첫 상업 양조장을 히말라야(Himalaya)에 열었습니다.

1869년 노르웨이계 미국인인 윌리엄 코프랜드(William Copeland)는 일본에 스프링 밸리 브루어리(Spring Valley Brewery)를 설립했고, 이 양조장은 후에 기린(Kirin)으로 이름을 변경합니다.

1890년 동남아시아의 첫 양조장이 필리핀에서 탄생했습니다.

1931년 말레이언 브루어리스(Malayan Breweries)는 싱가포르의 첫 상업 양조장이 되었습니다.

2001년 중국 정부는 한때 중국 맥주의 95%에나 사용되었던 포름알데히드(formaldehyde)의 사용을 금지하였습니다

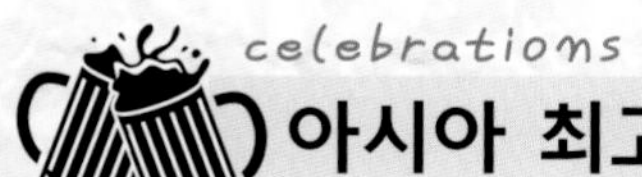

아시아 최고의 맥주 축제 Asia's Best Beer Festivals

비어페스트 아시아 Beerfest Asia | **싱가포르** | **6월** | 아시아의 가장 큰 맥주 축제로 500가지 이상의 맥주를 제공하며, 그중 100개는 이 축제를 위해 만든 맥주입니다. 20개국 이상이 참여합니다.

아웃캐스트 크래프트 비어 페스티벌 Outcast Craft Beer Festival | **호치민시티** | **베트남** | **8월** | 상대적으로 규모가 작은 축제지만 몇 년 전까지지만 하더라도 베트남에 크래프트 맥주가 거의 없었다는 점을 생각하면 이 축제는 꽤나 인상적입니다. 6곳의 지역 크래프트 양조장이 제공하는 맥주는 방문객들에게 베트남에서 크래프트 맥주 혁명이 일어나고 있고 한동안 지속될 것이라는 것을 보여 줍니다.

칭다오 비어 페스티벌 Qingdao Beer Festival | **칭다오** | **중국** | **8월** | '아시아의 옥토버페스트'라 불리며 아시아 대륙에서 가장 큰 맥주 축제 중 하나입니다. 개막식과 폐막식을 포함한 3주간의 축제는 전 세계 양조사들을 끌어들입니다.

옥토버페스트 오브 더 노스 Oktoberfest of the North | **평양** | **북한** | **8월** | 북한의 대동강 맥주 공장을 홍보하고 정부의 후원을 받는 이 축제에 참여하기 위해서 방문객들은 특별한 허가가 필요합니다. 2016년 첫 행사 이후에, 지역 신문은 100명의 모든 방문객들이 '매우 기쁘게 즐겼다'라고 보도했습니다.

베이징 어텀 크래프트 비어 페스티벌 Beijing Autumn Craft Beer Festival | **베이징** | **중국** | **9월** | 이 축제는 방문객들에게 중국의 최고의 크래프트 맥주를 제공합니다. 간판 스타인 복싱 캣(Boxing Cat)과 그레이트 립 브루잉(Great Leap Brewing) 등 양조장이 참여해 현지에서 생산한 맥주를 제공합니다.

그레이트 재팬 비어 페스티벌 Great Japan Beer Festival | **요코하마** | **일본** | **9월** | 통틀어 비어페스(Beerfes)라고 부르는 5개의 그레이트 재팬 비어 페스티벌(Great Japan Beer Festivals) 중에서 가장 큰 행사로 9,000명의 사람들이 방문하고 미국과 유럽의 여러 양조장을 포함해 70개의 양조장이 참여합니다.

비어토피아Beertopia | **홍콩** | **중국** | **11월** | 이 축제는 맥주, 음식, 일렉트로닉 음악을 좋아하는 사람에게 꿈과 같은 축제입니다. 또한, 이 축제는 119개의 양조장이 참여하는 홍콩에서 가장 큰 맥주 축제입니다. 500가지 이상의 맥주를 제공하며, 이 중 65개는 홍콩에서 만들어진 맥주입니다.

그 이후, 크래프트 양조장들은 더 성장할 수 있었으며, 가장 인기 있는 주류인 소주 외에 다양한 맥주를 사람들에게 소개할 수 있었습니다.

크래프트 맥주의 성장을 방해하는 또 다른 주요 난관은 가격입니다. 대부분의 아시아 국가는 여전히 개발도상국이며 상대적으로 수입이 낮기 때문에, 크래프트 맥주는 대부분의 사람들이 지불할 수 없는 사치품입니다. 베트남에서, 토착 맥주인 비아흐이bia hoi 라거 한 잔의 소매가는 미국달러 기준 50센트 이하이지만, 크래프트 맥주 한 병은 약 4달러입니다. 하지만 중산층이 현재 약 3억 명이 넘는 중국에서 크래프트 맥주는 더 이상 고가품이 아닙니다.

이러한 난관에도 불구하고 지역 크래프트 맥주에 열광하는 사람들은 모든 아시아 국가에서 마셔볼 만한 맥주를 찾을 수 있을 것입니다. 심지어 북한에도 크래프트 양조장이 있습니다. 북한 정부는 영국에서 양조 설비를 구매한 뒤 북한으로 이송한 후 다시 조립해서 맥주를 만들고 있습니다. 아시아 크래프트 맥주계는 당분간 계속해서 성장할 것입니다. 양조장과 브루펍은 아시아 대륙의 특징을 보여 주는 지역 재료와 다양한 문화를 반영하는 맥주를 만들어 더 안목있는 맥주 소비자들에게 제공합니다.

빠르게 크래프트 맥주의 명소가 되어 가고 있는 베이징 중심에는 웅장한 자금성(Forbidden City)이 있습니다.

중국

왕조와 맥주

한눈에 보는 중국

위 지도에 표기된 장소

- 양조장
- ★ 수도
- ● 도시

영토의 면적은 대략 미국과 비슷하지만 인구는 4배나 많은 중국은 세계에서 가장 인구가 많은 나라입니다. 또한, 중국의 양조 전통은 신석기시대의 양샤오Yangshao 사람들이 매우 진보된 기술로 세계에서 가장 오래된 맥주와 같은 술을 만든 것으로 추정되는 약 9000년 전부터 이어지고 있습니다.

중국 맥주는 강화, 신성, 그리고 방탕의 역사를 가지고 있습니다. 하나라의 폭군이었던 걸왕기원전 1728-1675년은 첩과의 연회를 즐기기 위해 고기와 포를 가득 쌓고 술을 채운 연못을 만들었습니다. 상나라기원전 1600-1046년 때는 쌀 또는 기장으로 만든 달고 저도수인 리li 또는 라오 리lao li라 불렸던 맥주를 마시면서 고대 중국 문자를 동물 뼈나 거북이 등껍질에 새기고 점을 칠 때 사용되었던 갑골문자를 장식했습니다. 또한 상나라는 일부 조리한 밀이나 기장에 많은 곰팡이, 효모, 박테리아를 사용해 만든 발효 스타터인 쿠qu의 발흥지입니다. 쿠가 발효하여 도수가 높은 치우chiu를 만들었으며, 이 맥주는 곧 유행하는 스타일이 되었습니다. 치우는 문화적으로 결속되어 미식적, 종교적, 예술적인 면에서 중국 사회에 남아 있었으며, 수 세대를 걸쳐 작가, 시인, 예술가들에게 영감을 주는 요소였습니다.

시간이 지나면서 맥주나 맥주와 비슷한 술이 새로운 스타일과 방법으로 계속해서 나타나게 되었습니다. 발효된 와인 같은 맥주인 황지우huangjiu와 기장이나 수수로 만든 술인 바이주baijiu는 의식, 행사, 축제에 사용되었고 영적 세계로 연결하는 역할을 하였습니다. 한나라의 전성기기원전 200-기원후 200년 시기에 대중들은 기장으로 만든 맥주인 슈shu를 마셨고, 당나라618-907년 때는 중국 남부 지방에서 유래된 쌀로 만든 맥주인 상루

sang-lo와 곡물이 맥주에 떠다녀서 '떠다니는 개미'라는 별명을 가진 여과하지 않은 맥주인 페이pei가 소개되었습니다. 송나라960-1279년 때는 수수로 만든 맥주인 카오리앙kaoliang을 만들었습니다. 토착 맥주는 점차 쌀로 만든 막걸리나 청주로 대체되었습니다. 쌀로 만든 맥주의 레시피는 세대에서 세대로 전해지던 게 끊겼으며 중국의 마지막 왕조의 끝인 1912년에는 토착 맥주를 거의 잃었습니다.

귀환

1900년대 초에 중국 항구 도시에 유럽인들이 거주지를 임대하면서 서구 맥주 스타일이 소개되었고 이와 함께 현대 양조가 시작되었습니다. 홍콩의 경우, 제1차 아편 전쟁First Opium War, 1839-1842년 이후에 영국 식민지가 되면서 서구 맥주 스타일이 소개되었습니다. 서구 스타일의 상업 양조장이 중국 전역에 나타나기 시작했습니다. 첫 상업 양조장 중 하나인 하얼빈 브루어리Harbin Brewery는 만주 횡단 철도 증설 작업을 하는 러시아 노동자들에게 맥주를 공급하기 위해 독일인이 1900년에 만주지금의 중국 북서쪽에 설립했습니다. 그러나, 그 이전에도 양조장이 있었으며, 1869년에 『런던 앤드 차이나 텔레그래프London and China Telegraph』는 '상하이의 메설스 에반스 앤드 컴퍼니Messrs Evans and Company가 생산한 잉글리시 스타일 맥주는 최고의 품질을 가지고 있다'고 기록했습니다.

1958년 중국의 경공업부 장관인 주 메이Zhu Mei는 대중들에게 맥주와 양조를 소개하는 안내 책자를 만들었고 수백 개의 소규모의 양조장을 건설하도록 장려했습니다.

도시에서 가장 인기 있는 맥주를 만들고 중국의 가장 큰 맥주 생산자 중 하나인 베이징 옌징 브루어리(Beijing Yanjing Brewery)에서 근로자가 생산 라인을 관리하고 있습니다.

하지만 이런 안내 책자가 아이러니하게도 비극적인 시기에 나왔습니다. 바로 4,500만 명의 목숨을 앗아간 중국 대기근의 첫 해였습니다. 그렇기는 하지만, 사람들은 양조장을 시작하는 것에 관심을 가졌습니다. 그러나 1978년에 경제 개혁이 있기 전까지 중국에는 90개의 양조장이 있었으며 맥주는 여전히 사치품이었습니다. 수십 년 후에, 중국에는 900개 이상의 양조장이 생겼고 맥주는 중국인들이 좋아하는 술로 바뀌게 되었습니다.

오늘날 맥주 수출 회사 중 하나인 칭다오 브루어리Tsingtao Brewery는 홍콩에서 온 영국인과 독일인 투자자가 라인하이츠거보트53쪽 참조 스타일의 양조장을 1903년에 칭다오Tsingtao, Qingdao라고도 표기의 교역소에 설립한 양조장입니다. 제1차 세계대전 당시에 일본에게 넘어갔다가, 그 후 추이Tsui 가문이 잠시 소유하기도 했으며, 제2차 세계대전 이후에는 국영화되었고, 1990년대에 사기업이 되었습니다. 한 세기 동안 이어진 소동에서 살아남은 이후에 칭다오는 현재 중국에서 두 번째로 가장 큰 맥주 브랜드가 되었습니다. 가장 큰 기업은 CR 스노우CR Snow로 세계에서 가장 많이 팔리는 맥주인 스노우Snow 브랜드를 소유하고 있습니다.

국제적 영향력

2015년에 중국은 124억 갤런4억 7천 150만 hL의 맥주를 생산해 전 세계 어느 나라보다 더 많은 양의 맥주를 생산했습니다. 베이징 옌징 브루어리Beijing Yanjing Brewery와 같은 대규모 양조장은 매년 10억 갤런3천 7백만 hL의 이상의 맥주를 생산합니다. 중국은 미국 맥주 생산량의 3배 이상을 생산하며, 독일 맥주 생산량의 거의 5배 이상을 생산합니다. 중국인들이 마시는 전체 맥주의 총량은 세계 최대치이며그러나 1인당 소비량은 세계 최고치는 아닙니다, 거의 전 세계 상업 맥주의 1/4 정도를 중국이 소비합니다.

중국에서 가장 인기 있는 맥주 스타일은 주로 낮은 도수, 라이트한 맛, 쌀을 추가해 만든 특징을 가진 페일 라거 스타일입니다. 중국의 음주 풍습을 생각해 보면 자극적이지 않은 이런 맥주 스타일의 인기는 놀랍지 않습니다. 적은 양을 계속해서 오랫동안 마시는 음주는 특히 중국인들의 비즈니스 만찬에서 사회적인 표준의 문화적인 기대입니다.

중국은 이렇게 많은 맥주를 소비하지만, 크래프트 맥주는 중국에서 흔하지 않습니다. 이러한 이유는 맥주를 한 시간에 12,000병 정도 병입해야 하는 규제와 양조장 밖에서 병입을 금지하는 건강 및 안전 법규 때문입니다. 대체로, 그레이트 립 브루잉Great Leap Brewing과 같은 인기 있는 크래프트 양조장들은 맥주를 바로 제공할 수 있으며, 소비세를 피하고, 관련 법규가 아직 존재하지 않은 지역에서 맥주를 생산하는 브루펍 레스토랑의 형태입니다.

중국 크래프트 맥주의 대부분은 수입 제품이거나 외국계 소유입니다. 이러한 외국인들의 영향으로 전통적인 라거와 밀맥주를 서빙하는 독일 스타일의 비어 홀, 벨기에 스타일 맥주의 인기, 특이한 재료를 사용하고 토착 스타일을 재개발하는 미국 스타일의 형태로 중국 맥주계에 나타납니다.

Speakeasy

중국 만찬 에티켓

중국에서는 만찬을 주최하는 사람이나 테이블에서 가장 높은 연장자가 건배를 하면 마시기 시작합니다. 다양한 코스 요리와 함께 계속되는 이러한 **건배**(ganbei, gahn-bay)는 '잔을 비우세요.'라는 의미입니다. 인원이 더 많을수록, 건배하는 횟수가 더 늘어날 것입니다.

술을 많이 마시면 어떤 술도 마실 수 있다는 **용기**(jiudan, geo-dan)를 보여주지만, 과음은 눈살을 찌푸리게 합니다. 운이 좋게도, '**원하는 대로**(suiyi, soy-yee)'라는 뜻의 건배는 한 번에 다 마시는 것보다 조금씩 마실 수 있습니다.

비어 가이드

맥주 애호가들의 필수 코스

중국은 아시아에서 가장 인구가 많은 나라이지만, 중국의 양조장과 브루펍은 인구에 비해 상대적으로 적습니다. 중국 양조사들이 추천한 다음과 같은 장소는 중국을 대표하는 장소입니다.

1 블랙 카이트 브루어리 (Blake Kite Brewery)

홍콩(Hong Kong)

갈리(Gallie) 형제는 전 세계의 재료를 사용해 독특하고 재미있는 맥주를 만들겠다는 높은 목표를 가지고 있습니다. 이 목적을 성취하기 위해 베이컨 같은 맛이 나는 스모크드 라우흐비어를 만드는 것보다 더 좋은 방법이 있을까요? 홍콩의 남부 지역에 있는 이 양조장에 들려서 헤페바이젠, 페일 에일, 포터, IPA와 같은 클래식한 맥주를 맛보고 시즈널 맥주도 맛보세요.

2 그레이트 립 브루잉 (Great Leap Brewing)

베이징(Beijing)

2010년에 문을 연 중국의 첫 마이크로 브루어리의 이름은 중국의 얼마 되지 않은 크래프트 산업에 큰 기여를 한 양조사 칼 스테처(Carl Setzer)의 이름을 가지고 있습니다. 만리장성 주변에서 채취한 꿀과 쓰촨식 후추를 사용해 만든 에일 맥주인 허니 마 골드(Honey Ma Gold)는 중국의 풍미를 잘 반영한 맥주입니다. 현대적인 양조장과 레스토랑을 방문하거나, 오리지널 브루펍을 한 번 찾아가 보세요. 오리지널 브루펍은 13세기와 14세기를 연상시키는 복잡하고 좁은 골목을 따라가면 나오는 작고 잘 개조된 야외 마당에 있습니다.

3 리퀴드 런드리 (Liquid Laundry)

상하이(Shanghai)

복싱 캣 브루어리(Boxing Cat Brewery)에서 설립한 상하이의 첫 개스트로 펍으로 화제가 된 곳으로, 고급스러운 라운지는 독특한 펍 분위기를 가지고 있습니다. 전면창 근처에 앉아서 길 건너 광장에서 펼쳐지는 태극권이나 춤 공연을 보세요. 이곳에서 생산한 맥주, 오리지널 복싱 캣 브루어리의 맥주, 또는 인기 있는 수입 맥주를 즐겨 보세요.

4 문젠 브루어리 (Moonzen Brewery)

홍콩(Hong Kong)

이 양조장을 소유한 부부는 양조장 이름을 중국 문지기 신인 문젠(Moonzen)으로 이름을 붙였으며, 같은 이유로 맥주에도 다른 중국 신의 이름을 붙였습니다. 이렇게 하는 이유는 모든 맥주에는 이야기가 있으며, 최고의 맥주는 지역적이고 순수한 맥주라고 믿기 때문입니다. 이곳은 맥주를 만들 때 모두 중국 재료를 사용해 양조합니다. 테이스팅 룸을 방문해서 제이드 엠퍼러 IPA(Jade Emperor IPA), 문 가디스 초콜릿 스타우트(Moon Goddess Chocolate Stout), 또는 키친 갓 허니 포터(Kitchen God Honey Porter)를 마셔 보세요.

5 엔비어 펍 (NBeer Pub)

베이징(Beijing)

밖에서 보기에는 평범한 사무실처럼 보이는 건물 안에는 숨겨진 보석 같은 곳이 있습니다. 이곳은 건물 안에 양조장이 있고, 30여 가지의 중국 크래프트 맥주를 드래프트로 제공하며, 전 세계 900여 개의 맥주를 냉장 시설에 보관하고 있습니다. 이 브루펍이 다양한 셀렉션을 보유할 수 있는 이유는 좋은 인맥을 가졌으며 베이징 홈브루잉 협회(Beijing Homebrewing Society)의 공동 설립자인 이곳의 주인 덕분입니다.

중국의 양조장과 필수 코스

- 양조장
- 위 지도에 소개된 필수 코스

사진(Photos)

1 블랙 카이트 브루잉은 독특하고 다양한 맥주를 생산합니다. **2** 그레이트 립 브루잉은 베이징의 첫 크래프트 브루펍입니다. **5** 엔비어 펍은 수십 개의 지역 크래프트 맥주를 탭으로 보유하고 있습니다.

지역 맥주

베이징, 상하이 & 홍콩

동양과 서양이 만나다

좁은 골목을 따라서

베이징과 상하이의 좁은 골목을 걷거나 정교한 전통적인 사합원siheyuan, 중국식 전통 가옥 양식을 지나가면 멀리 떨어진 과거로 돌아가는 듯한 기분이 듭니다. 그러나 크래프트 맥주를 포함한 도시 산업의 대부분은 미래를 향해 나아가고 있습니다. 중국의 급증하는 크래프트 맥주 혁명의 조짐은 어디에서나 찾아볼 수 있습니다. 이러한 조짐 중 하나는 그레이트 립 브루잉Great Leap Brewing처럼 양조계의 보석 같은 양조장의 증가입니다.

홍콩 맥주계는 점차 인기를 얻고 있습니다. 정크(junk)라 불리는 중국 배를 타고 홍콩 주변을 둘러볼 수 있습니다.

그레이트 립은 혀에 강한 스파이시한 느낌을 주는 중국 산초나무의 열매 같은 지역 재료를 사용해 맥주를 만드는 곳으로 유명합니다. 다른 크래프트 양조장들은 티베트의 보리, 보라색 쌀, 남서쪽 윈난성의 커피 원두, 재스민 차, 장미 꽃잎, 은계목 꽃 같은 토착 재료를 사용해 실험적인 맥주를 만들었습니다.

또한, 베이징과 상하이 맥주계는 다른 나라의 풍미를 받아들입니다. 베이징의 후구오시 먹거리 골목Huguosi Snack Street의 국숫집과 나란히 있는 맥주 오아시스라고 불리는 엔비어펍NBeer Pub은 수백 개의 수입 맥주와 여러 지역 맥주를 제공합니다. 주로 외국인이 소유하거나 운영하는 브루펍이나 바틀샵이 있는 상하이에서 이러한 외국 풍미의 애호는 더 뚜렷하게 나타납니다. 이러한 곳들은 유럽이나 미국 스타일의 맥주를 판매하며, 다운타운에서 멀리 떨어진 고급 호텔이나 예상치 않은 지역에 있습니다. 대부분의 중국인들은 여전히 저녁 식사와 함께 술을 마시지만, 서구 펍 전통도 중국에서 기반을 잡아가고 있습니다. 이러한 도시들에서는 바틀샵, 맥주 바, 탭룸, 클럽의 수가 증가하고 있으며, 모두 상당히 다양한 맥주를 제공하고 있습니다.

맥주의 결합 홍콩은 오래된 산맥이 높은 고층건물들을 둘러싸고 있으며, 동양의 전통에 서양의 사상이 함께 녹아 든 도시입니다. 이러한 결합은 제1차 아편 전쟁First Opium War, 1839-1842년에서 비롯되었고, 이 전쟁으로 영국 배를 통해 빵, 돼지, 가금류, 영국 맥주가 홍콩에 들어오게 되었습니다. 쌀을 사용해 만든 지역 증류주인 샘주sam shu를 영국 군사들이 너무 많이 마셨고, 이로 인해 생긴 문제로 지역 주민과 싸우게 되어 적대감이 더 심해졌습니다.

도시에 맥주를 좋아하는 사람이 늘자 수입 배럴의 수가 1851년 불과 1,000개였으나 1866년이 되자 10,000개로 급격히 치솟았습니다. 이러한 급격한 변화로 인해 영국 스타일의 포터, 에일, 그리고 결국 라거 맥주까지 홍콩에 유입되었습니다.

라거 맥주가 홍콩 맥주계를 오랫동안 지배해 왔지만, 크래프트 양조장, 브루펍, 탭룸의 폭발적인 증가는 도시에 맥주의 다양한 맛을 소개했습니다. 형제인 대니얼Daniel과 데이비드 갈리David Gallie는 그들의 양조장을 꼬리가 두 갈래인 맹금류의 새가 하늘을 나는 것을 종종 볼 수 있는 지역의 독특한 특징에서 이름을 붙여 블랙 카이트 브루어리Black Kite Brewery라고 지었지만, 영국 스타일의 IPA, 포터, 에일을 판매합니다. 블랙 카이트는 문화적 결합이 어떻게 성공적인 레시피를 만들 수 있는지 보여 줍니다.

양조사와의 만남

라파엘 부부 The Raphaels

맥주가 험악할 수 있을까요? 맥주 이름에 중국 신의 이름을 붙인 문젠 브루어리(Moonzen Brewery)에서는 그렇습니다. 미셸(Michele)과 라즐로 라파엘(Laszlo Raphael) 부부가 운영하는 이 양조장은 과거 홍콩 산업의 중심지였던 곳에 있으며, 중국 민속과 연관 지어 맥주의 이름을 붙입니다. IPA 맥주에 천국의 지배자인 제이드 엠퍼러(Jade Emperor, 옥황상제)로 이름을 붙였습니다. 꿀 포터 맥주에는 말을 더 달콤하게 하거나 옥황상제의 입을 닫게 하기 위해 꿀을 바쳤던 조왕신(Kitchen God, 부엌의 신)으로 이름을 붙였습니다. 복숭아 향이 느껴지는 앰버 에일은 불멸을 가져다 주는 서왕모(Queen Mother of the West)의 복숭아를 훔친 손오공(Monkey King)으로 이름을 붙였습니다. 이 양조장의 이름은 '문지기 신(문신, 門神)'을 의미하는 광둥어의 'mun san'에서 지은 것으로, 문지기 신은 나쁜 악의 기운을 물리친다고 합니다. 미셸은 문젠(Moonzen)이 왜 독특한지 알려 주었습니다. "속담에 따르면 모든 맥주에는 이야기가 있다고 하지만, 우리는 모든 이야기에는 알맞는 맥주가 있다고 믿습니다."

개릿 올리버와 함께하는 맥주 테이스팅

베이징(Beijing)&상하이(Shanghai)

징에이 풀 문 팜하우스 에일(Jing-A Full Moon Farmhouse Ale)

징에이 브루잉 컴퍼니는 서구적인 맥주 스타일뿐만 아니라 중국 재료와 전통 음식을 기반으로 한 맥주 스타일도 양조합니다. 징에이 풀 문 팜하우스 에일(Jing-A Full Moon Farmhouse Ale)은 벨지안 스타일 맥주로 시작했으며, 그 후에 중국 월병에 사용하는 말린 후추와 허브를 추가했습니다.

ABV 6.2% | IBU 20
향 오렌지, 생강, 은계목 꽃, 후추
외관 짙은 탁한 금색, 푹신한 흰색 거품
풍미 드라이, 가벼움, 오렌지, 싱싱한 생강, 쓰촨식 말린 후추
마우스필 라이트 바디감, 좋은 탄산감
잔 파인트, 윌리 베허 잔
푸드 페어링 생선 요리, 닭고기 요리, 돼지고기 요리

홍콩(Hong Kong)

차 IPA(Tea IPA)

상업과 문화가 교차하는 홍콩에는 에너지가 넘치는 현대적인 양조계가 있습니다. 많은 양조사들이 기존에 있던 맥주 스타일에 중국 재료를 통합시켜 재료의 본래 향이 잘 느껴지는 맥주를 만들었습니다.

ABV 4.5~6.5% | IBU 35~55
향 열대과일, 홉, 특유의 풀이나 차의 향
풍미 주로 확실한 쓴맛과 프루티한 차의 향이 중심에서 느껴짐
마우스필 드라이, 날카로움, 중간 정도의 탄산감
잔 튤립, 윌리 베허 잔
푸드 페어링 매운 음식, 뜨거운 기름에 튀긴 돼지고기 만두, 타코, 태국 음식
추천맥주 문젠 로즈 우롱 세션 IPA(Moonzen Rose Oolong Session IPA)

일본에서 후지(Fuji) 산은 신성한 산이며 활화산입니다. 산의 주변 토양에는 연수가 가득한 깊은 샘이 있으며, 이 물은 전통적으로 사케와 라거 맥주를 양조할 때 사용되었습니다.

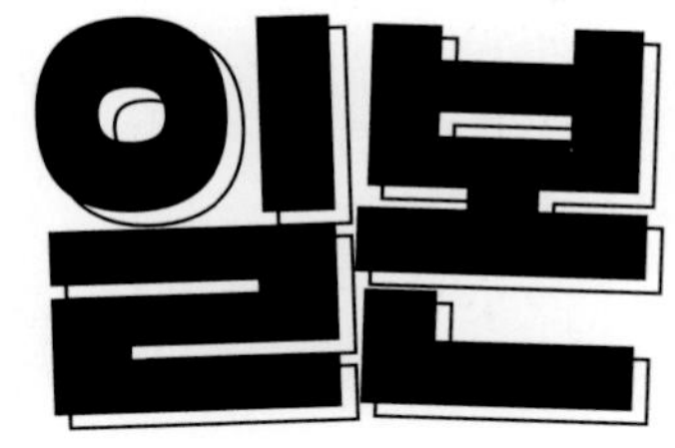

일본

선택한 술

일본 사람들은 자국을 '해의 근원'이라는 뜻의 닛뽄Nippon이라고 부르며 실제로 일본 땅은 조금씩 움직여서 매일 재창조 되는 땅입니다. 거의 7,000개나 되는 일본 섬의 대부분은 바다 깊은 곳의 화산의 활동으로 인해 생긴 상부층이며, 이러한 섬들은 4개의 지질구조판에 위치하거나 가장자리 근처에 위치해 있습니다. 지질구조판들은 주기적으로 천천히 움직이고, 맞붙거나, 요동쳐서 1년에 약 1,500번의 크고 작은 지진이 발생합니다.

일본의 수도인 도쿄Tokyo는 전 세계에서 인구가 가장 많은 도시로, 최신 패션 트렌드와 발달된 기술 제품과 함께 뿌리 깊은 전통이 있는 도시입니다. 일본은 쌀, 곰팡이, 효모, 물로 만든 사케로 유명하지만, 실제로 사람들에게 인기 있는 술은 맥주입니다. 실제로, 일본 사람들은 사케보다 맥주를 3배 정도 더 마십니다. 인기 있는 만화나 애니메이션에 등장하는 가장 흔한 술로 인식될 정도로 맥주는 일본에서 문화적 현상입니다.

한눈에 보는 일본

위 지도에 표기된 장소

- 양조장
- ★ 수도
- ● 도시

Hokkaido 지리적 특징

맥주의 발흥

1600년대 네덜란드인이 일본에 맥주를 소개했지만, 무역의 제한으로 결국 네덜란드에서 수입되던 맥주의 물량이 끊겼습니다. 미국이 일본과 통상 관계를 수립하기 원하면서 변하기 시작했으며, 그 결과 1854년에 일본은 미국과 가나가와 조약Treaty of Kanagawa를 체결하게 되어 일본에는 관광, 무역, 맥주가 다시 유입되었습니다. 일본의 첫 양조장인 스프링 밸리 브루어리Spring Valley Brewery는 요코하마Yokohama의 어부 마을의 샘 근처에 1870년에 설립되었습니다. 노르웨이계 미국인인 양조사 윌리엄 코프랜드William Copeland는 살균과 같은 새로운 기술을 빠르게 받아들였습니다. 또한, 그는 근처 언덕에 동굴을 파서 독일식 맥주를 숙성하였습니다. 일부 사람들은 그가 양조사였기 때문에 좋은 경영자는 아니었다고 평하며, 결국 그는 다른 일본인에게 양조장을 팔았습니다. 그 후 이 양조장은 이름을 기린Kirin으로 바꾸었으며, 일본에서 가장 오래된 양조장인 기린은 아사히Asahi, 산토리Suntory, 삿포로Sapporo와 함께 현재 일본의 주요 4대 양조장 중 하나이며 일본에서 가장 오래된 맥주 브랜드입니다.

1901년 맥주에 부과된 세금으로 인해 거의 70개의 양조장이 문을 닫았습니다. 정치인들은 세수를 걷는 가장 쉬운 방법이 주세라는 것을 알게 되었지만, 주세는 맥주 산업에 가장 큰 타격을 주었습니다. 높은 품질의 재료와 높은 생산 표준으로 만든 일본의 독일 스타일 맥주는 사라지게 되었습니다. 맛, 색깔, 쓴맛이 덜하고 더 가벼운 느낌의 값싼 대량 생산 맥주가 그 자리를 꿰차기 위해 밀려들었습니다.

일본에서 소비하는 대부분의 맥주는 여전히 대량 생산 라거이거나 몰트 함량이 낮은 핫포슈happoshu, 발포주 맥주입니다. 최근 이런 맥주들의 판매량 저하는 지비루jibiru, 크래프트 맥주에 대한 관심의 증가와 연관되어 있으며, 특히 일본의 주요 양조장들은 미국 크래프트 맥주 회사의 지분을 소유하고 있습니다.

일본의 크래프트 맥주계는 작지만 성장하고 있습니다. 일본의 크래프트 맥주 산업은 1994년 양조장 면허 규제를 완화하면서 시작되었으며, 생산량 제한과 연관된 주세법을 완화하고 소규모 양조장이 창업하기 좀 더 쉽게 만들었습니다. 많은 양조장이 시장에 진입했지만 부족한 경영 능력과 낮은 맥주 품질로 많이 실패하게 되었습니다. 일본에서 1% 도수가 넘는 홈브루잉 맥주는 불법이라서 홈브루잉이 초기에 크래프트 맥주계를 지원하거나 강화하는 역할을 하지 못했습니다. 낮은 품질의 맥주를 생산하던 생산자들이 사라진 일본 크래프트 맥주계는 두 번째 상승세를 타고 있습니다. 많은 양조장과 브루펍은 유

local flavor

보리로 맥주를 판단하다 Judging a Beer by Its Barley

'이게 정말 맥주인가요?' 보리 맥아의 함량에 따라 '맥주'를 정의하는 일본에서 이 질문은 타당한 질문입니다. 보리 맥아 함량이 67% 이상이라면, 맥주입니다. 보리 맥아 함량이 67%보다 낮다면, 일본 시장에서 인기 있는 발포주(핫포슈)입니다. 쌀, 옥수수, 수수, 감자, 전분, 또는 설탕은 보리를 대체해서 사용할 수 있는 품목입니다. 벨기에와 북아메리카의 수입 크래프트 맥주는 67% 이상의 곡물 맥아를 함유했어도 발포주로 분류됩니다.

삿포로(Sapporo) 양조장은 프리미엄 몰트 맥주부터 값 싸고 몰트 함량이 낮은 발포주까지 여러 맥주를 만듭니다.

대부분의 일본 발포주는 67%보다 훨씬 낮은 25%의 보리 맥아로 만듭니다. 이렇게 낮은 함량을 가진 이유는 보리 맥아 함량에 따라 소매가에 부과되는 세금이 결정되기 때문입니다. 보리 맥아 함량이 낮은 발포주는 가격이 싸기 때문에 인기 있습니다.

또 다른 종류의 맥주는 보리 맥아를 함량하지 않은 다이산(daisan)입니다. 다이산은 콩이나 완두콩 단백질로 만들며 맥주 같은 맛이 나지만 메탈릭(metallic) 피니쉬가 느껴집니다. 다이산에는 가장 낮은 주세가 부과되기 때문에 다이산 한 캔 가격은 일본 라거 한 캔 가격의 반 정도 되는 가격입니다. 일본어로 '보리'라는 뜻의 무기(mugi)라는 단어를 맥주 재료 성분표에서 찾아보세요. 맥주 재료 성분표에 무기가 없다면 다이산입니다.

맥주 애호가들이 매년 열리는 그레이트 재팬 비어 페스티벌(Great Japan Beer Festival)에서 크래프트 맥주를 즐기고 있습니다.

럽과 미국 스타일 맥주를 일본식으로 해석하기 위해서 지역 재료를 사용합니다. 이러한 것을 일본 맥주 소비자들은 알아차리고 음주 문화에 크래프트 맥주 문화를 형성해가기 시작했습니다.

잔을 드세요

일본에서 음주는 사회적이며 전통적인 사교 활동입니다. 일반적으로 비즈니스 저녁 식사에 술을 곁들입니다. 자신의 잔을 제외한 다른 사람들의 잔에 술을 따를 때 적절한 예절이 필요합니다. 음주 문화에는 서열이 존재해 아랫사람이 연장자의 잔을 채웁니다. 술을 따르는 것은 주로 모든 잔이 다 차면 끝나며, 빈 잔인 상태로 오랫동안 있으면 안 됩니다.

저녁 식사 이후에는 음주 예절에서 좀 더 편해집니다. 저녁 식사 후에 댄스클럽, 가라오케 바, 이자카야izakayas 등 편한 장소로 옮깁니다. 대부분은 편리하게도 지하철이나 기차역 주변에 모여 있으며, 열차가 운행을 재개하는 아침까지 영업을 합니다. 맥주는 편의점이나 자판기에서도 판매합니다. 술을 마시는 사람들은 종종 떠오르는 아침 해에 건배를 하거나 해가 뜨는 것을 볼 수 있을 정도로 아침 시간까지 밖에서 맥주를 마십니다.

Speakeasy

일본에서 맥주를 주문하는 방법

일본 주요 본토의 방언

- 동일본 방언
- 규수 방언
- 동일본 방언과 서일본 방언의 혼합
- 서일본 방언

일본에서는 보통 저녁 식사와 함께 음주를 시작합니다. **'건배'**(Kampai / KAM–pie–e)라는 뜻의 건배사와 함께 첫 번째 술은 **'맥주'**(biru / BEE–ru)나 쌀을 사용해 만든 전통적인 발효술인 **사케**(sake, sah–KEH)로 시작합니다.

예절은 언어에도 스며들어 있습니다. 그러므로 **'부탁합니다**(please)**'**를 말하는 방법을 배우면 큰 도움이 될 것입니다. 격식 있게는 **'부탁 드립니다**(Onegaishimasu / O–ne–GY–she–mas)**'**라고 하며, 반면에 **'주세요**(Kudasai, ku–DA–sigh)**'**는 덜 격식있게 얘기하는 방법입니다.

술을 이른 아침 시간까지 판매하는 경우, **'마지막 주문을 언제 받나요?'**(Lasto orda wa nanju desu ka?/ lasuto ooda wa Nan–gee des ka)'라고 꼭 먼저 물어보세요.

비어 가이드

맥주 애호가들의 필수 코스

작은 규모이지만, 일본의 크래프트 맥주 운동은 실험적인 측면에서 크게 나아가고 있습니다. 일본인 양조사들이 추천하는 다음과 같은 인기 있는 장소에서 여러 맥주를 경험해 보세요.

1 | 뽀빠이 (Popeye)

도쿄(Tokyo)

서구식 이자카야로 시작한 뽀빠이는 일본 마이크로 브루어리의 맥주를 경험하고 싶다면 꼭 가봐야 할 곳 중 한 곳입니다. 탭에 있는 70가지의 다양한 크래프트 맥주들을 마셔 보세요. 어떤 맥주를 마셔야 할지 잘 모르겠다면 간단한 안주와 10가지 맥주가 함께 나오는 샘플러를 주문해 보세요.

2 | 아츠기 비어 브루어리 (Atsugi Beer Brewery)

아츠기(Atsugi)

아츠기 비어 브루어리는 단자와(Tanzawa) 산맥에 위치해 있으며, 한 사람이 운영하는 곳입니다. 히데키 모치즈키(Hideki Mochizuki)는 레시피 설정부터 서빙까지 모든 일을 혼자 다 합니다. 그는 특별히 독일 스타일을 좋아하지만, 수상작인 프람보아즈 람빅과 아메리칸 더블 IPA인 홉슬레이브(Hopslave)를 만듭니다. 일본 바질을 사용해 만든 에일인 시소(Shiso)를 반드시 마셔 보세요.

3 | 아바시리 비어 브루어리 (Abashiri Beer Brewery)

아바시리(Abashiri)

차가운 오호츠크 해(Sea of Okhotsk)의 녹은 빙하물, 파란 해초, 천연 치자나무 색소, 그리고 마로 맥주를 만든다면 어떤 맥주가 될까요? 바로 페일 라거 같은 맛이 나는 파란색의 맥주가 됩니다. 싫어하든 좋아하든, 이 맥주는 독특한 일본 맥주입니다. 그리고 또한, 이 양조장은 일본 도쿄대학교(Tokyo University)의 밀맥주 생산을 목표로 한 농업 연구 프로젝트에서 기인한 양조장입니다.

4 | 미노 비어 브루어리 (Minoh Beer Brewery)

오사카(Osaka)

이 양조장은 아버지가 그의 두 딸에게 준 선물로, 지금은 수상작인 더블 IPA와 맥주와 와인의 특징이 섞인 미노 카베르네(Minoh Cabernet)를 생산하고 있습니다. 바에 자리가 오직 3석밖에 없기 때문에 이곳에 방문하고 싶은 사람들은 어느 정도 기다릴 각오를 해야 합니다.

5 | 히타치노 브루잉 랩 (Hitachino Brewing Lab)

도쿄(Tokyo)

키우치 브루어리(Kiuchi Brewery)는 뛰어난 세종 뒤 자퐁(Saison du Japon)과 벨지안 골든 에일인 닛포니아(Nipponia)를 만드는 곳으로 유명하지만, 이곳은 또한 브루잉 랩을 소유하고 있습니다. 도쿄의 오래된 만세이바시(Manseibashi) 지하철 역의 상점에 있어 눈에 잘 띄지 않습니다. 방문객들은 키우치의 스페셜티 맥주와 시즈널 맥주로 만족하거나 양조사의 감독 아래에 자신만의 맥주를 만들 수도 있습니다.

6 | 롯코 비어 가든 (Rokko beer Garden)

고베(Kobe)

고베는 소고기로 유명한 지역이지만, 이제는 크래프트 맥주로도 유명해지기 시작했습니다. 실제 양조장은 롯코산(Mount Rokko)의 언덕에 있지만, 롯코 비어 가든은 더 접근성이 좋은 고베의 다운타운에 위치해 있습니다. 사무용 건물의 지하에 있으며, 이곳에 방문하면 일본식 정원에 온 듯한 느낌을 받을 수 있게 꾸며져 있습니다. 도수가 5%이고 런던 스타일의 포터인 롯코 포터(Rokko Porter)는 일본의 대량 생산 맥주와 정반대되는 맥주입니다.

7 | 베어드 브루어리 가든 슈젠지 (Baird Brewery Garden Shuzenkji)

이즈(Izu)

2001년에 문을 열었을 때 베어드(Baird)는 일본에서 주류 생산 면허를 가진 가장 작은 양조장이었습니다. 그러나 이어진 성공으로 여러 번 확장을 할 수 있었고, 최근에는 부재료로 사용할 과일을 재배하는 과수원과 홉 밭이 있는 브루어리 가든을 지었습니다. 크래프트 맥주의 낙원 같은 이곳의 테이스팅 룸에 앉아서 수루가 베이 임페리얼 IPA(Suruga Bay Imperial IPA)와 슈젠지 헤리티지 헬레스(Shuzenki Heritage Helles)를 마셔 보세요.

일본의 양조장과 필수 코스

양조장

위 지도에 소개된 필수 코스

사진(Photos)

1 뽀빠이는 많은 맥주 애호가들이 도쿄에서 자주 찾는 장소입니다. **3** 아바시리에는 동명의 양조장이 있으며, 매년 유빙 축제가 열립니다. **4** 아름다운 배경의 미노 폭포는 일본 오사카 외곽에 있습니다. **5** 히타치노 브루잉 랩에서 맥주 양조 과정에 대해 배울 수 있습니다.

지역 맥주

도쿄 & 오사카

식사를 위한 맥주

오래된 것과 새로운 것의 조화 도쿄에는 일본의 양분된 문화를 상징적으로 보여주는 도쿄의 사원과 고층 건물처럼 오래된 것과 새로운 것이 나란히 존재합니다. 수십 년 동안, 일본 맥주는 독일의 영향을 받은 일본의 4개의 주요 양조장인 아사히, 기린, 삿포로, 산토리가 만든 라거 맥주로 요약할 수 있었습니다. 이러한 4곳의 맥주 대기업은 일본의 수도인 도쿄에 본사를 두고 있으며, 모두 일본 최고의 양조장 자리를 다투고 있습니다. 공간은 좁지만 나이트 라이프는 활발한 도쿄에서 이러한 회사들의 대량 생산 라거는 사람들이 마시는 일상 맥주 역할을 합니다. 그러나, 도쿄는 크래프트 맥주 애호가들에게 점차 천국 같은 장소가 되어 가고 있으며, 특히 1990년대에 법을 완화한 이후부터 소규모 양조장들이 시장에 들어오게 되었고 일본 지비루크래프트 맥주가 탄생하게 되었습니다. 도쿄 주변 지역에 새로운 양조장, 브루펍, 탭룸이 많이 생기고 있으며, 대부분은 조용한 뒷골목이나 인구가 많은 도시 중심에서 멀리 떨어진 곳에 위치하고 있습니다. 도쿄에서 외식을 하면 프리미엄이 붙은 가격, 높은 세금, 테이블 금액이 흔하게 부과되는 등 도쿄는 물가가 비싼 도시로 알려져 있지만, 대량 생산 라거 대신에 일본 마이크로 브루어리의 맥주에 돈을 더 소비하는 시민들이 증가하고 있습니다.

local flavor

라이스 라거 Rice Lager

1980년대 일본이 세계적인 강대국이 되었을 때, 젊은 세대 소비층은 채소를 기반으로 한 식단에서 칼로리가 높거나 육류 중심으로 바뀐 식단과 잘 어울리는 술을 찾았습니다. 급락하는 판매량에 대응하기 위해 거대 맥주 회사인 아사히는 5,000명의 일본인을 대상으로 어떤 맥주를 마시고 싶은지 조사했습니다. 풍부하고 톡 쏘는 맥주를 원한다는 통계 결과가 나왔습니다. 아사히는 더 라이트하고, 드라이하고, 크리스피한 맥주를 만들기 위해 매우 발효력이 좋은 새로운 효모를 사용하고 발효를 더 길게 했습니다. 일본 라이스 라거가 마트에 풀렸을 때 큰 인기를 끌었고 종종 상품이 다 팔렸습니다. 크리스피한 특징이 개인주의적 요소로서의 문화적 함축성을 가진 것은 아니지만, 어쩌면 이 스타일의 맥주를 가장 잘 표현한 방법일지도 모릅니다.

모든 음식과 어울리는 맥주 도쿄 이전 일본의 수도였던 교토 옆에 위치한 오사카는 무역의 도시로서 역사적 위치성 때문에 '천하의 부엌'이라 불립니다. 오사카는 오랜 요리의 역사를 가진 도시이지만, 토착 맥주 문화의 부재즉, 맥주의 구성에 대한 역사적 기반의 부재로 인해 오사카그 외의 일본 지역에서도에서는 다양한 맥주 스타일이 나오게 되었습니다. 일부 맥주는 세계에서 인정받는 스타일이지만, 다른 스타일은 색깔, 재료, 프리젠테이션이 특이해 어떠한 맥주 스타일 분류에도 포함되지 않습니다. 일본에는 스타일이 마구 섞인 맥주가 있지만 그럼에도 불구하고 한 가지는 확실합니다. 바로 일본의 맥주는 음식과 잘 어울린다는 점입니다. 오사카 푸디Foodies, 식도락가들는 맥주와 지역 음식을 페어링하는 것을 좋아합니다. 간장이 들어간 음식과 페어링하기에 좋은 맥주는 무엇일까요? 플랜더스 레드 에일입니다. 국물이 짭짤한 라면과는 어떤 맥주가 좋을까요? 아마도 페일 에일입니다. 미소 된장국은 어떤 맥주랑 어울릴까요? 프루티하고 페퍼리한 트라피스트 트리펠을 마셔 보세요. 맥주 페어링의 예술과 중요성은 널리 스며들게 되어 맥주 대기업인 아사히오사카에서 시작했고 여전히 오사카와 도쿄에서 맥주를 생산하고 있음는 지역의 특정 음식과 잘 어울리는 맥주를 만들게 되었습니다.

홈브루어들이 크래프트 맥주 문화를 형성한 미국과는 다르게 일본에서는 사케 양조사와 그들의 발효 관련 지식을 토대로 일본 크래프트 맥주 문화를 형성해 나갔습니다. 일본 대부분의 지역에서 사케는 한때 사람들이 가장 선호하는 술이었습니다. 하지만 사케는 더 이상 사람들이 가장 선호하는 술이 아니며 오사카 지역에서는 확실히 아닙니다. 오사카는 양조장, 브루펍, 탭룸, 바에 중점을 두어 일본 '천하의 부엌'인 오사카의 혁신적이고 자유로운 음식 특징과 잘 어울리는 맥주 스타일을 형성해 가는 데 도움을 줍니다.

다양하고 화려한 바는 오사카의 활기 넘치는 도톤보리(Dotonbori)의 지역에서는 일반적인 모습입니다.

개릿 올리버와 함께하는 맥주 테이스팅

도쿄(Tokyo)

아사히 쿠로나마(Asahi Kuronama)

필스너 스타일의 맥주가 일본에서 지배적이지만, 상대적으로 잘 알려지지 않은 블랙 라거 스타일인 독일의 슈바르츠비어(schwarzbier)에 대한 특별한 애착이 있습니다. 아사히는 쿠로나마 블랙 맥주를 최소 20년간 양조하고 있으며, 라이벌인 삿포로는 삿포로 프리미엄 블랙(Sapporo Premium Black)을 2016년에 출시했습니다.

ABV 5% | IBU 20

향 캐러멜, 가벼운 토피, 다크 초콜릿, 홉의 꽃 향이 더해짐

외관 짙은 갈색-검은색

풍미 상대적으로 드라이, 검은색이지만 라이트한 로스트와 캐러멜 풍미

마우스필 부드럽고, 매끄럽고, 균형잡힌 마우스필, 매우 음용성이 좋음

잔 필스너, 윌리 베허 잔

푸드 페어링 스테이크, 버거, 구운 고기, 그릴에 구운 채소, 장어, 돈코츠 라멘을 포함한 여러 종류의 라면

오사카(Osaka)

유자 에일(Yuzu Ale)

일본의 맥주가 독일의 영향을 받은 경향이 있다면, 크래프트 맥주 양조사들은 일본의 식문화적인 요소에 접근하기 시작했습니다. 지역 재료 중 하나인 유자는 라임 같은 향과 다양한 산미를 가진 작은 시트러스 계열의 과일입니다. 일부 유자 에일은 밀 베이스입니다.

ABV 4.5–8.0% | IBU 12–18

향 유자 제스트, 라임 같은, 생기있는 시트러스 과일류의 향

외관 옅은 금색, 주로 탁함

풍미 가벼운 풍미, 낮은 쓴맛, 매우 드라이하고 프루티함, 살짝 톡 쏘는 풍미

마우스필 라이트 바디감, 생기 있는, 에페르베성

잔 튤립

푸드 페어링 샐러드, 해산물 요리, 태국 음식, 초밥, 회

추천 맥주 미노 유자 화이트(Minoh Yuzu White)

이 루프탑 레스토랑은 타지마할(Taj Mahal)을 보면서 맥주를 마시기에 완벽한 장소입니다.

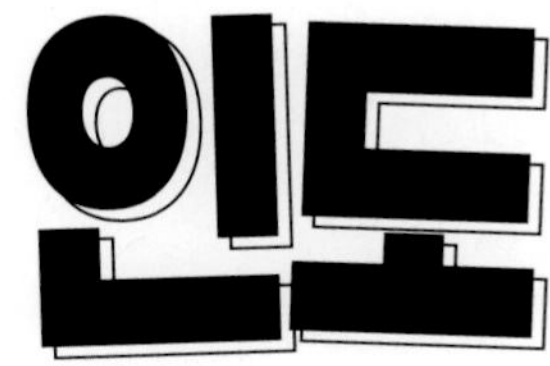

풍미를 재정립하다

한눈에 보는 인도

위 지도에 표기된 장소

- 양조장
- ★ 수도
- ● 도시

SRI LANKA 관련 없는 국가

인도는 풍부한 지리적 환경과 다양한 인종이 있는 나라입니다. 인도에는 히말라야와 인도해가 있으며, 그리고 이 사이에는 비옥한 삼각주와 고원이 있습니다. 이곳은 독특한 수백 개의 문화 그룹이 있으며, 각각 고유의 언어와 종교가 있습니다. 인도에는 이렇게 많은 집단이 있지만, 역사적으로 인도를 지배했던 영국에 대해서는 통합적인 정서를 가지고 있습니다. 인도인들은 '영국인들이 인도에 남긴 것 중 좋은 것은 차, 기차, 교육 시스템뿐입니다.'라고 말합니다. 그러나 영국인들은 또한 인도에서 여전히 인기 있는 주류인 위스키를 소개했습니다. 인도는 세계에서 위스키를 가장 많이 마시는 나라입니다. 인도는 약 3억 9천 6백만 갤런15억L의 위스키를 매년 소비합니다. 맥주는 위스키처럼 인기 있는 주류는 아니지만, 맥주는 점점 소비자에게 인기를 얻고 있습니다.

영국인들이 인도를 지배하기 전에, 인도 사람들은 쌀과 기장을 사용해 토착 맥주를 양조했습니다. 토착 쌀 맥주인 한디아Handia는 주로 인도 동쪽에서 생산했습니다. 쌀을 분쇄하고 끓였던 여성들이 전통적으로 이 술을 만들었습니다. 허브의 뿌리인 라누ranu와 함께 섞은 후 발효가 되도록 놓아두었습니다. 축제 기간에 한디아를 제공하기는 하지만, 일부 바에서도 판매를 하고 있습니다.

영국 수입품

인도에 있던 영국 식민지 통치자들은 한디아에 관심이 없었고, 영국에서 맥주를 수입하기로 합니다. 당시 맥주 시장을 지배했던 두 가지 스타일은 잉글리시 포터와 페일 에일72쪽 참조이었고, 1711년에 처음으로 수입되었습니다. 하지만, 인도에 첫 상업적 양조장이 생기기까지는 한 세기 이상이 걸렸습니다. 1830년에 에드워드 다이어Edawrd Dyer는 카사울리Kasauli의 히말라야 고원에 있는 영국의 작은 전초기지에 양조장을 설립했습니다.

벵갈루루(Bengaluru)는 르 록 펍 카페(Le Rock Pub Café) 같은 여러 장소를 포함해 나이트 라이프로 유명합니다.

다이어에게 운이 좋게도 양조장이 위치한 장소의 6,300피트1,920m에 달하는 고도는 맥주를 발효하기에 좋은 기후였습니다. 다이어는 페일 에일 스타일인 라이언Lion을 양조하기 시작했습니다. 다이어가 그의 양조장을 설립한 지 50년 뒤인 1882년에는 인도에 12개의 양조장이 있었습니다.

1915년 인도 남쪽에 있던 5개의 소규모 양조장이 합병되어 유나이티드 브루어리스 그룹United Breweries Group, UB Group이 되었고, 영국 군인들에게 값싼 맥주를 지속적으로 제공하면서 번창했습니다. UB 그룹은 1950년대와 1960년대 경쟁 양조장들을 인수하면서 성장했으며, 1978년에 인도 맥주계를 지배할 킹피셔Kingfisher 브랜드를 만들었습니다. 1999년에 출시된 도수 7.1%의 라거 맥주인 킹피셔 스트롱Kingfisher Strong은 인도에서 가장 많이 팔리는 맥주이자, UB 그룹이 인도 맥주 시장에서 51%의 점유율을 차지하는 데 일조한 맥주입니다. 스트롱 비어는 인도 전체 맥주 판매량의 80% 이상을 차지할 정도로 인기가 있으며 도수는 8%로 높을 수 있습니다. 그러나, 스트롱 비어의 전체 판매량은 지역 위스키나 다른 증류주의 판매량과는 경쟁할 정도는 아닙니다.

맥주 애호가들을 찾아서

마하트마 간디의 고향인 구자라트Gujarat 등 일부 지역에서 금주령은 아직 유효합니다. 다른 지역 같은 경우는 마이크로 브루어리가 맞추기에 거의 불가능한 최소 생산 한계점이 있습니다. 인도의 법적 음주 나이는 18세에서 25세로 지역마다 다양하며, 병당 부과되는 세금도 50–85%로 다양합니다. 그러나, 혁신적인 인도 양조사들은 이러한 법을 피할 수 있는 창의적인 방법을 찾아냈습니다. 인도의 현존하는 양조 시설에 불만족을 느낀 비라 91Bira 91의 주인은 벨기에에 있는 양조장을 빌려 벨기에와 프랑스의 곡물과 히말라야에서 생산한 홉을 사용해 맥주를 만들었습니다. 거리적으로 멀고 비싼 수입 관세에도 불구하고 이 맥주는 인도에서 견고한 소비자층을 가지고 있습니다.

인도 크래프트 맥주 혁명은 2009년에 푸네Pune 근처의 데오랄리 탭룸Doolally Taproom에서 시작했습니다. 인도에는 현재 약 60개의 마이크로 브루어리와 브루펍이 있으며, 벵갈루루Bengaluru와 뭄바이–푸네Mumbai-Pune는 크래프트 맥주의 중심지입니다. 인도 크래프트 맥주계는 2009년에서 2015년 사이에 1,000% 증가했지만, $30억 달러 규모의 인도 맥주 시장에서 크래프트 맥주가 성장할 여지가 여전히 남아 있습니다.

Speak easy

인도에서 맥주를 주문하는 방법

인도에서는 영어가 널리 사용되는 언어이기 때문에 영어로 맥주를 주문하면 쉽지만, 맥주와 관련된 힌디어 몇 개를 알아 두면 확실히 도움이 될 것입니다.

삼륜 경차나 택시를 타고 맥주를 마시러 아무 데나 간다면, **'펍이 어디에 있죠?'**('Ja-haan pab hai / ja-HA-an pab hi)라고 물어 보세요.

펍에 도착한다면, 바텐더나 서버에게 **'맥주 메뉴판을 봐도 될까요?'**('Main biyar menoo dekh sakate hain / min Bibi-yar me-Noo dek se-KA-ka-te hin)라고 말해 메뉴판을 달라고 요청해 보세요.

펍에 있는 어떠한 드래프트 맥주라도 괜찮다면, **'맥주 하나 주세요'**('krpaya ek biyar deejie' / ker-PA-ya ek BI-yar dee-GEE-eh)라고 말해 보세요.

펍에서 보내는 시간을 끝내기 싫지만, 결국에는 결제를 해야 하는 순간이 오게 됩니다. **'계산서 주시겠어요?'**('Kya main chek jar sakata hoon? / kya min chek ka se-KA-ta oun)라고 말해 계산서를 달라고 하세요.

비어 가이드

맥주 애호가들의 필수 코스

인도 크래프트 맥주계는 작지만, 방문해야 할 좋은 장소들이 있습니다. 다음은 많은 인도 양조사들이 추천하는 장소들입니다

1 아버 브루잉 컴퍼니 (Arbor Brewing Company)

벵갈루루(Bengaluru)

미국에 아버 브루잉 컴퍼니(Arbor Brewing Company)가 있지 않나요? 실제로 있습니다. 이 양조장은 미국 미시간 주의 상징적인 브루어리와 인도 파트너와 콜라보레이션을 진행해 설립한 곳입니다. 7개의 주요 맥주, 매달 출시되는 시즈널 맥주를 포함해 매번 바뀌는 10가지의 맥주가 있는 이곳은 대부분의 맥주 스타일이 있는 인도의 양조장입니다. 이곳의 헤페바이젠인 방갈로 블리스(Bangalore Bliss)는 더운 여름에 쉽게 마실 수 있는 맥주입니다.

인도의 양조장과 필수 코스

양조장

이 책에 소개된 필수 코스

2 데오랄리 탭룸 (Doolally Taproom)

뭄바이(Mumbai)

일반적인 원목가구와 산업용 조명으로 꾸며진 분위기도 이곳에서 즐기고 있는 사람들의 즐거움을 가라앉히지는 못합니다. 사람들은 보드게임을 하며 푸네(Pune)에서 배송된 신선한 맥주를 마십니다.

3 7 디그리스 브로이하우스 (7 Degrees Brauhaus)

구르가온(Gurgaon)

독일 스타일 맥주를 서빙하는 온도에서 이름을 따서 붙였습니다. 이곳의 가장 인기 있는 특징은 밤나무가 가득한 바바리안 비어 가든입니다.

4 더 비에르 클럽 (The Biere Club)

벵갈루루(Bengaluru)

벵갈루루 지역의 첫 크래프트 양조장은 전통적인 크래프트 맥주 스타일인 에일, 라거, 스타우트 스타일과 실험적인 맥주를 제공합니다. 운이 좋고 때를 잘 맞춰 방문하면 망고 맥주 같은 시즈널 맥주를 마셔 볼 수 있습니다. 맥주 스타일이 종종 바뀌기 때문에 모두 마셔 보고 싶다면 여러 번 방문하는 것도 좋습니다.

어부들이 이른 아침 시간에 떤 탄(Tan Thanh) 해변에서 조개를 채취하고 있습니다.

베트남

양조와 독립성을 찾아서

베트남Vietnam은 동남아시아 국가로 동쪽으로는 인도차이나 반도를 접하고 있으며 아시아에서 가장 많은 맥주를 소비하는 나라 중 한 곳입니다. 맥주 대기업과 비아흐이bia ho'i가 오랫동안 시장을 지배하고 있지만, 양조 분야에서 점점 더 즐겁고 놀라운 일들이 많아지고 있습니다. 파스퇴르 스트리트 브루잉 컴퍼니Pasteur Street Brewing Company 같은 마이크로 브루어리들은 유럽 스타일의 맥주에 베트남 풍미를 더한 맥주를 만들며, 이곳은 2016년 월드 비어 컵World Beer Cup에서 지역 초콜릿을 사용해 만든 초콜릿 스타우트로 금메달을 수상했습니다.

프랑스 식민지였던 19세기 중반 베트남에 맥주가 소개되었습니다. 그 이전에 쌀을 사용해 만든 증류주인 르우 데rouou de가 흔한 주류였습니다. 프랑스가 르우 데에 높은 세금을 부과하고, 수입 프랑스 맥주에는 낮은 가격을 유지하게 되면서 베트남의 주요 주류는 바뀌게 되었습니다. 베트남의 첫 양조장인 홈멜Hommel은 1890년대에 하노이에 설립되었습니다. 당시 홈멜은 하루에 40갤런150L만 생산했지만 맥주는 아주 신선했습니다.

북베트남과 남베트남

1954년 프랑스가 베트남에서 철수했을 때, 베트남은 공산주의 체제인 북베트남과 민주주의 체제인 남베트남으로 나뉘었으며, 홈멜 양조장은 황폐해졌습니다. 공산주의 국가인 체코슬로바키아의 양조사들이 북베트남 정부에 홈멜의 재건설을 도와주었습니다. 홈멜은 1958년에 하노이 브루어리Hanoi Brewery로 명칭을 바꾸고 하노이의 많은 호수 중 하나의 이름을 따서 지은 쭉밧Truc Bach 라거를 생산했습니다. 1930년대 남베트남에는 33센티리터11.2온스 병에 맥주를 포장한다고 해서 이름을 붙인 33비어33Beer를 생산하는 브래서리 엣 글레시아레스 드 일인도차이나Brasseries et Galcieres de l'Indochine가 문을 열었습니다. 프랑스인이 33비어를 베트남에 소개했으며, 이 맥주는 프랑스와 독일 재료를 사용해 만들었습니다.

베트남 전쟁1955-1957년과 남과 북의 통합 이후에, 북베트남은 계속해서 체코슬로바키아와 동독과 같은 다른 공산주의 국가들과 우호관계를 유지했으며, 많은 베트남

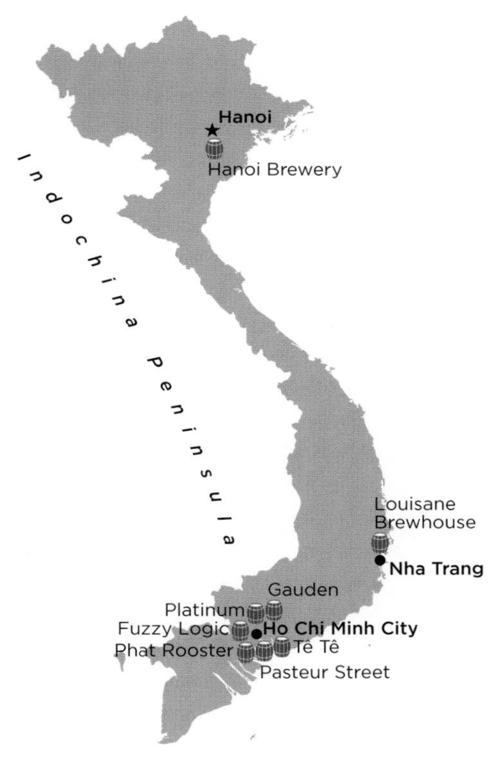

한눈에 보는 베트남

위 지도에 표기된 장소

- 양조장
- ★ 수도
- ● 도시

Indochina Peninsula 지리적 특징

병맥주가 가득 담긴 상자가 호이안(Hoi An)에 있는 중앙 시장으로 배달되고 있습니다. 이렇게 북적이는 쇼핑 지역은 투본강(Thu Bon River) 주변 지역에 있습니다.

양조사들은 이 두 국가에서 시간을 보냈습니다. 따라서, 체코와 독일 맥주 스타일은 베트남에서 매우 흔하며, 특히 하노이와 주변 지역에는 이런 스타일을 생산하는 양조장이 50개 정도 있습니다.

시장의 확장

베트남 사람들은 맥주를 받아들였습니다. 그 결과 베트남 주류 소비의 98%를 맥주가 차지하고 있습니다. 경제 활성화의 부분적 영향으로 2005년에서 2015년 사이에 1인당 맥주 소비량은 5갤런19L에서 10갤런38hL으로 증가했습니다. 그러나 맥주 시장의 99%를 차지하고 있는 대기업 양조장과 꽤 많은 비아호이 양조사들이 있기에 맥주 애호가들의 선택의 폭은 좁습니다. 이러한 현상은 2014년에 루이지애나 브루하우스Louisiane Brewhouse가 해안가 도시인 나트랑Nha Trang에 문을 열면서 바뀌었습니다. 다른 여러 지역에서 파스퇴르 스트리트Pasteur Street, 퍼지 로직Fuzzy logic, 플래티넘Platinum, 팟 루스터Phat Rooster, 테테Te Te, 고든Gauden 등 여러 양조장이 문을 여는 데 영향을 주었습니다. 이러한 많은 양조장들은 베트남의 잠재적인 크래프트 맥주 운동의 가능성을 본 미국인들이 운영을 하며, 호피한 IPA 맥주를 생산하는 것처럼 미국 맥주계를 따라가는 경향이 있습니다. 그러나 이러한 양조장들은 단지 미국 맥주를 베트남에 가져오기보다는 미국 맥주 스타일에 베트남 지역 재료를 잘 섞어서 만들고 싶어 합니다.

크래프트 양조장들은 가격적인 면에서 아직 대기업이나 비아호이와 경쟁을 할 정도는 아닙니다. 그래서 크래프트 양조장들은 맥주 교육에 주목을 하게 되었습니다. 맥주 소비자들이 크래프트 맥주에 대해 더 많은 지식을 가지고 있으면 더 많은 자본을 성장하는 크래프트 산업에 투자할 것이라고 믿기 때문입니다. 크래프트 맥주계는 산업으로서는 여전히 초창기지만, 현대적인 비어 가든, 트렌디한 맥주 바, 맥주 클럽의 증가는 소비자들이 마시는 맥주와 방법에 영향을 주고 있습니다.

local flavor

대중의 맥주 The People's Beer

필요는 발명의 어머니라는 걸 보여 주는 좋은 예시가 비아흐이(Bia ho'i)입니다. 1960년대 이전 베트남에서 가장 인기 있는 주류는 쌀로 만든 저도수의 술이었습니다. 하지만, 베트남 전쟁 당시 정부는 식량으로 쌀을 확보하기 위해 쌀 사용을 금지하였습니다. 양조사들은 전쟁 당시 배급품을 사용해 저도수이며 보리와 쌀을 같은 비율로 사용해 만든 비아흐이를 개발했습니다. 비아흐이는 아침에 만들고 당일에 소비했기 때문에 이 맥주는 신선했습니다.
비아흐이는 출시된 후 사람들이 구매하기 쉬운 맥주가 되었고 지금은 모두가 마시는 맥주처럼 되었습니다. 주로 오토바이 뒤에 2-100리터(0.5-26갤런) 정도 담을 수 있는 드럼통을 묶어서 배달합니다. 낮부터 밤까지 지역 사람들과 여행객들은 하노이 구시가지의 비아흐이 상점이나 간이 술집의 플라스틱 의자에 모여서 앉아 비아흐이를 마십니다. 이러한 길거리 술집은 사람들이 모여 정치부터 패션까지 모든 것을 얘기할 수 있는 장소를 제공합니다. 비아흐이는 베트남 시장에서 자리를 잘 잡게 되었고, 한 잔에 미국 달러 30센트 정도로 가격이 저렴합니다. 낮은 가격의 비아흐이는 더 비싼 대형 맥주 회사의 맥주, 크래프트 맥주, 심지어는 병에 포장된 생수를 대체할 만한 대체품입니다.

비어 가이드

맥주 애호가들의 필수 코스

시원한 라거 대신에 다른 맥주가 끌리나요? 운이 좋네요. 왜냐하면 베트남의 크래프트 맥주 시장이 성장하고 있기 때문입니다. 베트남 지역 양조사들이 추천한 다음과 같은 맥주 중심지를 방문해 보세요.

1 | 비아크래프트 (BiaCraft)

호치민시티(Ho Chi Minh City)

비아크래프트는 좋은 맥주를 만들기 위해 여러 독립적인 지역 양조장들과 파트너십을 맺었습니다. 최근에 파스퇴르 스트리트(Pasteur Street)와 콜라보레이션을 진행해 왓 더 허?(What the Heo?)라는 베이컨을 사용한 브렉퍼스트 스타우트를 만들었습니다.

2 | 호아 비엔 브로이하우스 (Hoa Vien Brahaus)

하노이(Hanoi)

하노이 지역의 가장 오래된 양조장 중 하나인 호아 비엔 브로이하우스는 사람들로 북적이는 비아호이 판매 지역에서 벗어나고 싶은 외국인들이 가장 좋아하는 곳입니다. 자체 생산 크래프트 맥주를 마셔 봐도 되지만, 이곳은 필스너 우르켈(Pilsner Urquel | 84쪽 참조) 드래프트 맥주를 베트남에서 유일하게 마실 수 있는 곳으로 유명합니다.

3 | 루이지애나 브루하우스 (Louisiane Brewhouse)

나트랑(Nha Trang)

루이지애나 브루하우스는 해변가 지역을 선호해 바쁘고 서두르는 분위기의 도시를 피해 있습니다. 4가지 기본 맥주는 이곳에서 제공하는 음식과 페어링하기 위해 만들어졌습니다. 시즈널이지만 베트남식의 독특한 라들러인 패션 비어(Passion Beer)를 마셔 보세요.

4 | 파스퇴르 스트리트 브루잉 컴퍼니 (Pasteur Street Brewing Company)

호치민시티(Ho Chi Minh City)

2011년에 미국인 3명이 설립한 파스퇴르 스트리트 브루잉 컴퍼니는 지금까지 70가지 이상의 맥주 스타일을 만들었으며, 이러한 맥주들은 모두 베트남의 풍미를 잘 담아 낸 점이 특징입니다. 지역의 레몬그라스, 생강, 페퍼로 만든 스파이스 아일랜드 세종(Spice Island Saison)을 마셔 보거나 상을 받은 임페리얼 초콜릿 스타우트를 마셔 보세요.

5 | 플래티넘(Platinum)

호치민시티(Ho Chi Minh City)

플래티넘의 헤드 브루어는 12개국에서 일한 경험이 있으며, 호주의 유명 맥주인 제임스 스콰이어 골든 에일(James Squire's Golden Ale)을 만들었습니다. 많은 사람들은 특유의 홉 풍미를 가진 그의 페일 에일을 도시에서 최고라고 생각합니다.

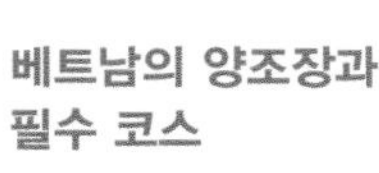

베트남의 양조장과 필수 코스

 양조장

 이 책에 소개된 필수 코스

대한민국

풍미를 재해석하다

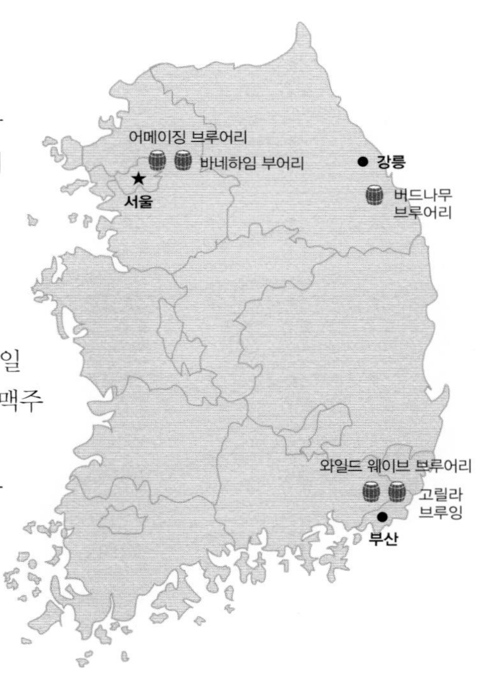

한눈에 보는 대한민국

위 지도에 표기된 장소

- 양조장
- ★ 수도
- ● 도시

맥주 시장의 역사와 한계

1933년 일제 강점기 쇼와기린맥주에서 시작된 오비OB 맥주와 조선 맥주에서 시작된 하이트HITE 맥주, 두 회사로 대한민국 맥주 시장은 양분되어 약 70여 년간 대형 맥주 회사의 라거 맥주 이외에 다른 선택권이 한국의 소비자들에게는 없었습니다.

2002년 한일월드컵이 개최되던 해, 대한민국에서 소규모 맥주 양조장에 대한 허가가 이루어졌습니다. 그 당시에는 '크래프트 맥주'라는 용어보다는 '하우스 맥주'가 더 통용되었습니다. 하우스 맥주 관계자들이 독일에서 맥주를 배웠거나, 독일의 기술자를 초빙하여 맥주를 만들었기에 바이젠이나 둔켈, 헬레스 등의 독일식 맥주를 판매하는 곳들이 대다수였습니다.

과거에는 보기 힘들었던 독특한 타입의 맥주를 선보였기에 한동안 유망 산업으로 기대를 모았으나, 산업이 성장하기에는 여러 모순점도 존재했습니다. 시장의 이해가 높지 않은, 기술적으로도 모자란 업체들이 우후죽순 생겨나기도 했고, 당시 하우스 맥주들은 동일 법인 업장이 아니면 다른 매장에 맥주를 유통할 수 없는 규제에 묶여 있었습니다. 따라서 하우스 맥주를 마시려면 소비자들은 반드시 번화가에 주로 위치한 매장에 방문해야만 하는 번거로움이 있었습니다.

태동하는 크래프트 맥주계

하우스 맥주 산업은 점점 시들해져 갔지만, 수입 맥주 시장은 날로 커져가고 있었습니다. 한국을 비롯한 일본, 미국, 네덜란드 등의 세계에서 유명한 기성 라거 위주로 구성되었던 수입 맥주 시장에, 점진적으로 페일 라거와는 다른 개성을 가진 독일, 벨기에의 밀맥주나 가벼운 에일 맥주들이 저렴한 가격에 대형 마트에서 판매되기 시작했습니다.

바네하임의 대표 맥주 마일드 프레아 에일은 드링커블리티(Drinkability, 음용성)에 중점을 둔 브라운 계열의 맥주입니다.

처음에는 낯설어하던 소비자들도 확실히 맥주의 맛이 다양하다는 것을 인식하기 시작한 시점입니다.

2011년부터 대한민국 수입 시장에 미국의 크래프트 맥주들이 들어오기 시작합니다. 제한적인 맥주 전문 펍에서만 마실 수 있던 IPA나 벨기에 수도원 맥주들이 대중들이 찾는 소비처인 대형마트에도 작게나마 소개되면서 판매가 이뤄졌습니다. 수입 맥주 시장이 다양하게 재편되자 한국 소규모 양조장의 토양도 바뀌기 시작합니다.

2011년에서 2013년까지 외국인들이 밀집하여 여러 문화가 공존하는 서울의 이태원 지역과, 젊음의 거리 홍대를 중심으로 점점 한국에서 만든 미국식 크래프트 맥주들을 드래프트Draft 타입으로 선보이는 맥주 업체들이 생겨났습니다. 홈브루어 출신이면서 크래프트 맥주에 조예가 깊은 사람들이 하우스 맥주 시기부터 시작하여 맥주를 유통할 수 있는 면허를 받을 만큼 성장한 단 2곳의 양조장에 자신이 개발한 레시피를 넘겨 위탁 생산한 페일 에일이나 IPA, 포터 등을 만들어 냈습니다.

대한민국의 크래프트 맥주 얼리어답터들은 이태원과 홍대의 펍들을 돌아다니며 크래프트 맥주 문화를 전파하기 시작했고, 점차 대한민국 소규모 양조장의 환경이 독일식 하우스 맥주에서 미국식 크래프트로 넘어가기에 이릅니다.

수입 맥주와 국내 소규모 양조산업이 조금씩 싹이 트자, 2014년에는 정부에서 주세법 개정을 단행하게 됩니다. 소규모 양조장을 설립할 수 있는 규제를 완화하면서 하우스 맥주 때는 금지되었던 외부 유통도 가능하도록 바뀌었습니다. 이때부터 크래프트 맥주에 관심이 많던 사람들이 서울 근교에 크래프트 맥주 양조장을 짓게 됩니다.

버드나무 브루어리의 샘플러 맥주들이 영롱한 색깔을 뽐내고 있습니다.

어메이징 성수

서울에 양조장을 두고, 다품종 소량생산의 컨셉으로 한 어메이징 브루어리는 다양한 맥주로 맥조 애호가들의 눈을 사로잡았습니다.

무한한 가능성

2018년에 대한민국에는 약 110곳에 이르는 양조장이 운영 중입니다. 하우스 맥주가 내리막길을 걷던 10년 전에 비하면 두 배 이상의 양조장이 생겨난 것으로, 많은 업체가 2014년 이후에 설립된 신생 양조장들입니다. 미국식 크래프트 맥주의 영향을 받아 페일 에일과 IPA, 스타우트, 밀맥주 등의 개성은 있지만 대중들에게 쉬운 맥주들 위주로 구성된 초기 크래프트 맥주시장의 모습을 보입니다.

해외의 최신 크래프트 맥주 트렌드에 민감한 몇몇 양조장들은 뉴잉글랜드 IPANew England IPA나 와일드 비어Wild Beer, 배럴 숙성 스타우트Barrel Aged Stout와 같은 맥주를 도입하기 시작했고, 지역성을 강조하는 양조장들도 있어 한국의 전통 재료를 넣은 팜하우스 에일Farmhouse Ale들을 생산하고 있습니다. 또한 되멘스Doemens나 씨서론Cicerone 등의 해외에서 인증된 맥주 자격증이 한국에서 교육 및 자격시험이 이뤄지고 있으며, 아직까지 크래프트 맥주를 경험하지 못한 소비자들을 위해 많은 양조장들에서는 마케팅 및 교육을 통해 알리려는 노력을 하고 있습니다.

비어 가이드

맥주 애호가들의 필수 코스

급속하게 발전 중인 한국 크래프트 맥주계는 방문해야 할 좋은 장소들이 있습니다. 다음은 많은 양조사들이 추천하는 장소들입니다

1 | 맥파이 브루잉 (Magpie Brewing)

제주(Jeju)

맥파이 브루잉은 한국 수제 맥주의 메카라 할 수 있는 경리단 길에서 크래프트 맥주가 막 소개되기 시작한 2012년에 미국과 캐나다 출신의 청년들이 대한민국에 설립한 크래프트 맥주 업체입니다. 이후 제주도에 양조장을 건설하여 전국에 맥주를 유통하고 있습니다. 동시에, 여행객들에게 양조장 투어 등을 진행하고 있으며, 맥주 교육과 콜라보레이션 활동 등을 통해 마케팅 영역 또한 넓히고 있습니다. 대표 맥주는 페일 에일, IPA, 포터, 퀼쉬 등이며, 서울의 유명 커피 로스터리와 겨울마다 콜라보레이션을 통해 출시하는 '첫차' 발틱 포터가 있습니다.

2 | 고릴라 브루잉 (Gorilla Brewing)

부산(Busan)

부산에 거주하던 두 명의 영국 청년이 2015년 설립한 양조장으로 영국의 크래프트 맥주 문화를 한국에 소개하고자 하는 열망으로 시작되었습니다. 대표 맥주는 스타우트(Stout), IPA, 블론드 에일, 페일 에일 등입니다. 한국 전통 소주인 '화요'와의 협업을 통해 화요를 담았던 배럴에 그들의 임페리얼 스타우트를 숙성시킨(Soju Barrel Aged Beer) 것으로 화제가 되었습니다.

3 | 와일드 웨이브 브루잉 (Wild Wave Brewing)

부산(Busan)

초기 단계의 크래프트 맥주 시장에서는 아무래도 페일 에일, IPA, 밀맥주 등의 대중적인 맥주 위주로 시장이 흘러갈 수 밖에 없으나, 와일드 웨이브 브루잉은 미국 크래프트 업계의 최신 트렌드인 와일드 비어(Wild Beer)의 영향을 받아 설레임(Surleim)이라는 신맛이 도드라진 맥주를 주력 상품으로 출시했습니다. 일반적인 라거나 에일과는 다르게 와일드 이스트(Wild Yeast), 젖산/초산 박테리아를 이용하여 맥주를 만드는 와일드 비어의 유행과 사워(Sour) 맥주의 대중화를 이룩하겠다는 의지와 어울리게 양조장 이름도 와일드 웨이브입니다.

4 | 바네하임 (Vaneheim)

서울(Seoul)

2004년부터 서울 공릉에서 작은 양조장을 운영해 왔으며 주변 지역 주민들에게 사랑 받는 양조장이 된 바네하임의 맥주들은 전반적으로 순하고 편한 세션(Session) 맥주들로 구성되어 있습니다. 대표 맥주는 프레아 마일드 에일(Frea mild ale)과 노트 스타우트(Nott stout)가 있습니다. 봄이 되면 벚꽃으로 만든 라거를 출시하는 등, 실험적인 맥주들도 선보이고 있습니다.

5 | 어메이징 브루잉 컴퍼니 (Amazing Brewing Company)

서울(Seoul)

대한민국에서 크래프트 맥주 산업이 성장할 때, 대다수의 양조장들은 지방에 공장을 크게 건설한 후 소품종 대량생산의 컨셉을 가져갔지만, 어메이징 브루잉 컴퍼니는 이와 반대로 2016년 서울 성수동의 작은 공간에 소규모 양조장을 지어 다품종 소량생산으로 차별화에 성공했습니다. 자연스럽게 재고 부담이 적어진 어메이징 브루잉은 한국에서 가장 실험적이고 다양한 양조를 하는 곳으로 잘 알려져 있습니다. 독일, 벨기에, 영국, 미국, 와일드 타입 맥주까지 총 망라하여 많은 사람들의 이목을 끌게 되었습니다.

6 | 버드나무 브루어리 (Budnamu Brewery)

강릉(Gangneung)

강원도 강릉에 소재한 버드나무 브루어리는 2015년에 tvN의 방송 프로그램인 '알쓸신잡'에 소개되면서 대중에게 널리 알려진 크래프트 맥주 양조장입니다. 크래프트 맥주의 덕목 중 하나인 지역 사회와의 연계를 바람직하게 실현하는 곳으로 1년에 한 번씩 지역 사회를 위해 애쓴 사람에게 헌정하는 맥주 이벤트를 진행하고 있습니다. 강릉 지역에서 나온 쌀로 만든 '미노리' 맥주를 비롯하여, 지역 특산물인 청포나 솔잎 등을 넣은 맥주도 개발하기도 했습니다. 강릉의 옛 이름을 쓴 '하슬라 IPA'나 국화와 산초를 넣은 벨기에식 밀맥주 '즈므블랑'이 대표 맥주입니다.

한국의 양조장과 필수 코스

양조장

이 책에 소개된 필수 코스

사진(Photos)

1 양조장 투어에서는 양조설비 사이를 직접 거닐며 생생한 관찰과 질문을 할 수 있습니다. **3** 와일드 웨이브에서는 할로윈 파티는 물론 재즈 공연도 즐길 수 있습니다. **4** 브루펍 바네하임에는 양조설비 자체가 하나의 훌륭한 인테리어입니다.

아시아의

다른 나라 현황

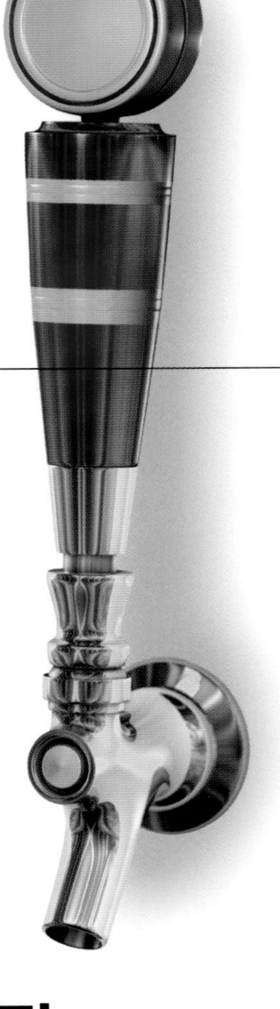

캄보디아Cambodia

아시아에서 8번째로 큰 맥주 생산 국가인 캄보디아는 양조장, 탭룸, 비어 가든이 증가하고 있으며 아시아 크래프트 맥주 혁명이 일어나고 있는 국가 중 한 곳입니다. 양조사들이 맥주의 품질과 지속 가능성에 중점을 두기 때문에 크래프트 맥주 생산은 여전히 제한적이지만, 세레비지아 크래프트 브루하우스(Cerevisia Craft Brewhouse), 보타니코(Botanico), 히마와리(Himawari), 타완동 저먼 브루어리(Tawandang German Brewery)와 같은 양조장들이 크래프트 맥주계를 이끌고 있습니다.

6개
12oz 병맥주(2L)
1인당 맥주 소비량

510만
U.S. 배럴(600만 hL)
연간 생산량

3,647.64
캄보디아 릴(Cambodian riels)(U.S. $0.92)
12oz 병맥주 평균 가격

필리핀Philippines

아시아에서 7번째로 큰 맥주 생산국인 필리핀의 맥주 시장을 산 미구엘(San Miguel)이 지배하고 있다고 속지 마세요. 필리핀의 크래프트 맥주계는 활발하며, 크래프트 맥주 생산량은 증가하고 있습니다. 필리핀의 크래프트 양조장의 대부분은 마닐라(Manila)에 위치를 하고 있지만, 바기오(Baguio City), 세부(Cebu), 팔라완(Palawan)에서도 맥주 문화가 널리 퍼지고 있습니다.

56개
12oz 병맥주(20L)
1인당 맥주 소비량

1,190만
U.S. 배럴(1,400만 hL)
연간 생산량

37.34
필리핀 페소(Philippine pesos)(U.S. $0.75)
12oz 병맥주 평균 가격

이 책이 출판될 당시에는 모든 수치가 정확했습니다.
수치는 평균값이며 시간이 지나면서 바뀔 수 있습니다.

대한민국South Korea

아시아에서 5번째로 큰 맥주 생산국인 대한민국에는 페일 라거가 넘쳐납니다. 하지만, 2012년 『이코노미스트(Economist)』에 북한 맥주가 더 괜찮다는 주장이 실린 기사가 나자, 대한민국에서 크래프트 맥주 운동이 타오르기 시작했습니다. 한국인과 외국인 소유의 여러 크래프트 양조장이 늘어나고 있는 현상은 대한민국 맥주계가 급속히 성장하고 있다는 것을 보여 줍니다.

138개
12oz 병맥주(49L)
1인당 맥주 소비량

1,820만
U.S. 배럴(2,130만 hL)
연간 생산량

2,609.94원
대한민국 원(South Korean Won)(U.S. $2.30)
12oz 병맥주 평균 가격

태국Thailand

관광객들이 자주 방문하는 태국은 아시아에서 4번째로 맥주를 가장 많이 생산하는 나라입니다. 태국에서 생산하는 거의 모든 맥주는 5개의 양조장에서 생산하는 라거 맥주입니다. 태국의 일부 크래프트 양조장은 아메리칸 스타일 맥주를 생산합니다. 태국에서 재배되는 홉은 자국은 물론 세계의 주목을 이끌었습니다.

56개
12oz 병맥주(20L)
1인당 맥주 소비량

2,010만
U.S. 배럴(2,360만 hL)
연간 생산량

74.35
태국 바트(Thai baht)(U.S. $2.16)
12oz 병맥주 평균 가격

호주 시드니(Sydney)의 항구는 18세기 후반에 호주의 첫 영국 식민지이었던 곳이자 첫 개인 소유의 상업 양조장이 있던 곳입니다.

CHAPTER 5

호주 & 오세아니아

1888년에 설립된 퀸즈랜드 브루어리(Queensland Brewery)는 두 개의 인기 맥주인 불림바 골드 탑(Bulimba Gold Top)과 실버 탑(Sliver Top)을 생산했습니다.

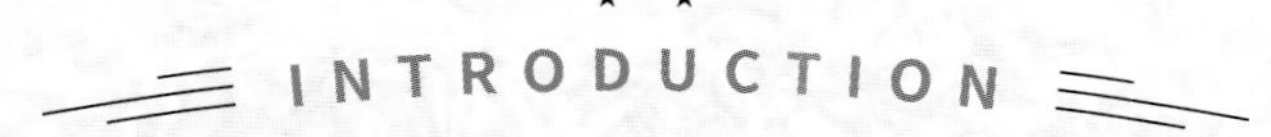

떠오르는 양조 지역

오세아니아는 호주, 뉴질랜드, 여러 섬 국가들, 멜라네시아(Melanesia), 마크로네시아(Micronesia), 폴리네시아(Polynesia) 지역이 있는 대륙이며 전체 인구는 약 4,000만 명 정도입니다(영토가 좁은 폴란드의 인구수와 거의 비슷합니다). 이러한 적은 인구수는 오세아니아 맥주의 품질과는 전혀 연관성이 없습니다. 호주의 타는 듯한 사막, 뉴질랜드의 험준한 해안, 남태평양의 두터운 습도 같은 지리적 요인으로 제기되는 엄청난 문제들이 있지만 오세아니아는 세계에서 가장 인기 있는 맥주를 생산합니다. 오세아니아 양조사들은 이러한 섬 국가들을 맥주 지도에 표시하게 만듭니다.

실험의 시대

맥주는 물을 대신해 마실 수 있는 안전한 술이었기 때문에 유럽 탐험가들은 항해를 할 때 주로 맥주를 가지고 승선했습니다. 제임스 쿡 선장Captain James Cook은 1770년에 호주 동쪽에 발을 내딛은 첫 유럽인으로 영국에서 태평양으로 그의 첫 항해를 떠날 때 4톤 가량의 맥주를 배에 실었다고 합니다. 그렇게 해서 쿡은 오세아니아에 처음으로 술을 가지고 오게 되었습니다.

식민지에서 맥주 양조는 농업과 고용 창출에 도움이 되었기 때문에 처음부터 장려되었습니다. 양조에 부적합한 뜨거운 기후와 전통적인 재료 공급의 제한은 좋게 말하면 실험적이고 나쁘게 말하면 위험한 시행착오적인 접근을 하게 만들었습니다. 일부 양조사들은 중독성을 높이기 위해 맥주에 담배, 황산구리, 아편, 코큘러스 인디쿠스Cocculus indicus, 따뜻한 기후에서 2차 발효가 일어나 병이 폭발하는 것을 막아 주었습니다와 같은 물질을 첨가했습니다. 심지어 일부 양조사들은 인도네시아, 필리핀, 중국의 토착 낙엽수 씨앗에서 나오는 독소 형태인 스트리크닌strychnine을 경제적으로 힘든 시기에 페일 에일 맥주를 희석시키는 용도로 사용했습니다. 부작용은 환각에서 공격적인 성향까지 다양했지만, 대부분은 심각한 설사 증세를 보였습니다. 1880년대 들어서 불순물이 섞인 대부분의 맥주가 없어졌지만, 여전히 이런 문제는 종종 일어났었습니다.

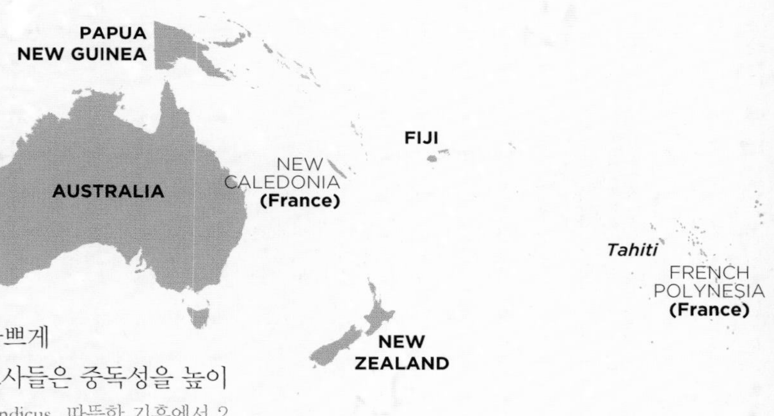

호주와 오세아니아

챕터5에서 소개하는 국가 또는 지역

호주에서는 1790년대 후반부터, 뉴질랜드에서는 1830년대부터, 타히티 같은 섬 국가들에서는 1910년부터 양조장들이 생겨나기 시작했습니다. 다른 오세아니아 국가들과 다르게 호주와 뉴질랜드는 홉과 보리를 재배할 수 있는 지리적 이점을 누렸습니다. 나머지 오세아니아 지역은 보리와 홉 같은 중요한 맥주 재료를 재배하기에는 기후가 너무 따뜻해서 맥주 재료를 수입해야 했습니다.

오세아니아는 전 세계 홉 생산량의 **1.9%**를 차지하고 있으며, 적은 인구수를 고려한다면 인상적인 수치입니다.

맥주를 만들기는 어려웠지만 맥주의 인기는 증가했고, 오늘날 맥주는 오세아니아에서 가장 인기 있는 주류가 되었습니다. 오세아니아의 일부 토착 맥주 스타일은 살아남았지만, 페일 에일과 IPA에 비해 호주의 스파클링 에일sparking ale과 뉴질랜드 드래프트New Zealand draught 맥주 스타일은 훨씬 적은 비중을 차지하고 있습니다.

호주와 뉴질랜드는 오세아니아 맥주계를 계속해서 지배하고 있습니다. 호주에는 300개 이상의 양조장이 있으며, 뉴질랜드에는 100개 이상의 양조장이 있습니다. 외국계 대기업인 기린 컴퍼니와 하이네켄 인터내셔널이 소유한 매크로 브루어리의 일반적인 라거 맥주는 특히 따뜻한 기후가 대부분인 오세아니아 섬에서 가장 선호하는 대표 맥주입니다. 호주와 뉴질랜드 양조사에게 어느 나라가 더 좋은 맥주계인지 물어본다면, 호주가 더 좋은 지역 재료를 가졌지만, 뉴질랜드가 더 좋은 크래프트 맥주를 만든다고 할 것입니다. 호주는 뉴질랜드보다 약간 더 많은 양의 홉을 생산하며, 자국 내 호주 보리 맥아의 소비는 약 20%밖에 안되지만 뉴질랜드보다 더 많은 양의 두줄 보리two-row barley 맥아를 생산합니다. 호주산 보리 맥아는 전 세계 보리 맥아 거래의 약 30%를 차지하고 있습니다.

홉 천국

호주와 뉴질랜드에서는 홉 생산은 상대적으로 오래되지는 않았지만, 미국 워싱턴 주의 야키마 밸리와 독일 바바리아의 할러타우 지역을 제외한다면 이 두 국가는 가장 잘 알려진 홉 재배 지역입니다. 뉴질랜드의 넬슨 소빈Nelson Sauvin 홉은 북반구의 많은 양조사들

brewline

맥주 분야에서 역사적 순간들 Historic Moments in Beer

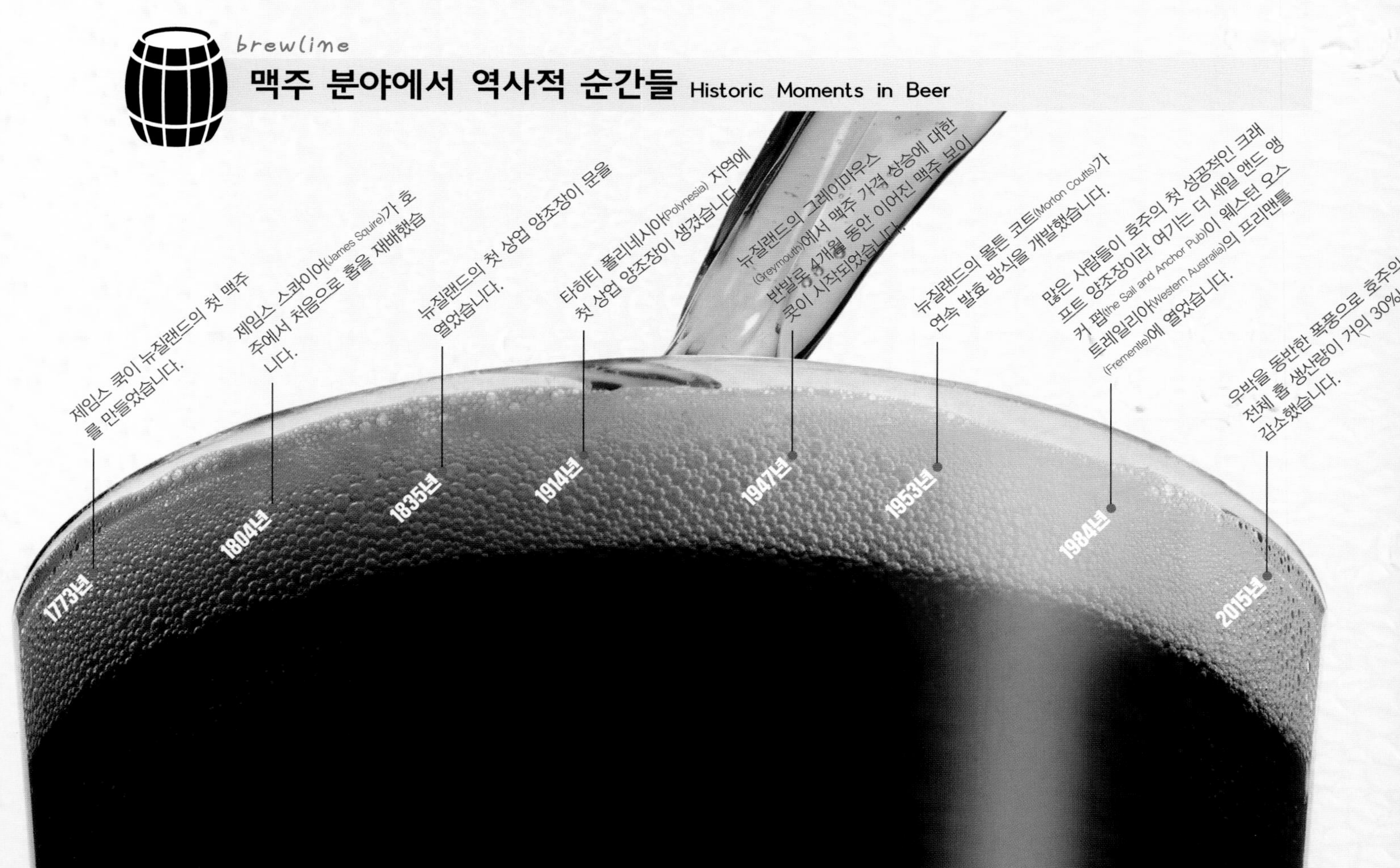

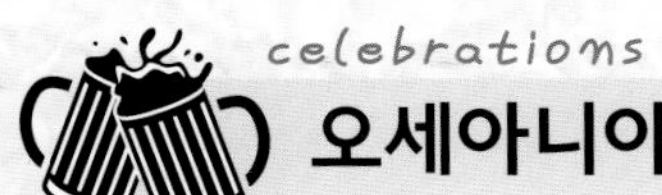

celebrations

오세아니아 최고의 맥주 축제 Oceania's Best Beer Festivals

더 그레이트 키위 비어 페스티벌 The Great Kiwi Beer Festival **| 크라이스트처치 | 뉴질랜드 | 1월 |** 여름에 공원을 걸으면서 크래프트 맥주를 마시는 것보다 더 좋은 게 있을까요? 뉴질랜드 남섬에서 가장 큰 맥주 축제는 200가지 이상의 크래프트 맥주를 제공해 방문객들에게 선택의 어려움을 줍니다.

마치페스트MarchFest **| 넬슨 | 뉴질랜드 | 3월 |** 야외 맥주 축제로 라이브 음악과 아이들을 위한 이벤트가 특징입니다. 축제에서 제공하는 맥주는 하루 동안 열리는 축제를 위해 만들어진 맥주로 이곳에서 세계적인 데뷔를 하게 됩니다.

그레이트 오스트랄라시안 비어 스펙타풀라 Great Australasian Beer SpecTAPular, GABS **| 멜버른과 시드니(호주) | 오클랜드(뉴질랜드) | 5, 6월 |** 대규모 맥주 축제인 이 축제는 3주 동안 총 3개의 도시에서 열립니다. 150개 이상의 양조장들이 참여하고, 수백 개의 맥주를 마실 수 있으며 그중 120개는 GABS 축제를 위해 만든 특별한 맥주입니다.

비어바나Beervana **| 웰링턴 | 뉴질랜드 | 8월 |** 비어바나(Beervana)는 웰링턴 최고의 크래프트 맥주 축제로, 60개 이상의 뉴질랜드 양조장이 참여하며, 300가지 이상의 맥주를 선보입니다. 웰링턴의 자매 도시인 미국 오리건 주의 포틀랜드에서 아메리칸 IPA, 와일드 비어, 사워 맥주를 제공해 이 축제에 참여합니다.

GABS 축제에는 수백 개의 맥주가 있습니다.

웨스턴 오스트레일리아 비어 앤드 비프 페스티벌 Western Australia Beer and Beef Festival **| 퍼스 | 호주 | 9월 |** 맥주와 소고기를 같이 먹으면 뭐가 나쁘겠어요? 이 축제는 다양한 부위의 소고기를 먹으면서 75개 이상의 크래프트 맥주를 마실 수 있습니다.

시드니 크래프트 비어 위크 Sydney Craft Beer Week **| 시드니 | 호주 | 10월 |** 75곳의 장소에서 100가지 이상의 이벤트를 준비한 비어 위크 주최 측은 모든 것을 생각했습니다. 이 축제의 하이라이트는 『크래프티 파인트(Crafty Pint)』 매거진의 '파인트 오브 오리진(Pint of Origin)'으로, 축제 기간 동안 특정 펍에서 호주의 특정 소규모 양조장의 맥주를 선보이는 행사입니다.

에게 수요가 높은 홉이며, 호주의 가장 인기 있는 홉은 갤럭시Galaxy 홉입니다. 하지만, 홉 농부들에게 호주의 날씨는 항상 우호적이지 않으며, 우박을 동반한 폭풍은 홉 농사에 크게 피해를 줄 수 있습니다. 2015년 12월에 있었던 폭풍으로 인해 갤럭시 홉의 40-50%가 피해를 입었으며 에니그마Enigma와 토파즈Topaz 홉의 생산량은 감소했습니다.

다행히도 오세아니아 양조사들은 항상 기지가 많았습니다. 지역의 낮은 홉 생산량으로 인한 문제를 다른 홉 종류를 사용해 볼 실험의 기회로 삼아서 좋은 맥주를 만들 기회를 만들었습니다. 호주와 뉴질랜드 양조사들과 콜라보레이션을 하고 싶은 유럽과 미국 양조사들이 줄을 선 상황을 보면 오세아니아는 전 세계에서 가장 중요하게 떠오르는 크래프트 맥주 지역입니다.

빅토리아(Victoria)의 그레이트 오션 로드(Great Ocean Road)에 있는 12 사도 바위(The Twelve Apostles)는 지질학적 경관입니다.

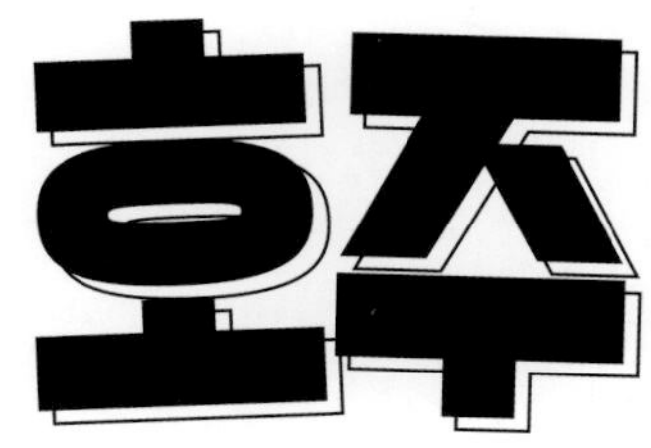

호주

유배지

호주의 중앙부에는 태양이 뜨거운 사막이 많지만, 호주에는 뜨겁고 건조한 사막보다 더 다양한 지형이 있습니다. 호주 남동쪽의 눈 덮인 호주 알프스, 북동쪽의 거대한 그레이트 배리어 리프Great Barrier Reef, 남쪽의 태즈메이니아Tasmania의 열대우림처럼 호주에는 다양한 지형이 있습니다. 호주의 2,300만 인구의 대부분은 해안가에서 31마일59km 내에 거주하기 때문에 호주 양조의 대부분도 이 안에서 일어납니다. 세계에서 가장 작은 이 대륙은 맥주에 열광하며 인상적인 여러 맥주를 생산합니다.

영국 탐험가 제임스 쿡이 호주 동쪽 해안가에 상륙한 지 18년 후인 1788년에 751명의 죄수들, 252명의 해병대 병사와 그들의 가족들을 이끌고 호주에 온 아서 필립Arthur Philip 선장은 시드니에 유배지에 적합한 장소를 발견하게 됩니다. 유배지 발견을 축하하기 위해 필립과 장교들은 잉글리시 포터 한 잔으로 축배를 들었습니다. 그 후 10년간 맥주는 호주에서 생산되지는 않았지만, 이들의 축배로 마침내 전 세계에 사람이 거주하는 모든 대륙에 맥주가 도달했으며 호주에서 맥주가 곧 떠나지 않을 것임을 확신했습니다.

이러한 업적 덕에 여러 문제점이 발생했습니다. 식민지 안에서 알코올 남용이 만연했고, 특히 수입 럼의 남용이 심했습니다. 식민지 정부는 값싼 맥주가 이 문제를 해결하거나 최소한 높은 도수의 증류주보다 안전한 대안책이 되기를 희망했습니다. 1804년 호주 정부가 처음이자 마지막으로 운영한 양조장이 뉴 사우스 웨일스New South Wales의 패러매타Parramatta에 건설되었으며, 이보다 몇 년 빠른 시기에 죄수였던 제임스 라라James Larra가 같은 지역에 호주의 첫 펍을 열었습니다. 양조장은 시작부터 기술적인 문제와 재료의 부족으로 고생을 했습니다. 정부는 2년 만에 양조장을 토마스 러쉬돈Thomas Rushdon에게 매도했습니다.

한눈에 보는 호주

위 지도에 표기된 장소

- 양조장
- ★ 수도
- ● 도시

Tasmania 지리적 특징

아방가르드 양조사

식민지 주민들에게 맥주를 공급하려 했던 정부의 시도가 실패하자, 기업가 성향의 이민자들이 이 일을 맡아서 하게 되었습니다. 1900년대 급성장하는 맥주계에서 냉장 시설의 부족과 유통의 제한으로 양조는 지역적인 일이었습니다. 영국 외과의사이자 약제상인 존 보스턴John Boston은 지역 홉을 사용할 수 없었습니다. 그래서 그는 백과사전에 나온 설명에 따라 옥수수 맥아와 사과 줄기를 이용해 양조했습니다. 그는 1796년에 보스턴 밀 브루어리Boston Mill Brewery를 지금의 시드니 오페라 하우스Sydney Opera House가 있는 베넬롱 포인트Bennelong Point에 설립했습니다. 이 양조장은 호주의 첫 개인 소유의 상업 양조장으로 널리 여겨지지만 보스턴 밀 브루어리의 맥주 맛은 썩 좋지는 않았습니다. 그는 1804년에 일찍 요절하였는데, 일설에 따르면 배로 통가Tonga를 향해하던 중 지역 주민들이 초대한 저녁 식사 자리에서 잡혀 먹혔다고 합니다.

이웃 농장에서 암탉 5마리와의 수탉 4마리를 훔친 혐의로 호주에 죄수로 오게 된 제임스 스콰이어James Squire는 호주에 첫 홉을 선보였습니다. 스콰이어는 호주에 도착 후 양조를 했으며 홉의 대체품으로 사용할 쓴맛을 내는 박하 허브를 훔치다 걸려 태형을 맞기도 했습니다. 출소 이후 자유의 몸이 된 스콰이어는 1795년에 패러매타 강Parramatta River 주변에 30에이커12ha 규모의 땅을 허가를 받아 양조장, 술집, 홉 농장을 설립했습니다. 그가 재배한 호주의 첫 홉은 맥주 생산에 있어서 중요했기에 주지사의 농장에서 소를 상으로 받았습니다. 스콰이어의 개척정신은 그의 이름과 같은 제임스 스콰이어 맥주를 통해 오늘날에도 여전히 남아 있습니다.

Speak easy

맥주의 다른 이름

사우스 오스트레일리아 지역을 제외하고는 맥주 파인트 사이즈는 20임페리얼 플루이드 온스(imperial fluid ounce, 1.2 U.S. 파인트)로 잉글리시 파인트 사이즈와 같습니다. 사우스 오스트레일리아의 파인트 사이즈는 15임페리얼 플루이드 온스(imperial fluid ounces)로 1 U.S. 파인트보다 양이 적습니다.

뉴 사우스 웨일즈(New South Wales), 노던 퀸즈랜드(Northern Queensland), 노던 테리토리(Northern Territory)에서 작은 사이즈의 맥주를 원한다면, 세븐(seven)을 주문하면 됩니다. 이렇게 주문하면 7 U.S. 온스(200ml)의 맥주를 줄 것입니다.

어떤 맥주를 마셔야 할지 모르겠다고요? 그렇다면 패들(paddle)을 주문해 보세요. 미국에서는 플라이트(flight)라고 하지만, 호주에서는 맥주잔을 고정시키는 용기의 모양 때문에 패들이라고 합니다.

펍에 갈 수 없는 상황이라면요? 드라이브 스루(drive-through) 맥주 상점인 보틀-오(bottle-o)에 들러 티니스(tinnies, 캔맥주)를 픽업할 수 있습니다.

일반적으로 드래프트 맥주는 스몰(small)과 라지(large), 이렇게 두 가지 사이즈로 판매합니다. 하지만, 이러한 사이즈의 이름은 주마다 다르게 부릅니다.

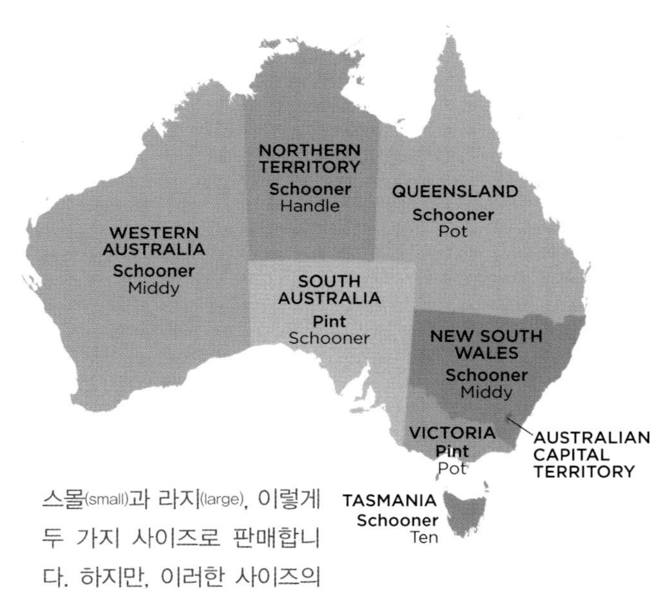

맥주 서빙 사이즈
VICTORIA 주
라지 사이즈 용어
스몰 사이즈 용어

클래식한 스타일에 대한 갈망

미국의 이민자들처럼 영국, 아일랜드, 그리고 여러 유럽 나라에서 온 호주 이민자들은 호주 맥주계를 발전시켰습니다. 이들은 고국에서 즐겨 마시던 맥주인 페일 에일, 스타우트, 포터 같은 스타일의 맥주를 만들었습니다. 주요 재료의 부족, 따뜻한 기후, 낮은 품질 관리로 인해 영국 스타일의 맥주가 계속해서 주기적으로 수입되었습니다. 인도로 보내기 위해 런던과 버튼 온 트렌트에서 생산한 페일 에일은 호주로도 보내졌으며, 배로 석달이나 걸렸습니다. 맥주 역사학자 마틴 코넬Martyn Cornell은 1829년에 『시드니 가젯 앤드 뉴 사우스 웨일즈 애드버타이저Sydney Gazette and New South Wales Advertiser』의 광고에서 '이스트 인디아 페일 에일East India pale ale'을 판매하는 광고를 증거로 제시하면서 '인디아 페일 에일India pale ale | 72쪽 참조' 단어는 영국이 아니라 시드니에서 처음으로 사용했다고 주장합니다.

이러한 스타일은 호주에서 멀리 떨어진 곳에서 유래되었지만 호주에서 양조는 지역 중심으로 행해졌습니다. 맥주의 다양성은 풍부했지만 품질의 일관성이 유지되지 않았습니다. 1800년대에 전 세계의 대부분을 휩쓸었던 세계적인 트렌드와 유사하게 호주에서도 특히 페일 에일과 라거 같은 페일 스타일의 인기가 증가했습니다. 19세기가 끝나갈 쯤에 호주에는 약 300개의 양조장과 400만 명의 인구가 있었습니다.

대규모 사업을 만들어가다

현재 호주의 1인당 맥주 소비량은 19.5갤런74L으로, 1960년대 이후로 꾸준히 감소하고 있습니다. 이러한 감소로 맥주 대기업인 AB 인베브칼튼 앤드 유나이티드 브루어리스와 기린 라이언은 크게 영향을 받았습니다. 하지만, 맥주 소비량의 감소는 호주 맥주 시장에서 약 5%를 차지하고 있는 크래프트 맥주에 대한 호주인들의 갈망까지 줄이지는 못했습니다. 호주 맥주계의 흥미로운 트렌드는 매크로 브루어리가 만든 '크래프트 맥주'를 전반적으로 수용한다는 점입니다. 이전에 크래프트 양조장이었던 리틀 크리쳐스Little Creatures와 제임스 스콰이어는 지금은 일본의 주류 회사인 기린이 소유하고 있지만, 크래프트 맥주 애호가들은 여전히 이런 맥주를 많이 소비하고 있습니다.

크래프트 맥주에 대한 열의는 증가하고 있지만, 크래프트 맥주 운동의 확산은 여전히 세금이라는 난관에 부딪히고 있습니다. 1988년에는 25개였던 양조장은 날로 증가하여 지금은 300개 이상의 양조장이 있으며, 이들은 호주 맥주를 비싸게 만드는 복잡한 주세를 다루고 있습니다. 도수가 높은 맥주에는 더 높은 세금이 부과되어 알코올 함량이 높은 맥주는 비싼 상품이 됩니다. 라거는 여전히 대부분의 크래프트 맥주보다 더 인기 있지만그리고 저렴하며, 호주인들의 맥주 지식과 흥미는 계속해서 늘어나고 있습니다.

호주의 맥주 소비자들은 열정적인 지지자 역할을 하기 때문에 2011년에서 2015년 사이에 크래프트 맥주 생산량이 매년 20% 정도 증가한 것은 놀랍지 않습니다. 호주의 수요를 채우기 위해 다양한 스타일을 생산하는 호주 크래프트 양조사들은 혁신적입니다. 호주 크래프트 산업의 빠른 성장은 세계 크래프트 맥주 시장에서 갈수록 증가하는 호주의 영향력 있는 역할을 통해 확인할 수 있을 것입니다.

웨스턴 오스트레일리아의 프리맨틀에 위치한 리틀 크리쳐스 브루어리(Little Creatures Brewery)의 이름은 양조 과정에서 사용되는 효모 때문에 붙여졌습니다.

비어 가이드

맥주 애호가들의 필수 코스

호주 크래프트 맥주계가 빠르게 성장하면 할수록 맥주 애호가들의 선택지가 많아져 결정을 어렵게 합니다. 호주 양조사들이 추천하는 다음과 같은 장소들은 이런 망설임을 줄이는 데 도움을 줍니다.

1 | 노마드 브루잉 컴퍼니 (Nomad Brewing Company)

시드니(Sydney), **뉴 사우스 웨일즈**(New South Wales)

소유인은 이탈리아계이지만, 노마드 브루잉 컴퍼니는 완전히 호주계 회사입니다. 2014년에 설립된 양조장이라 생긴지는 얼마 안 되었지만, 미국 양조장인 제스터 킹(Jester King), 스톤(Stone), 시가 시티(Cigar City) 같은 회사들과 콜라보레이션을 한 이력이 있습니다. 제트레그 IPA(JetLag IPA)와 촉워트 오렌지 임페리얼 스타우트(Choc-Wort Orange Imperial Stout)를 포함한 자체 맥주가 있습니다.

2 | 로드 넬슨 브루어리 (Lord Nelson Brewery)

시드니(Sydney), **뉴 사우스 웨일즈**(New South Wales)

시드니에서 주류 판매 허가를 받은 가장 오래된 이 펍은 옛 모습을 잘 보여줍니다. 나무판자 바닥, 드러난 기둥, 배럴로 만든 테이블이 있는 내부로 들어가면 과거로 돌아간듯한 느낌이 듭니다. 세월이 흐르면서 평면 TV만 추가되었습니다. 이곳에서 양조한 페일 에일인 쓰리 싯츠(Three Sheets) 맥주를 한 잔 마셔 보세요.

3 | 문 도그 (Moon Dog)

멜버른(Melbourne), **빅토리아**(Victoria)

여기 직원들은 양조를 너무 좋아해서 양조장에서 살기도 했었습니다. 여러분들이 회사일을 집에 가져가서 하는 것과 같다고 생각하면 됩니다. 분위기는 한가로우며 특히 코냑 배럴에서 숙성한 더블 IPA인 스컹크웍스(Skunkworks)를 포함한 이곳의 맥주는 우수합니다. 생산량을 늘리기 위해 건물 두 채 정도 떨어진 곳에 새로운 양조장을 열었습니다.

4 | 호바트 브루잉 컴퍼니 (Hobart Brewing Company)

호바트(Hobart), **태즈메이니아**(Tasmania)

2014년 미국인과 태즈메이니아인은 맥주를 마시다 태즈메이니아 지역의 재료만 사용해 맥주를 생산하는 양조장을 여는 아이디어를 떠올렸습니다. 이곳은 현재 태즈메이니아 지역 최고의 양조장 중 하나로 자리 잡았습니다. 호바트의 탭룸에 방문해 화덕 옆에서 맥주를 마셔 보세요. 세인트 크리스토퍼 크림 에일(Saint Christopher Cream Ale)과 양조장에 주기적으로 오는 지역 푸드트럭 음식과 페어링해 보세요.

5 | 페럴 브루잉 컴퍼니 (Feral Brewing Company)

베스커빌(Baskerville), **웨스턴 오스트레일리아**(Western Australia)

퍼스(Perth) 외곽에 위치한 페럴 브루잉 컴퍼니는 스타일에 부합하지 않는 맥주를 출시해 많은 상을 받았습니다. 페럴은 기존 스타일에서 벗어나 스타일을 쉽게 분류할 수 없는 라거와 에일 맥주를 만듭니다. 2016년 최고의 호주 양조장으로 뽑혔으며 호주 웨스트 코스트로의 여행을 더 매력적으로 만듭니다.

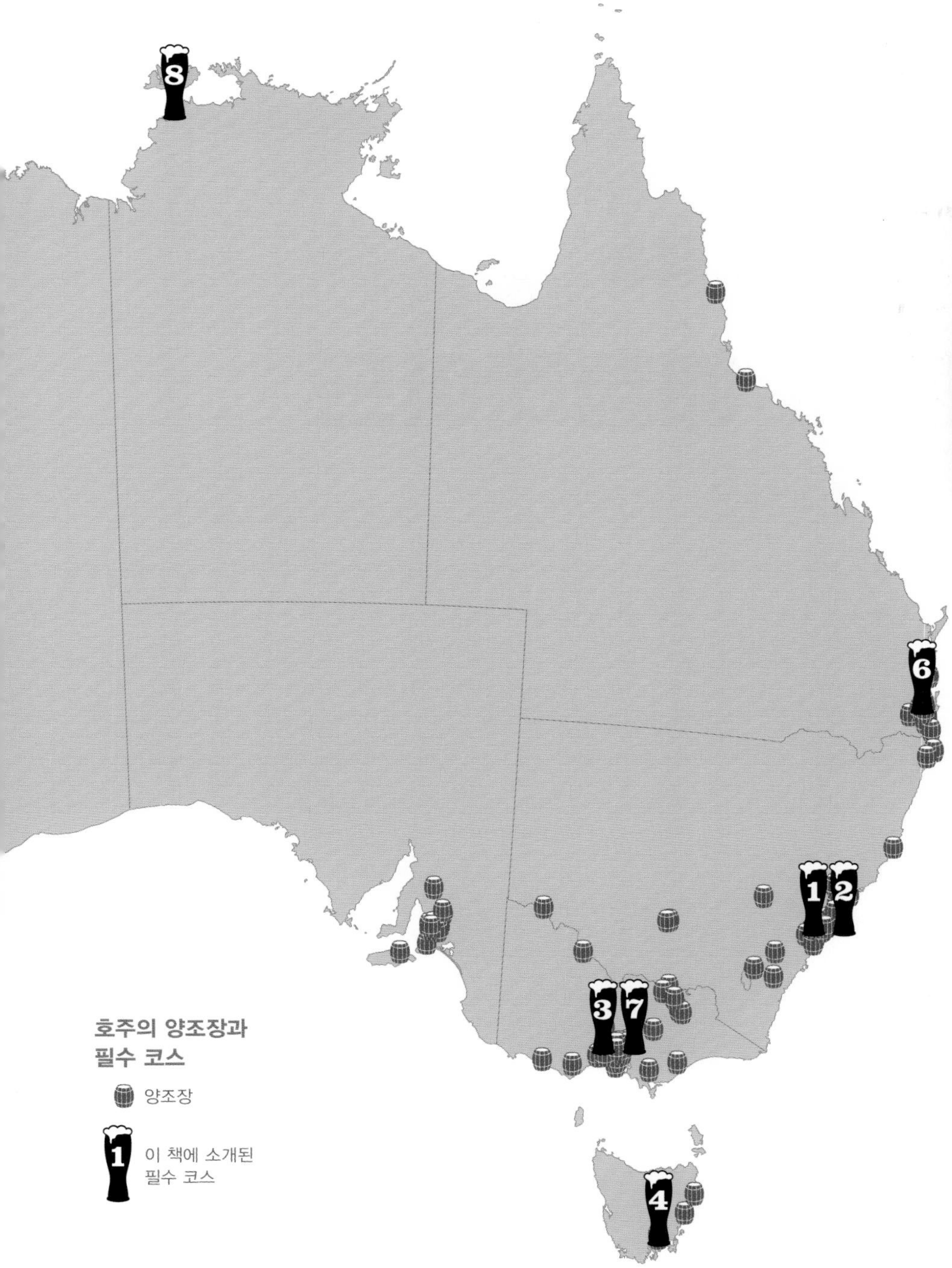

호주의 양조장과 필수 코스

양조장

이 책에 소개된 필수 코스

6 | 바커스 브루잉 컴퍼니 (Bacchus Brewing Company)

브리즈번(Brisbane), **퀸즈랜드**(Queensland)

호주의 몇몇 양조장들은 골드 코스트(Gold Coast)의 바커스 양조장처럼 많은 다양한 스타일의 맥주를 만듭니다. 마지막으로 확인해 봤을 때 지금까지 120가지 이상의 맥주를 만들었다고 합니다. 15개의 탭을 보유하고 있고 배치 사이즈가 작아 맥주가 잘 순환됩니다. 바커스는 하루에 12개의 다른 맥주를 만들 수 있으며, 평균적으로 일주일에 3가지의 새로운 맥주를 만듭니다.

7 | 쿠키(Cookie)

멜버른(Melbourne), **빅토리아**(Victoria)

멜버른의 숨겨진 많은 맛집처럼 쿠키는 찾기 어렵지만 찾을 가치가 충분히 있는 곳입니다. 쿠키는 군침이 절로 돌 정도의 맛있는 아시아 음식을 제공하고 맥주가 가득 쌓여 있는 맥주 바가 있습니다. 200가지 이상의 맥주를 자랑하는 쿠키는 호주 맥주를 홍보하는 동시에 많은 다양한 수입 맥주 리스트를 자랑합니다. 메뉴판이 책처럼 두껍기 때문에 시간을 가지고 천천히 읽어 보세요.

8 | 원 마일 브루잉 컴퍼니 (One Mile Brewing Company)

다윈(Darwin), **노던 테리토리**(Northern Territory)

홈브루잉을 하던 2명의 친구가 다윈에 크래프트 양조장이 부족하다는 것을 느끼고 시작한 곳입니다. 2012년에 설립된 원 마일 브루잉 컴퍼니는 노던 테리토리의 이상하게도 구체적인 퇴근 시간에서 이름을 따서 지은 4:21 쾰쉬(4:21 Kolsch)를 포함한 5가지 맥주를 생산합니다. 노던 테리토리의 구체적인 퇴근 시간처럼, 맥주 양조에서 타이밍은 가장 중요합니다.

사진(Photos)

2 로드 넬슨 브루어리는 호주에서 가장 오래된 브루펍입니다. **5** 페럴 브루잉 컴퍼니는 흥미로운 여러 맥주 스타일의 맥주를 제공합니다. **7** 빅토리아 주 멜버른에 있는 레스토랑 쿠키는 지역 맥주 브랜드가 돋보이는 많은 맥주 리스트를 가지고 있습니다.

지역 맥주

멜버른 & 애들레이드

부산한 맥주의 중심지

수질 검사 바람이 휘몰아치는 호주 남동부 해안에 걸쳐 있는 멜버른은 음식과 맥주를 포함한 주류를 중요하게 여기는 도시입니다. 호주의 크래프트 맥주 수도인 멜버른은 최근에 크래프트 양조장이 트램 정거장보다 더 많아서 유명해졌습니다참고로 멜버른에는 트램 정거장이 엄청 많습니다..

멜버른이 호주 크래프트 맥주의 중심지가 되기 100년 전에 멜버른 현대 맥주계의 기반을 다진 사건이 있었습니다. 바로 19세기 후반에 진행되었던 멜버른 수도 시설의 재건설입니다. 빅토리아 퍼레이드 브루어리에서 일했던 벨기에 화학자인 오귀스트 드 바베Auguste de Bavay는 도시의 소화전이 세균과 오수를 유입한다는 견해를 전했으며, 이로 인해 정부는 새로운 파이프를 설치했습니다. 그 후 수질이 향상되었고, 따라서 맥주의 품질 역시 향상되었습니다. 또한, 그는 호주의 야생 효모인 사카로마이세스 드 바비S. de Bavii를 발견했고 처음으로 상업적으로 사용할 수 있는 순수 효모를 개발했습니다. 1895년 그는 40개 이상 지역에 맥주를 판매했던 포스터스 브루어리Foster's Brewery에 합류했습니다. 이러한 성공은 1907년부터 시작한 상징적인 칼튼 앤드 유나이티드 브루어리스 같은 맥주 대기업들이 멜버른 지역에 등장하게 만들었습니다.

미국의 웨스트 코스트 지역은 멜버른의 크래프트 맥주계에 호피한 맥주와 와일드 맥주 부분에 강한 영향을 끼쳤습니다. 양조사들은 웨스트 코스트 IPA가 멜버른에서 가장 인기 있는 크래프트 맥주 스타일이라고 말하지만, 이러한 인기는 최근 들어 라시렌La Sirene 같은 회사의 와일드 에일의 인기에 도전을 받고 있습니다. 어떤 스타일이 멜버른에서 가장 인기 있는 스타일이든, 양조사들은 지역 재료에 점차 관심을 보이고 재미있는 변화를 주어 맥주 애호가들에게 변화를 준 맥주를 선보입니다.

양조사와의 만남

딘 오칼라한 Dean O'Callaghan

따뜻한 날 공원에서 작은 카트를 연결한 자전거를 타는 사람을 상상해 보세요. 오래된 아이스크림 장수가 이렇게 새롭게 변한 걸까요? 아닙니다. 바로 멜버른에서 이동식 콤부차(kombucha) 가게를 운영하는 딘 오칼라한(Dean O'Callaghan) 또는 딘오(Deano)입니다. 콤부차는 차, 설탕, 발효를 담당하는 박테리아와 효모가 공생하는 콜로니(Symbiotic Colony of Bacteria and Yeast, SCOBY)를 사용해 만든 발효 음료입니다. 딘오의 사업은 굿 브루 컴퍼니(Good Brew Company)로 성장했습니다. 지역 맥주, 사이더, 탄산음료, SCOBY와 함께 태양광을 사용해 콤부차를 생산하는 굿 브루 컴퍼니는 호주에서 가장 자연 친화적이고 지속 가능한 양조장입니다. 스스로를 에코 파시스트(eco-fascist)라고 소개하는 딘오는 현재 면허증을 소지하고 있으며, 멜버른의 음악 축제나 공원에서 그의 이동식 양조장에서 콤부차를 파는 것을 종종 볼 수 있습니다. '차근차근 양조해 이 세상을 구하자'라는 목표를 가진 양조사는 흔하지 않습니다.

스파클링 스타일의 수호자 1836년 토렌스 강River Torrens 주변에 건설된 애들레이드 식민지는 바다와 근접해 사우스 오스트레일리아 지역에서 부산한 항구가 되었습니다. 급성장하는 애들레이드 식민지 주변에 양조를 비롯한 많은 산업이 발전하게 되었습니다. 애들레이드의 첫 양조장은 1838년에 설립되었습니다. 1860년대 중반에는 30개 이상의 양조장이 있었습니다.

그중 하나는 1862년에 토마스 쿠퍼Thomas Cooper의 집에 설립되었습니다. 지금은 거대 맥주 기업인 쿠퍼스 브루어리

멜버른은 세계에서 가장 활기 넘치는 도시 중 하나이며 이십여 개의 크래프트 양조장이 있는 곳입니다.

Coopers Brewery가 되었고, 호주에서 유일하게 토착 맥주 스타일인 스파클링 에일Spakling Ale을 생산합니다. 초기에 호주 양조사들은 영국에서 수입되는 맥주를 재현하는 데 어려움을 겪었습니다. 그러나, 필요는 발명의 어머니라고 했던가요. 쿠퍼스는 호주인들이 지역 맥주를 마시게 하기 위해 연한 색깔, 프루티한 에스테르, 병 안에서 2차 발효되어 높은 탄산감이 느껴지는 스파클링 에일을 만들었습니다.

라거 맥주가 인기를 얻으면서 스파클링 에일의 수요는 줄었지만, 여전히 호주의 독특한 맥주 스타일로 남아 있습니다. 호주의 술집 주인들은 스파클링 에일의 병 바닥 부분에 가라앉은 침전물을 이동시키는 창의적인 방법을 찾았으며, 침전물이 이동하면서 적절한 탁도를 가진 맥주로 변하게 됩니다. 때때로, 병에 있는 내용물을 섞기 위해 두 번에 걸쳐 따릅니다. 또는 대부분의 맥주를 따르고, 남은 부분을 잔에 따르기 전에 병을 잘 돌려서 섞어 준 후 따릅니다. 그리고 또 맥주를 따를 때 탁하게 하기 위해 바에 병을 굴려 놓기도 합니다.

멜버른(Melbourne)

투 버즈 골든 에일(Two Birds Golden Ale)

투 버즈 브루잉(Two Birds Brewing)의 투 버즈 골든 에일은 멜론 같은 오스트레일리안 서머(Australian Summer) 홉과 뉴질랜드의 모투에카(Motueka) 홉을 혼용해 독특한 향이 있는 쉽게 마실 수 있는 세션 맥주를 만듭니다.

ABV 4.4% | IBU 20
향 살구, 멜론, 시트러스, 가벼운 꿀
외관 앰버색이 강조된 앤티크 금색, 흰색 거품
풍미 드라이, 상쾌함, 가벼운 캐러멜과 핵과류 풍미
마우스필 라이트 바디감, 에페르베성
잔 브리티시 파인트 잔
푸드 페어링 해산물, 바비큐, 고트 치즈

애들레이드(Adeladie)

스파클링 에일(Sparkling Ale)

유일하게 인정받는 호주 토착 맥주 스타일인 스파클링 에일은 호주의 초기 식민지 시기의 유물입니다. 이 스타일은 오리지널 브리티시 버튼 에일(Burton Ale)을 떠오르게 하지만 색깔이 더 옅고 보틀 컨디션 되어 탄산이 높아 스파클링 같습니다.

ABV 4.8–5.8% | IBU 30–35
향 가벼운 몰티함, 사과, 서양배, 풀 같은 홉의 향
외관 오렌지색이 강조된 꿀 같은 색, 맑음(병 밑부분 효모들이 떠오르면 탁함)
풍미 드라이, 비스킷, 강한 홉의 풍미, 끝에서 느껴지는 레몬 제스트와 사과
마우스필 상쾌함, 미디엄 바디감, 거의 입안을 씻어 내는 듯한 탄산감
잔 텀블러, 브리티시 파인트 잔
푸드 페어링 태국이나 중국의 매운 음식, 갑각류, 바비큐, 전통 체다 치즈
추천 맥주 쿠퍼스 브루어리 스파클링 에일(Coopers Brewery Sparkling Ale)

뉴질랜드는 알맞은 기후와 토양을 가지고 있어 곡물과 홉을 재배하기에 축복받은 나라이며, 이러한 재료는 뉴질랜드의 성장하는 맥주 산업에 공급됩니다.

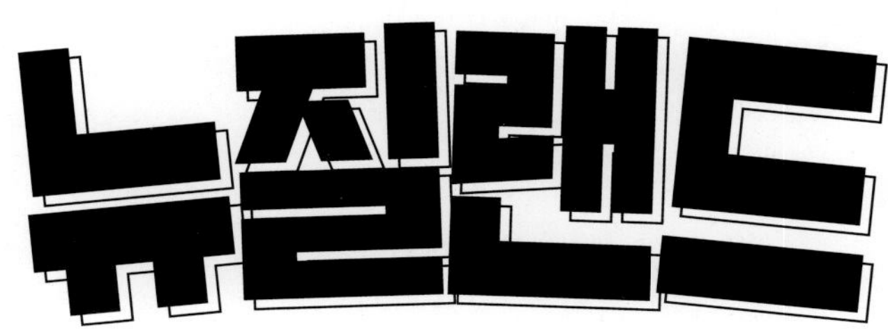

산더미 같은 홉

뉴질랜드New Zealand의 풍경을 어마어마한 풍경이라고 표현하는 경우는 절제된 표현입니다. 호주 동쪽에서 거의 1,000마일1,600km 정도 떨어졌으며 험난한 태즈먼 해Tasman Sea를 건너면 닿을 수 있는 섬나라 뉴질랜드는 눈 덮인 산맥, 광활한 빙하, 활화산, 서리 낀 푸른 호수, 독특한 꽃과 동물, 깨끗한 해변과 암석이 있는 해안가 이 모든 것을 갖춘 매우 아름다운 나라입니다. 별칭이 키위Kiwis인 뉴질랜드 사람들은 1700년대부터 맥주를 좋아했습니다.

약 13세기에 뉴질랜드에 정착한 마오리족Maori은 맥주에 대해 구술로 전해지거나 기록된 인류학적인 증거가 없기에 맥주를 양조했는지는 알려지지 않았습니다. 맥주는 18세기 영국에서 온 정착민들에 의해 뉴질랜드에 소개되었습니다. 영국의 저명한 지도 제작자인 제임스 쿡은 1769년에 뉴질랜드의 지도를 그리기 위해 탐험가로 변신했지만 그는 1773년까지 뉴질랜드의 첫 맥주를 양조하지 않았습니다. 그 당시에 맥주는 장거리 항해 시 배에 꼭 선적되는 주요 물품이었습니다. 쿡은 맥즙과 맥아가 해안 탐험가들이 많이 감염되었던 괴혈병scurvy을 예방해 준다고 잘못 알고 있었습니다. 이러한 병을 예방할 수 있었던 것은 양조사들이 양조과정에 추가하여 넣는 어린 가문비 나무와 비슷한 리무rimu 나무의 잎이나 마누카manuka로 알려진 차나무의 잎과 같은 비타민 C 함량이 높은 뉴질랜드 토착 식물 때문이었습니다.

한눈에 보는 뉴질랜드
위 지도에 표기된 장소

- 양조장
- ★ 수도
- ● 도시

NORTH ISLAND 지리적 특징
Tasman Sea 해양적 특징

맥주를 위해 나아가다

뉴질랜드에 처음으로 정착한 유럽인들은 고래잡이, 바다표범 사냥꾼, 무역업자, 선교사들이었습니다. 1840년대 영국과 아일랜드에서 온 이민자들은 해안가에 정착했으며 양조 장비도 함께 가지고 왔습니다. 1835년 영국 이민자인 조엘 사무엘 폴락Joel Samuel Polack은 뉴질랜드에 첫 상업 양조장을 설립했습니다. 1850년에 모우테레 인Moutere Inn은 뉴질랜드의 첫 펍이 되었으며, 오늘날에도 여전히 영업을 합니다. 뉴질랜드의 펍들은 주로 모우테레 같은 호텔 안에 위치했으며, 페일 에일, 포터, 스타우트 같은 영국 스타일 맥주를 제공했습니다. 지역 주민들은 마우리족 전사에 대한 전설을 얘기하며, 심지어 마우리족장도 웰링턴의 씨슬 인Thistle Inn처럼 해안가에 있는 펍에 들려 빠르게 맥주 한 잔 마시고 다시 카누인 와카waka를 타고 떠났다고 합니다.

식스 어클락 스윌(The Six O'clock Swill)

1917년과 1967년 사이에, 일시적 전시상황에 대한 조치로 시작했던 규제가 굳어져 일반적인 생활양식이 되었고 뉴질랜드 음주 문화에 막대한 피해를 입혔습니다. 와우설wowsers이라고 불렸던 금주 지지자들의 압력을 받은 정부는 호텔의 문을 강제로 6시 정각에 닫는 법안을 만들었습니다. 이러한 법안은 애국심을 고취시키고 노동력의 생산성 증가를 목표로 했으나, 실제로는 50년 동안 노동자들이 퇴근 후 호텔이 닫는 6시 이전까지 한 시간 동안 폭음을 하는 식스 어클락 스윌the six o'clock swill을 초래했습니다. 이 저녁 시간에 사람들이 벌컥벌컥 마시던 술은 바로 맥주였습니다. 정확히 얘기하자면 사람들이 마시던 술은 앰버 또는 갈색을 띤 몰트의 단맛이 느껴지는 토착 맥주 스타일인 NZ 드래프트NZ draught였습니다. NZ 드래프트는 브리티시 마일드 에일에서 진화했을 가능성이 있는 뉴질랜드의 브라운 라거 맥주로, 여러 잔 마실 수 있을 정도로 음용성이 좋아 노동자 계층 남성들이 좋아했습니다. 셀러에 있는 탱크에 플라스틱 호스를 직접 연결하거나 리필이 가능한 통을 사용해 주로 펍의 입석 부분에서 맥주를 따랐습니다. 이런 수십 년의 기간 동안, 여성은 남성과 함께 맥주를 마시거나 남성에게 주류를 서빙하지 않았습니다. 술집에는 여성만을 위한 독실이 따로 있었으며, 주로 남성들이 많은 술집 위층에 독실이 있었습니다.

맥주는 대규모 사업 분야여서 합병으로 이어지게 되었습니다. 1920년대에 양조장의 인수와 합병이 빈번했으며, 1921년 57개였던 양조장은 1976년에 두 개의 거대 업체로 줄어들었습니다. 이 두 업체는 라거를 주로 생산하는 도미니언 브루어리스Dominion Breweries와 라이언 네이든Lion Nathan, 지금의 라이언이었으며, 뉴질랜드에서 판매되거나 소비되는 거의 모든 맥주를 지배했습니다. 1967년 6시에 문을 닫는 법이 풀리면서, 맥주 판매량은

local flavor

연속 발효 Continuous Fermentation

대부분의 맥주는 정해진 양의 재료와 정해진 시간을 사용해 배치 방식으로 생산합니다. 1953년 뉴질랜드인 모턴 코츠(Morton Coutts)는 양조를 계속해서 하는 방법을 알아냈습니다.

코트는 어렸을 때부터 발명가였습니다. 그는 12살에 실제로 작동하는 X-ray 기계를 만들었으며, 13살에 뉴질랜드인으로는 처음으로 단파 수신 신호를 송출했습니다. 그는 15살에 가족 소유의 양조장을 이어받자, 좋아하는 발명을 맥주 분야에 적용했습니다. 그 후 코츠는 맥주를 계속해서 양조하는 획기적인 방법인 연속 발효(continuous fermentation) 방법을 발견합니다. 연속 발효 방법은 일부 발효된 맥주와 재사용하는 효모를 섞어서 다음 배치의 맥즙에 넣는 방법으로 이 과정은 계속해서 반복될 수 있습니다. 연속 발효 방법은 맥주를 계속해서 만들 수 있고 양조 시간을 몇 주에서 30시간으로 단축시킬 수 있습니다. 이 방법은 뉴질랜드에서 수십 년 동안 인기 있던 발효 방법이었습니다. 연속 발효 방법은 맥주를 빠르고 지속적으로 만들 수 있는 이상적인 방법이지만, 스타일이 다른 맥주를 만들게 되면 발효를 멈추고 효모 균주를 바꿔야 하기 때문에 한 가지 스타일의 맥주만 만드는 양조장에 적합한 발효 방법입니다. 1980년대에는 다양한 스타일에 대한 수요가 증가하면서 대부분의 양조장들은 연속 발효 방법을 사용하지 않게 되었습니다.

웰링턴에 있는 골딩스 프리 다이브(Golding's Free Dive)의 다양한 장식은 이곳의 다양한 크래프트 맥주와 잘 어울립니다.

빠르게 감소했습니다. 와인과 증류주 인기의 증가로 맥주 판매량의 감소는 수십 년 동안 계속 이어졌습니다. 맥주 소비량은 1973년 48갤런181L에서, 2014년에는 17갤런63L으로 떨어졌습니다.

개혁하다

요즘 뉴질랜드는 브라운 라거보다 더 많은 맥주 스타일을 제공합니다. 1981년에 홉 생산 중심지인 넬슨 근처에 위치한 뉴질랜드의 첫 마이크로 브루어리가 맥스 골드Mac's Gold 라거 맥주를 만들면서 크래프트 맥주 생산이 시작되었습니다. 그 이후 크래프트 맥주 혁명은 탄력을 받게 되어 양조장과 브루펍의 수가 증가하게 되었습니다. 대부분은 남섬의 넬슨과 북섬의 웰링턴 근처에 생겼습니다. 모투에카Motueka, 리와카Riwaka, 넬슨 소빈Nelson Sauvin과 같은 독특한 홉을 사용하는 것으로 유명한 뉴질랜드 양조사들은 특히 페일 에일, IPA, 다른 호피한 스타일 같은 클래식한 맥주 스타일을 뉴질랜드 방식으로 재창조했습니다. 많은 사람들에게 뉴질랜드 홉의 자극적인 향과 풍미는 새롭고 신기했으며, 뉴질랜드의 기후와 토양에서 기인한 독특한 풍미를 느낄 수 있습니다.

2010년 크라이스트처치Christchurch에서 일어났던 7.1 규모의 지진처럼 최근에 발생한 지진으로 인해 일부 지역에서 맥주 생산량이 감소했지만, 자연재해도 뉴질랜드 맥주계를 몰락시킬 수는 없습니다. 뉴질랜드에는 세계적인 수준의 맥주를 생산하는 100개 이상의 브루펍과 마이크로 브루어리가 있습니다.

비어 가이드

맥주 애호가들의 필수 코스

뉴질랜드는 작은 나라이지만, 웰링턴 같은 여러 지역의 풍부한 맥주계를 자랑합니다. 뉴질랜드 양조사들이 추천하는 다음과 같은 양조장을 방문하거나 맥주와 관련된 활동을 해 보세요.

1 씨슬 인 (Thistle Inn)

웰링턴(Wellington)

뉴질랜드에서 가장 오래된 술집이 여전히 같은 장소에서 운영을 계속하는 것은 쉬운 일이 아닙니다. 원래 해변가에 있었지만 지진과 간척 사업으로 인해 지금은 해변에서 몇 블록 떨어진 곳에 위치해 있습니다. 메인 바에서 맥주 한 잔을 즐기거나 여성의 참정권 제정을 기념하는 장식으로 꾸며진 독특한 분위기에서 식사를 즐겨 보세요.

2 하시고 제이크 (Hashigo Zake)

웰링턴(Wellington)

지역 주민들에게 인기가 많다는 이유가 이 지하에 있는 바를 방문할 충분한 이유가 되지 않는다면 이곳의 맥주 리스트를 믿고 가 보세요. 뉴질랜드와 전 세계 대표 맥주가 있습니다. 긴 하루를 마치고 이곳에 모이는 지역 양조사들과 크래프트에 대한 전문적인 지식을 나눠 보세요.

3 골딩스 프리 다이브 (Golding's Free Dive)

웰링턴(Wellington)

미국 다이브 바(dive bar) 느낌의 이 탭룸은 공상과학 관련 수집품, 박제 동물, 수십 개의 스노 스키, 스트링 조명으로 꾸며졌습니다. 뉴질랜드와 외국의 좋은 맥주들이 드래프트와 병맥주로 있어 찾기 어려운 이곳의 방문을 더 즐겁게 합니다.

4 셰익스피어 호텔 앤드 브루어리 (Shakespeare Hotel and Brewery)

오클랜드(Auckland)

셰익스피어의 희곡 『헨리 5세(Henry V)』에는 "에일 한 잔을 위해 나의 모든 명성을 바치겠다…"라는 대사가 있습니다. 여러분들도 에일 한 잔을 원한다면, 뉴질랜드의 첫 브루펍에 방문하세요. 이곳은 독특한 빨간 벽돌로 지어진 호텔과 브루펍으로 비즈니스 중심 구역의 고층 건물에서 멀리 떨어져 있습니다. 이곳에서 여과와 살균을 하지 않은 여러 드래프트 맥주를 즐겨 보세요.

5 더 오케이저널 브루어 (The Occasional Brewer)

웰링턴(Wellington)

맥주를 마시는 것보다 만들고 싶나요? 이곳은 12가지 스타일과 전문적인 장비

로 여러분들의 홈브루잉 꿈을 실현시켜 줄 장소입니다. 어떤 스타일을 선택해야 할지 잘 모르겠다면, 너무 걱정하지 마세요. 양조를 하기 전에 바에 가서 여러 맥주를 마셔 본 후 고르면 됩니다.

6 넬슨 비어 트레일 (Nelson Beer Trail)

넬슨(Nelson)

와인으로 인기 있는 넬슨은 또한 홉으로도 인기 있는 지역이며 10개 이상의 양조장이 있습니다. 뉴질랜드에서 유일하게 홉 농장 안에 있는 토타라 브루잉 컴퍼니(Totara Brewing Company)나 선장 제임스 쿡이 기록한 오리지널 레시피로 만든 인기 있고 역사적인 맥주와 홍합찜을 페어링할 수 있는 머슬 인(mussel inn) 같은 양조장이나 바를 찾아가 보세요.

7 가라지 프로젝트 (Garage Project)

웰링턴(Wellington)

과거에 자동차 매장이었던 이곳은 뉴질랜드에서 가장 흥미롭고 다양한 맥주를 만듭니다. 길 건너 테이스팅 룸에 가서 수십 개의 맥주 중 몇 개를 골라 시음해 보세요.

8 포머로이스 올드 브루어리 인 (Pomeroy's Old Brewery Inn)

크라이스트처치(Christchurch)

역사적인 워즈 브루어리(Wards Brewery) 안에 있는 영국 스타일의 이 펍은 따뜻하고 매력적이며 뉴질랜드의 우수한 맥주를 몇 개 보유한 곳입니다. 주인인 스티브 포머로이(Steve Pomeroy)는 상냥하고 재미있습니다. 이러한 주인의 성격과 편안한 펍의 분위기가 잘 어울리기 때문에 여기에 간다면 왜 맥주를 마시러 이곳에 와야 하는지 알 수 있습니다.

사진(Photos)

1 씨슬 인은 1840년대 웰링턴에서 문을 열었습니다. **2** 양조사들은 웰링턴의 하시고 제이크 바에 가서 쉽니다. **4** 더 셰익스피어 호텔 앤드 브루어리는 유명한 음유시인에 영감을 받은 맥주를 제공합니다. **6** 제인 딕슨(Jane Dixon)과 그녀의 가족은 머슬 인 브루어리를 오네카카(Onekaka)에서 운영합니다. **7** 더 가라지 프로젝트는 뉴질랜드의 최고의 맥주를 몇 개나 만들어 냅니다.

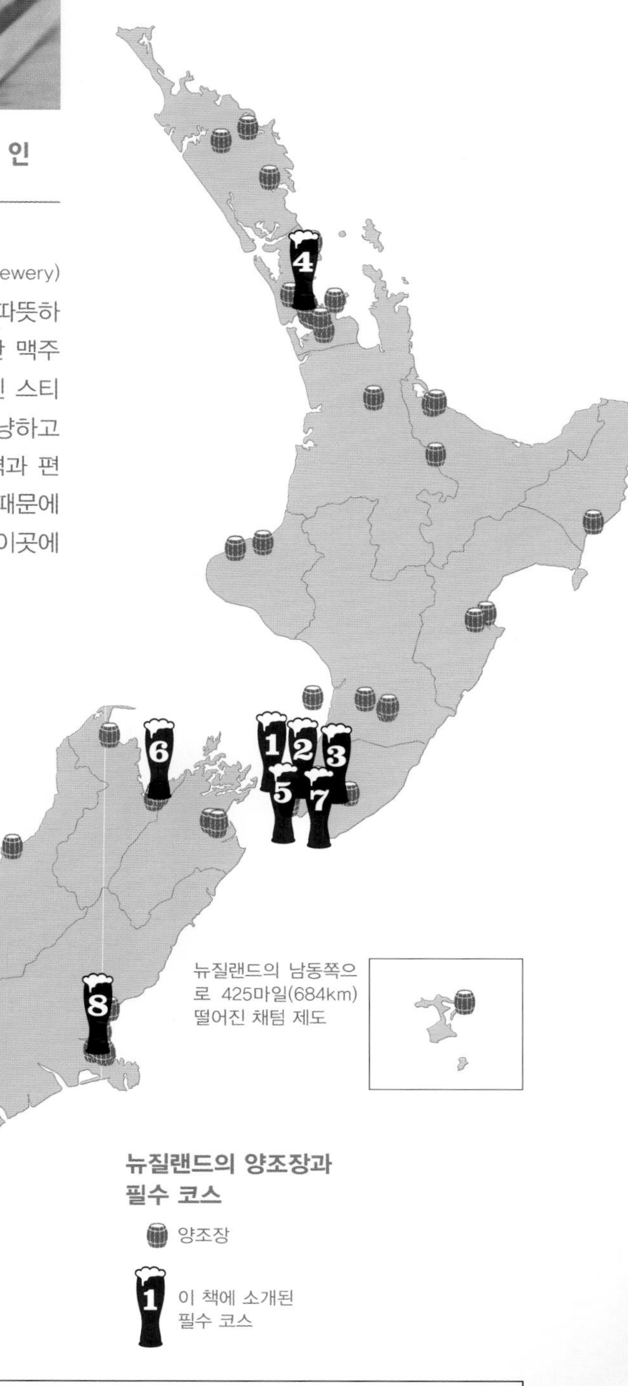

지역 맥주

넬슨 & 웰링턴

맥주의 모든 것을 기념하다

홉을 열광적으로 좋아하는 사람들 뉴질랜드의 북섬과 남섬은 모두 훌륭한 맥주를 생산합니다. 그러나, 둘 중 어디가 뉴질랜드 크래프트 맥주 수도일까요? 남섬의 북쪽 끝에 위치한 넬슨일까요? 아니면 쿡 해협Cook Strait에서 건너 146마일235 km 떨어진 곳에 있는 북섬의 남쪽에 위치한 바위가 많은 웰링턴일까요? 이 두 곳 모두 뉴질랜드 크래프트 맥주의 수도라고 주장하지만, 넬슨은 완벽한 위도와 홉을 경작하기에 좋은 지리적 환경으로나 농업적인 측면에서 좀 더 우위에 있습니다. 홉 산업과 함께 가족이 운영하는 양조장, 호텔, 술집이 늘어나고 있으며, 그 결과 넬슨은 뉴질랜드에서 인구당 양조장이 가장 많은 곳이 되었습니다.

1840년대 영국과 독일 정착민들은 홉을 심었지만, 홉은 뉴질랜드의 환경에 잘 적응하지 못했습니다. 그래서 대부분의 홉은 유럽에서 수입되었습니다. 제2차 세계대전 이후 유럽과의 관계 단절은 홉 수입의 제한을 초래했으며, 이러한 이유로 캘리포니아 클러스터California Cluster라 불리는 미국 홉 종류가 떠오르게 되었습니다. 1930년대 흑근부병black root rot이 캘리포니아 홉을 강타했을 때, 뉴질랜드 홉 연구위원회는 곰팡이에 잘 견딜 수 있는 홉을 개발하려고 했습니다. 이러한 연구로 실제로 퍼스트 초이스First Choice, 스무드 콘Smooth Cone, 캘리크로스Calicross 이렇게 3가지 홉이 개발됩니다. 그 이후 뉴질랜드 과학자들과 홉 농부들은 독특하고 인기 있는 특징을 가진 새로운 홉을 경작하고 있습니다.

뉴질랜드의 가장 오래된 펍인 모우테레 인은 여전히 같은 건물에서 운영을 계속하고 있습니다.

넬슨에서 북서쪽으로 32마일52km 정도 떨어진 작은 도시인 리와카Riwaka에 위치한 홉 연구소Hop Research Station에서 연구원들은 양조 세계에서 유행하는 홉들을 개발했습니다. 이 중 하나는 넬슨 소빈이며, 지역 이름인 넬슨과 넬슨에서 재배하는 소비뇽 블랑Sauvingon Blanc 와인 포도 품종에서 이름을 따서 지었습니다. 넬슨 소빈 홉과 소비뇽 블랑 포도 종류는 구스베리gooseberry, 알코올, 포도, 복숭아, 패션 프루츠와 비슷한 아로마와 풍미를 지녔습니다. 이 외에 유명한 홉은 비터 홉과 아로마 홉으로 둘 다 쓰이는 듀얼 홉인 라카우 홉, 레몬과 라임 제스트 풍미를 가졌고 체코 사즈 홉을 교배해 만든 모투에카 홉, 시트러스하고 신선한 꽃이 느껴지고 독일 할러타우를 교배해 만든 와카투 홉, 자몽 아로마가 특징인 리와카 홉입니다.

크래프트에 대한 헌신 크래프트 맥주 수도라는 타이틀을 두고 넬슨과 경쟁하는 웰링턴은 맥주에 대한 열성적인 지역 문화를 바탕으로 하는 양조장, 브루펍, 맥주 바의 수적인 면에서 우세합니다.

뉴질랜드에서 소비되는 크래프트 맥주 석 잔 중 한 잔은 웰링턴에서 소비되는 맥주입니다. 뉴질랜드 전체 인구의 10%를 자치하는 사람들이 뉴질랜드 크래프트 맥주의 1/3을 마십니다. 그러나 웰링턴의 크래프트 맥주에 대한 열정을 지역 맥주 바에서만 찾아볼 수 있는 것은 아닙니다. 맥주 이름이 소비뇽 밤Sauvignon Bomb, 포 호스맨 오브 더 호포칼립스Four Horsemen of the Hopocalypse, 바운싱 체코Bouncing Czech 같이 다소 농담같은 이름이지만, 지역 레스토랑과 카페는 맥주 리스트를 와인 리스트만큼 중요하게 생각합니다. 이런 이름을 생각해 본다면 웰링턴의 양조사들은 확실히 유머 감각이 있는 것 같습니다. 카페 바에서 아티자날 커피와 크래프트 맥주를 제공하는 바리스타 겸 바텐더를 찾아보기 쉽습니다. 웰링턴은 매년 뉴질랜드에서 가장 큰 맥주 축제를 주최하며, 급성장하는 크래프트 맥주계에 대한 기본적인 강의나 뉴질랜드 브루마스터와 함께 전문적인 장비와 높은 품질의 재료를 사용해 맥주를 만드는 수업을 하는 크래프트 비어 칼리지Craft Beer College를 자랑하기도 합니다.

local flavor

뉴질랜드 파인트 The Kiwi Pint

'파인트'는 정의하기 매우 복잡한 용량입니다. 역사적으로, 파인트 사이즈는 갤런 사이즈를 기반으로 만들었습니다. 하지만, 여러 다른 용량이 모두 갤런으로 통용되는 때가 있었습니다. 맥주가 꽤 비싼 뉴질랜드에서 이러한 차이가 있는 가장 큰 이유는 가격 때문입니다. 제2차 세계대전 당시에, 일반적인 맥주는 10온스(9.7 U.S. 온스) 용량으로 정부가 정한 고정 가격인 6펜스에 팔렸습니다. 1942년 뉴질랜드 대부분 지역에서 맥주 가격을 7펜스로 올렸지만, 남섬의 웨스트 코스트 지역은 1947년까지 가격을 올리지 않았습니다. 1947년에 가격이 상승한 후 웨스트 코스트 지역의 맥주 소비자들은 반발했고 결국 그레이마우스 지역의 맥주 보이콧을 초래했습니다. 보이콧으로 맥주 가격은 다시 6펜스로 낮아졌지만 이 가격은 오랫동안 유지되지는 않았습니다. 결국 10온스 사이즈는 7온스와 12온스로 바뀌었으며, 그 이후 맥주 가격은 조금씩 계속 높아지고 있습니다.

개릿 올리버와 함께하는 맥주 테이스팅

넬슨(Nelson)

뉴질랜드 필스너(New Zealand Pilsner)

현대 크래프트 맥주 운동이 뉴질랜드에 일어나기 이전에 양조사들은 넬슨 소빈이나 모투에카와 같은 독특한 뉴질랜드 홉을 이용해 전통적인 필스너 스타일에 강한 새로운 풍미를 주었습니다. 또한, 뉴질랜드 사람들은 유기농 홉 농업 분야를 개척했습니다.

ABV 4.9–5.2% | IBU 22–30

향 꽃, 시트러스, 구스베리, 패션 푸르츠

외관 맑은 금색, 흰색 거품

풍미 크리스피, 단순함, 드라이하지만 홉에서 기인한 과일의 풍미

마우스필 드라이, 강렬함, 부드러운 질감

잔 필스너 잔

푸드 페어링 햄, 그릴에 구운 해산물, 여러 종류의 초밥

추천 맥주 에멀손 브루어리 뉴질랜드 필스너(Emerson's Brewery New Zealand Pilsner)

웰링턴(Wellington)

뉴질랜드 IPA(New Zealand IPA)

미국 양조사들이 잉글리시 IPA 스타일에 미국의 재료와 맛을 적용한 것처럼, 뉴질랜드 양조사들도 아메리칸 IPA에 뉴질랜드의 독특한 홉을 적용했습니다. 넬슨 소빈과 같은 홉들은 뉴질랜드 양조의 핵심이 되었습니다.

ABV 5.5–7% | IBU 50–70

향 패션 프루츠, 망고 같은 홉 향, 풍부한 향이 맥주잔에서 나와 느껴질 정도

외관 금색–앰버색, 살짝 탁함, 적은 거품

풍미 톡 쏘는 듯한 쓴맛이 느껴지지만 균형감이 있음, 미네랄과 열대과일의 프루티함

마우스필 미디엄 바디감, 드라이, 플린티함(flinty)

잔 파인트, 윌리 베커 잔

푸드 페어링 매운 태국 음식, 풍부한 풍미의 해산물, 텍스–멕스(Tex–Mex), 바비큐

추천 맥주 에잇 와이어드 홉 와이어드 뉴질랜드 IPA(8 Wired Hop Wired New Zealand IPA)

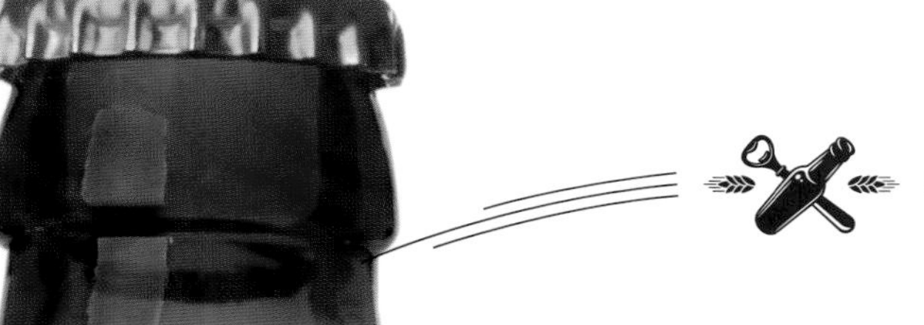

오세아니아의

다른 나라 현황

피지 Fiji

피지는 과거 영국 식민지였습니다. 330개에 달하는 피지의 섬 중에 단 1/3만 사람이 거주하지만, 피지는 오세아니아에서 3번째로 인구가 많은 나라입니다. 총 4개의 양조장이 있으며 대부분 관광객들을 위해 주로 라거를 생산합니다. 최근에 AB 인베브의 칼튼 앤드 유나이티드 브루어리스와 코카 콜라(Coca-Cola)가 각각 양조장을 인수했습니다. 맥주를 생산하기 위해 재료를 수입해야만 하는 국가치고는 괜찮은 편입니다.

65개
12-oz 병맥주(23L)
1인당 맥주 소비량

170,400
U.S. 배럴(200,000 hL)
연간 생산량

4.58
피지 달러(U.S. $2.20)
12-oz 병맥주 평균 가격

뉴칼레도니아 New Caledonia

프랑스의 해외령인 뉴칼레도니아에는 브래서리 르 프루아(Brasserie le Froid)와 하이네켄이 소유한 그랑 브래서리 드 누벨 칼레도니(Grande Brasseries de Nouvelle-Caledonie) 이렇게 2개의 양조장이 있습니다. 페일 라거로 충분하지 않다면, 리치 과일로 만든 맥주를 마셔 보세요. 관광객들이 많이 찾는 호텔과 레스토랑을 제외하고는 금요일부터 일요일에는 오후 12시부터 밤 9시까지 맥주를 판매하지 않기 때문에 맥주가 필요하다면 미리 구매하세요.

25개
12-oz 병맥주(9L)
1인당 맥주 소비량

85,200
U.S. 배럴(100,000 hL)
연간 생산량

133.54
CFP 프랑(Comptoirs Francais du Pacifique, CFP francs)
(U.S. $1.19)
12-oz 병맥주 평균 가격

파푸아뉴기니

Papua New Guinea

파푸아뉴기니의 맥주계는 하이네켄이 소유한 사우스 퍼시픽 브루어리(South Pacific Brewery)가 지배하고 있습니다. 사우스 퍼시픽 브루어리는 벨기에의 몬데 셀렉션(Monde Selection)과 호주 인터내셔널 비어 어워드(Australian International Beer Awards)에서 여러 번 수상했습니다. 페일 라거를 좋아하지 않는다면, 파푸아뉴기니의 큰 도시에서 수입 맥주를 구매할 수 있습니다. 또한, 파푸아뉴기니의 전통적인 고도수 홈브루 맥주인 스팀(stim)도 있습니다.

51개
12-oz 병맥주(18L)
1인당 맥주 소비량

600,000
U.S. 배럴(700,000 hL)
연간 생산량

5.46
파푸아뉴기니 키나(Papua New Guinean Kina)
(U.S. $1.72)
12-oz 병맥주 평균 가격

타히티 Tahiti

호주와 뉴질랜드를 제외한 오세아니아의 첫 양조장은 열대국가인 타히티에 1914년에 설립되었습니다. 오늘날 타히티에는 두 개의 양조장이 있으며 놀랍게도 페일 라거 외에도 비에르 드 마르스와 비에르 드 노엘을 포함한 다양한 스타일의 맥주를 제공합니다(타히티가 프랑스와 연관성이 있기에 이런 스타일의 맥주가 있는 것은 놀랍지 않습니다).

28개
12-oz 병맥주(10L)
1인당 맥주 소비량

170,400
U.S. 배럴(200,000 hL)
연간 생산량

409.59
CFP 프랑(Comptoirs Francais du Pacifique, CFP francs)
(U.S. $3.65)
12-oz 병맥주 평균 가격

이 책이 출판될 당시에는 모든 수치가 정확했습니다.
수치는 평균값이며 시간이 지나면서 바뀔 수 있습니다.

짐바브웨의 대표 맥주인 잠베지 (Zambezi)는 장엄한 빅토리아 폭포 (Victoria Falls)로 흘러드는 잠베지 (Zambezi) 강의 이름을 사용합니다.

CHAPTER 6

아프리카

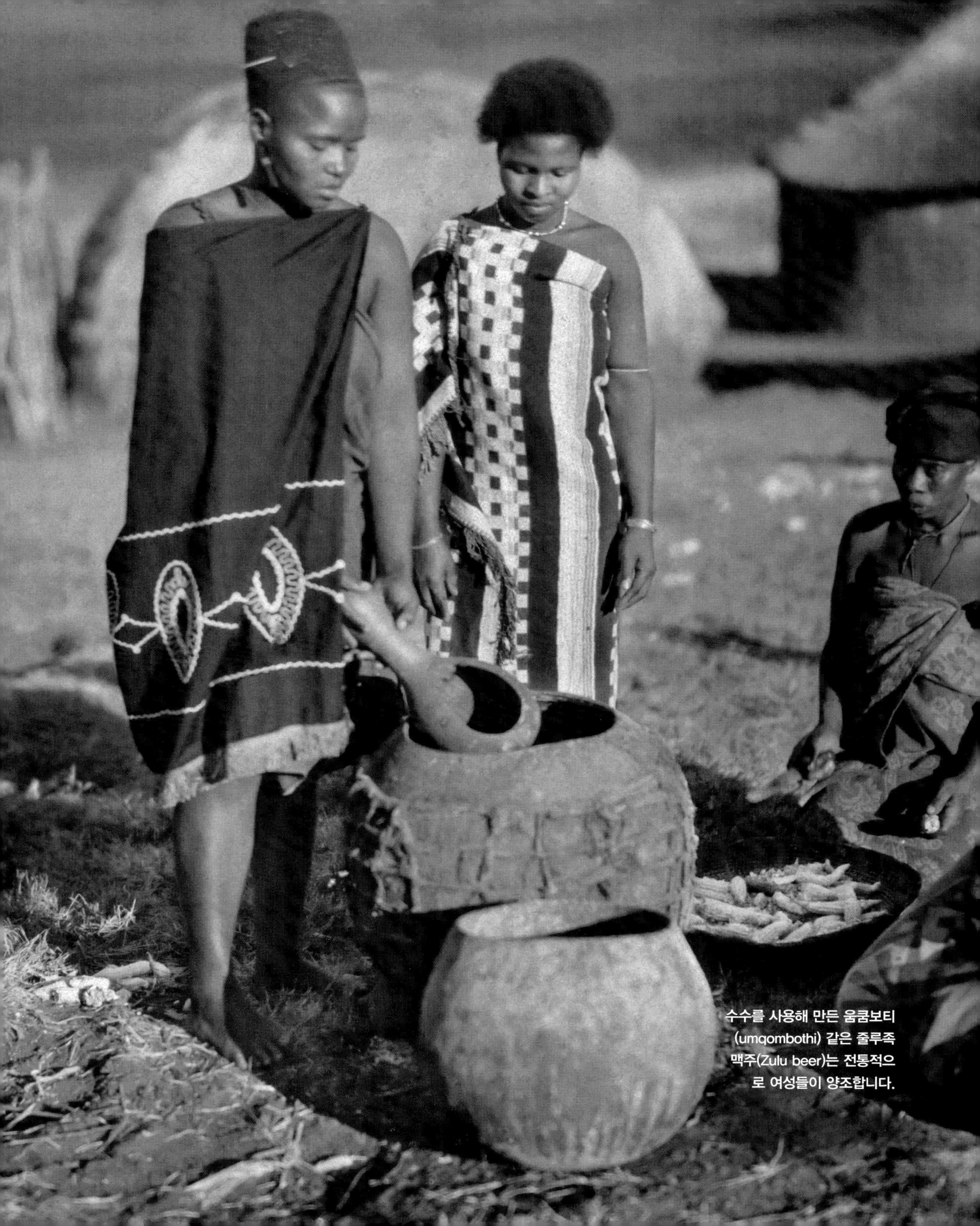

수수를 사용해 만든 움쿰보티 (umqombothi) 같은 줄루족 맥주(Zulu beer)는 전통적으로 여성들이 양조합니다.

고대 맥주의 기원

아프리카에는 건조한 사막과 광활한 초원처럼 대조되는 자연환경이 많고 울창한 열대우림은 비옥한 땅이 됩니다. 이렇게 다양하고 극단적인 아프리카 땅에서 현대 인류인 호모 사피엔스가 등장했고, 따라서 어떤 면에서는 아프리카에서 맥주가 등장했다고 할 수 있습니다. 인간은 이주할 때 기장과 보리 같은 곡물을 함께 가지고 이동을 했습니다. 빵을 만들기 위해 곡물을 경작하였지만, 일부 학자들은 맥주에 대한 인간의 열망이 농업의 발전을 이끌었다고 주장합니다. 맥주가 식생활에서 중요한 부분이었던 고대 이집트 시기부터 현대까지 맥주는 항상 인류의 주요 생활양식이었습니다.

신들의 술

고대 이집트가 부흥하면서 맥주는 대중화되었습니다. 특히 기원전 3500년부터 알렉산더 대왕Alexander the Great이 이집트를 정복한 기원전 332년 이전까지 대중화되었습니다. 이집트인들은 양조의 기술은 풍요의 신이자 사후 세계를 관장하는 오시리스Osiris 신에게 나온 것이라 믿었습니다. 하지만 실제로 이집트인들은 현재의 이라크 땅에 살았던 수메르인들에게 양조를 배웠습니다. 모든 사람들은 맥주를 마셨고, 맥주는 물에 비해 마시기 안전했고 빵과 같은 음식으로 여겨졌습니다. 이집트 사원마다 양조장이 있었으며, 테네네트Tenenet는 맥주의 여신이었으며, 기자Giza 지역에 피라미드를 건설한 노동자들은 맥주를 급여로 받았습니다. 고대 이집트 상형문자에는 '다크 맥주', '스위트 맥주', '친구의 맥주', 심지어는 오시리스의 성지를 보호하는 신들이 마신 '진실의 맥주'처럼 여러 종류의 맥주가 언급되어 있습니다.

고대 이집트인들은 보리를 사용해 맥주를 만들었지만, 아프리카 대부분 지역에서는 수수를 사용해 맥주를 만들었습니다. 수수는 높은 온도와 가뭄에 잘 견딜 수 있는 아프리카의 토착 작물입니다. 알렉산더 대왕이 이집트를 정복한 후 와인이 인기를 얻게 되었고, 맥주는 높은 세금과 규제로 억제되었습니다. 이집트에서 대규모의 양조는 중단되었지만, 전통적인 양조 풍습은 세대에 걸쳐 이어졌습니다.

아프리카

챕터6에 나오는 국가

이어진 전통

전통적인 아프리칸 홈브루 맥주는 사회적 행사와 종교적 의식에 사용되는 보편적인 신들의 술입니다. 불투명하고 저도수인 대부분의 홈브루 맥주는 거품이 많고 발효가 여전히 진행 중일 때 마십니다. 오랜 기간 동안 방치하게 되면, 열로 인해 맥주가 상하게 됩니다. 토착 맥주는 본래 지역적이며, 맥주를 양조하던 여성들에 의해 토착 맥주의 전통

일부 아프리카 홈브루어들은 **맥주가** 완성되었는지 확인하기 위해 맥주 발효통 위에 성냥을 긋습니다. 성냥불이 꺼지면 맥주가 완성된 것입니다.

이 전해져 내려왔습니다. 양조사들은 곡물의 당분을 알코올로 바꾸기 위해 지역 야생 효모와 박테리아에 의존해 맛과 향이 다양한 맥주를 만들었습니다. 토착 맥주는 마셔 볼 만한 가치가 있지만, 몇몇 홈브루어들은 발효를 빨리 끝내기 위해 독성이 있는 물질을 맥주에 섞기 때문에 반드시 믿을 수 있는 곳에서 마셔야 합니다.

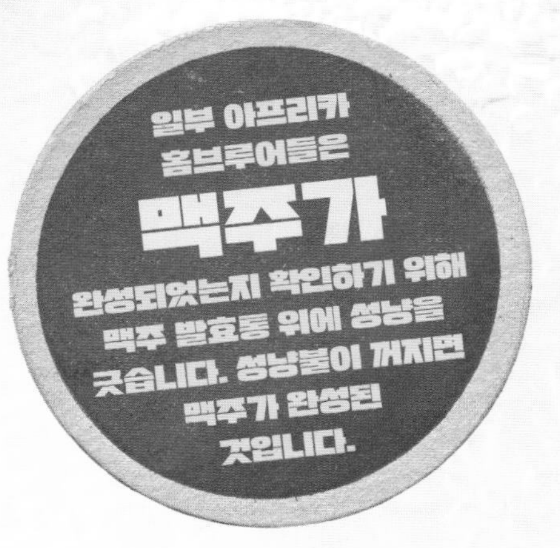

아프리카 토착 맥주를 생산하는 데 사용되는 가장 오래 사용된 재료이자 가장 인기 있는 곡물은 바로 수수입니다. 수수를 사용하면 고칼로리에 비타민 B 성분이 풍부한 약간 신맛이 나는 맥주가 만들어집니다. 수수를 사용해 만든 맥주의 이름은 나라마다 매우 다양합니다. 남아프리카 공화국에서는 움쿰보티umqombothi, 짐바브웨에서는 도로doro, 르완다에서는 이키가지ikigage, 수단에서는 메리사merissa, 베냉에서는 축쿠추tchoukoutou라고 불립니다.

나미비아의 오시쿤두oshikundu와 나이지리아의 오요크포oyokpo 같은 몇몇 전통 맥주는 견과류 풍미를 더해 주는 기장을 사용해 만듭니다. 아프리카의 열대 지방에서는 카사바cassava 뿌리를 사용해 비교적 달고 라이트한 맥주를 생산합니다. 에티오피아에서는 테프teff 곡물, 옥수수와 쓴맛을 주는 게쇼gesho를 사용해 텔라tella를 만듭니다.

아프리카에서 토착 맥주는 인기 있지만, 시중에서 판매되는 대부분의 상업 맥주는 유러피안 스타일의 애드정트 라거입니다. 아프리카는 비공식 인구가 많기 때문에 여론 조사가 힘들지만, 일부 통계에 따르면 아프리카 사람들이 상업 맥주보다 홈브루 맥주를 더 많이 소비한다고 합니다.

brewline

맥주 분야에서 역사적 순간들 Historic Moments in Beer

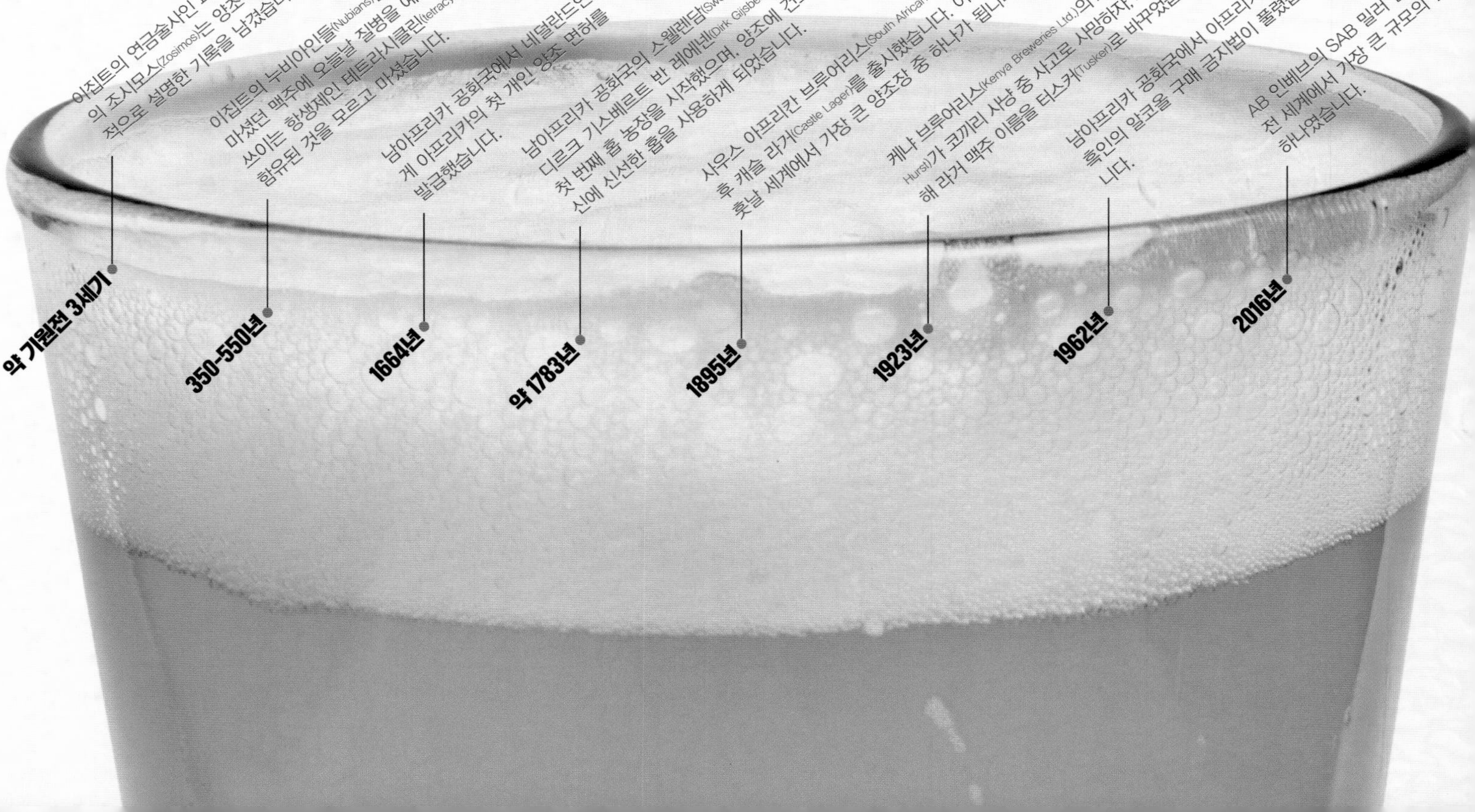

약 기원전 3세기 이집트의 연금술사인 파노폴리스(Panopolis)의 조시모스(Zosimos)는 양조 과정을 세부적으로 설명한 기록을 남겼습니다.

350-550년 이집트의 누비아인들(Nubians)은 그들이 마셨던 맥주에 오늘날 질병을 예방하기 위해 쓰이는 항생제인 테트라사이클린(tetracycline)이 함유된 것을 모르고 마셨습니다.

1664년 남아프리카 공화국에서 네덜란드인에게 아프리카의 첫 개인 양조 면허를 발급했습니다.

약 1783년 남아프리카 공화국의 스웰렌담(Swellendam) 근처에서 디르크 기스베르트 반 레에넨(Dirk Gijsbert van Reenen)은 첫 번째 홉 농장을 시작했으며, 양조에 건조된 홉 대신에 신선한 홉을 사용하게 되었습니다.

1895년 사우스 아프리칸 브루어리스(South African Breweries)는 설립 후 캐슬 라거(Castle Lager)를 출시했습니다. 이 양조장은 훗날 세계에서 가장 큰 양조장 중 하나가 됩니다.

1923년 케냐 브루어리스(Kenya Breweries Ltd.)의 조지 허스트(George Hurst)가 코끼리 사냥 중 사고로 사망하자, 그를 추모하기 위해 라거 맥주 이름을 터스커(Tusker)로 바꾸었습니다.

1962년 남아프리카 공화국에서 아프리카계 흑인의 알코올 구매 금지법이 풀렸습니다.

2016년 AB 인베브의 SAB 밀러 인수는 전 세계에서 가장 큰 규모의 인수 중 하나였습니다.

celebrations

아프리카 최고의 맥주 축제 Africa's Best Beer Festivals

클라렌스 크래프트 비어 페스티벌 Clarens Craft Beer Festival **| 클라렌스 | 남아프리카 공화국 | 2월 |** 레소토(Lesotho)의 북쪽에 위치한 클라렌스에서 열리는 이 맥주 축제는 선별된 크래프트 양조장들이 참여해 남아프리카 공화국 최고의 크래프트 맥주를 맛볼 수 있습니다.

아프리칸 비어 페스티벌 Africa Beer Festival **| 마세루 | 레소토 | 5월 |** 여러 양조장과 전통적인 홈브루어들이 참여하는 이 축제는 아프리카 맥주 문화를 기념하며, 매일 밤마다 거대한 불꽃놀이와 전통적인 춤으로 축제의 분위기를 무르익게 합니다.

요버그 비어페스트 Jo'burg Bierfest **| 요하네스버그 | 남아프리카 공화국 | 9월 |** 이 독일풍 맥주 축제의 하이라이트 중 하나는 바바리아의 루트비히 왕세자와 테레제 공주의 의상을 가장 잘 입은 사람을 뽑는 의상 콘테스트입니다.

옥토버페스트 나미비아 Oktoberfest Namibia **| 빈트후크 | 나미비아 | 10월 |** 독일의 맥주 순수령을 따라서 만든 맥주만 축제에 참가할 수 있습니다. 따라서, 보리, 홉, 물, 효모만 사용해서 만든 맥주만 축제에 참가합니다. 케그 들어 올리기 대회와 통나무 자르기 같은 다양한 볼거리가 있습니다.

아프리카 전역에 맥주 축제의 인기가 증가하고 있습니다.

케이프타운 페스티벌 오브 비어 Cape Town Festival of Beer **| 케이프타운 | 남아프리카 공화국 | 11월 |** 60개 이상의 지역 양조장과 해외 양조장이 참여하며 200가지 이상의 맥주를 제공합니다. 이 축제를 남반구에서 가장 큰 축제라고 말합니다.

나이로비 아트 앤드 비어 페스티벌 Nairobi Art and Beer Festival **| 나이로비 | 케냐 | 매년 행사 시기는 다릅니다. |** 이 축제는 48시간 동안 내내 음악, 예술, 공예, 춤, 음식, 지역 맥주와 세계 맥주를 제공합니다. 축제가 끝난 후 회복하는 데 48시간이 필요합니다.

유럽의 풍미

유럽 식민지국들이 소개한 맥주는 아프리카 대륙에 사라지지 않을 깊은 인상을 남겼습니다. 1900년대에 네덜란드인, 영국인, 독일인은 모두 아프리카에 양조장을 건설했으며, 이 중 일부는 오늘날 아프리카에서 가장 오래된 양조장들입니다. 냉장 기술의 도래와 풍부한 독창성으로 남아프리카 공화국은 사우스 아프리칸 브루어리스South African Breweries, SAB와 대량 생산 라거의 성공을 보았습니다. 지금은 세계에서 가장 큰 맥주 회사인 AB 인베브가 SAB를 소유하고 있습니다.

동아프리카의 터스커Tusker와 남아프리카 공화국의 캐슬Castle처럼 잘 알려진 브랜드 라거 맥주는 식료품점과 펍에서 차갑게 구매할 수 있지만, 여전히 맥주 구매에 인기있는 장소는 길거리 편의점입니다. 길거리 편의점은 냉장 보관하지 않은 라거 맥주를 토착 맥주와 함께 판매합니다. 대형 양조장들은 카사바와 수수를 사용해서 맥주를 생산하고 있습니다. 이러한 대형 양조장들은 지역 재료를 사용해 그들이 생산하는 맥주에 지역적 풍미를 더하여 아프리카 홈브루어 맥주 소비층을 사로잡기를 희망합니다.

요하네스버그(Johannesburg)에 위치한 SAB 월드 오브 비어 박물관(SAB World of Beer museum) 안에 있는 더 아프리칸 라이온 바(The African Lion Bar)는 타임머신을 타고 19세기로 돌아간 듯한 느낌을 줍니다.

남아프리카 공화국

두 전통의 이야기

아프리카 대륙의 남쪽 끝에 있는 남아프리카 공화국은 드라마틱한 풍경을 가진 땅입니다. 좁고 기다란 해안 평야와 높은 고원의 광대한 초원이 있어, 폭포가 떨어지고, 가축 떼가 있는 풍경을 만듭니다. 이러한 극단적인 자연 환경은 남아프리카 공화국만의 문화와 정치에 영향을 미쳤고, 때로는 논쟁을 초래하지만 두 개의 다른 맥주 전통을 형성하는 데 중요한 역할을 했습니다.

1652년 유럽인들이 아프리카 대륙의 남서쪽 끝인 희망봉The Cape of Good Hope에 첫 정착지를 설립하기 이전에, 지역 여성들은 전통적인 의식, 행사, 축하 모임을 위해 달고 신맛이 느껴지는 수수 맥주인 움쿰보티 같은 수수 맥주를 만들었습니다. 그 이후 유럽인들은 그들이 선호하는 맥주와 맥주 재료를 남아프리카 공화국에 가지고 왔습니다.

장 반 리베크Jan van Riebeeck는 1652년에 네덜란드에서 남아프리카 공화국의 케이프타운Cape Town으로 갈 때 맥주를 가지고 왔으며, 케이프타운에서 1658년까지 맥주가 생산되었습니다. 네덜란드 동인도회사 배들의 경유지로 쓰기 위해 케이프타운에 전초 기지가 건설되었습니다. 네덜란드 동인도회사는 1664년에 소규모 맥주 생산을 위해 양조 면허를 발급했습니다. 이렇게 생산된 맥주의 대부분은 긴 항해를 하는 선원들이 주로 구매했습니다. 맥주 생산은 케이프타운에게 '바다의 술집Tavern of the Sea'이라는 별명을 주었지만, 네덜란드 동인도회사의 수입 재료의 독점과 판매 조항은 맥주 산업을 억압했습니다. 1800년대 초반 영국이 지배하게 된 후, 새로운 양조장들이 많이 건설되었고, 이 중 몇몇은 통합되어 1895년에 사우스 아프리칸 브루어리스South African Breweries를 설립했습니다.

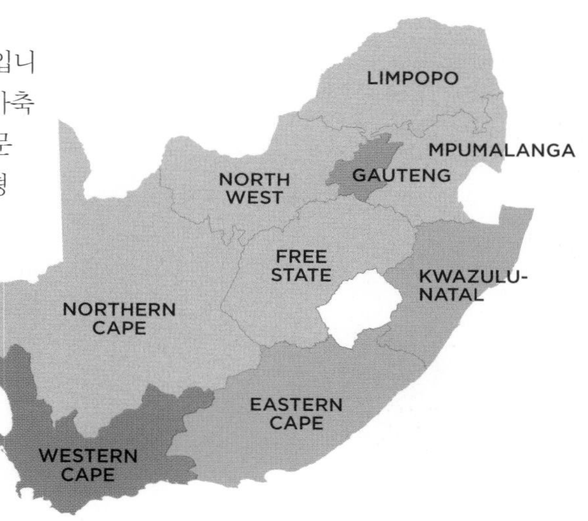

한눈에 보는 주별 남아프리카 공화국의 크래프트 브루어리의 수

- 50개 이상
- 26–50개
- 10–25개
- 10개 미만

맥주를 땅에 묻다

남아프리카 공화국의 광산 산업은 1890년 후반에 성장했습니다. 특히 요하네스버그Johannesburg 주변에 골드 러시로 노동자의 수요가 증가했고, 이러한 수요를 흑인들이 채우게 되었습니다. 그러나, 광산 주인인 백인들은 알코올이 노동자들의 생산성을 감소시

키는 것을 걱정했습니다. 이러한 이유로 1897년 금주법이 통과되어 흑인들의 알코올 소비를 불법으로 만들었습니다. 시간이 흘러 1927년 주류법Liquor Act은 백인이 아닌 남아프리카 공화국 사람들이 맥주를 판매하거나 주류 판매 허가 지역에 들어가는 것을 불법으로 규정했습니다. 광산 소유주들은 종종 노동자들에게 그들의 맥주를 나누어주었지만, 노동자들에게는 고된 일에 대한 보상이었습니다. 알코올에 대한 이러한 규제가 있었지만 중독은 흔한 일이었습니다. 이런 알코올 중독자를 줄루어로 '술고래'라는 뜻의 이시다콰어isidakwa라고 불렀습니다.

금주법과 인종 차별의 시기에도 흑인 거주지역의 여자 양조사들은 계속해서 맥주를 양조했습니다. '술을 불법적으로 파는 곳'이라는 의미를 가진 아일랜드어 단어에서 이름을 붙여 '쉬빈 퀸즈shebeen queens'라고 했으며, 아파르트헤이트 시기에 비밀리에 맥주를 양조해 남자들에게 마실 술을 제공하였고, 수입, 독립, 권력의 원천이 되었습니다. 대다수의 여성들은 불법적인 맥즙이 담긴 드럼통을 발효시키기 위해 지하에 묻었습니다. 아파르트헤이트가 홈브루잉을 의심하여 집을 불시에 검문했기에 가족 구성원이나 이웃들은 숨겨진 맥주를 파내거나 다시 묻을 때 서로 망을 봐 주었습니다. 1962년에 주류법이 수정된 이후에 아파르트헤이트 정부는 알코올 산업에 뛰어들었고, 흑인들이 거주하는 곳에 많은 맥주홀이 생겼지만, 술집을 소유한 여성들의 거대한 보이콧을 겪게 되었습니다.

아파르트헤이트가 무너진 후 십 년 넘게 시간이 흐른 1994년에 남아프리카 공화국에는 약 182,000개의 쉬빈이 남아 있었습니다. 오늘날, 쉬빈에서는 알코올을 합법적으로 구매할 수 있고, 식사를 하거나, 지역의 최신 뉴스를 들을 수 있으며, TV로 크리켓 경기를 봅니다.

local flavor

움쿰보티: 오리지널 크래프트 맥주 Umqombothi: The Original Craft Beer

전통적으로 오두막 마을에서 양조를 해서 공동 소유의 호리병박(calabash)에 담아 마시는 움쿰보티는 도수가 낮아 사람들의 일상 맥주입니다. 또한, 사회적인 행사, 그룹 토론(imbizos), 제사, 결혼식, 장례식 때 마시는 맥주입니다.

움쿰보티(Umqomboti)는 전통적으로 옥수수와 수수를 사용해 만들며 보통 대가족의 여성 가장이 비밀 레시피와 전통적인 방법으로 양조합니다. 움쿰보티는 지역마다 다르지만, 보통은 입구가 큰 드럼통에 물과 옥수수 맥아를 수수 포리지에 넣고, 끓이고, 식힌 후 3–5일 정도 놔둡니다. 식힌 후에 이전 배치에서 남은 효모를 다시 넣거나 공기에 노출시켜 공기 중에 떠 있는 효모가 유입되도록 합니다.

전통적으로 움쿰보티를 마시기 전에 소량을 조상들을 위해 땅에 뿌립니다. 줄루족(Zulu) 남자들이 마시기에 안전한지 확인하기 위해서 여자들이 먼저 마셔야 하는 전통이 있습니다. 음료를 파는 가정은 종종 소비자가 가져오는 그라울러 같은 들통에 맥주를 판매합니다.

대부분의 움쿰보티 레시피는 가문의 비밀입니다.

주로 맥주와 함께 야외 바비큐인 브라이(braai)를 즐기는 문화는 남아프리카 공화국의 문화로 자리 잡았습니다.

크래프트 vs. 대기업

남아프리카 공화국에서 홈브루잉이 수세기 동안 행해졌지만, 현재 AB 인베브가 소유한 SAB가 현대 맥주 산업계를 지배하고 있습니다. SAB는 남아프리카 공화국 국내 맥주 시장 대부분을 지배하며 세계에서 가장 큰 맥주 대기업 소유 회사입니다. 또한, AB 인베브는 보리와 홉을 생산하는 주요 회사이며, 따라서 보리와 홉의 국내 유통을 지배합니다. 남아프리카에서 흔히 하는 농담으로 AB 인베브가 생산하지 않는 맥주를 크래프트 맥주라고 하지만, 디아지오Diageo와 하이네켄 인터내셔널 같은 다른 글로벌 대기업도 남아프리카 공화국 맥주 시장에 진출했습니다.

이러한 대기업들 사이에서 소규모 크래프트 맥주계가 요하네스버그와 웨스턴 케이프 지역에서 중점적으로 성장하고 있습니다. 1983년 나이스나Knysna의 작은 해안가 도시에 남아프리카 공화국의 첫 현대적 크래프트 양조장인 미첼스Mitchell's가 문을 열었고, 그 이후 폭 넓은 인기를 얻었습니다. 미첼스는 현재 남아프리카 공화국에서 두 번째로 큰 양조장이라 더 이상 크래프트 양조장으로 여겨지지는 않지만, 지역적이며 맛 좋은 맥주가 양조장 환경에서 생산될 수 있다는 것을 증명합니다.

최근 크래프트 시장이 일 년에 약 30% 정도 성장했지만, 크래프트 양조사들은 여전히 많은 어려움이 있다고 합니다. 남아프리카 공화국에서 크래프트 맥주 시장이 차지하는 부분은 약 2%로 매우 낮으며, 높은 초기 비용, 낮은 생산력, 비싼 생산품이라는 문제에 직면해 있습니다. 몇몇 크래프트 양조장들은 특히 보리 같은 맥주 재료를 AB 인베브로부터 확보하며, 남아프리카 공화국의 소규모 크래프트 브루어리와 세계에서 가장 큰 맥주 대기업 사이에서 독특한 관계를 구축합니다.

비어 가이드

맥주 애호가들의 필수 코스

남아프리카 공화국은 아프리카 대륙의 모두가 인정하는 맥주 생산의 중심지입니다. 지역 양조사들이 추천하는 다음과 같은 장소는 남아프리카 공화국의 수많은 뛰어난 양조장 중에서 맥주 애호가들이 쉽게 선택할 수 있도록 도와줍니다.

1 | 마켓 온 메인 (Market on Main)

요하네스버그(Johannesburg)

마보넹(Maboneng)에 위치한 북적이고 활기찬 마켓은 맥주 애호가들이 오후를 보내기에 좋은 장소입니다. 전통적인 아프리카 음식부터 모로코와 이탈리아 음식까지 다양한 음식들을 즐긴 후, 지역 양조장인 스맥! 리퍼블릭 브루잉(SMACK! Republic Brewing)에서 크래프트 맥주를 즐겨 보세요.

2 | 데블스 피크 브루잉 컴퍼니 (Devil's Peak Brewing Company)

케이프타운(Cape Town)

양조장의 이름을 케이프타운의 상징인 데블스 피크(Devil's Peak)에서 따서 지었습니다. 데블스 피크는 네덜란드 해적과 악마 사이의 담배 많이 피기 대결에 관련된 도시 전설에서 유래된 이름입니다. 이곳은 지역 재료를 사용해 맥주를 만들고 미국, 영국, 벨기에의 다양한 맥주 스타일에 대해 교육을 합니다.

3 | 바나나 잼 카페 (Banana Jam Cafe)

케이프타운(Cape Town)

캐리비안 스타일의 펍으로 30가지 이상의 드래프트 맥주와 80가지 이상의 병 맥주를 제공합니다. 이곳의 주방은 저크

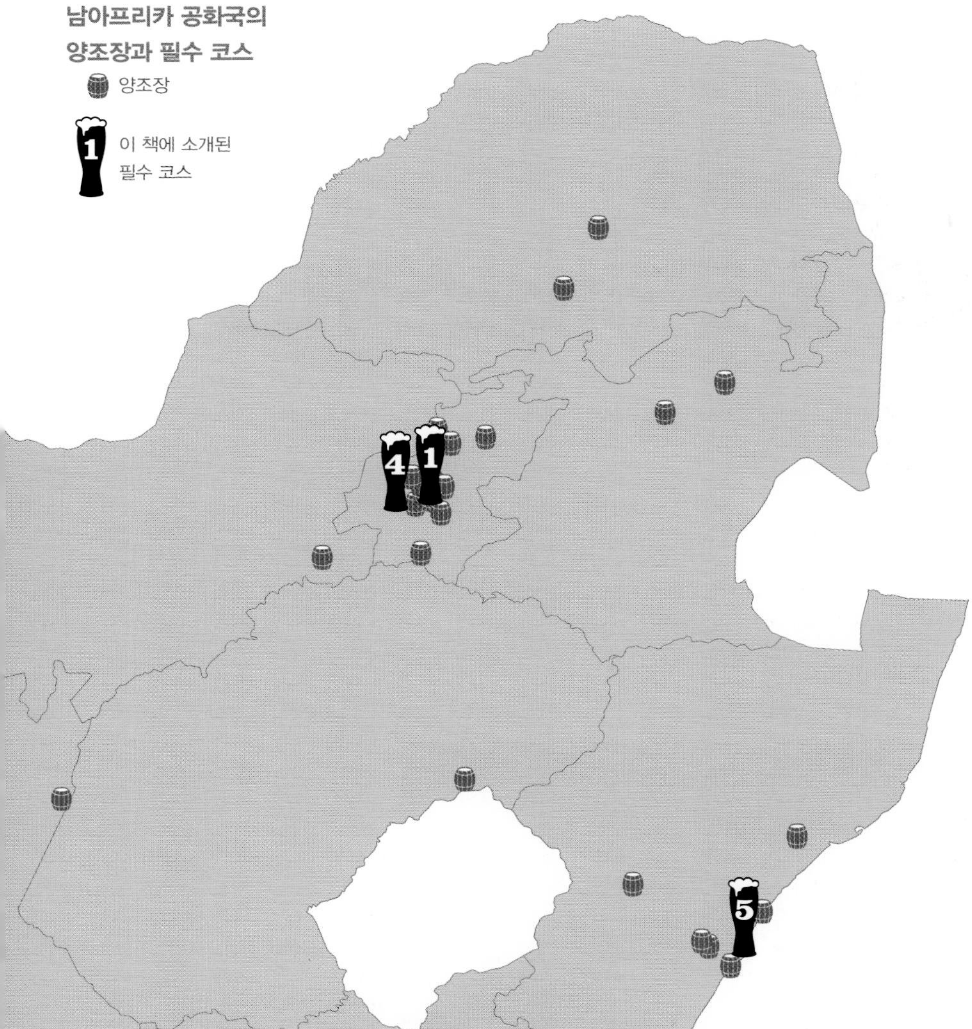

남아프리카 공화국의 양조장과 필수 코스

양조장

이 책에 소개된 필수 코스

치킨, 고트 커리, 피자 같은 손님이 먹고 싶어 하는 어떠한 음식이라도 잽싸게 만들어 냅니다. 그러나 이곳의 진짜 보석 같은 존재는 위층에 숨겨진 나노 브루어리인 아프로 캐러비언 브루잉 컴퍼니(Afro Caribbean Brewing Company)입니다. 이곳은 코코넛 IPA와 베이컨 칠리 에일 같은 독특한 크래프트 맥주 스타일을 만듭니다.

4 | 우분투 끄랄 브루어리 (Ubuntu Kraal Brewery)

소웨토(Soweto)

이 겸손한 양조장은 만델라 하우스(Mandela House)에서 멀리 떨어지지 않은 소웨토의 흑인 거주 지역에 있습니다. 소웨토 골드(Soweto Gold) 한 잔 마시면서 지역의 이야기를 들어 보세요. 남아프리카 공화국의 흑인들이 느꼈던 고통을 보여 주는 사진, 조각상, 여러 박물관의 전시품들이 벽과 파티오에 장식되어 있어

그들의 이야기를 생생하게 들을 수 있습니다.

5 | 콰줄루나탈 비어 루트 (KwaZulu-Natal Beer Route)

이스턴 사우스 아프리카(Eastern South Africa)

콰줄루나탈 비어 루트는 맥주 애호가들에게 보물 찾기 같은 존재입니다. 여행을 하면서 멋진 풍경과 함께 이 지역의 최고의 크래프트 맥주를 마셔 볼 수 있습니다. 더반(Durban)과 더 밸리 오브 에이 싸우전드 힐스(the Valley of a Thousand Hills)에 있는 양조장을 방문하기 위해 며칠 정도 머무른 후, 미드랜드(Midlands)와 줄루랜드(Zululand)로 방문해 보세요. 같이 여행하는 일행 중에 술을 마시지 않고 운전할 사람을 확실히 정해 두세요.

사진(Photos)

1 마켓 온 메인의 이그저티컬리 디바인 이탈(Exotically Divine Ital)의 유기농 음식은 어떠한 맥주와도 잘 어울립니다. **3** 바나나 잼의 사장인 그렉 케이시(오른쪽)와 헤드 브루어인 션 더디(왼쪽)는 이 책의 작가들과 함께 시간을 보냈습니다. **4** 우분투 끄랄 브루어리는 여성 양조사가 양조하는 줄루족 전통을 이어갑니다. **5** 콰줄루나탈 비어 루트는 아름다운 해변에서 시작합니다.

지역 맥주

케이프타운 & 요하네스버그

전통의 작은 변화

크래프트 양조의 중심 한 쪽에는 대서양이 있고 다른 쪽에는 테이블 마운틴Table Mountain이 있어 그림 같은 배경을 가진 케이프타운은 남아프리카 공화국의 다른 도시보다 양조장이 많습니다. 웨스턴 케이프Western Cape는 슈냉 블랑Chenin Blanc과 카베르네 소비뇽Cabernet Sauvignon과 같은 와인으로 전 세계적으로 잘 알려진 지역이지만, 케이프타운과 주변 지역은 크래프트 맥주가 유명한 핫한 지역으로 변해가고 있습니다.

케이프타운 주민들에게 남아프리카 공화국 맥주 중심지에 사는 것은 특권이 되었습니다. 이러한 특권은 유명한 배우 이름이 아니라 1900년대 유명한 양조사 이름을 따서 지은 잭 블랙스 브루잉 컴퍼니Jack Black's Brewing Company와 데블스 피크 브루잉 컴퍼니Devil's Peak Brewing Company 같은 우수한 크래프트 양조장과, 비어하우스Beerhouse나 바나나 잼 카페Banana Jam Café 같은 탭룸이 지역 최고의 맥주를 제공합니다. 양조장의 수가 증가하면서 어드벤쳐 브루Adventure Brew 같은 기업이 등장해 지역의 다양한 맥주를 마실 수 있는 브루어리 투어 서비스를 시작했습니다.

이러한 성장에도 불구하고 크래프트 양조 산업은 여전히 남아프리카 공화국에서 소규모입니다. 1983년에 웨스턴 케이프에 남아프리카 공화국의 첫 크래프트 양조장인 미첼스가 문을 연 이후로, 크래프트 맥주는 남아프리카 공화국의 전체 맥주 판매량 중 2%가 채 되지 않습니다. 웨스턴 케이프의 크래프트 양조장은 전체 시장 점유율을 높이려고 하고 있습니다. 그리고, 더 창의적인 양조장이 시장에 진입하면서, 미래에는 다양하고 다채로운 맥주계로 밝을 전망이 보이며, 향후 몇 년 이내에는 30%까지 성장할 것으로 기대됩니다.

키치너스 카버리 바(Kitchener's Carvery Bar): 요하네스버그의 북적이는 펍

쉬빈에서 탭룸까지

지역 사람들에게 요버그Jo'burg 또는 요지Jozi라고 불리는 요하네스버그Johannesburg는 호황, 쇠퇴, 부흥의 역사가 있습니다. 1895년 요하네스버그 지역의 사우스 아프리칸 브루어리South African Breweries, SAB에서 아프리카의 첫 라거를 생산했습니다. 캐슬Castle 라거는 지역 광산 종사 업자들에게 인기 있었고, 그들 중 대부분은 광산 소유의 주택이나 요하네스버그 주변에 성급하게 건설한 주거 지역의 지저분한 환경에서 살았습니다. 1897년 SAB는 요하네스버그 증권 거래소에 등록된 첫 상업 기업이 되었고, 1년 후에 런던 증권 거래소에도 등록되었습니다. 최근 AB 인베브의 SAB 인수는 남아프리카 공화국의 크리켓과 풋볼 경기의 맥주 판매 독점권도 포함하고 있습니다.

억압적인 아파르트헤이트 체제 아래에서 흑인들의 거주 구역으로 개발된 소웨토 지역에서는 오늘날에도 좁은 거리와 금방이라도 무너질듯한 판잣집들이 있습니다. 아파르트헤이트 시기에 소웨토 인근에는 불법적인 쉬빈이 많았습니다. 면허가 없는 양조장과 술집은 억압된 흑인 사회에 알코올을 유입시켰고, 반아파르트헤이드 활동을 위한 모임 장소와 피난처가 되었습니다. 1989년까지 소웨토 지역에는 약 4000개 정도의 쉬빈이 있었습니다. 이러한 쉬빈은 대부분 합법적인 술집으로 바뀌었으며 전통적인 맥주 스타일과 상업 맥주를 제공하고 있습니다.

1994년 아파르트헤이트가 무너진 이후로 주류계가 활기를 띠었습니다. 오크 브루 하우스Oaks Brew House와 저스트 브루잉Just Brewing 같은 몇몇 떠오르는 양조장들은 전통적인, 유러피안, 미국 스타일의 맥주 종류를 생산합니다. 반면에, 비어하우스 포웨이즈Beerhouse Fourways와 탭하우스 파인트 사이즈 펍Taphouse Pint Size Pub 같은 탭룸은 손님들에게 다양한 종류의 크래프트 맥주를 제공합니다. 새로운 세대의 양조사와 소비자들은 크래프트와 전통적인 맥주 스타일의 경계를 허물고 포용하려고 합니다.

양조사와의 만남

닉 부시 Nick Bush

케이프타운(Cape Town)에 위치한 드리프터 브루잉 컴퍼니(Drifter Brewing Company)의 헤드 브루어 닉 부시(Nick Bush)는 온도 조절이 되는 맥주 보관 장소가 부족하자 어떻게 대처했을까요? 홈브루어이며 스쿠버다이버인 부시는 맥주를 보관하기 위한 차가운 장소를 수심 약 100피트(30m)에서 찾았습니다. 벨지안 트리펠을 홈브루잉한 이후에, 그는 금과 같은 맥주를 쌓아 두기에 바다가 완벽한 장소라고 생각했습니다. 그 후 부시는 맥주를 재회수하는 번거로움을 한탄했지만, 보물 같은 맥주를 위해서라면 다이빙은 충분한 가치가 있었습니다. 드리프터(Drifter)의 모잠비크 코코넛을 사용해 만든 스트랜디드 코코넛(Stranded Coconut) 세션 에일 같은 맥주는 아프리카의 풍미에 영향을 받았습니다.

개릿 올리버와 함께하는 맥주 테이스팅

케이프타운(Cape Town)

데블스 피크 브루잉 컴퍼니 빈 두 세종 (Devil's Peak Brewing Company vin de Saison)

데블스 피크 브루잉 컴퍼니(Devil's Peak Brewing Company)는 지역의 풍부한 포도밭의 이점을 이용해 20%의 스워트랜드 슈냉 블랑(Swartland Chenin Blanc) 포도즙을 클래식한 세종 레시피에 블렌딩해서 와인과 맥주의 경계에 있는 술을 만들었습니다.

ABV 7.5% | IBU 20

향 레몬, 포도, 화이트 페퍼, 오크, 마구간 같은 야생 효모 특징

외관 탁하고 옅은 오렌지색, 흰색 거품

풍미 드라이하고 살짝 산미가 느껴짐, 레몬, 꿀, 포도의 풍미

마우스필 좋은 기포감, 크리미함

잔 튤립, 테쿠, 또는 화이트 와인 잔

푸드 페어링 지방이 많은 생선, 돼지고기, 브라이(전통 바비큐), 숙성한 고트 치즈

요하네스버그(Johannesburg)

움쿰보티(Umqombothi)

죽과 비슷하며, 펑키한 사워 맥주로 지역 주민들은 매우 신선할 때 마시는 게 최고라고 합니다.

ABV 보통 약 3% | IBU 0–5

향 젖산, 펑키함, 요거트, 과일, 얼씨함, 가솔린

외관 반투명–불투명, 주로 분홍빛

풍미 요거트 같은, 얼씨함, 프루티한 풍미

마우스필 밋밋함–살짝 탄산이 느껴지는, 가벼운 죽과 같은 또는 요거트 음료와 유사함

잔 전통적으로 속이 파인 박에 따라 마시지만, 오늘날에는 종종 우유갑에 포장돼 출시됨

푸드 페어링 보통 음식 없이 마시지만, 때로는 브라이(바비큐, braai), 버니 차우(빵 속에 매운 카레가 들어 있는 빵, bunny chow), 또는 보보티(고기 스튜, bobotie)와 함께 마시기도 함

추천 맥주 이글리 브루어리 요버그 맥주(Egoli Brewery Joburg Beer)

홈브루잉 맥주가 탄자니아 주류 문화를 지배하고 있지만, 여러 지역 레스토랑에서 드래프트와 병맥주를 찾아볼 수 있습니다.

탄자니아

토착 양조

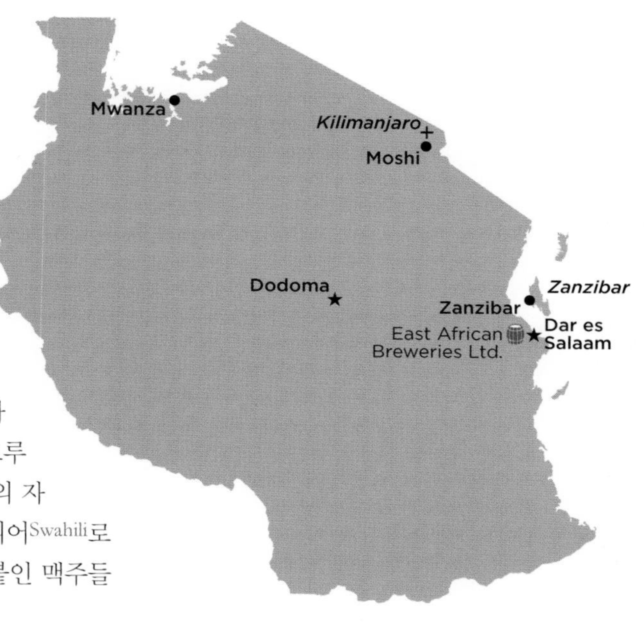

탄자니아의 훌륭한 자연 경관은 매년 백만 명 이상의 관광객들을 끌어들이며, 탄자니아에 도착한 대부분의 관광객들은 갈증을 느낍니다. 탄자니아에서 가장 쉽게 구매할 수 있는 맥주는 대기업 라거 맥주이지만, 홈브루잉 전통으로 탄자니아의 토착 바나나 맥주인 음베게mbege도 많습니다.

음베게를 제외한다면 탄자니아 맥주 역사는 상대적으로 짧습니다. 탄자니아는 포르투갈, 아랍, 독일, 영국을 포함한 여러 국가의 식민지였습니다. 일반적으로 외국인만 알코올을 소비할 수 있도록 허가가 되었고, 대부분은 유럽에서 수입한 맥주였습니다. 탄자니아의 첫 양조장인 탕가니카 브루어리스Tanganyika Breweries는 탄자니아가 1964년 독립하기 수십 년 전인 1932년에 설립되었습니다. 3년 후, 케냐 브루어리스Kenya Breweries가 탕가니카 브루어리스를 매입하면서 1936년에 오늘날의 이름인 이스트 아프리칸 브루어리스East African Breweries Ltd.로 바꾸었습니다. 탄자니아 지역 맥주들은 지역의 자부심을 잘 보여 줍니다. 특히 킬리만자로, 세렌게티, 사파리, 그리고 스와힐리어Swahili로 '코끼리'라는 뜻의 은도부Ndovu 등 탄자니아의 가장 유명한 관광지의 이름을 붙인 맥주들이 이러한 자부심을 잘 보여 줍니다.

한눈에 보는 탄자니아 지도에 소개된 장소

- 양조장
- ★ 수도
- ● 도시
- \+ 봉우리

Zanzibar 지형

성장할 준비가 되어 있다

오늘날 탄자니아에서 맥주는 큰 산업입니다. 여러 데이터와 자료를 통해 맥주 판매로 인한 세금이 정부가 걷어들이는 세수의 중요한 원천이라는 것을 알 수 있습니다. 실제로, 탄자니아 브루어리스 리미티드Tanzania Breweries Limited는 탄자니아에서 세금을 가장 많이 내는 회사입니다. 하지만, 상업적 관점에서 본다면 여기에 또 다른 큰 이야기가 숨어 있습니다. 세계 보건 기구The World Health Organization는 탄자니아에서 소비되는 맥주의 90%는 지하경제의 일부로 추정하고 있습니다. 이 말은 탄자니아에서 소비되는 맥주의 90%는 정부에 보고되지 않고, 따라서 세금도 부과되지 않으며, 또한 탄자니아에서 소비되는 맥주의 90%는 대기업 맥주가 아니라는 것을 암시합니다. 이러한 맥주는 가정에서 생산하는 지역적이며 상대적으로 값이 싼 음베게 같은 홈브루잉 맥주입니다.

탄자니아 인구의 절반 이상이 빈곤층으로 살고 있으며, 병맥주는 홈브루 맥주보다 6배나 더 비쌉니다. 집에서 만드는 맥주는 품질이 매번 크게 달라 건강 문제를 유발할 수 있지만, 홈브루 맥주는 가격적인 측면에서 더 효율적인 선택입니다.

많은 사람들이 홈브루 맥주를 마시지만, 탄자니아 인구 통계를 보면 맥주 시장이 확장을 하기에는 좋은 시기입니다. 거의 인구의 절반 이상이 15–45세이며, 이러한 연령대는 맥주 소비에 더 많은 돈을 쓸 가능성이 있습니다. 현재 탄자니아에는 크래프트 양조장은 없지만, 충분한 양의 크래프트 맥주를 팔기에는 가격이 너무 높게 책정되어 있습니다. 그렇기는 하지만, 예상 인구수와 예상 수입을 고려해 본다면 탄자니아의 양조계의 미래에 투자하고 싶은 기업가들에게 탄자니아를 더 매력적인 곳으로 만듭니다.

local flavor

음베게: 바나나 맥주 Mbege: Banana Beer

노스이스턴 탄자니아(Northeastern Tanzania)의 인기 있는 토착 맥주인 음베게는 전통적으로 킬리만자로 산비탈에 거주하는 차가족(Chagga)의 여성들이 양조합니다. 양조사들은 껍질을 벗긴 바나나를 끓여 만든 포리지인 니알로(nyalu)를 만든 다음에 즉흥 발효를 하도록 며칠간 놔둡니다. 한 번 걸러 주고, 기장 맥아로 만든 맥즙인 음소(mso)에 넣어 놔둡니다. 이렇게 해서 완성된 맥주는 걸쭉하고, 불투명하고, 황갈색이며, 알코올 도수는 5–8% 정도이며, 바나나에서 나오는 단맛과 기장에서 나는 신맛을 가지고 있습니다. 일부 사람들은 맥주보다는 와인에 가까운 술이라고 말하기도 합니다.

음베게는 존경의 뜻으로 연장자가 먼저 마시는 의례가 있는 토착 의식에서 중요한 역할을 합니다. 결혼식, 장례식, 축하 행사, 비즈니스 미팅에서 음베게가 제공되며 리필할 때까지 마십니다. 음베게는 지하경제의 주요 수입원이고 지역 바에서도 찾아볼 수 있습니다. 탄자니아 정부는 건강상 이유와 세금 수입 감소 이유로 음베게를 양조하는 가정을 단속하지만, 이렇게 오랫동안 이어졌던 양조 전통은 지역 문화를 형성하는 데 도움이 되었고 구세대에게 인기 있는 맥주로 남아 있습니다.

아프리카의 많은 나라에서 바나나 맥주를 마실 때 전통적으로 갈대로 만든 빨대로 마십니다.

비어 가이드

맥주 애호가들의 필수 코스

탄자니아의 맥주계는 작지만 성장하고 있습니다. 지역 양조사들이 추천하는 다음과 같은 장소는 탄자니아 방문객들이 숨겨진 보석 같은 장소를 놓치지 않도록 해 줍니다.

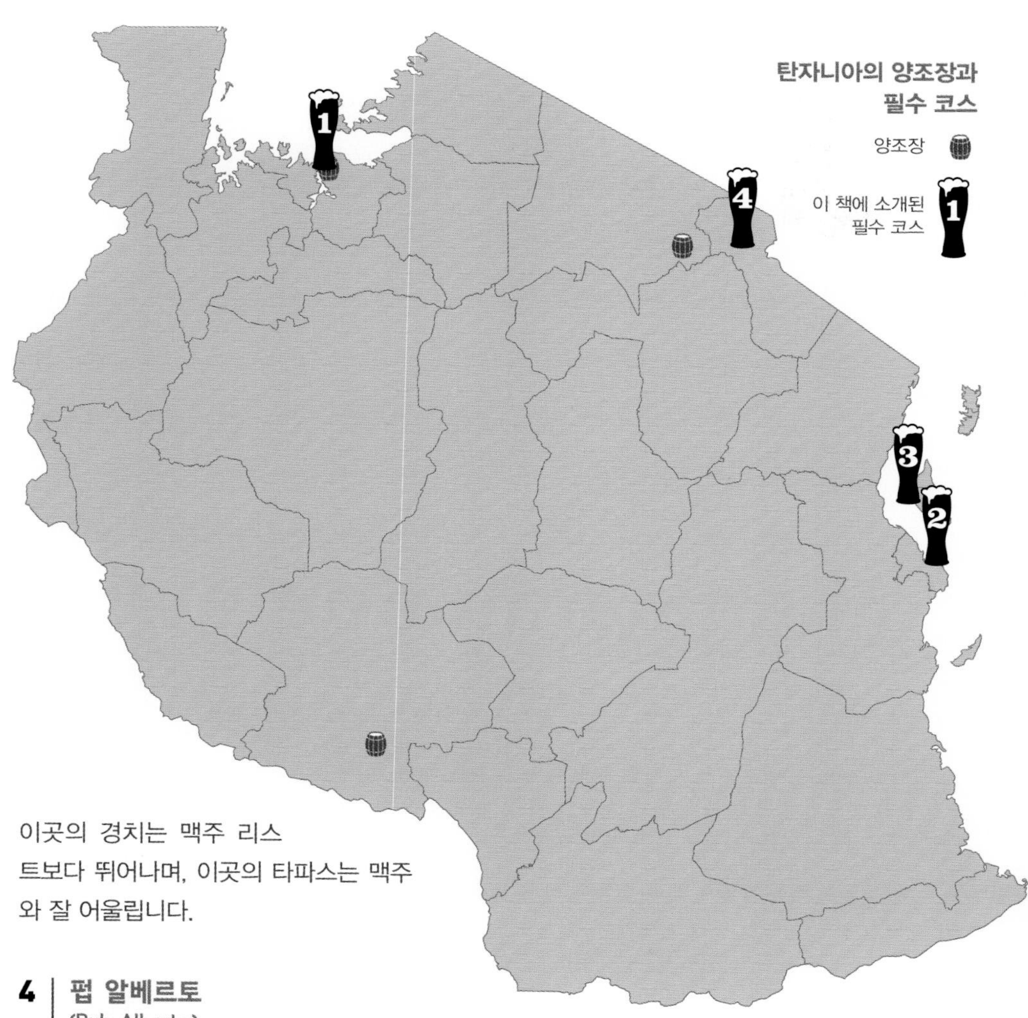

1 | 앰버서더 라운지 앤드 이그젝큐티브 바(Ambassador Lounge and Executive Bar)

므완자(Mwanza)

탄자니아에서 두 번째로 큰 도시의 전경이 보이는 빌딩 9층에 위치한 이 바는 탄자니아의 훌륭한 맥주를 제공합니다. 세렌게티 국립공원(Serengeti National Park)에서 야생 동물을 본 후 빅토리아 호수(Lake Victoria) 위로 해가 지는 모습을 바라보면서 세렌게티 프리미엄 라거(Serengeti Premium Lager)를 즐겨 보세요.

2 | 조지 앤드 드래곤(George and Dragon)

다르에스살람(Dar es Salaam)

지역 주민들과 외국인들에게 사랑을 받는 영국식 펍입니다. 영국 축구 경기를 보면서 지역 맥주나 다양한 수입 영국 에일을 즐겨 보세요.

3 | 타페리아 와인 앤드 타바스 바(Taperai Wine and Tapas Bar)

잔지바르(Zanzibar)

이전에 우체국이었던 이 바는 잔지바르에서 가장 다양한 맥주(그리고 와인) 리스트를 자랑합니다. 아름다운 해질녘의 이곳의 경치는 맥주 리스트보다 뛰어나며, 이곳의 타파스는 맥주와 잘 어울립니다.

4 | 펍 알베르토(Pub Alberto)

모시(Moshi)

킬리만자로의 낮은 산비탈에서 차가운 맥주를 마시고 싶은 사람이라면 꼭 방문해야 할 펍입니다. 관광객들이 좋아하는 곳이며 밤이 깊어지면 나이트클럽으로 변신합니다. 또한, 이곳은 주변에서 가장 많은 종류의 맥주를 가지고 있는 펍 중 하나입니다.

아프리카의

다른 나라 현황

앙골라 Angola

고립된 연안 국가인 앙골라의 맥주 산업은 프랑스의 카스텔 그룹(Castel Group)이 지배하고 있습니다. 하지만, 맥주 시장에서의 카스텔 그룹의 전통적인 권위는 수도인 루안다(Luanda)에 1억 8천만 달러를 투자해 양조장을 오픈한 새로운 도전자인 차이나 인베스트먼트 펀드(China Investment Fund)의 도전에 직면해 있습니다. 앙골라는 아프리카에서 떠오르는 맥주 시장이라 머지않은 시기에 여러 새로운 양조장이 생길 수 있습니다.

175개
12-oz 병맥주(62L)
1인당 맥주 소비량

940만
U.S. 배럴(1,100만 hL)
연간 생산량

346.41
앙골라 화폐 콴자(kwanzas)(U.S. $2.09)
12-oz 병맥주 평균 가격

콩고 민주공화국 Democratic Republic of the Congo

이전에 벨기에의 식민지였던 콩고에서 이제는 벨기에 맥주를 찾아보기 힘듭니다. 프랑스인과 네덜란드인이 소유한 양조장이 더 흔하며, 모두 대중적인 라거 맥주를 생산합니다. 맥주 스타일의 다양성 부족은 콩고 사람들의 맥주 소비를 줄이지는 못했습니다. 콩고 민주공화국은 아프리카 대륙에서 4번째로 가장 많이 맥주를 소비하는 국가입니다.

113개
12-oz 병맥주(40L)
1인당 맥주 소비량

380만
U.S. 배럴(450만 hL)
연간 생산량

1,603.24
콩고 프랑(Congolese francs)(U.S. $1.16)
12-oz 병맥주 평균 가격

나미비아 Namibia

독일은 식민지였던 나미비아의 모래 언덕과 평원에 맥주 생산을 가져옵니다. 당시에 모든 양조장들은 맥주 재료를 보리, 홉, 물로 제한하는 독일 맥주 순수령인 라인하이츠거보트를 따랐습니다(53쪽 참조). 나미비아의 대부분의 크래프트 맥주는 더 큰 시장인 남아프리카 공화국으로 수출합니다.

293개

12-oz 병맥주(104 L)

1인당 맥주 소비량

210만

U.S. 배럴(2.5만 hL)

연간 생산량

16.07

나미비아 달러(Namibian dollars)(U.S. $1.21)

12-oz 병맥주 평균 가격

가봉 Gabon

적도에 걸쳐 있고 아름답고 울창한 열대우림이 있는 가봉은 북반구와 남반구 모두 합쳐 맥주 가격이 가장 낮은 곳 중 한 곳입니다. 맥주에 부과되는 세금이 없고, 수입 맥주가 쉽게 수입됩니다.

251개

12-oz 병맥주 (89 L)

1인당 맥주 소비량

130만

U.S. 배럴(150만 hL)

연간 생산량

462.62

센트럴 아프리칸 CFA 프랑 (Central African CFA) (U.S. $0.75)

12-oz 병맥주 평균 가격

이 책이 출판될 당시에는 모든 수치가 정확했습니다.
수치는 평균값이며 시간이 지나면서 바뀔 수 있습니다.

GLOSSARY

그루트(gruit) 홉을 광범위하게 사용되기 이전 시기에 에일에 풍미와 쓴맛을 주기 위해서 허브, 향신료, 과일의 혼합물인 그루트를 사용했습니다. 또한, 에일은 그루트를 사용해 만들었습니다.

곡물 함유량(grain bill) 한 배치의 맥주를 만들 때 사용하는 곡물 구성 성분의 함유량을 뜻합니다. 베이스 맥아(Base malts)는 발효 가능한 당분을 제공하며, 반면에 스페셜티 맥아(Specialty malts)는 바디감, 색깔, 풍미를 맥주에 더해 줍니다.

금주령(prohibition) 대개 전국적인 형태로 행해진 금주 운동으로, 주류의 제조, 저장, 소유, 운송, 수입, 그리고(혹은) 알코올 소비까지 불법으로 만들었습니다.

당화(mash) 곡물 맥아를 뜨거운 물에 담그면 효소를 활성화시켜서 곡물의 전분(starch)을 발효 가능한 당분(fermentable sugar)으로 바꿔 줍니다.

드래프트(draft, draught) 배럴, 캐스크, 케그에서 추출되는 맥주를 뜻합니다.

떼루아(terroir) 프랑스어로 '땅' 또는 '토양'을 뜻하는 의미로, 자연적 조건(토양, 강수량, 온도, 일조량)이 어떻게 재료가 재배되는 지역에 영향을 주는지에 의해 정의되며, 그에 따라 음식과 음료의 맛과 특징에 영향 줍니다.

라거(lager) 두 가지 주요 맥주 종류 중 하나로(다른 하나는 에일입니다.), 하면 발효 효모를 사용해 생산합니다.

리얼 에일(real ale) 여과와 살균을 하지 않고, 캐스크에서 숙성된 맥주로 강압적인 탄산을 주입하지 않고 서빙합니다.

마우스필(mouthfeel) 입에서 느껴지는 촉각적 감각이나 질감을 말합니다. 마우스필은 맥주의 바디감(body), 탄산감(carbonation), 애프터테이스트(aftertaste)를 포함합니다.

마이크로 브루어리(microbrewery) 양조자 협회(Brewers Association)는 마이크로 브루어리를 연간 생산량이 15,000 U.S. 배럴 이하이고, 그중 75% 또는 그 이상이 다른 곳에서 판매되며, 전체 지분의 25% 이상을 다른 기업이 소유하지 않은 곳이라고 정의하고 있습니다.

매크로 브루어리(macrobrewery) 주로 연간 몇 백만 배럴을 생산하는 대규모 양조장으로, 일반적으로 맥주 대기업이 소유하고 있습니다(예를 들어, AB 인베브).

맥주(beer) 곡물(맥아)에서 추출된 당분을 발효시켜 만든 주류입니다.

맥즙(wort) 양조 과정 중 당화(mash) 단계에서 추출된 액체를 뜻합니다. 맥즙은 알코올로 바뀌게 될 당분을 포함하고 있습니다.

몰트(malt) 보리나 밀 같은 곡물을 발아시키고 건조한 것입니다. 몰팅(malting) 과정을 통해 전분(starch)을 양조 과정에서 필요한 당분으로 바꿔 주는 효소를 형성합니다.

바디감(body) 맥주를 마셨을 때 입 안에서 느껴지는 묵직함이나 풍부함(밀도 또는 점도)를 뜻합니다.

발효(fermentation) 효모와(또는) 박테리아가 당분을 알코올, 가스, 산으로 바꾸는 과정을 뜻합니다.

발효 가능한 당분(fermentable sugars) 양조 과정에서 효모가 알코올과 이산화탄소로 바꿀 수 있는 맥즙의 당분을 뜻합니다.

발효력(attenuation) 발효 단계에서 어느 정도의 당분이 알코올로 변하는지 측정하는 것으로 퍼센트로 나타냅니다.

배럴(barrel) 양을 나타내는 단위입니다. U.S. 배럴은 31 U.S. 갤런(1.17hL)이며, 영국 배럴은 36 임페리얼 갤런(1.64hL)입니다. 또한, 나무 배럴은 맥주를 발효하거나 숙성하는 데 사용합니다.

부가물(adjunct, 애드정트) 보리 맥아, 홉, 물, 효모 이외에 맥주를 만들 때 추가적으로 사용하는 재료입니다. 비용을 절감하기 위해 사용하는 옥수수 같은 곡물, 풍미를 더하기 위한 과일, 알코올 도수를 높이기 위한 당분을 포함합니다.

브루펍(brewpub) 레스토랑 안에 양조장이 있으며, 자체 생산하는 맥주가 전체 맥주 판매량의 25% 이상을 차지하는 곳을 뜻합니다.

블렌딩(blending) 두 가지 또는 그 이상의 다른 배치의 맥주를 섞는 것을 뜻합니다.

상면 발효(top fermentation) 효모가 떠다니는 발효조 윗부분이나 그 근처에서 발효가 일어나는 과정입니다.

세션(session/sessionable) 알코올 도수가 낮은 맥주로 오랜 시간 여러 잔 쉽게 마실 수 있으며 균형 잡힌 풍미가 특징입니다.

셀러링(cellaring) 조절된 온도에서 맥주를 에이징, 보관, 숙성하는 것을 뜻합니다.

숙성(conditioning) 1차 발효 이후 단계의 양조 과정으로, 효모가 원치 않는 발효 부산물을 바람직한 에스테르 알코올로 분해합니니다. 숙성은 병(보틀 컨디셔닝), 캐스크, 케그, 차가운 환경(콜드 컨디셔닝)에서 진행될 수 있습니다.

스파징(Sparging) 당화 과정이 끝난 후, 뜨거운 물을 곡물에 부어서 곡물에 남아 있는 당분을 추출하는 과정입니다.

시리얼 곡물(cereal grain) 먹을 수 있는 곡물을 생산하는 목초 종류를 뜻합니다. 보리, 밀, 기장, 수수, 귀리, 호밀, 옥수수가 이에 해당합니다.

쓴맛(bitterness) 맥주에서 느껴지는 쓴 풍미이며, 홉에서 유발되는 아이소 알파산(iso-alpha acids)에 의해 나타내는 쓴맛입니다. 쓴맛의 정도는 IBUs(International Bitterness Units)로 나타냅니다.

알코올 도수(alcohol by volume, ABV) 주류의 부피에서 알코올(에탄올) 함량을 퍼센트로 나타냅니다.

알파산(alpha acid) 홉 꽃의 소프트 레진. 맥주 양조 과정의 보일링 단계에서 이소 알파산(iso-alpha acids)으로 바뀌며 맥주에 쓴맛에 영향을 줍니다.

에일(ale) 두 가지의 주요 맥주 종류 중 하나로 상면 발효 효모를 사용해 만듭니다.

응집력(flocculation) 효모가 맥즙을 발효하고 나서 서로 응집하려는 현상을 뜻합니다. 응집력이 높은 효모는 맥주에서 걸러 내기 쉽기 때문에 바람직합니다.

임페리얼(imperial) 도수가 강조된 맥주 스타일의 형태입니다. 때로는 더블(double)이라 불리기도 합니다.

접종(inoculation) 효모, 박테리아, 또는 다른 미생물을 성장할 수 있는 배지(medium)에 접종하는 것을 의미합니다.

즉흥 발효(Spontaneous fermentation) 자연적으로 공기 중에 떠 있는 효모 균주와 박테리아가 맥즙에 들어가면서 발효가 일어나는 과정을 말합니다.

캐스크(cask) 맥주를 담는 통입니다. 보통 배럴 모양으로 나무, 스테인리스 스틸, 알루미늄으로 만듭니다.

케그(keg) 알루미늄, 철, 또는 플라스틱으로 만들어진 원통형의 통으로 맥주를 저장하거나, 압력을 이용해 서빙할 때 사용합니다. 어느 나라에서 만들었는지에 따라 케그 사이즈는 다를 수 있습니다.

크래프트 브루어리(craft brewery) 소규모의 독립적인 양조장으로 향신료, 과일, 곡물 같은 다양한 부가물을 사용해 실험적인 맥주를 만들며, 주로 다양한 맥주 스타일을 생산합니다. 크래프트 브루어리의 법적인 정의는 나라마다 다르지만, 주요 기준은 생산량, 소유권, 현지 판매량입니다.

탄산감(carbonation) 맥주의 이산화탄소에 의해 느껴지는 발포감으로, 발효 과정에서 자연적으로 생성되거나 통이나 액체(맥주)에 강압적으로 압축가스를 주입해 생성됩니다.

파인트(pint) 가장 대중적인 맥주잔 중 하나입니다. 대개 양쪽이 평평하며, 림(rim)이 넓습니다. 용량은 임페리얼 파인트(imperial pint)의 경우 20온스(591mL)이며, 아메리칸 파인트(American pint)의 경우 16온스(473ml), 호주 파인트(Australian pint)의 경우 15-20온스(443-591mL)입니다.

하면 발효(bottom fermentation) 효모가 가라앉는 발효조의 밑부분이나 그 근처에서 발효가 일어나는 과정입니다.

호피함(hoppiness) 홉에서 나오는 풍미, 아로마, 쓴맛을 의미합니다.

혼합 발효(mixed fermentation) 양조 과정 중에 여러 효모 균주와 박테리아가 맥즙에 추가되어 발효가 일어나는 과정입니다.

홉(hop) 맥주에 쓴맛과 향을 부여하는 홉 식물의 암꽃에 핀 홉 콘입니다.

홉핑(hopping) 맥주 양조 과정 중 맥즙(wort)에 홉을 추가하는 것을 의미합니다. 보일링 과정의 초반에 넣는 홉은 쓴맛에 영향을 주며, 반면에 보일링이 끝부분에 넣거나 끝난 후에 넣는 홉은 풍미와 아로마(향)를 부여합니다.

효모(yeast) 단세포 곰팡이로 당분을 알코올, 이산화탄소, 맥주에 여러 풍미와 아로마를 더해 주는 여러 혼합물로 바꿔 줍니다.

IBU(International Bittering Unit) 맥주의 쓴맛을 측정하는 단위입니다. IBU는 맥주의 쓴맛을 주는 홉의 이소휴물론(isohumulone) 성분의 p.p.m.(parts per million)을 측정합니다.

MAPS

6-7 맥주의 세계 지도The World of Beer
17 주요 곡물 세계 지도Primary Grains World Map
18 부차적인 곡물 세계 지도Secondary Grains World Map
19 연간 홉 생산량 세계 지도Annual Hop Production World Map
21 연간 맥주 소비량 세계 지도Annual Beer Consumption World Map
22 연간 맥주 생산 세계 지도Annual Beer Production World Map
23 주요 맥주 스타일의 지리적 기원The Geographic Origins of Major Beer Styles

CHAPTER 1. 유럽 Europe

29 유럽 지도Europe Reference Map
31 유럽의 역사적 알코올 벨트Historical Alcohol Belts of Europe
35 한눈에 보는 벨기에Belgium: At a Glance
37 벨기에의 주요 언어Belgium's Primary Languages
41 벨기에 맥주 스타일의 기원Belgium Origins of Beer Styles
42-43 벨기에의 양조장과 필수 코스Breweries and Beer Destinations in Belgium
51 한눈에 보는 독일Germany: At a Glance
57 독일 맥주 스타일의 기원German Origins of Beer Styles
59 독일의 양조장과 필수 코스Breweries and Beer Destinations in Germany
67 한눈에 보는 영국United Kingdom: At a Glance
71 영국 맥주 스타일의 기원United Kingdom Origins of Beer Styles
72 IPA 이송 경로IPA Shipping Route
75 영국의 양조장과 필수 코스Breweries and Beer Destinations in the U.K.
81 한눈에 보는 체코Czechia: At a Glance
84-85 체코의 양조장과 필수 코스Breweries and Beer Destinations in Czechia
89 한눈에 보는 프랑스France: At a Glance
93 프랑스의 양조장과 필수 코스Breweries and Beer Destinations in France
97 한눈에 보는 아일랜드Ireland: At a Glance
101 아일랜드의 양조장과 필수 코스Breweries and Beer Destinations in Ireland
105 한눈에 보는 이탈리아Italy: At a Glance
109 이탈리아의 양조장과 필수 코스Breweries and Beer Destinations in Italy
113 한눈에 보는 오스트리아Austria: At a Glance
115 오스트리아의 양조장과 필수 코스Breweries and Beer Destinations in Austria
117 한눈에 보는 덴마크Denmark: At a Glance
119 덴마크의 양조장과 필수 코스Breweries and Beer Destinations in Denmark
121 한눈에 보는 네덜란드Netherlands: At a Glance
123 네덜란드의 양조장과 필수 코스Breweries and Beer Destinations in Netherlands
125 한눈에 보는 폴란드Poland: At a Glance
127 폴란드의 양조장과 필수 코스Breweris and Beer Destinations in Poland
129 한눈에 보는 러시아Russia: At a Glance
131 러시아의 양조장과 필수 코스Breweries and Beer Destinations in Russia
133 한눈에 보는 스페인Spain: At a Glance
135 스페인의 양조장과 필수 코스Breweris and Beer Destinations in Spain

CHAPTER 2. 북아메리카 North America

141 북아메리카 지도North America Reference Map
147 한눈에 보는 미국의 기간별 양조장 분포United States: At a Glance, Brewery Locations Over Time
148 미국 지역별 가장 특징적인 맥주 스타일United States: Beer Styles Most Characteristics of Regions
154-155 미국의 양조장과 필수 코스Breweries and Beer Destinations in the U.S.
169 한눈에 보는캐나다 행정구역의 금주 역사Canada: At a Glance, History of Prohibition in Provinces and Territories
172-173 캐나다의 양조장과 필수 코스Breweries and Beer Destinations in Canada
177 한눈에 보는 멕시코의 주요 양조장 위치와 설립 년도Mexico: At a Glance Major Brewery Locations and Opening Year
180-181 멕시코의 양조장과 필수 코스Breweries and Beer Destinations in Mexico

CHAPTER 3. 남아메리카 South America

189 남아메리카 지도South America Reference Map
193 한눈에 보는 아르헨티나Argentina: At a Glance
197 아르헨티나의 양조장과 필수 코스Breweries and Beer Destinations in Argentina
201 한눈에 보는 브라질Brazil: At a Glance
204-205 브라질의 양조장과 필수 코스Breweries and Beer Destinations in Brazil
209 한눈에 보는 칠레Chile: At a Glance
211 칠레의 양조장과 필수 코스Breweries and Beer Destinations in Chile

CHAPTER 4. 아시아 Asia

217 아시아 지도Asia Reference Map
223 한눈에 보는 중국China: At a Glance
226-227 중국의 양조장과 필수 코스Breweries and Beer Destinations in China
231 한눈에 보는 일본Japan: At a Glance
233 일본 주요 본토의 방언Primary Mainland Japanese Dialects
235 일본의 양조장과 필수 코스Breweries and Beer Destinations in Japan
239 한눈에 보는 인도India: At a Glance
241 인도의 양조장과 필수 코스Breweries and Beer Destinations in India
243 한눈에 보는 베트남Vietnam: At a Glance
245 베트남의 양조장과 필수 코스Breweries and Beer Destinations in Vietnam
247 한눈에 보는 대한민국

CHAPTER 5. 호주&오세아니아 Australia&Oceania

257 호주와 오세아니아 지도Australia and Oceania Reference Map
261 한눈에 보는 호주Australia: At a Glance
262 맥주 서빙 사이즈Beer Serving Sizes
264-265 호주의 양조장과 필수 코스Breweries and Beer Destinations in Australia
269 한눈에 보는 뉴질랜드New Zealand: At a Glance
273 뉴질랜드의 양조장과 필수 코스Breweries and Beer Destinations in New Zealand

CHAPTER 6. 아프리카 Africa

281 아프리카 지도Africa Reference Map
285 한눈에 보는 남아프리카 공화국의 주별 크래프트 브루어리 수South Africa: At a Glance, Number of Craft Breweries per Province
288-289 남아프리카 공화국의 양조장과 필수 코스Breweries and Beer Destinations in South Africa
293 한눈에 보는 탄자니아Tanzania: At a Glance
295 탄자니아의 양조장과 필수 코스Breweries and Beer Destinations in Tanzania

지도 출처 Maps Acknowledgments

17, 18, 19, C. Monfreda, N. Ramankutty, and J. A. Foley, "Farming the Planet: 2. Geographic Distribution of Crop Areas, Yields, Physiological Types, and Net Primary Production in the Year 2000." Global Biogeochemical Cycles 22:1 (March 2008): 1–19; 21 Barth-Haas Group, The Barth Report: Hops 2015/2016. (Nuremberg: Joh. Barth & Sohn GmbH & Co KG, 2016); 22 World Health Organization Global Health Observatory data, who.int/gho/en; 147 Samuel A. Batzli, "Mapping United States Breweries 1612 to 2011" in The Geography of Beer, ed. Mark W. Patterson and Nancy Hoalst-Pullen (New York: Springer, 2014), 31–43; DOI: 10.1007/978-94-007-7787-3; 169 Matthew J. Bellamy, "The Canadian Brewing Industry's Response to Prohibition, 1874–1920." Brewery History 132 (2012): 2–17.

RESOURCES

책 Books

Alworth, Jeff. The Beer Bible: The Essential Beer Lover's Guide. Workman Publishing Company, 2015.

Bernstein, Joshua. The Complete Beer Course: Boot Camp for Beer Geeks—From Novice to Expert in Twelve Tasting Classes. Sterling Epicure, 2013.

Corne, Lucy, and Ryno Reyneke. African Brew: Exploring the Craft of South African Beer. Random House Struik, 2014.

Cornell, Martyn. Amber, Gold and Black: The History of Britain's Great Beers. History Press, 2010.

———. Strange Tales of Ale. Amberley Publishing Limited, 2015.

Hennessey, Jonathan, and Mike Smith. The Comic Book Story of Beer: The World's Favorite Beverage From 7000 BC to Today's Craft Brewing Revolution. Ten Speed Press, 2015.

Hornsey, Ian Spencer. A History of Beer and Brewing. Royal Society of Chemists, 2003.

Jackson, Michael. The World Guide to Beer. New Burlington Books, 1977.

Mosher, Randy. Radical Brewing: Recipes, Tales and World-Altering Meditations in a Glass. Brewers Publication, 2004.

Oliver, Garrett. The Brewmaster's Table: Discovering the Pleasures of Real Beer With Real Food. Harper Collins, 2010.

———. ed. The Oxford Companion to Beer. Oxford University Press, 2011.

Rail, Evan. Why Beer Matters. Kindle Single, 2010.

Webb, Tim, and Stephen Beaumont. The World Atlas of Beer, Revised and Expanded: The Essential Guide to the Beers of the World. Sterling Epicure, 2016.

웹사이트 Websites

allaboutbeer.com 맥주 정보, 리뷰, 관련 기사를 다루고 있는 온라인 매거진

beeradvoate.com 흥미로운 맥주 이야기, 맥주 포럼, 맥주 평가를 하는 온라인 매거진

beerconnoisseur.com 온라인 매거진이자 전 세계 맥주 기사와 리뷰를 담고 있는 블로그

beervana.blogpot.com 맥주의 역사적이거나 현대적인 내용을 다루고 있는 블로그

bjcp.org 맥주 스타일에 대해 전반적으로 이해할 수 있도록 돕는 설명과 비어 저지가 되기 위해서 알아야 할 모든 정보를 다루고 있는 비어 저지 써티피케이션 프로그램(Beer Judge Certification Program) 사이트

brewersassociation.org 미국 크래프트 브루잉 산업의 모든 최신 정보를 위한 동업 조합 사이트

brewersofeurope.eu 유럽의 맥주 관련 최신 통계를 다루고 있는 웹사이트

brewmistress.co.za 남아프리카 맥주 문화의 최신이나 가장 정보적인 뉴스나 리뷰를 다루고 있는 웹사이트

cicerone.org 씨서론(Cicerone)이 되기 위해 필요한 시험과 시험에 필요한 필수 항목을 포함한 정보를 제공

craftbeer.com 미국의 크래프트 맥주에 대한 리뷰, 관련 종사자 인터뷰, 뉴스를 전반적으로 다룸

craftypint.com 양조사 인터뷰와 최신 뉴스와 함께 호주 크래프트 맥주 업계를 다루고 있는 웹사이트

draftmag.com 맥주 관련 뉴스, 리뷰, 이야기를 다루는 웹사이트

ratebeer.com 전 세계 맥주 애호가들이 맥주를 평가하는 웹사이트

zythophule.co.uk 마틴 코넬(Martyn Cornel)이 맥주 관련 정보를 포스팅하는 블로그

ACKNOWLEDGMENTS

이 책은 높은 수준의 세부적인 내용과 함께 방대하고 많은 내용을 담고 있는 맥주 이야기입니다. 장소, 시간, 또는 이 책에 소개된 수많은 이야기들(또는 아직 다루어지지 않은 이야기들)에 상관없이, 이 책은 여러 중요하고 특별한 사람들의 도움이 없었다면 출판하기 어려운 책이었습니다.

브루클린 브루어리(Brooklyn Brewery)의 브루마스터 개릿 올리버(Garrett Oliver)의 전문적인 지식과 의견이 이 책의 훌륭한 서문 부분과 책 내용과 잘 어울리는 맥주 추천 부분에 도움을 준 것에 감사의 표시를 전합니다. 우리 책의 홍보를 도와준 것 역시 감사를 표합니다.

또한, 내셔널 지오그래픽(National Geographic)과 이 책을 위해 끊임없이 일한 멋진 직원 분들께 감사를 표합니다: 시니어 에디터이자 가장 큰 지지자이며 처음부터 끝까지 우리와 함께한 로빈 테리 브라운(Robin Terry-Brown), 겉으로는 수월하게 일한 거 같지만 이 책을 위해 끊임없이 일했던 프로젝트 매니저 바바라 페인(Barbara Payne), 우리 글을 가장 밝은 톤과 뉘앙스를 가지게 도와준 텍스트 에디터 케이트 암스트롱(Kate Armstrong), 책의 배치와 커버를 아름답게 꾸며준 디자이너 밥 그레이(Bob Gray)와 크리에이티브 디렉터 멜리사 파리스(Melissa Farris), 사진에 디테일에 신경 쓰고 아름다움을 잘 살린 찰스 코갓(Charles Kogod)과 모리아 해니(Moira Haney), 그리고 포토 디렉터 수잔 블레어(Susan Blair), 창의적인 지도를 제작해 준 지도 제작자 마이크 맥니(Mike McNey)에게 감사를 표합니다. 이 책의 캡션 부분을 도와준 미셸 캐시디(Michelle Cassidy)와 책을 끝까지 마무리할 수 있게 인도해 준 저스틴 카바나(Justin Kavanagh)에게 감사를 표합니다. 그리고, 이 책을 지원해 주신 내셔널 지오그래픽 탐험 위원회에 감사를 표합니다.

또한, 내셔널 지오그래픽 소사이어티의 문화유산 부서의 시니어 디렉터인 크리스토퍼 쏜톤 박사(Dr. Christopher Thornton)와 이 책을 진행할 수 있게 처음에 격려해 준 케네소 주립 대학교(Kennesaw State University)의 인류학과 부교수인 테레사 라젝 박사(Dr. Teresa Raczek)에게 감사를 표합니다. 영감은 어디서나 어떻게든 오며, 그 자체만으로도 꽤 흥미로울 수 있습니다. 열정적인 열정과 언제든지 논리적인 지원을 해 준 타일러(Tyler)와 존 행스(John Hengs)에게 감사를 표합니다. 지도를 만들기 위해 양조장의 자료를 제공해 준 리처드 스트븐(Richard Stueven)에게 많은 감사를 표합니다.

1년이 살짝 넘는 기간 동안 160,000마일(257,495km) 이상 여행을 하는 과정에서 만날 수 있었던 400명 이상의 양조사들, 주인들, 매니저들, 맥주와 관련된 여러 사람들에게 고마움을 전합니다. 이런 고마운 분들 덕분에 파티에 갈 수 있었고, 정치에 대해 얘기하고, 내부를 살짝 볼 수 있었고, 발효조에서 바로 채취해서 맥주를 마실 수 있었습니다. 또한, 어디를 다음에 가야 할지, 누구랑 이야기할지, 심지어 어디서 숙박을 해야 하는지 추천을 해 주었습니다: 쇼어라인 브루어리(Shoreline Brewery), 뉴 홀랜드 브루잉 컴퍼니(New Holland Brewing Company), 선댄스 센터(Sundance Center)의 울라(Ulla)와 프레드(Fred)에게 특히 감사 드립니다. 맥주를 만들고, 포장하고, 보관하고, 팔고, 마시는 모두가 오늘의 맥주 문화를 만들었습니다. 여러분들의 이야기를 들려 주셔서 감사합니다.

맥주를 하나 주고 답례로 맥주를 하나를 받는 비어 잇 포워드 프로그램(Beer It Forward program)이 되도록 초기 아이디어를 제공해 준 로드아일랜드(Rhode Island)에 위치한 트리니티 브루하우스(Trinity Brewhouse)의 토미 테인스(Tommy Tanish)에게 많은 감사를 표합니다. 당신의 아이디어는 전 세계적으로 실천하고 지역 맥주를 마시자는(Act Globally and Drink Locally) 우리의 신념을 만들어 주었습니다. 그런 의미로, 레드 해어 브루잉 컴퍼니(Red Hare Brewing Company)의 로저 데이비스(Roger Davis)와 그의 동료들, 그리고 번트 히코리 브루어리(Burnt Hickory Brewery)의 스캇 히딘(Scott Hedeen)에게 비어 잇 포워드의 가장 큰 참여자가 된 것과 지역 맥주를 전 세계에 공유할 수 있게 허락해 준 것에 큰 감사를 표합니다. 또한, 스쿨하우스 비어 앤드 브루잉(Schoolhouse Beer and Brewing)의 토마스 몬티(Thomas Monti)에게 그의 여러 조언, 제안, 맥주에 감사를 표합니다.

여러 통역사들과 많은 인터뷰를 도와주고 지역 맥주 업계를 내부적 시선으로 바라볼 수 있게 해 준 새로운 친구들: 칠레의 세르히오(SERGIO), 아르헨티나의 니콜라스(NICOLAS), 브라질의 단다라(DANDARAH), 중국의 후안비(HUANBI), 제니퍼(JENNIFER), 사무엘(SAMUEL)에게 감사를 표합니다.

ABOUT THE CONTRIBUTORS

낸시 홀스트-풀렌(NANCY HOALST-PULLEN, Ph.D)
마크 W. 패터슨(MARK W. PATTERSON, Ph.D)

내셔널 지오그래픽 탐험가인 낸시 홀스트-풀렌(Nancy Hoalst-Pullen)과 마크 W. 패터슨(Mark W. Patterson)은 '맥주 박사'라고 알려졌습니다. 홀스트-풀렌은 미국 조지아 주에 위치한 케네소 주립 대학교(Kennesaw State University)의 지리학과 교수이자 지리정보과학 프로그램의 총책임자입니다. 미국 콜로라도 대학교 볼더 캠퍼스(The University of Colorado Boulder)에서 박사 학위를 취득했고, 패터슨과 맥주와 관련된 여러 책, 챕터, 기사들을 함께 공동으로 집필하거나 편집했습니다. 패터슨은 케네소 주립 대학교(Kennesaw State University)의 지리학과 교수이자 박사 학위를 애리조나 대학교(The University of Arizona)에서 취득했습니다. 패터슨은 열렬한 홈브루어이며 홀스트-풀렌과 함께『The Geography of Beer』를 포함해 여러 책을 집필했습니다. 두 저자는 대학교에서 '맥주, 와인, 주류의 지리학(The Geography of Beer, Wine, and Liquor)' 수업을 같이 가르치며, 학생들과 함께 맥주를 테마로 한 스터디 어브로드(Study Abroad)를 하며, 맥주 이야기에 숨겨진 지리 내용을 교육하는 목적으로 맥주 시음회를 주최합니다.

개릿 올리버(GARRETT OLIVER
BROOKLYN BREWERY BREWMASTER)

개릿 올리버는 맥주 분야에서 세계 최고의 권위자 중 한 명입니다. 그는 브루클린 브루어리의 브루마스터이며,『The Oxford Companion to Beer』의 편집장이었고,『The Brewmaster's Table』의 저자이며, 2014년 제임스 비어드 어워드(James Beard Award)의 'Outstanding Wine, Beer or Spirits Professional' 부분에서 수상을 했습니다. 올리버는 우수한 맥주와 푸드 페어링을 찾아 전 세계를 여행하고 있으며, 크래프트 브루잉 세계에서는 두려움이 없는 혁신자입니다. 그는 브라질에서 신선한 사탕수수를 사용해 맥주를 만들었고, 독일에서 새로운 밀맥주를 내놓았고, 콜라보레이션 양조의 새로운 문화를 만들었습니다. 과거 25년 동안, 올리버는 그레이트 아메리칸 비어 페스티벌(The Great American Beer Festival), 그레이트 브리티시 비어 페스티벌(The Great British Beer Festival) 같은 맥주 대회에서 심사위원으로 맥주를 심사했으며, 16개 국가에서 1,000번 이상의 맥주 시음회, 비어 디너, 쿠킹 클래스 등을 주최했습니다.

Front cover: (globe woodcut), Steven Noble; (label and star), Nimaxs/Shutterstock; (barley and hops), vso/Shutterstock. Spine: (bottle), iStock-Allaksel_7799. Back cover: (coasters), ullstein bild/Getty Images; (tap), iStock-bubaone; (wind rose), iStock-LongQuattro; (glass), iStock-Allaksel_7799; (bottle and opener), iStock-Ivan_Mogilevchik; 1, kokoroyuki/Getty Images; 2–3, Matthias Jung/Stern/laif/Redux Pictures; 4, Miquel Gonzalez/laif/Redux; 5, CactuSoup/Getty Images; 8, Courtesy Brooklyn Brewery; 9, Vitaliy Piltser Photography; 10, Scott Suchman; 11, Mark W. Patterson and Nancy Hoalst-Pullen; 14, Thinkstock/Getty Images; 15, julichka/Getty Images; 16, Danita Delimont/Getty Images; 17 (UP), Avalon_Studio/Getty Images; 17 (CTR), tuchkovo/Getty Images; 17 (LO), Avalon_Studio/Getty Images; 18 (A), anna1311/Getty Images; 18 (B), DustyPixel/Getty Images; 18 (C), AlasdairJames/Getty Images; 18 (D), kuarmungadd/Getty Images; 18 (E), IMAGEMORE Co., Ltd./Getty Images; 19, seregam/Getty Images; 20, Mark Stewart/Camera Press/Redux Pictures; 24–5, Abie McLaughlin; 25, ullstein bild/Getty Images; 26–7, MyLoupe/Getty Images; 28, Crouch/Getty Images; 30 (UP), ullstein bild/Getty Images; 30 (LO), Greg Dale/National Geographic Creative; 32, Photoevent/Getty Images; 33, Mark W. Patterson and Nancy Hoalst-Pullen; 34, Frederik Buyckx/The New York Times/Redux Pictures; 36, Merlin Meuris/Reporters/Redux Pictures; 36–7, Mattia Zoppellaro/contrasto/Redux Pictures; 38–9, indigolotos/Getty Images; 38, Hemis/Alamy Stock Photo; 39, Christoph Papsch/laif/Redux Pictures; 40 (A), Tony Briscoe/Getty Images; 40 (B), Tony Briscoe/Getty Images; 40 (C), Josef Hanus/Alamy Stock Photo; 40 (D), Floortje/Getty Images; 40 (E), Dorling Kindersley Ltd./Alamy Stock Photo; 40 (F), julichka/Getty Images; 40 (G), Dirk Olaf Wexel/StockFood; 40 (H), panossgeorgiou/Getty Images; 40 (I), tab62/Shutterstock; 42, Jock Fistick/The New York Times/Redux Pictures; 43, Arterra Picture Library/Alamy Stock Photo; 44, orpheus26/Getty Images; 46, Tyler Hengs; 47, Deleu/age fotostock; 48, Arterra Picture Library/Alamy Stock Photo; 49, Dave Bartruff/Getty Images; 50, Arpad Benedek/Getty Images; 52, Erol Gurian/laif/Redux Pictures; 54, indigolotos/Getty Images; 55, Jens Schwarz/laif/Redux Pictures; 56, ullstein bild/Getty Images; 58 (LE),

Mark W. Patterson and Nancy Hoalst-Pullen; 58 (CTR), Mark W. Patterson and Nancy Hoalst-Pullen; 58 (RT), Julie g Woodhouse/Alamy Stock Photo; 60, canadastock/Shutterstock; 61, Zoonar GmbH/Alamy Stock Photo; 63, Gordon Welters/laif/Redux Pictures; 64, Matteo Colombo/Getty Images; 66, © SIME/eStock Photo; 69, Bikeworldtravel/Shutterstock; 70–71, indigolotos/Getty Images; 70 (RT), FOR ALAN/Alamy Stock Photo; 71, Wikimedia Commons/Public Domain; 72, ullstein bild/Getty Images; 74 (LE), Bigred/Alamy Stock Photo; 74 (CTR UP), f4foto/Alamy Stock Photo; 74 (CTR LO), Billy Stock/Shutterstock; 74 (RT), John Sones/Getty Images; 75, Adrian Pingstone/Wikimedia Commons/Public Domain; 76, Craig Joiner/age fotostock; 77, FALKENSTEINFOTO/Alamy Stock Photo; 79, Jim Richardson/National Geographic Creative; 80, © SIME/eStock Photo; 82, ullstein bild/Getty Images; 83, CTK/Alamy Stock Photo; 84, Mark W. Patterson and Nancy Hoalst-Pullen; 85 (LE), Matt Cardy/Getty Images; 85 (CTR), Sergi Reboredo/VWPics/Redux Pictures; 85 (RT), Mark W. Patterson and Nancy Hoalst-Pullen; 86, Peter Forsberg/Alamy Stock Photo; 88, © Huber/SIME/eStock Photo; 90 (UP), ullstein bild/Getty Images; 90 (LO), Gilles Rolle/REA/Redux Pictures; 91, Stephane Remael/The New York Times/Redux Pictures; 92 (LE), iAlf/Getty Images; 92 (CTR), Joel Philippon/Courtesy Pico'Mousse; 92 (RT), Boris Stroujko/Shutterstock; 93, Courtesy Autour d'une Bière; 95, bbsferrari/Getty Images; 96, Design Pics Inc./Getty Images; 98, ullstein bild/Getty Images; 99, Christophe Boisvieux/Getty Images; 100 (LE), Joel Carillet/Getty Images; 100 (CTR), Barry Mason/Alamy Stock Photo; 100 (RT), Mark W. Patterson and Nancy Hoalst-Pullen; 101, genekrebs/Getty Images; 103, © SOPA/eStock Photo; 104, jenifoto/Getty Images; 106, ullstein bild/Getty Images; 107, Stefano G. Pavesi/Contrasto/Redux Pictures; 108 (LE), Onfokus/Getty Images; 108 (CTR), Xantana/Getty Images; 108 (RT), riccardo bianchi/age fotostock; 109, RossHelen/Getty Images; 110, ArtMarie/Getty Images; 112, Gerald Haenel/laif/Redux Pictures; 114, Imagno/Getty Images; 116, © SIME/eStock Photo; 118, Sven Nackstrand/Getty Images; 120, © SIME/eStock Photo; 122 (UP), ullstein bild/Getty Images; 122 (LO), Marco De Swart/EPA; 124, © SIME/eStock Photo; 126, Mark W. Patterson and Nancy Hoalst-Pullen; 128, © Huber/SIME/eStock Photo; 130, Fine Art Images/Getty Images; 132, Monica Gumm/laif/Redux Pictures; 134, ullstein bild/Getty Images; 136–7, Valentyn Volkov/Shutterstock; 138–9, Brian Jannsen/Alamy Stock Photo; 140, Everett Collection/age fotostock; 142, ullstein bild/Getty Images; 143, Mark W. Patterson and Nancy Hoalst-Pullen; 144, PLAINVIEW/Getty Images; 145, Boone Rodriguez/age fotostock; 146, Scott Suchman; 149, Cyrus McCrimmon/Getty Images; 150–51, indigolotos/Getty Images; 150, alexdrim/Shutterstock; 151, Mark W. Patterson and Nancy Hoalst-Pullen; 152–3, Andrea Johnson Photography; 153, Jamie Pham/Alamy Stock Photo; 154, Mark W. Patterson and Nancy Hoalst-Pullen; 156, sharply_done/Getty Images; 157, Sergei_Aleshin/Getty Images; 159 (UP), kjschoen/Getty Images; 159 (LO), Photo © Brewers Association; 160–61, Jodi Hilton/The New York Times/Redux Pictures; 162, Philip Kramer/Getty Images; 163 (UP), Mark W. Patterson and Nancy Hoalst-Pullen; 163 (LO), Mark W. Patterson and Nancy Hoalst-Pullen; 164, Randy Duchaine/Alamy Stock Photo; 165, Jaak Nilson/age fotostock; 166, Kate Russell/The New York Times/Redux Pictures; 167, tomwachs/Getty Images; 168, Songquan Deng/Shutterstock; 170, ullstein bild/Getty Images; 171, Mark W. Patterson and Nancy Hoalst-Pullen; 172, Andreas Hub/laif/Redux Pictures; 173, NielsVK3/Alamy Stock Photo; 175, ImagineGolf/Getty Images; 176, Lucas Vallecillos/age fotostock; 178 (UP), ullstein bild/Getty Images; 178 (LO), Eric Futran—Chefshots/Getty Images; 179, Kevin J. Miyazaki/Redux Pictures; 180 (LE), Christian Heeb/laif/Redux Pictures; 180 (RT), benedek/Getty Images; 181 (LE), visualspace/Getty Images; 181 (RT), Lucas Vallecillos/VWPics/Redux Pictures; 182, Courtesy Rob Kelly/Baja Brewing Company; 184, Anna RubaK/Shutterstock; 185 (UP), Givaga/Getty Images; 185 (LO), Olivier Le Queinec/Shutterstock; 186–7, Donatas Dabravolskas/Shutterstock; 188, Print Collector/Getty Images; 190 (UP), ullstein bild/Getty Images; 190 (LO), Jeremy Hudson/Getty Images; 191, Andres A Ruffo/Getty Images; 192, © SIME/eStock Photo; 194 (UP), ullstein bild/Getty Images; 194 (LO), eugenegurkov/Shutterstock; 195, Mark W. Patterson and Nancy Hoalst-Pullen; 196 (LE), Alex Joukowski/Getty Images; 196 (RT), Mark W. Patterson and Nancy Hoalst-Pullen; 197 (LE), Mark W. Patterson and Nancy Hoalst-Pullen; 197 (RT), Christian Goupi/age fotostock; 198, Yadid Levy/Anzenberger/Redux Pictures; 200, Heeb/laif/Redux Pictures; 202, ullstein bild/Getty Images; 203, Jon Hicks/Getty Images; 204 (LE), Mickael David/age fotostock; 204 (RT), Global_Pics/Getty Images; 206–207, Mark W. Patterson and Nancy Hoalst-Pullen; 208, Yadid Levy/Alamy Stock Photo; 210, Mark W. Patterson and Nancy Hoalst-Pullen; 212 (UP), Tegestology/Alamy Stock Photo; 212 (CTR LE), neil setchfield - objects/Alamy Stock Photo; 212 (CTR RT), neil setchfield - objects/Alamy Stock Photo; 212 (LO), claudiodivizia/Getty Images; 212–13, claudiodivizia/Getty Images; 213 (UP LE), Tegestology/Alamy Stock Photo; 213 (UP RT), claudiodivizia/Getty Images; 213 (LO LE), claudiodivizia/Getty Images; 213 (LO RT), Tegestology/Alamy Stock Photo; 214–5, © Weerapong Chaipuck/500px Prime; 216, akg-images; 218, ullstein bild/Getty Images; 219, Sim Chi Yin/The New York Times/Redux Pictures; 220, inhauscreative/Getty Images; 222, SeanPavonePhoto/Getty Images; 224 (UP), ullstein bild/Getty Images; 224 (LO), Mark Leong/Redux Pictures; 226 (UP), Mark W. Patterson and Nancy Hoalst-Pullen; 226 (LO), Daniel Case/Wikimedia Commons; 227, Mark W. Patterson and Nancy Hoalst-Pullen; 228, yongyuan/Getty Images; 229, Mark W. Patterson and Nancy Hoalst-Pullen; 230, jiratto/Getty Images; 232 (UP), ullstein bild/Getty Images; 232 (LO), Iain Masterton/Alamy Stock Photo; 233, © The Craftbeer Association and BeerFes®; 234 (LE), Bloomberg/Getty Images; 234 (CTR), JTB Media Creation, Inc./Alamy Stock Photo; 234 (RT), Trevor Mogg/Alamy Stock Photo; 235, Mark W. Patterson and Nancy Hoalst-Pullen; 237, fotoVoyager/Getty Images; 238, © SIME/eStock Photo; 240, Marco Bulgarelli/LUZphoto/Redux Pictures; 242, www.jethuynh.com/Getty Images; 244, TRV/imagerover.com/Alamy Stock Photo; 246 (LE), Nerthuz/Getty Images; 246 (RT), jimmyjamesbond/Getty Images; 247, Nerthuz/Getty Images; 248–9, Howard Kingsnorth/Getty Images; 250, State Library of Queensland/Public Domain; 252 (UP), ullstein bild/Getty Images; 252 (LO), Ralph Smith/Getty Images; 253, Courtesy GABS Beer, Cider and Food Fest; 254, Na Gen Imaging/Getty Images; 256, ullstein bild/Getty Images; 257, Travelscape Images/Alamy Stock Photo; 258 (LE), Mark W. Patterson and Nancy Hoalst-Pullen; 258 (RT), Jacqueline Jane van Grootel/Courtesy Feral Brewing Company; 259, Visions of Victoria; 261, © SIME/eStock Photo; 262, CSP_muha04/age fotostock; 264, ullstein bild/Getty Images; 265, Mark W. Patterson and Nancy Hoalst-Pullen; 266 (LE), Greg Balfour Evans/Alamy Stock Photo; 266 (CTR), Mark W. Patterson and Nancy Hoalst-Pullen; 266 (RT), ONEWORLD PICTURE/Alamy Stock Photo; 267 (LE), Tim Cuff/Alamy Stock Photo; 267 (RT), Mark W. Patterson and Nancy Hoalst-Pullen; 268, Tim Cuff/Alamy Stock Photo; 270 (LE), Sergiy Kuzmin/Shutterstock; 270 (RT), sumnersgraphicsinc/Getty Images; 271 (LE), Nitr/Shutterstock; 271 (RT), gresei/Shutterstock; 272–3, Dietmar Temps, Cologne/Getty Images; 274, Melville Chater/National Geographic Creative; 276 (UP), ullstein bild/Getty Images; 276 (LO), grandriver/Getty Images; 277, Brett Magill/joburgbrew.com; 278, Mark W. Patterson and Nancy Hoalst-Pullen; 280 (UP), ullstein bild/Getty Images; 280 (LO), Gallo Images/Getty Images; 281, Greatstock/Alamy Stock Photo; 282 (LE), Mark W. Patterson and Nancy Hoalst-Pullen; 282 (RT), Mark W. Patterson and Nancy Hoalst-Pullen; 283 (UP), Mark W. Patterson and Nancy Hoalst-Pullen; 283 (LO), wildacad/Getty Images; 284, Hemis/Alamy Stock Photo; 285, Mark W. Patterson and Nancy Hoalst-Pullen; 286, Steve Outram/Getty Images; 288, Blinkcatcher/age fotostock; 290–91, kyoshino/Getty Images.

옮긴이의 글

옮긴이, 박성환

미국 유학을 하게 되면서 처음으로 마셨던 맥주를 아직도 잊을 수가 없습니다. 처음 마셨던 맥주는 시에라 네바다 브루잉(SIERRA NEVADA BREWING CO.)의 페일 에일이었습니다. 당시에 한국 페일 라거의 맛에 익숙해 페일 에일은 너무 쓰고 맛이 없었습니다. 쓴 맥주를 마시는 미국 사람들이 전혀 이해가 가지 않았고 그 이후 한동안 시에라 네바다 페일 에일을 마시지 않았습니다. 물론 지금은 좋아하는 맥주 중 하나입니다.

전공을 식품과학으로 바꾸면서 자연스럽게 다양한 음료와 주류 분야에 관심을 가지게 되었습니다. 학과에서 진행하던 스터디 어브로드(STUDY ABROAD) 프로그램에 참여해 코스타리카에서 커피와 이탈리아의 아름다운 토스카나(TUSCANY) 지역에서 와인의 세계를 경험하면서 다양한 풍미가 있다는 것을 알게 되었습니다. 그 이후, 평상시 마시던 페일 라거 대신에 다른 풍미를 가지고 있는 맥주를 맛보기 시작했습니다. 당시 학교 주변에는 테라핀(TERRAPIN BEER CO.)과 크리쳐 컴포트(CREATURE COMFORTS BREWING CO., 155쪽 참조)가 있어서 다양한 크래프트 맥주를 맛보면서 크래프트 맥주의 다양한 풍미의 세계에 빠져들게 되었습니다.

그렇게 맥주에 관심을 가지게 되었고 양조 과정에 대해 더 공부하고 싶은 마음이 생기게 되었습니다. 그렇게 해서 영국 노팅엄대학교(THE UNIVERSITY OF NOTTINGHAM)에 맥주 양조학 석사(MSC BREWING SCIENCE AND PRACTICE) 과정을 시작하게 되었습니다.

2017년 9월 말 석사를 졸업한 후에 한국에 귀국하게 되었습니다. 운이 좋게도 국내 크래프트 브루어리에서 양조사 겸 맥주 교육가로서 일할 수 있게 되었습니다. 맥주계에서 일하면서 한국 맥주 시장이 빠르게 성장하고 있다는 것을 느꼈습니다. 맥주 시장이 빠르게 성장하면서 맥주 관력 책들도 여러 권 출판되고 있습니다. 주로 맥주 스타일과 여행과 관련된 책이 많지만, 여러 맥주 책이 나온다는 것은 시장이 그만큼 성장하고 있다는 증거인 것 같습니다.

좀 더 다양한 맥주 책이 나왔으면 좋겠다고 생각하던 차에 『아틀라스 오브 비어(ATLAS OF BEER)』의 번역을 하게 되었습니다. 기존에 출시된 책들과는 다르게 맥주와 지리를 연관 지어 맥주 이야기를 재미있게 풀어 낸 책이라 출판되면 많은 사람들이 맥주에 대해 더 알아갈 수 있는 좋은 책이 될 것 같다고 생각했습니다.

이 책은 맥주와 지리의 연관성을 중점으로 전 세계의 맥주 이야기를 펼쳐나가는 한 권의 여행 책과 같습니다. 전 세계 6대륙과 각 대륙의 주요 나라들을 중심으로 맥주 역사, 문화, 축제, 여행, 스타일, 기타 재미있는 맥주 정보를 설명하고 있습니다. 맥주계에서 유명한 브루클린 브루어리(BROOKLYN BREWERY)의 헤드 브루어인 개릿 올리버(GARRETT OLIVER)가 각 나라의 맥주 스타일을 설명한 테이스팅 노트를 보는 것도 이 책을 읽는 하나의 즐거움입니다. 상당히 방대한 내용이 포함된 책이기에 저 또한 이 책을 읽으면서 처음 듣는 맥주 스타일이나 몰랐던 맥주 역사에 대해 많이 배우게 되었습니다. 맥주 공부는 정말 끝이 없는 거 같습니다. 아쉽게도 챕터 5 아시아편에 한국 맥주계는 아주 간단히 소개됩니다. 한국 맥주계에서 일한 지는 얼마 되지는 않았지만 좋은 품질의 맥주를 만들려고 노력하는 양조사분들, 최고의 한 잔을 소비자들에게 제공하려는 펍 관계자분들, 맥주를 알리기 위해 열심히 노력하는 여러 맥주계 관계자 분들이 있었기에 한국 맥주 시장이 몇 년 사이에 빠르게 성장하지 않았나 생각합니다. 이 책의 개정판이 나온다면 그분들의 이야기가 더 많이 실렸으면 좋겠습니다.

사람마다 맥주에 관심을 가지는 계기는 다릅니다. 이 책을 읽고 맥주에 관심을 가지는 사람들이 많아졌으면 좋겠습니다. 개인적으로 책맥을 가장 좋아합니다. 서점이나 온라인에서 이 책을 구매한 후에 집 근처 가까운 펍에서 맥주 한 잔 주문하고 책을 읽으면서 여유로운 주말을 즐겨보는 것을 어떨까요? 이 책이 독자들을 흥미로운 맥주의 세계로 인도할 것입니다.

프로필

미국 조지아대학교(THE UNIVERSITY OF GEORGIA)에서 식품과학을 전공하면서 다양한 음료와 주류 분야에 관심을 가지게 되었다. 대학교 재학 중 두 차례 스터디 어브로드(STUDY ABROAD) 프로그램을 참여해 코스타리카에서 커피와 이탈리아에서 와인의 세계를 경험했다. 그 후, 미국 커피 회사의 품질관리팀에서 인턴을 했고 와인 자격증인 WSET(WINE & SPIRIT EDUCATION TRUST) LEVEL 2를 취득했다. 세계 여러 나라를 여행하면서 맥주 마시는 것을 좋아했고 맥주 한 잔이 주는 여유로움이 좋아 영국 노팅엄대학교(THE UNIVERSITY OF NOTTINGHAM)에서 맥주 양조학 석사과정을 했다. 맥주 양조학 석사 학위와 함께 IBD (INSTITUTE OF BREWING & DISTILLING) DIPLOMA IN BREWING을 취득했다. 한국에 귀국한 후 국내 크래프트 브루어리의 양조팀과 교육팀에서 일을 했고, 번역서로는 『칵테일 인포그래픽』이 있다.

감수자 추천글

감수자, 김만제

감수 요청을 받고 책을 읽으면서 아는 내용의 복습일 것이라고만 생각했다.
책을 읽기 전에는 마치 론니플래닛의 맥주 가이드에서 나올 법한 가벼운 여행 정보 위주로 구성되어 깊이가 다소 떨어질 것이라 예상했었지만, 의외로 몰랐던 사실이나 애매했던 부분을 긁어 주어서 개인적으로도 고맙고 유용했던 책으로 남을 것 같다.
그리고 독일이나 영국, 미국 등의 유명 맥주 국가의 맥주 시장에 관해서는 이미 다른 곳에도 정보가 많은 반면, 유럽 작은 국가들이나 남미, 아프리카, 아시아 국가들의 맥주 시장에서 기성 맥주와 크래프트 맥주 할 것 없이 맥주 역사가 어떻게 흘러왔는지 간략하게 볼 수 있었던 부분이 맥주 식견을 넓히는 데 도움이 되었다.
한국의 맥주 시장은 최근 4–5년 사이에 급격하게 변화하고 있는데 반해, 이 책의 저자는 책을 탈고했을 때 시기적으로 맞지 않았는지 반영하지 못했고, 그 부분에 관한 추가 내용 작성을 맡게 되었다. 국내 크래프트 맥주 시장은 다른 국가들에 비해 늦게 시작된 편이나, 급속도로 성장하여 현재 미국과 같은 본토에서도 주목하고 있는 시장이 되었다.
이 책 『아틀라스 오브 비어』는 스타일의 이해와 푸드 페어링 정보, 그리고 맥주 시장 등 다양한 지식을 얻을 수 있는 책이기에 맥주 입문자들에게 추천하고 싶다.

INDEX

알파벳

AB 인베브 AB InBev
남아프리카 공화국 South Africa 282, 287, 290
맥주의 역사 history of beer 190
본사 headquarters 37, 45
북아메리카 North America 145, 179, 183
세계 시장 global market 33
아시아 Asia 220
인수 acquisitions 45, 282, 290
형태 formation 201
AHA(아메리칸 홈브루어 협회) AHA(American Homebrewers Association) 149
BJCP(비어 져지 서티피케이션 프로그램) BJCP(Beer Judge Certification Program) 149, 194
CCU(꼼빠니아 세르베세리아 우니다스 S.A.) CCU(Compania Cervecerias Unidas S.A.) 194, 209
CR 스노우 브루어리, 중국 CR Snow(brewery), China 225
DC 브라우 브루잉 컴퍼니, 워싱턴 D.C. DC Brau Brewing Company, Washington D.C. 146, 161
DUM 세르베자리아, 브라질 DUM Cervejaria, Brazil 206–207
EIC(동인도회사) EIC(East India Company) 72–73
ESB(엑스트라 스페셜 비터) ESB(extra special bitter) 71
IBUs(인터내셔널 비터니스 유닛) IBUs(International Bitterness Units) 152, 299
IPA 아르젠타 IPA Argenta 191, 194, 199
ITA(국제 트라피스트 협회) ITA(International Trappist Association) 39
NBeer 펍, 베이징, 중국 NBeer Pub, Beijing, China 227, 228
NZ 드래프트 NZ draught 270
SAB(South African Breweris) 참조 SAB see South African Breweries
SAB 밀러 SAB Miller 183, 190, 282
UB(유나이티드 브루어리스) 그룹 UB(United Breweris) Group 240

ㄱ

가봉 Gabon 297
거품 Foam 24–25
겐트, 벨기에 Ghent, Belgium 26–27, 43
고베, 일본 Kobe, Japan 235
고제(스타일) Gose(style) 53, 59
곡물 Grains 16–18, 24, 29
곡물 함유량 Grain bill 298
곤잘레스, 구스타보 Gonzalez, Gustavo 178
골든 스트롱(스타일) Golden strong(style) 41
골든 에일 Golden ale 175, 199, 267
골든 트리펠(스타일) Golden tripel(style) 38, 40, 175
골든, 콜로라도 Golden, Colorado 158
골딩 홉 Golding hops 19
골웨이, 아일랜드 Galway, Ireland 101
과달라하라, 할리스코, 멕시코 Guadalajara, Jalisco, Mexico 142, 181, 183
구르가온, 인도 Gurgaon, India 241
구스 아일랜드 비어 컴퍼니 Goose Island Beer Company 145, 148, 157
구즈 Gueuze 41, 47
국제 트라피스트 협회 International Trappist Association(ITA) 39
굿 브루 컴퍼니, 호주 Good Brew Company, Australia 266
귀리 Oats 17–18
그단스크, 폴란드 Gdansk, Poland 127
그로지스키(스타일) Grodziskie(style) 126
그랜트, 버트 Grant, Bert 163
그레이트 립 브루잉, 중국 Great Leap Brewing, China 225, 226, 228
그레이트 브리티시 비어 페스티벌, 런던 Great British Beer Festival, London 30
그레이트 아메리칸 비어 페스티벌, 덴버, 콜로라도 Great American Beer Festival, Denver, Colorado 142, 159
그레이트 재팬 비어 페스티벌, 요코하마 Great Japan Beer Festival, Yokohama 221, 233
그로스맨, 켄 Grossman, Ken 163
그롤, 조세프 Groll, Josef 82, 86
그루트 Gruit 65, 70, 76, 152, 298
그루포 모델로 Grupo Modelo 183
그리셋(스타일) Grisette(style) 49
그린스버러, 버몬트 Greensboro, Vermont 154
금주 Prohibition
캐나다 Canada 144, 169–170
정의된 defined 293
인도 India 240기네스 브루어리, 아일랜드 Guinness(brewery), Ireland 98, 100, 102
기장 Millet 17, 18, 282
기포 Gas bubbles 25
길드 Guilds 30, 117
꼬뚜올루(팜하우스 에일) Koduolu(farmhouse ale) 136
꼼빠니아 세르베세리아 비에게트, 아르헨티나 Compania Cerveceria Bieckert, Argentina 193, 194
꼼빠니아 세르베세리아 우니다스 S.A.(CCU) Compania Cerveceria Unidas S.A.(CCU) 194, 209
꼼빠니아 안타티카 Antarctica 참조 Compania Antarctica see Antarctica 202

ㄴ

나미비아 Namibia 282, 283, 297
나이로비 아트 앤드 비어 페스티벌 Nairobi Art and Beer Festival, Kenya 283

나이지리아 Nigeria 282
나트랑, 베트남 Nha Trang, Vietnam 244, 245
나폴리, 이탈리아 Naples, Italy 108
남아메리카 South America 186–213
페스티벌 festival 191
맥주의 역사 history of beer 188, 189–191
남아프리카 공화국 South Africa 284–291
비어 가이드 beer guide 288–289
페스티벌 festivals 283
맥주의 역사 history of beer 282, 285–287
지역 양조 local brews 290–291
움쿰보티 umqombothi 285, 286
냉장의 역사 Refrigeration, history of 113
네덜란드 Netherlands 32, 120–123
넬슨 소빈(홉 종류) Nelson Sauvin(hop variety) 258
넬슨, 뉴질랜드 Nelson, New Zealand 271, 273, 274–275
노던 테리토리, 호주 Northern Territory, Australia 265
노르망디, 프랑스 Normandy, France 38
노르웨이 Norway 137
노르트라인-베스트팔렌, 독일 North Rhine-Westphalia, Germany 64–65
노바 스코샤, 캐나다 Nova Scotia, Canada 173
노스이스트, 미국 Northeast, U.S. 161
노스캐롤라이나 North Carolina 164, 165
노팅엄, 잉글랜드 Nottingham, England 75
뉘른베르크, 독일 Nuremberg, Germany 59
뉴 벨지엄 브루잉 컴퍼니, 콜로라도 New Belgium Brewing Company, Colorado 158
뉴멕시코 New Mexico 166, 167
뉴 사우스 웨일스, 호주 New South Wales, Austraia 262, 264
뉴욕 New York City 8, 9, 145, 161
뉴잉글랜드, 미국 New England, U.S. 160–161
뉴질랜드 New Zealand 268–275
비어 가이드 beer guide 272–273
맥주 스타일 beer styles 275
맥주의 역사 history of beer 257–259, 269–271
홉 hops 274
지역 양조 local brews 274–275
파인트 사이즈 pint size 275
뉴칼레도니아 New Caledonia 276
니스, 프랑스 Nice, France 92

ㄷ

다두 비어, 포르투 알레그리, 브라질 DaDo Bier, Porto Alegre, Brazil 202, 205
다르에스살람, 탄자니아 Dar es Salaam, Tanzania 295
다윈, 호주 Darwin, Australia 265
다이산(스타일) Daisan(style) 232
다이어 브루어리스, 인도 Dyer Breweries, India 218, 220, 239–240
담, 아우구스트 Damm, August 134
당화 Mash 24, 298
대니얼 갈리, 데이비드 갈리 Daniel Gallie, David Gallie 226, 229
대한민국 South Korea 220, 247
더블 IPA Double IPA 151, 154
더블린, 아일랜드 Dublin, Ireland 4, 97–103
더치 라거 Dutch lager 121–122
데블스 피크 브루잉 컴퍼니, 남아프리카 공화국 Devil's Peak Brewing Company, South Africa 288, 291
덴마크 Denmark 116–119
덴버, 콜로라도 Denver, Colorado 142, 154, 158, 159
델라웨어 Delaware 161
도그피쉬 헤드, 델라웨어 Dogfish Head, Delaware 161
도미니언 브루어리스, 뉴질랜드 Dominion Breweries, New Zealand 270
도쿄, 일본 Tokyo, Japan 234–237
도토리 맥주 Acorn beer 135
독일 Germany 50–65
비어 가이드 beer guide 58–59
맥주 스타일 beer styles 2–3, 17, 52, 53, 56–57, 170
페스티벌 festivals 30, 54, 55
맥주의 역사 history of beer 51–53
홉 hops 19
랭귀지 가이드 language guide 53
지역 양조 local brews 60–65
맥주순수령 purity laws 31, 32, 53, 58
도펠복(더블 복) Doppelbock(double bock) 56
두벨 Dubbel 32, 38, 40
둔켈 Dunkel 53, 56, 61
뒤셀도르프, 독일 Dusseldorf, Germany 64–65
드 바베, 오귀스트 De Bavay, Auguste 266
드 키비트, 네덜란드 De Kievet, Netherlands 122
드래프트 Draft(draught) 298
드레인, 토마스 Drane, Thomas 73
드레허, 안톤 Dreher, Anton 113–114
드리프터 브루잉 컴퍼니, 남아프리카 공화국 Drifter Brewing Company, South Africa 291
딕슨, 제인 Dixon, Jane 273
떼루아 Terrior 16–19, 29, 90, 106–107, 167, 210, 298

ㄹ

라들러(맥주 칵테일) Radler(beer cocktail) 62
라우흐비어 Rauchbier 57
라이스 라거 Rice lager 236
라이스 비어 Rice beers 224
라이헬브라우, 쿨름바흐, 독일 Reichelbrau, Kulmbach, Germany 170
라인하이츠거보트 Purity laws 참조 Reinheitsgebot see Purity laws
라카우(홉 종류) Rakau(hop variety) 274
라파 누이(이스터섬) Rapa Nui(Easter Island) 190, 210
라파엘, 미셸 and 라즐로 Raphael, Michele and Laszlo 229
러쉬돈, 토마스 Rushdon, Thomas 261
러시아 Russia 128–131
러시안 리버 브루잉 컴퍼니 Russian River Brewing Company 151, 154
러시안 임페리얼 스타우트 Russian imperial stout 71, 129–130
레이니어 맥주 Rainier beer 162
로겐비어 Roggenbier 17
로드리게즈, 카를로스 Rodriguez, Carlos 135
로마 제국 Roman Empire 29, 38, 51, 105
로마, 이탈리아 Rome, Italy 30, 108, 110–111
로이, 장 반 Roy, Jean van 43
로키 마운틴 브루어리, 콜로라도 Rocky Mountain Brewery, Colorado 158
로테르담, 네덜란드 Rotterdam, Netherlands 123
루셀라레, 벨기에 Roeselare, Belgium 42
르완다 Rwanda 282
리베크, 장 반 Riebeeck, Jan van 285
리얼 에일, 정의된 Real ale, defined 298
리와카(홉 종류) Riwaka(hop variety) 274
리우데자네이루, 브라질 Rio de Janeiro, Brazil 186–187, 200, 203, 206–207
리치몬드, 버지니아 Richmond, Virginia 144, 165
링우드 효모 Ringwood yeast 161

ㅁ

마드리드, 스페인 Madrid, Spain 133, 134, 135
마르델 플라타, 아르헨티나 Mar del Plata, Argentina 195, 197
마르세유, 프랑스 Marseille, France 92
마세루, 레소토 Maseru, Lesotho 283
마오리족 Maori 269
마우스필 Mouthfee 298
마운틴 스테이트, 미국 Mountain States, U.S. 158–159
마이크로 브루어리 Microbreweries 298
Craft breweries 참조 see also Craft breweries
마일드(스타일) Mild(style) 71
말레이언 브루어리스, 싱가포르 Malayan Breweries, Singapore 220
말, 장 필리페 Malle, Jean-Philippe 90
매사추세츠 Massachusetts 160–161
매크로 브루어리 Macrobreweries 90, 298
맥주 Beer 297
맥주 소비 Beer consumption 20–21
맥주 스타일 Beer styles 22, 23
맥주잔 Glassware 25, 40, 56, 57
맥주의 세계화 Globalization of beer 178
맥주 순수령 Purity laws 31, 32, 36, 53, 56, 60
맥주 스타일 Styles of beer 22, 23
맥주의 역사 History of beer 14–15
맥주의 종류 Types of beer 22, 23
맥즙 Wort 24–25, 46, 298
맥허터, 노리스 and 로스 McWhirter, Norris and Ross 102
머슬 인 브루어리, 오네카타, 뉴질랜드 Mussel Inn brewery, Onekaka, New Zealand 273
머피, 제임스 Murphy, James 98
먼스터, 인디애나 Munster, Indiana 154
메르젠 Marzen 54, 57, 114
메소포타미아 Mesopotamia 14, 217
메이태그, 프리츠 Maytag, Fritz 162–163
메인 Maine 154
멕시코 Mexico 176–183
비어 가이드 beer guide 180–181
페스티벌 festivals 142
맥주의 역사 history of beer 18, 144, 145, 177–179
지역 양조 local brews 182–183
미첼라다 michelada 178
비엔나 라거 Vienna lager 113–114
멕시코시티, 멕시코 Mexico City, Mexico 176, 179, 180–181
멜버른, 호주 Melbourne, Australia 264, 265, 266–267
멩거, 윌리엄 A. Menger, William A. 166
모델로 Modelo 145
모스크바, 러시아 Moscow, Russia 128, 130, 131
모시, 탄자니아 Moshi, Tanzania 295
모우테레 인, 넬슨, 뉴질랜드 Moutere Inn, Nelson, New Zealand 269, 274
모치즈키, 히데키 Mochizuki, Hideki 234
모투에카(홉 종류) Motueka(hop variety) 275
몬디알 데 라 비에, 몬트리올, 캐나다 Mondial de la Biere, Montreal, Canada 142
모탈 맨, 레이크 디스트릭트, 잉글랜드 Mortal Man, Lake District, England 76
뭄바이, 인도 Mumbai, India 241
몬트리올, 캐나다 Montreal, Canada 142
몬트리올, 퀘벡, 캐나다 Montreal, Quebec, Canada 173
몰렘(수도원), 프랑스 Molesme(abbey), France 38
몰슨(브루어리) Molson(brewery) 170, 175
몰슨, 존 Molson, John 175
몰트와 몰팅 Malt and malting 16, 298
무쏘, 테오 Musso, Teo 106, 110, 111
문젠 브루어리, 홍콩, 중국 Moonzen Brewery, Hong Kong, China 227, 229
물 Water 19, 82
뮌헨, 독일 Munich, Germany 30, 50, 52, 54, 55, 58
므완자, 탄자니아 Mwanz, Tanzania 295
미국 United States 140, 144, 147, 156–157, 167, 170, 178
미국 United States 146–167
맥주의 역사 history of beer 144, 147–149, 151
맥주 스타일 beer styles 148–149
비어 가이드 beer guide 154–155
연도별 양조장 위치 brewery locations over time 147
지역 양조 local brews 156–167
크래프트 브루어리 craft breweries 22
페스티벌 festivals 142
홉 hops 18, 19, 150, 152–153
specific states 참조 see also specific states
미드-애틀란틱, 미국 Mid-Atlantic, U.S. 160–161
미드웨스트, 미국 Midwest, U.S. 156–157
미지아야, 중국 Mijiaya, China 218

미첼라다(맥주 칵테일) Michelada(beer cocktail) 178
미주리 Missouri 144
미첼, 존 Mitchell, John 174
미첼스 브루어리, 남아프리카 공화국 Mitchell's(brewery), South Africa 287
미첼스타운, 아일랜드 Mitchelstown, Ireland 100
미켈러, 코펜하겐, 덴마크 Mikkeller, Copenhagen, Denmark 118, 119, 130
밀 Wheat 16, 17
밀란, 이탈리아 Milan, Italy 107, 110
밀러 브루잉 컴퍼니 Miller Brewing Company 178
밀워키, 위스콘신 Milwaukee, Wisconsin 156

ㅂ

바나나 맥주(음베게) Banana beer(mbege) 294
바디감 Body 298
바르샤바, 폴란드 Warsaw, Poland 124, 126, 127
바르셀로나, 스페인 Barcelona, Spain 30, 134, 135
바바리아 Bavaria
지역 양조 local brews 60–61
맥주순수령 purity laws 32, 36, 53, 58, 60, 152–153
바바리안 브루어리, 미주리 Bavarian Brewery, Missouri 144
바베, 오귀스트 드 Bavay, Auguste de 266
바이스비어 Weissbier 53, 57
바하칼리포르니아, 멕시코 Baja California, Mexico 180, 182–183
발리와인 Barleywine 70
발티카 브루어리 Baltika Brewery 130
발틱 포터 Baltic porter 126, 136
발파라이소, 칠레 Valparaiso, Chile 188, 211
발효 Fermentation
맥주 스타일 beer styles 22
하면 발효 bottom fermentation 299
양조 과정의 in brewing process 25
연속 발효 continuous fermentation 270
정의된 defined 299
혼합 발효 mixed fermentation 45, 299
효모의 역할 role of yeast in 32, 44
즉흥 발효 spontaneous fermentation 45, 46–47, 167, 299
상면 발효 top fermentation 298
발효 가능한 당분 Fermentable sugars 298
발효력 Attenuation 298
밤베르크, 오토 Bemberg, Otto 193
배럴 Barrel 298
배럴 숙성 맥주 Barrel-aged beer 157
밴프 크래프트 비어 페스티벌, 캐나다 Banff Craft Beer Festival, Canada 142
버드와이저(미국) Budweiser(U.S.) 145
버드와이저(체코) Budweiser(Czechia) 85
버몬트 Vermont 154, 161
버지니아 Virginia 144, 164
버튼 온 더 힐, 잉글랜드 Bourton on the Hill, England 74
베냉 Benin 282
베네딕트, 세인트 Benedict, Saint 38, 105–106
베네비츠, 울리 Bennewitz, Uli 165
베네수엘라 Venezuela 213
베네치아, 이탈리아 Venice, Italy 108
베를리너 바이세 Berliner weisse 56, 62, 63
베를린, 독일 Berlin, Germany 58, 62–63
베스커빌, 호주 Baskerville, Australia 264
베스트 비터 Best bitters 71, 77
베스트말레 수도원, 벨기에 Abbey of Westmalle, Belgium 32, 39
베스트블레테렌 Westvleteren(brewery), Belgium 39, 43
베이르 블랑슈 White beer 참조 Biere blanche see White beer
베이징 옌징 브루어리 Beijing Yanjing Brewery 224, 225
베이징, 중국 Beijing, China 219, 221, 227, 228–229
베트남 Vietnam 219, 221, 242–245
벤드, 오리건 Bend, Oregon 143, 155
벤쿠버, 브리티시 콜롬비아, 캐나다 Vancouver, British Columbia, Canada 171, 173, 174
벨기에 Belgium 26–27, 34–49
비어 가이드 beer guide 42–43
맥주 스타일 beer styles 32, 37, 40–41
페스티벌 festivals 30
맥주잔 glassware 25, 40
맥주의 역사 history of beer 14, 32, 35–37
랭귀지 가이드 language guide 37
지역 양조 local brews 44–49
트라피스트 맥주 Trappist beers 38–39
벨루오리존치, 브라질 Belo Horizonte, Brazil 204
벨리즈 Belize 184
벵갈루루, 인도 Bengaluru, India 240, 241
보고타, 콜롬비아 Bogota, Colombia 190
보데브라운 위 헤비 Bodebrown Wee Heavy 207
보리 Barley 16, 17, 18, 156, 217–218
보스턴 밀 브루어리, 호주 Boston Mill Brewery, Australia 262
보스턴 비어 컴퍼니 Boston Beer Company 161
보스턴, 존 Boston, John 262
보일링 Boiling 24
보헤미아 브루어리, 브라질 Bohemia brewery, Brazil 190, 201
복싱 캣 브루어리, 중국 Boxing Cat Brewery, China 226
볼로냐, 이탈리아 Bologna, Italy 109
봄의 맥주 Biere de printemps 94
부가물 Adjunct 298
부시, 닉 Bush, Nick 291
부시, 아돌푸스 Busch, Adolphus 167
부에노스아이레스, 아르헨티나 Buenos Aires, Argentina 190, 191, 192, 193, 195, 196, 198–199
북미 원주민 Native Americans 141
북아메리카 North America 138–185
맥주 소비 beer consumption 142
맥주 생산 beer production 219
페스티벌 festivals 142
맥주의 역사 history of beer 141–145, 177
북아일랜드 Northern Ireland 74
북한 North Korea 221
불러 브루잉 컴퍼니, 아르헨티나 Buller Brewing Company, Argentina 195, 196
브라운 에일 Brown ale 71
브라질 Brazil 200–207
비어 가이드 beer guide 204–205
페스티벌 festivals 191, 207
맥주의 역사 history of beer 190, 201–203
랭귀지 가이드 language guide 202
지역 양조 local brews 206–207
브래드포드, 윌리엄 Bradford, William 141
브레브노브 수도원, 프라하, 체코 Brevnov Monastery, Prague, Czechia 81, 87
브레이클, 고틀리브 Brekle, Gottlieb 162
브레타노마이세스(효모) Brettanomyces(yeast) 22, 44–47, 62, 154
브로츠와프, 폴란드 Wroclaw, Poland 125
브록하우스 브루어리, 덴마크 Brockhouse(brewery), Denmark 118
브루독 크래프트 브루어리, 스코틀랜드 BrewDog(craft brewery), Scotland 79
브루클린 브루어리, 뉴욕 Brooklyn Brewery, New York 8, 9, 207
브루펍 Brewpub 298
브뤼셀, 벨기에 Brussels, Belgium 30, 34, 36–37, 42, 46
브뤼헤, 벨기에 Bruges, Belgium 42
브리게리에트 아폴로, 덴마크 Bryggeriet Apollo, Denmark 118
브리즈번, 호주 Brisbane, Australia 265
브리티시 골든 에일 British golden ale 70
브리티시 콜롬비아, 캐나다 British Columbia, Canada 172, 173, 174–175
블라디보스토크, 러시아 Vladivostock, Russia 131
블라인드 피그 브루잉, 테메큘라, 캘리포니아 Blind Pig Brewing, Temecula, California 151
블랙 라거 Black lager 87
블랙 카이트 브루어리, 홍콩, 중국 Black Kite Brewery, Hong Kong, China 226, 229
블렌딩 Blending 298
블론디 비어 Blonde beers 38, 95
블루메나우, 브라질 Blumenau, Brazil 205
비드(화이트 비어) Hvidtol(white beer) 177
비라 Bira 91
비레이라 에스콘디도, 리우데자네이루, 브라질 Birreria Escondido, Rio de Janeiro, Brazil 206
비리피치오 램브레이트, 밀란, 이탈리아 Birrificio Lambrate, Milan, Italy 107, 110
비리피치오 르 발라딘, 이탈리아 Birrificio Le Baladin, Italy 106, 110
비미쉬 & 크로포드, 아일랜드 Beamish & Crawford, Ireland 98, 103
비아 호이(가스 비어) Bia ho'i(gas beer) 244
비야르쇠, 미켈 보리 Bjergso, Mikkel Borg 118
비어 데이 페스티벌, 아르헨티나 Beer Day Festival, Argentina 191
비어 위크, 파이산두, 우루과이 Beer Week, Paysandu, Uruguay 191
비어 져지 서티피케이션 프로그램(BJCP) Beer Judge Certification Program(BJCP) 149, 194
비어 컴퍼니, 베를린, 독일 Bier-Company, Berline, Germany 62–63
비어토피아, 홍콩 Beertopia, Hong Kong 221
비어페스트, 아시아, 싱가포르 Beerfest Asia, Singapore 221
비에게트, 에밀 Bieckert, Emil 193
비에르 드 가르드 Biere de garde 95
비에르 드 노엘 Biere de Noel 94
비에르 드 마르스 Biere de Mars 94
비엔나 스타일 라거 Vienna-style lager 113–114, 160, 177, 183
비엔나, 오스트리아 Vienna, Austria 112, 113–114, 115
비터 Bitters 70–71
빅토리아, 브리티시 콜롬비아, 캐나다 Victoria, British Columbia, Canada 172, 174
빅토리아, 호주 Victoria, Australia 260, 264, 265, 266–267
빈트후크, 나미비아 Windhoek, Namibia 283
빌헬름 4세, 공작(바바리아) Wilhelm IV, Duke(Bavaria) 53, 58

ㅅ

사르자 데 그라나디야, 스페인 Zarza de Granadilla, Spain 135
사우스 아프리칸 브루어리스(SAB) SAB 밀러 참조 South African Breweries(SAB) 282, 283, 285, 290 see also SAB Miller
사우스 오스트레일리아 South Australia 262
사우스 퍼시픽 브루어리, 파푸아뉴기니 South Pacific Brewery, Papua New Guinea 277
사우스웨스트, 미국 Southwest, U.S. 166–167
사우스이스트, 미국 Southeast, U.S. 164–165
사워 맥주 Sour beer 19, 44–45
사워 에일 Sour ale 33
사즈 홉 Saaz hops 86
사카로마이세스(효모) Saccharomyces(yeast) 22, 41, 45, 52, 118, 218
사티(팜하우스 에일) Sahti(farmhouse ale) 17, 136
산 카를로스 데 바리로체, 아르헨티나 San Carlos de Bariloche, Argentina 196, 199
산타 로사, 캘리포니아 Santa Rosa, California 154
산타 크루즈 두 술, 브라질 Santa Cruz Do Sul, Brazil 191
산탐브로지오 디 토리노, 이탈리아 Sant'Ambrogio Di Torino, Italy 108
산토리 브루어리, 일본 Suntory(brewery), Japan 232, 236
산트 호안 데 메디오나, 스페인 Sant Joan de Mediona, Spain 135
산티아고, 칠레 Santiago, Chile 208, 210, 211
산호세 델 카보, 멕시코 San Jose del Cabo, Mexico 180, 182
살룬 Saloons 144
삿포로 브루어리, 일본 Sapporo(brewery),

Japan 232, 236
상면 발효 Top fermentation 298
상트페테르부르크, 러시아 St. Petersburg, Russia 129, 131
상파울루, 브라질 Sao Paulo, Brazil 202, 204
상하이, 중국Shanghai, China 226–229
샌안토니오, 텍사스 San Antonio, Texas 166
서빙 온도 Temperature, serving 24
세르베사 베르리나, 아르헨티나 Cerveza Berlina, Argentina 196, 199
세르베사 코사코, 멕시코 Cerveza Cosaco, Mexico 179
세르베세리아 꾸아떼목, 멕시코 Cerveceria Cuauhtemoc, Mexico 178
세르베세리아 미네르바, 멕시코 Cerveceria Minerva, Mexico 181, 183
세르베세리아 슈나이더, 아르헨티나 Cerveceria Schneider, Argentina 194
세르베세리아 아트라파나블라, 칠레 Cerveceria Atrapaniebla, Chile 210
세르베세리아 이 말테리아 킬메스, 아르헨티나 Cerveceria y Malteria Quilmes, Argentina 190
세르베세리아 크루자나, 칠레 Cerveceria Cruzana, Chile 190–191
세르베세리아 폴라, 베네수엘라 Cerveceria Polar, Venezuela 213
세르베자리아 보데브라운, 쿠리치바, 브라질 Cervejaria Bodebrown, Curitiba, Brazil 207
세르베자리아 카카도렌스, 브라질 Cervejaria Cacadorensse, Brazil 191
세비야, 스페인 Seville, Spain 134
세인트 루이스, 미주리 St. Louis, Missouri 144
세종 Saison 40, 41, 48–49, 291
셀러링 Cellaring 298
셀리스, 피에르 Celis, Pierre 32, 41, 45
셜프 브루잉, 유타 Schirf Brewing, Utah 158
셰필드 에일 트레일, 잉글랜드 Sheffield Ale Trail, England 74
소웨토, 남아프리카 공화국 Soweto, South Africa 289, 291
솔트 레이크 브루잉 컴퍼니, 유타 Salt Lake Brewing Company, Utah 158
수단 Sudan 282
수도원 Monasteries 30, 38–39, 51
　Trappist beers 참조 see also Trappist beers
수메르인 Sumerians 14, 220
수수 Sorghum 17, 18, 18, 224, 281, 282
숙성 Conditioning 25
쉴러, 제이콥 Schueler, Jacob 158
슈나이더, 오토 Schneider, Otto 194
슈바르츠비어 Schwarzbier 237
슈타인비어 Steinbeer 114
스노우(맥주 브랜드) Snow(beer brand) 225
스미딕스, 존 Smithwick, John 98
스완지, 웨일스 Swansea, Wales 74
스웨덴 Sweden 137
스조트 브루어리, 칠레 Szot(brewery), Chile 191, 211
스카겐, 덴마크 Skagen, Denmark 119
스카티시 헤비 Scottish heavy 79
스코틀랜드 Scotland 18, 75, 78–79
스콰이어, 제임스 Squire, James 262–263
스타우트 Stouts 18, 71, 98, 103, 148
스테인 뚜껑 Stein lids 56
스테처, 칼 Setzer, Carl 226
스텔라 아르투아 Stella Artois 37, 42–43
스텔처, 마틴 Stelzer, Martin 86
스트롱 비어 Strong beer 240
스트롱 에일 Strong ale 40, 41, 148
스티겔 브로이벨트, 잘츠부르크, 오스트리아 Stiegl Brauwelt, Salzburg, Austria 113, 115
스파징 Sparging 24, 299
스파클링 에일 Sparkling ale 258
스페셜 비터 Special bitters 71
스페인 Spain 30, 132–135
스프링 밸리 브루어리 Kirin참조 Spring Valley Brewery see Kirin
스피나커 게스트로 브루펍, 빅토리아, 캐나다 Spinnakers Gastro Brewpub, Victoria, Canada 172, 172, 174
시드니, 호주 Sydney, Australia 254–255, 264
시리얼 곡물 Cereal grain 299
시메이 Chimay 38, 39
시애틀, 워싱턴 Seattle, Washington 162, 163
시에라 네바다 브루잉 컴퍼니 Sierra Nevada Brewing Company 163
시카고, 일리노이 Chicago, Illinois 156, 157, 178
실루조, 비니 Cilurzo, Vinnie 151
실링 맥주 Shilling–strength beer 78
싱가포르 Singapore 220, 221
싱글(스타일) Single(style) 38
쌀 Rice 17, 18, 218
쓰리 플로이즈 브루잉 컴퍼니, 먼스터, 인디애나 Three Floyds Brewing Company, Munster, Indiana 118, 154
쓴맛 Bitterness 298
씨슬 인, 웰링턴, 뉴질랜드 Thistle Inn, Wellington, New Zealand, 270, 272

ㅇ

아덴스, 조지아 Athens, Georgia 155
아르헨티나 Argentina 192–199
　맥주의 역사 history of beer 190, 193–195
　비어 가이드 beer guide 196–197
　지역 양조 local brews 198–199
　페스티벌 festivals 191
　IPA 아르젠타 IPA Argenta 191, 194, 199
아메리칸 IPA American IPA 163
아메리칸 스타우트 American stout 148
아메리칸 스타일 라거 American style lager 18, 145, 148, 157, 160
아메리칸 스트롱 에일 American strong ale 148
아메리칸 애드정트 라거 American adjunct lager 148
아메리칸 앰버 라거 American amber lager 160
아메리칸 와일드 에일 American wild ale 148–149, 167
아메리칸 페일 라거 American pale lager 152, 170
아메리칸 페일 에일 American pale ale 163
아메리칸 포터 American porter 148
아메리칸 프리미엄 라거 American premium lager 157
아메리칸 홈브루어스 협회(AHA) American Homebrewers Association(AHA) 149
아메리칸 홉드 에일 American hopped ale 148
아사히 브루어리, 일본 Asahi(brewery), Japan 232, 236, 237
아시아 Asia 214–253
　맥주의 역사 history of beer 217–220
　쌀을 사용해 만든 맥주 rice use in beer 18
　페스티벌 festivals 221
아에로스코빙, 덴마크 AEroskobing, Denmark 119
아웃캐스트 크래프트 비어 페스티벌, 호치민 시티, 베트남 Outcast Craft Beer Festival, Ho Chi Minh City, Vietnam 221
아이리시 레드 에일 Irish red ale 103
아이리시 스타우트 Irish stout 103
아이스 비어 Ice beer 170
아이스복(스타일) Eisbock(style) 170
아일랜드 Ireland 96–103
　맥주의 역사 history of beer 97–99
　비어 가이드 beer guide 100–101
　지역 양조 local brews 102–103
　펍 pubs 4, 97, 98, 99
아즈테카 크래프트 브루잉, 멕시코 Azteca Craft Brewing, Mexico 183
아차코바 브루어리, 모스코, 러시아 Ochakovo Brewery, Moscow, Russia 130
아츠기, 일본 Atsugi, Japan 234
아프리카 Africa 278–297
　기장과 수수의 사용 millet and sorghum use 18
　맥주의 역사 history of beer 281–283
　토착 맥주 indigenous beer 281–282
　페스티벌 festivals 283
　에이징 Aging 157
안완드테르 브루어리, 칠레 Anwandter(brewery), Chile 209
안타레스 브루어리, 아르헨티나 Antares(brewery), Argentina 195, 197
안타티카(브랜드) Antarctica(brand) 202, 203, 206, 207
알비냐노, 이탈리아 Alvignano, Italy 108
알솝, 사무엘 Allsopp, Samuel 73
알자스 로렌, 프랑스 Alsace–Lorraine, France 91, 94, 95
알코올 도수(ABV) Alcohol by volume(ABV) 24, 292
알트비어 Altbier 53, 56, 64
알파산 Alpha acid 298
암스테르담, 네덜란드 Amsterdam, Netherlands 32, 121–122, 123
앙골라 Angola 296
애드정트 라거 Adjunct lager 148
애들레이드, 호주 Adelaide, Australia 266–267
애리조나 브루잉 컴퍼니 Arizona Brewing Company 167
애비 에일 Abbey Ale 40
애슈빌, 노스캐롤라이나 Asheville, North Carolina 164, 165
앤호이저 부시 Anheuser–Busch 144, 178, 190, 201
앵커 브루잉 컴퍼니 Anchor Brewing Company 148, 162–163
야생 효모 Wild yeast 22
야키마 브루잉 앤드 몰팅 컴퍼니, 워싱턴 Yakima Brewing and Malting Company, Washington 163
양조 과정 Brewing process 24–25
에딘버러, 스코틀랜드 Edinburgh, Scotland 78–79
에레로, 알폰소 데 Herrero, Alfonso de 144, 177
에스토니아 Estonia 136
에우르홉! 로마 비어 페스티벌, 이탈리아 EurHop! Roma Beer Festival, Italy 30
에일 Ale 22, 40, 117, 298
에일와이프 Alewives 97
에콰도르 Ecuador 212
에티오피아 Ethiopia 282
엑스트라 스페셜 비터(ESB) Extra special bitter(ESB) 71
엘 볼손, 아르헨티나 El Bolson, Argentina 196, 199
엥겔하르츠젤, 오스트리아 Engelhartszell, Austria 115
여과 Filtering 25, 25
연속 발효 Continuous fermentation 270
영국 United Kingdom 66–80
　랭귀지 가이드 language guide 68
　맥주 스타일 bees styles 70–71
　맥주의 역사 history of beer 67–69, 70
　비어 가이드 beer guide 74–75
　양조장의 합병 consolidation of breweries 68
　영국 IPA England's IPA 72–73
　지역 양조 local brews 76–79
열대 과일 맥주 Tropical fruit beer 207
오닐 브루어리, 파리, 프랑스 O'Neil brewery, Paris, France 90
오디너리(스탠다드) 비터 Ordinary(standard) bitters 71
오리건 Oregon 138–139, 142, 143, 155, 162–163
오사카, 일본 Osaka, Japan 234, 236–237
오세아니아 Oceania 254–277
　맥주의 역사 history of beer 257–259
　페스티벌 festivals 259
오스본, 로버트 and 토마스 Osborne, Roberto and Tomas 134
오스트랄 브루어리, 칠레 Austral(brewery), Chile 210
오스트레일리스 마이크로 브루어리, 아르헨티나 Australis microbrewery, Argentina 198
오스트리아 Austria 112–115
오스틴, 텍사스 Austin, Texas 154–155
오악사카 시티, 오악사카, 멕시코 Oaxaca City, Oaxaca, Mexico 181

오칼라한, 딘 O'Callaghan, Dean 266
오크니 브루어리, 스코틀랜드 Orkney Brewery, Scotland 75
오클랜드, 뉴질랜드 Auckland, New Zealand 272
오트 드 프랑스, Hauts-de-France 94–95
오파 비어, 브라질 Opa Bier, Brazil 191
옥수수 Maize 참조 Corn see Maize
옥수수 Maize(corn) 17, 18, 144, 199
옥토버페스트 오브 더 노스, 평양, 북한 Oktoberfest of the North, Pyongyang, North Korea 221
옥토버페스트, 뮌헨, 독일 Oktoberfest, Munich, Germany 30, 54, 55
옥토버페스트, 산타 쿠르즈 두 술, 브라질 Oktoberfest, Santa Cruz Do Sul, Brazil 191
옥토버페스트, 아르헨티나 Oktoberfest, Argentina 191
온타리오, 캐나다 Ontario, Canada 172–173
올드 보우 브루어리, 잉글랜드 Old Bow Brewery, England 72–73
올리버, 개릿 Oliver, Garrett 9
와인하드, 헨리 Weinhard, Henry 162
와일드 라거(스조트)Wild Lager(Szot) 191
와일드 에일 Wild ale 19, 22, 148–149, 167
와카투(홉 종류) Wakatu(hop variety) 274
왈롱, 벨기에 Wallonia, Belgium 48–49
요코하마, 일본 Yokohama, Japan 221
요하네스버그, 남아프리카 공화국 Johannesburg, South Africa 283, 284, 288, 290–291
우 플레쿠, 프라하, 체코 U Fleku, Prague, Czechia 85, 87
우드 브륀(플랜더스 브라운) Oud bruin(Flanders brown) 40, 41
우루과이 Uruguay 191
우수아이아, 아르헨티나 Ushuaia, Argentina 190, 197
움쿰보티(전통 맥주) Umqombothi(traditional beer) 285, 286, 291
워새치 브루어리, 유타 Wasatch Brewery, Utah 158
워싱턴 D.C. Washington D.C. 146, 161
워싱턴 주 Washington State 16, 153, 162–163
워싱턴, 조지 Washington, George 143, 147
워터포드, 아일랜드 Waterford, Ireland 100–101
워피그 브루펍, 코펜하겐, 덴마크 Warpigs Brewpub, Copenhagen, Denmark 118
웨스턴 브루어리, 샌안토니오, 텍사스 Western Brewery, San Antonio, Texas 166
웨스턴 오스트레일리아 Western Australia 263, 264
웨스트 코스트 IPA West Coast IPA 148, 163
웨일스 Wales 74
웰링턴, 뉴질랜드 Wellington, New Zealand 271, 272–275, 273
위 헤비 Wee heavy 71, 78, 207
위스콘신 Wisconsin 156
위키비어 페스티벌, 쿠리치바, 브라질 Wiki-Bier Festival, Curitiba, Brazil 207
위트 비어 Weissbier 참조 Wheat beer see Weissbier
위트 에일 Wheat ales 24–25
위트 비어 White beer(witbier) 참조 Witbier see White beer(witbier) 41, 45
윌트셔, 잉글랜드 Wiltshire, England 75, 75
유나이티드 브루어리스(UB) 그룹 United Breweries(UB) Group 240
유니브로 브루어리, 퀘벡, 캐나다 Unibroue(brewery), Quebec, Canada 175
유럽 Europe 26–137
　맥주 생산 beer production 219
　맥주 소비 beer consumption 219
　맥주의 역사 history of beer 14, 29–33
　양조장의 수 number of breweries 30
　페스티벌 festivals 30, 42, 54, 55
유자 에일 Yuzu Ale 237
유타 Utah 158
음베게(바나나 맥주) Mbege(banana beer) 294
이스트 아프리칸 브루어리스 East African Breweries Ltd. 293
이스트 코스트 IPA East Coast IPA 148
이즈, 일본 Izu, Japan 235
이집트, 고대 Egypt, ancient 281, 282
이탈리아 Italy 104–111
　랭귀지 가이드 language guide 107
　비어 가이드 beer guide 108–109
　맥주의 역사 history of beer 105–106
　페스티벌 festivals 30
　지역 양조 local brews 110–111
인도 India 218, 220, 238–241
인디아 페일 에일(IPA) India pale ale(IPA)
　기원 origins 32, 72–73, 152, 263
　뉴질랜드 New Zealand 269
　덴마크 Denmark 118
　더블 IPA double IPA 151
　아메리칸 American 148, 163
　아이비유 IBUs 152
　잉글랜드 England 72–73
　이송 경로 지도 map of shipping route 72
　세션 IPA session IPA 158
　차 IPA tea IPA 229
　IPA 아르젠타 IPA Argenta 191, 194, 199
인디애나 Indiana 154
인스부루크, 오스트리아 Innsbruck, Austria 115
일렉트릭 브루잉 컴퍼니, 애리조나 Electric Brewing Company, Arizona 151
일리노이 Illinois 156
일본 Japan 216, 230–237
　랭귀지 가이드 language guide 233
　맥주 스타일 beer styles 232
　맥주의 역사 history of beer 231–233
　맥주캔에 표기된 점자 braille on beer cans 232
　비어 가이드 beer guide 234–235
　음주 에티켓 drinking etiquette 233
　지역 양조 local brews 236–237
　페스티벌 festivals 221
　홉 hops 218
임페리얼 Imperial 299
임페리얼 스타우트 Imperial stout 71
잉글랜드 England
　비어 가이드 beer guide 74–75
　지역 양조 local brews 76–77
　퍼블릭 하우스 public houses 66, 68
　페스티벌 festivals 30
　홉 hops 18–19
　IPA 72–73
잉글리시 IPA English IPA 71, 152
잉글리시 마일드 English mild 71
잉글리시 발리와인 English barleywine 70
잉글리시 베스트 비터 English Best Bitter 77
잉글리시 비터 English bitter 70–71
잉글리시 포터 English porter 71
잉카 Inca 189

ㅈ

잔지바르, 탄자니아 Zanzibar, Tanzania 295
잘츠부루크, 오스트리아 Salzburg, Austria 113, 115
자레치니, 러시아 Zarechny, Russia 131
잭슨, 마이클 Jackson, Michael 149
접종 Inoculation 299
제스터 킹 브루어리, 오스틴, 텍사스 Jester King Brewery, Austin, Texas 154–155, 167
제이콥슨, 제이콥 Jacobsen, Jacob 117
제퍼슨, 토마스 Jefferson, Thomas 161, 164
젠슨, 토비아스 에밀 Jensen, Tobias Emil 119
조지아, 미국 Georgia, U.S. 155
존스, 크리스토퍼 Jones, Christopher 141
주 메이 Zhu Mei 225
줄라 Juleol(Christmas beer) 137
줄루족 Zulu 280, 286, 289
중국 China 214–215, 219, 222–229
　연회 에티켓 banquet etiquette 225
　맥주 소비 beer consumption 224
　비어 가이드 beer guide 226–227
　페스티벌 festivals 221
　맥주의 역사 history of beer 217, 218, 220, 223–225
　지역 양조 local brews 228–229
중세 시대 Middle Ages 14, 30–32
즉흥 발효 Spontaneous fermentation 45, 46–47, 167, 293
지리와 맥주 Geography and beer 11, 15
지비에츠, 폴란드 Zywiec, Poland 126, 127
진터, 토어 Gynther, Tore 119
짐바브웨 Zimbabwe 278–279, 282
징에이 브루잉 컴퍼니, 베이징, 중국 Jing-A Brewing Company, Beijing, China 229

ㅊ

차 IPA Tea IPA 229
차가족 Chagga people 294
체스케 부데요비츠체, 체코 Ceske Budejovice, Czechia 85
체코 Czechia(the Czech Republic) 80–87
　annual beer consumption 20
　비어 가이드 beer guide 84–85
　페스티벌 festivals 30, 83
　맥주의 역사 history of beer 32, 81–83
　홉 hops 19
　지역 양조 local brews 86–87
초이글 맥주 Zoigl beer 61
치우(스타일) Chiu(style) 223
치차 Chicha 18, 189, 199, 212, 213
칠레 Chile 188, 208–211
　비어 가이드 beer guide 211
　CCU CCU 194, 209
　세르베세리아 크루자나 Cerveceria Cruzana 190–191
　치차 chicha 189
　포그 비어 fog beer 210
　맥주의 역사 history of beer 209–210
　마이크로 브루어리 microbreweries 191
　라파누이 Rapa Nui 190, 210
칭다오 브루어리, 중국 Tsingtao Brewery, China 225
칭다오 비어 페스티벌, 중국 Qingdao Beer Festival, China 221

ㅋ

카리브해 지역 Caribbean region 184
카린킨 브루어리, 러시아 Kalinkin(brewery), Russia 129
카사울리, 인도 Kasauli, India 239–240
카세레스, 스페인 Caceres, Spain 133
카잘렛, 노아 Kazalet, Noah 129
카터, 지미 Carter, Jimmy 144, 147
칵테일, 맥주 베이스 Cocktails, beer-based 62, 178
칼라기오니, 샘 Calagione, Sam 161
칼스버그 그룹 Carlsberg Group 33, 118, 130
칼튼 앤드 유나이티드 브루어리스(CUB) Carlton and United Breweries(CUB) 266
캄보디아 Cambodia 250
캐나다 Canada 168–175
　랭귀지 가이드 language guide 171
　맥주의 역사 history of beer 144, 169–170
　비어 가이드 beer guide 172–173
　아이스 비어 ice beer 170
　지역 양조 local brews 174–175
　페스티벌 festivals 142
캐나디안 브루어리스 Canadian Breweries 167
캐스크 숙성된 에일 Cask-conditioned ale 25, 68
캐스트 Cask 298
캔맥주 Canned beer 144, 165, 232
캘리포니아 California 154, 162–163
캘리포니아 커먼(스타일) California common(-style) 149
캠페인 포 리얼 에일(CAMRA) Campaign for Real Ale(CAMRA) 69, 77
캠프루스, 브리티시 콜롬비아, 캐나다 Kamloops, British Columbia, Canada 174
케그 Keg 299
케냐 Kenya 282, 283, 293
케이프타운, 남아프리카 공화국 Cape Town, South Africa 277, 279, 282–285
켈러, 크리스티안 칼룹 Keller, Kristian Klarup

118
켈트이베리아인 Celtiberians 133
코넬, 마틴 Cornell, Martyn 263
코닝스후벤 수도원, 네덜란드 Koningshoeven Abbey, Netherlands 122
코스타리카 Costa Rica 185
코이테비어 Keutebier 65
코츠, 몰튼 Coutts, Morton 270
코크, 아일랜드 Cork, Ireland 101, 102–103
코펜하겐, 덴마크 Copenhagen, Denmark 116, 118, 119
코프랜드, 윌리엄 Copeland, William 220, 231
코흐, 짐 Koch, Jim 160–161
콜로나, 마누엘레 Colonna, Manuele 111
콜로라도 Colorado 142, 154, 158, 159
콜롬비아 Colombia 190, 212
콜린스, 미카엘 Collins, Michael 103
콤부차 Kombucha 266
콩고 민주공화국 Congo, Democratic Republic of the 296
쾰른, 독일 Cologne, Germany 2–3, 57 58, 64–65
쾰쉬 Kolsch 2–3, 57, 58, 65
쿠리치바, 브라질 Curitiba, Brazil 206–207
쿠스코, 페루 Cusco, Peru 191
쿠어스 브루잉 컴퍼니 Coors Brewing Company 158
쿠어스, 아돌프 Coors, Adolph 158
쿠카파 츄파카브라스 페일 에일 Cucapa Chupacabras Pale Ale 183
쿠퍼스 브루어리, 애들레이드, 호주 Coopers Brewery, Adelaide, Australia 267
쿡, 제임스 Cook, James 261, 269, 273
쿨름바흐, 독일 Kulmbach, Germany 170
쿨쉽 Koelschip(coolship) 46
쿼드루펠(스타일) Quadrupel(style) 38, 40
퀘벡, 캐나다 Quebec, Canada 168, 169, 173, 174–175
퀴노아 Quinoa 190–191
퀸 마케다 그랜드 펍, 로마, 이탈리아 Queen Makeda Grand Pub, Rome, Italy 111
퀸즈랜드, 호주 Queensland, Australia 256, 265
크라이스트처치, 뉴질랜드Christchurch, New Zealand 273
크라쿠프, 폴란드 Krakow, Poland 127
크래프트 브루어리 Craft breweries 21–22, 145, 151, 156, 299
크럭스 발효 프로젝트, 벤드, 오리건 Crux Fermentation Project, Bend, Oregon 143, 155
크로스 브루어리, 칠레 Kross Brewery, Chile 191
크로흔, 아브라함 Krohn, Abraham 129
크루즈캄포 브루어리, 세비야, 스페인 Cruxcampo(brewery), Seville, Spain 134
크림 에일 Cream ale 149
크바스(발효 음료) Kvass(fermented drink) 17, 129
클라렌스 크래프트 비어 페스티벌, 남아프리카 공화국 Clarens Craft Beer Festival, South Africa 283
키우치 브루어리, 도쿄, 일본 Kiuchi Brewery, Tokyo, Japan 235
키토, 에콰도르 Quito, Ecuador 212
킬메스 브루어리, 아르헨티나 Quilmes(brewery), Argentina 193–194
킹피셔(브랜드) Kingfisher(brand) 240

ㅌ

타렌츠, 오스트리아 Tarrenz, Austria 115
태즈메이니아, 호주 Tasmania, Australia 264
타히티 Tahiti 277
탄산감 Carbonation 299
탄자니아 Tanzania 292–295
탈라간테, 칠레 Talagante, Chile 211
탈롱, 장 밥티스트 Talon, Jean-Baptiste 174
탕가니카 브루어리, 탄자니아 Tanganyika Breweries, Tanzania 283
태국 Thailand 253
터스커 브루어리, 케냐 Tusker(brewery), Kenya 282
테헤리아, 베라쿠르스, 멕시코 Tejeria, Veracruz, Mexico 180
텍사스 Texas 154–155, 166–167
템플 바 지역, 더블린, 아일랜드 Temple Bar area, Dublin, Ireland 100
토론토, 온타리오, 캐나다 Toronto, Ontario, Canada 173
토스카나, 이탈리아 Tuscany, Italy 104, 106
토타라 브루잉 컴퍼니, 넬슨, 뉴질랜드 Totara Brewing Company, Nelson, New Zealand 273
투 버즈 골든 에일 Two Birds Golden Ale 267
투보그 브루어리, 덴마크 Tuborg(brewery), Denmark 118
툴루즈, 프랑스 Toulouse, France 92–93
트라피스트 맥주 Trappist beers 38–39, 39, 42, 43, 89–90, 111, 115, 122
트리펠(스타일) Tripel(style) 38–39, 40, 111, 175
틀라넬판틀라, 멕시코 Tlalnepantla, Mexico 180–181
티에라 델 푸에고, 우수아이아, 아르헨티나 Tierra del Fuego, Ushuaia, Argentina 197
티후아나, 멕시코 Tijuana, Mexico 183
티후아나, 바하 캘리포니아, 멕시코 Tijuana, Baja California, Mexico 180

ㅍ

파나마 Panama 185
파리, 프랑스 Paris, France 88, 90, 91, 92, 93
파스퇴르, 루이스 Pasteur, Louis 32, 44
파요테란트, 벨기에 Pajottenland, Belgium 46–47
파이산두, 우루과이 Paysandu, Uruguay 191
파이크 브루어리 컴퍼니, 시애틀, 워싱턴 Pike Brewery Co., Seattle, Washington 163
파타고니아 골든 에일 Patagonia golden ale 199
파타고니아, 아르헨티나-칠레 Patagonia, Argentina–Chile 194, 198–199, 210, 218
파파지안, 찰리 Papazian, Charlie 149, 159
파푸아뉴기니 Papua New Guinea 277
팔레르모, 이탈리아 Palermo, Italy 108–109
팜파스 골든 에일 Pampas golden ale 194
팜하우스 에일 Farmhouse ale 111, 229
패러매타, 호주 Parramatta, Australia 262
퍼시픽 코스트, 미국 Pacific Coast, U.S. 153, 162–163
페루 Peru 190, 191, 213
페스티벌 Festivals
  아프리카 Africa 227
  아시아 Asia 221
  유럽 Europe 30, 42, 54, 55
  남아메리카 North America 142
  오세아니아 Oceania 259
  남아메리카 South America 191, 207, 210
페일 라거 Pale lager 15
페일 에일 Pale ale 183
페트로폴리스, 브라질 Petropolis, Brazil 190
펜실베니아 Pennsylvania 149
평양, 북한 Pyongyang, North Korea 221
포장 Packaging 25
표트르 대제, 황제(러시아) Peter the Great, Tsar(Russia) 71, 129
프랑스 France 88–95
  비어 가이드 beer guide 92–93
  맥주의 역사 history of beer 89–91
  랭귀지 가이드 language guide 94
  지역 양조 local brews 94–95
  떼루아 terroir 90
  트라피스트 맥주 Trappist beers 38
피에몬테, 이탈리아 Piedmont region, Italy 106
피코무스, 리옹, 프랑스 Pico'mousse, Lyon, France 92
필라델피아, 펜실베니아 Philadelphia, Pennsylvania 144
필리핀 Philippines 220, 252
필립, 아서 Philip, Arthur 261
필스너 Pilsner
  바바리아 Bavaria 60
  에콰도르 Ecuador 212
  출현 emergence 32, 86, 87
  뉴질랜드 New Zealand 269
  플젠, 체코 Plzen, Czechia 82, 86
  개릿 올리버와 함께 마시는 맥주 on tap with Garret Oliver 87
  베네수엘라 Venezuela 213
  수질 water quality 82

ㅎ

하노이, 베트남 Hanoi, Vietnam 243–244, 245
하면 발효 Bottom fermentation 299
하얼빈 브루어리, 중국 Harbin Brewery, China 224
하이네켄 인터내셔널 Heineken International 33, 121–122, 123, 134, 179, 190, 194
하이네켄, 알프레드 Heineken, Alfred 122
하이네켄, 제라드 Heineken, Gerard 121
학센하우스 숨 라인가르텐, 쾰른, 독일 Haxenhaus zum Rheingarten, Cologne, Germany 58, 65
한디아(라이스 비어) Handia(rice beer) 239
한센, 에밀 Hansen, Emil 118
한자동맹 Hanseatic League 32
할러타우, 바바리아 Hallertau, Bavaria 49, 60
할리스코, 멕시코 Jalisco, Mexico 179, 181
함부르크, 독일 Hamburg, Germany 32, 52, 58
핫포슈(스타일) Happoshu(style) 232
핼리팩스, 노바 스코샤, 캐나다 Halifax, Nova Scotia, Canada 173
헤시페, 브라질 Recife, Brazil, 204
헤이그, 네덜란드 The Hague, Netherlands 123
헤페바이젠 Hefeweizen 57
헬레스(스타일) Helles(style) 57
호가든, 벨기에 Hoegaarden, Belgium 32, 41, 45
호게데스 페르디도스 세르베사 아티자날, 아르헨티나 Juguetes Perdidos Cerveza Artesanal, Argentina 191
호밀 Rye 17
호바트, 호주 Hobart, Australia 264
호주 Australia 254–255, 256, 260–267
  랭귀지 가이드 language guide 262
  맥주 서빙 사이즈 beer serving sizes 262
  맥주의 역사 history of beer 257–259, 261–263
  비어 가이드 beer guide 264–265
  지역 양조 local brews 266–267
호지슨, 조지 Hodgson, George 72–73
호지슨, 프레드릭 Hodgson, Frederick 73
호치민시티, 베트남 Ho Chi Minh City, Vietnam 221, 245
호크, 밥 Hawke, Bob 262
호프브로이하우스, 뮌헨, 독일 Hofbrauhaus, Munich, Germany 50, 58
호피함 Hoppiness, defined 299
혼합 발효 Mixed fermentation 45, 299
홉 Hops 19, 92, 150–151, 152
  네덜란드 Netherlands 121
  뉴질랜드 New Zealand 274
  떼루아 terroir 18–19
  맥주 스타일 beer styles 49, 148
  미국 United States 18, 19, 151–153, 162–163
  바바리아 Bavaria 60
  벨기에 Belgium 42
  아시아 Asia 218
  양조 과정 in brewing process 24
  역사 history of 28, 32, 70, 218
  잉글랜드 England 76
  정의된 defined 293
  종류 varieties 19, 86, 270, 274
  중국 China 218
  지도 map 19
  체코 Czechia 81, 86
  캐나다 Canada 174
  파타고니아 Patagonia 194
홀, 그렉 Hall, Greg 148, 157
홀본 위펫(펍), 런던, 잉글랜드 Holborn Whippet(pub), London, England 77
홀스 슈 브루어리, 런던, 잉글랜드 Horse Shoe Brewery, London, England 77
홀스 슈 베이 브루어리, 브리티시 콜롬

비아, 캐나다 Horseshoe Bay Brewery, British Columbia, Canada 174
홀튼, 윌리엄 Horton, William 164
홉핑 Hopping 299
홍콩, 중국 Hong Kong, China 221, 224–229, 228
화이트 비어(위트 비어) White beer(witbier) 32, 40, 41, 45, 56, 117
화이트호스, 유콘, 캐나다 Whiteshore, Yukon, Canada 173
효모 Yeast
　기원 origins 218
　떼루아 terroir 19
　맥주 스타일 beer styles 22, 49
　산업혁명 industrial revolution 36
　실험 testing 118
　야생 효모 wild yeast 22, 37, 44
　양조 과정 in brewing process 25, 32
　정의된 defined 299
　종류 varieties 161, 189–190
휴 비버 경 Beaver, Sir Hugh 102
휴즈, 올리버 Hughes, Oliver 99
힐 컨트리, 텍사스 Hill Country, Texas 167
힐 팜스테드, 그린스버러, 버몬트 Hill Farmstead Brewery, Greensboro, Vermont 154, 161

아틀라스 오브 비어

1판 1쇄 발행 2019년 5월 31일

저　　자 | 낸시 홀스트-풀렌, 마크 W. 패터슨
역　　자 | 박성환
발 행 인 | 김길수
발 행 처 | (주)영진닷컴
주　　소 | 서울 금천구 가산디지털2로 123 월드메르디앙벤처센터 2차 10층 1016호 (우)08505

등　　록 | 2007. 4. 27. 제16-4189호

값 30,000원

ISBN 978-89-314-6014-8

도서문의처 | http://www.youngjin.com

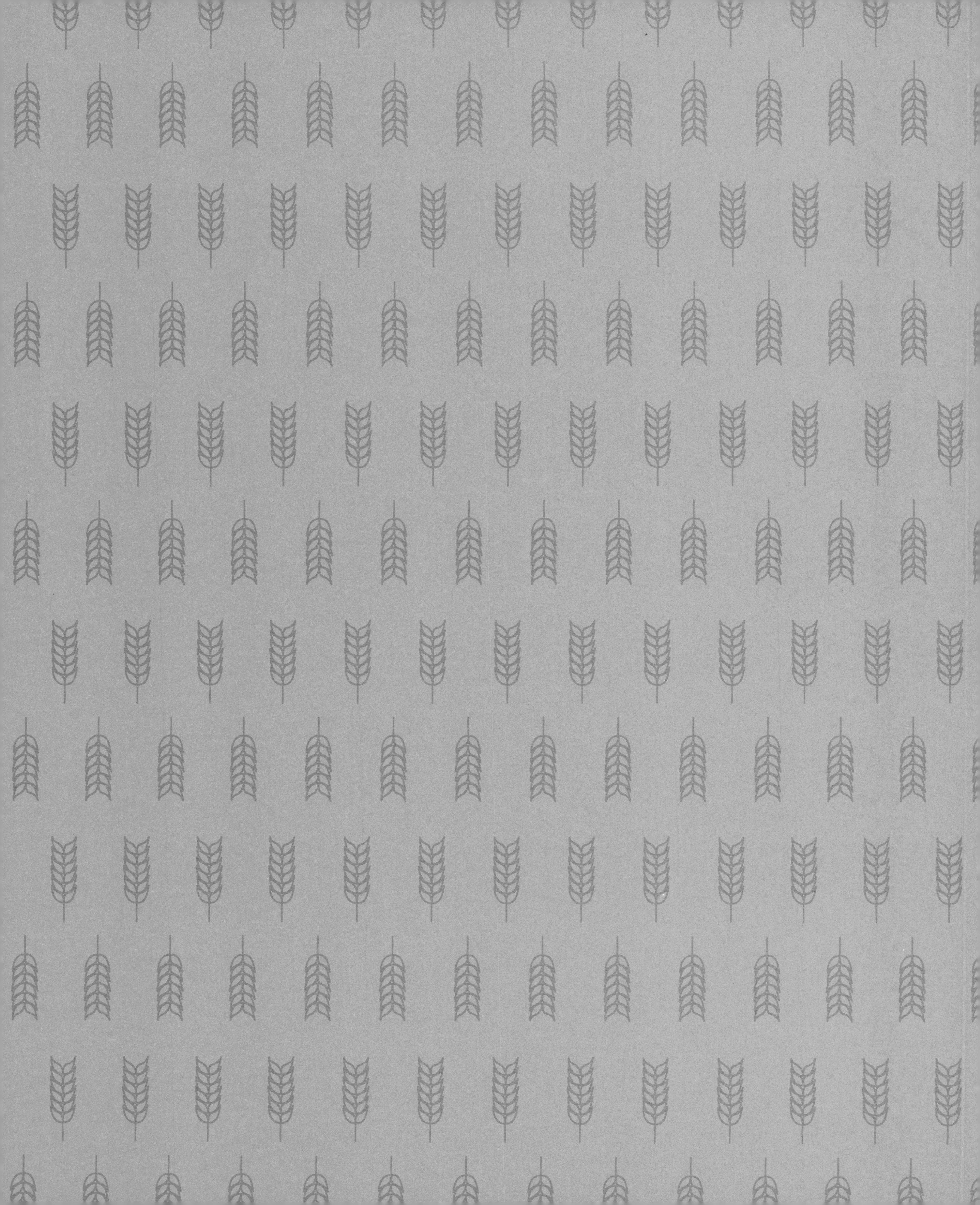